実習ライブラリ＝12

実習
情報リテラシ［第3版］

重定 如彦・河内谷 幸子＝共著

サイエンス社

外来語の表記については，内閣府告示訓令「外来語の表記」（平成 3.6.28）とそれに従う JIS「規格票の様式及び作成方法（Z8301）の規定（平成 17.3.20）に準拠し，原則として原音に近い表記とすることを，英語の語尾が-er，-or，-ar の場合は長音記号を付けること，としました．

マイクロソフト製品は米国 Microsoft 社の登録商標または商標です．
その他，本書で使用している会社名，製品名は各社の登録商標または商標です．
本書では，® と ™ は明記しておりません．

サイエンス社のホームページのご案内

https://www.saiensu.co.jp

ご意見・ご要望は　rikei@saiensu.co.jp　まで．

第3版まえがき

　コンピューター技術の発達は非常に速く，その変化のめまぐるしさは，犬が人間の7倍の速さで年を取ることにたとえられてドッグイヤー（dog year）と呼ばれています．実際に，本書の第2版を改訂してから5年の月日が経ちますが，その間にOSはWindows 8からWindows 10に，Microsoft Officeは2013から2016を経て2019にバージョンが移り変わりました．また，人工知能などの技術の発達により，音声認識によって操作できる機器や，インターネットに接続されたインターネット（またはIoT）家電など，新しい技術を使った機器が急速に普及するようになってきています．そのため，デジタルディバイド（digital（情報）divide（格差））と呼ばれる，コンピューターを使いこなせる人とそうでない人の間の格差が，高齢者や貧困者だけでなく，若い人の間にも生まれるようになってきています．しかし，一見めまぐるしく変化していくように見えるコンピューター技術も，その基本となる技術は大きく変化していません．例えば，本書で紹介するコンピューターの基本構成，OSの役割，デジタルデータの表現方法，インターネットの仕組み，ワープロや表計算ソフトなどの役割は，それらが生まれ，世の中に根付いてから後，何十年もの間大きくは変わっていないのです．本書では，Windowsやインターネットなどの使い方をただ説明するだけではなく，その役割や仕組みについても解説することで，コンピューターを取り巻くさまざまな技術についての基本的な知識を身につけ，目まぐるしく変化するコンピューターの環境に対応できるような応用力を身につけることを目標としています．

　本書では，コンピューターの初心者から中級者を対象に，第1章から第8章では，コンピューターに関する初歩的な知識から，インターネット，メディアリテラシーなど，コンピューターを使う上で必ず知っておくべき知識について説明します．各章の最後には理解度チェックシートを用意しましたので，それで理解度をチェックし，その後にある章末問題で学習を深めてください．後半の9章から11章では，大学や会社などにおいて必要となる文書作成，表計算，プレゼンテーションの基礎と，具体的なソフトの使い方について扱います．各章では練習問題を豊富に用意してありますので，それらを行うことで基礎知識を身につけ，章末問題で学習を深めてください．

　コンピューターのOSとしては，最新のWindows 10をベースに，ソフトウェアとしては最新のMicrosoft Office 2019を解説しています．Windows 10は，見た目はそれ以前のバージョンと比べて変化しているように見えますが，本書が扱うデスクトップ画面の使い方に大きな違いはありません．また，Microsoft Office 2019に関しても一部を除き，それほど大きな変化はありませんので，それ以前のバージョンを利用している場合でも本書をほぼそのまま利用できます．なお，前のバージョンと大きく変わった部分については脚注などに記しました．

　本書では，コンピューターの学習にあたって特に障害となる，英語のコンピューター用語について，日本語の訳や由来を併記してわかりやすく覚えることができるようにしました．また，コンピューターにまつわるさまざまな知識をコラムとして紹介してありますので，コンピューターをより深く理解する為の参考としてください．

　第 3 版では，第 2 版の内容を踏襲しつつ，内容が古くなってきた部分の改訂や，新しい技術で知っておくべきいくつかの事柄について追記しました．具体的には，第 2 版から 5 年が経過したことによるソフトウェアのバージョンやインターネットを取り巻く環境の変化に対し，最新の情報を反映するように加筆，修正を行いました．またいくつか新しいコラムを追記しました．

　本書を学ぶことによって読者の皆様がコンピューターに使われるのではなく，自らコンピューターを使いこなすことができるような応用力を身につけることを願います．

2020 年 1 月

著者記す

目　次

第1章 コンピューターの基本概念

1.1 コンピューターとは何か

コンピューター（computer）は日本語訳の「計算機」が示すように，文字どおり計算を行うための機械です．人間はもともと計算があまり得意ではありませんが，我々の日常生活のあらゆる場面で計算が必要とされています．例えば，朝起きてから時計を見て，家を出るまでに何分余裕があるかを知るには「引き算」という計算が必要ですし，コンビニなどで買い物をする場合にも「足し算」や「掛け算」などの計算が必要です．そこで人類は紀元前のころから計算を助けてくれる道具を開発してきました．日本で過去によく使われた計算のための道具としては，その原型が紀元前に発明された「そろばん」が有名です[1]．「読み書きそろばん」がかつての日本の教育の根本を成すものと言われていたことからも，計算がいかに重要と考えられていたかがわかります．コンピューターはそろばんなどの道具と比べると歴史が非常に浅く，最初のコンピューターが発明された1940年代から数えて約70年の歴史しか持ちません．しかし，コンピューターは現在では我々の身の周りのありとあらゆるところで使われ，さまざまな計算を行うことで我々の日常生活を助けてくれています．

1.2 コンピューターと計算と情報

コンピューターは「計算」を行うための機械であり，計算は数字に対して行うものなので，コンピューターは「数字」以外のものを扱うことはできません．また，計算といっても，コンピューターの計算を行う頭脳であるCPU（→ p.6）はもともと「足し算」や「引き算」といった単純な計算しか行えませんでした（最近のCPUは掛け算や割り算などの複雑な計算を行うこともできます）．しかし，実際にはコンピューターは文章，画像，動画といった一見数字には見えないようなデータ（→ p.6）を扱うことができますし，ワープロや動画再生ソフトのように足し算や引き算だけでは実現できないように見える複雑なソフトウェア（→ p.12）を扱うことができます．

文章，画像，動画など，コンピューターが扱うすべての情報はコンピューターの中では「数字」で表現されています．本書のタイトルに入っている「情報」にはさまざまな定義がありますが，簡単に言うと「人間にとって意味のあるデータ」のことです．例えばキーボードででたらめに入力した文字は情報ではありませんが，キーボードで書かれた文章は情報です．世の中のありとあらゆる情報を，コンピューターが扱える数字の形で表現したもののことを「デジタル」（→ p.69）な情報と呼びます．初期のコンピューターは確かに数字の計算を行うことが主な仕事でしたが，現在のコンピューターの主要な仕事は数字で表現されたデジタル情報を処理することです．

世の中にある多くの計算は足し算や引き算などの単純な計算の組み合わせで行うことができます．例えば5 × 3という掛け算は5を3回足し算することで計算できます．本書が扱う内容の範囲を超えてしまうため詳しくは述べませんが，コンピューターで行われるほとんどの計算は足し算や引き算などの単純な計算を複雑に組み合わせることによって実現されています．最近のコンピューターは非常に高速で，1秒間に数千億回以上もの足し算や引き算の計算を行うことができるため，足し算や引き算を何億回も必要とするような複雑な計算でも素早く計算結果を得ることができるように

---

[1] 計算機の一種である電卓が一般に普及しはじめた1970年代より前に活躍していた道具に計算尺があります．例えば，『風立ちぬ』という映画で主人公が飛行機の設計の計算を行う際に計算尺を使う場面があります．

なっています．

計算と数表

　掛け算は足し算を使って計算することができますが，掛け算を行うたびに毎回足し算を使って計算を行うのは手間と時間がかかってしまいます．そこで，よく使う計算をあらかじめ計算して表にしておくことで計算の手間を省くという方法があり，そのような表のことを数表と呼びます．小学校で習う九九がまさに数表の代表例で，九九の数表を暗記することで 1 桁の掛け算であれば瞬時に答えを得ることができます．掛け算の場合，九九の数表を大きくすればより大きな数字の掛け算を素早く行うことができるようになるため，実際にインドなどの国では小学校で 2 桁の九九の数表を暗記しています．

　数表は掛け算だけでなく，割り算，平方根，三角関数など，さまざまな種類があり，コンピューターが普及する前はさまざまな数表を集めた辞典が，人間が複雑な計算を行う際に使われていました．コンピューターの中にもさまざまな数表が収められており，計算の高速化に役立てられています．余談ですが，過去に割り算の数表の一部が間違っていたために，特定の割り算の結果が間違って得られてしまうというコンピューターが実際に存在しました．

スポーツ競技とコンピューター

　今ではマラソンなどのスポーツ競技の結果は，競技が終わった直後に瞬時にコンピューターによって集計され発表されます．しかし，信じられないかもしれませんが，コンピューターが集計に使われるようになる前は人間の手作業で集計していたため，マラソンなどの大人数が参加する競技の結果の集計が終わるまでに数週間から数か月もの時間がかかっていました．オリンピックではじめてコンピューターを使って競技と並行して集計を行った 1964 年の東京オリンピックでは，オリンピックの期間内にすべての競技の結果の集計を終えることができ，コンピューターの計算能力の高さを実証しました．

1.3　コンピューター用語と英語

　コンピューターは欧米で発明され，アメリカで発展した機械なので，コンピューターに関する用語のほとんどは英語が元になっています．コンピューター用語を苦手とする人は多いと思いますが，コンピューター用語の多くは中学生レベルの英単語が多く，それほど難しくはありません．コンピューター用語が苦手な方は丸暗記するのではなく，用語が何を表しているかの意味や由来をセットで覚えることをお勧めします．本書ではできるだけコンピューター用語に対して，脚注や括弧を使って元となる英単語の意味や，用語の由来などをセットで解説します．

1.4　コンピューターと人間の違い

　「足し算」，「引き算」などの計算を行うことができるという意味ではコンピューターも人間も違いはありませんが，その性能には以下の表のように大きな差があります．

	コンピューター	人間
計算速度	非常に速い（最近のパソコンでは，1秒間に数千億回以上）	遅い
計算間違い	基本的にはしない	する
疲れや飽き	電気があり，故障しなければ，疲れたり飽きたりすることなく，無限に計算し続けられる	疲れたり，飽きたりし，睡眠の必要もある
考える能力	指示されたことしかできない	自分で考えることができる

　表からわかるとおり，計算に関する能力では人間はコンピューターに全く太刀打ちできません．速度に関しては圧倒的な差がありますし，人間が頻繁に起こす計算間違いも，コンピューターは基本的には起こしません．また，人間は長時間計算すると疲れたり飽きたりしますが，コンピューターは電気さえ与えておけば，故障しない限り無限に計算をし続けることができます．

　一方，人間がコンピューターに勝っているのは，人間が自分でものを考えて，新しいものを生み出すことができるという点です．コンピューターの研究分野の1つに，人工知能（AI（人工の（Artificial）知能（Intelligence）））というものがあり，人間と同じようにものを考えることができるようなコンピューターの研究が行われていますが，現在の技術では人間らしく振る舞うように見えるコンピューターを作るのが精いっぱいで，SF映画や漫画に出てくるような人間と同じように自分でものを考えるようなロボットを作る目途はたっていません[2]．コンピューターに何かを行わせるためには，人間がそのやり方を一から十まで正確に細かく指示してやる必要があるのです．人工知能の発達によって，今後コンピューターに数多くの人間の仕事が奪われていくと言われている中，人間の自分でものを考える能力や，コンピューターに正しく指示を与えるための論理的な思考能力はますます重要になってくると言えるでしょう．

> **── 計算ができるからといって答えが得られるとは限らない？ ──**
>
> 　計算し続けられることと，計算の答えが得られるということは違います．例えば，コンピューターを使っても計算が終わるまでに1万年かかるような計算は，コンピューターが壊れないように維持しつつ電源を供給すれば1万年後に確かに答えは出ますが，寿命のある人間にとっては答えが得られないのと同じです．また，コンピューターは人間のように自分で考えて判断することができないため，例えば「1÷3の計算を割り切れるまで行え」のように，人間であればすぐにいつまでたっても終わらないと判断できるような計算も，どこかで計算を止めるように指示しない限り無限に計算をし続けます．このようないつまでたっても終わらないような計算は**無限ループ**（loop（繰り返し））と呼ばれ，コンピューターの動作が著しく遅くなったり，停止してしまう原因となります．

1.5　コンピューターと計算間違い

　コンピューターは基本的に計算間違いを起こさないと述べましたが，実際には以下のように，コンピューターでもさまざまな理由で間違うことがあります．コンピューターが出した結果を盲信したり鵜呑みにする人がいますが，コンピューターが出した答えといえども，必ずしも正しいとは限らないという点に気をつける必要があります．

データが間違っている

　計算に必要なデータが間違っていた場合，正しい答えは得られません．例えば，電卓で10×20を計算するつもりが，間違って11×20と入力した場合などです．また，コンピューターが中でどのような計算を行っているかが外から見えにくいことを悪用し，人間が意図的に間違ったデータや自分に都合のよいデータを使うことで，自分の意図するような計算結果を捏造するということが行われることもあります．

計算のやり方が間違っている

　コンピューターは人間が指示したとおりに計算を行いますが，その指示した計算のやり方が間違っていた場合も正しい答えは得られません．例えば，三角形の面積を計算しようとして「底辺」×「高さ」を計算するようにコンピューターに指示した場合，正しい答えは得られません．

---

[2] 2045年ごろに人工知能が人間の能力を凌駕するという説もありますが，それに対する異論も数多くあります．

機械の不具合

　コンピューターに限らずあらゆるものは故障することがあります．また，コンピューターが適切に動作するための条件が満たされない（電気が足りない，気温が高温になる，雷などの強力な電磁波が近くで発生するなど）とコンピューターは誤動作を起こします．

シミュレーション

　天気予報や経済予測など，現実の世界の未来の出来事をコンピューターで計算して予測することをシミュレーション（simulation）と呼びます．シミュレーションは数学モデルなどを用いて行いますが，多くの場合，100 ％正しい答えを得ることは現実には不可能です．例えば天気予報の場合，100 ％正しい天気予報を実現するには地球上のありとあらゆる場所の天気に関連する情報を計測し，それをコンピューターに入力して計算する必要があります．しかし，世界中のありとあらゆる場所で計測を行うことは現実的には不可能ですし，仮に計測できたとしても，必要な計算が多すぎて明日の天気の予報の計算をコンピューターを使っても 1 日で終えることは不可能です．また，人類は気象に関するありとあらゆることを知っているわけではないので 100 ％正しい天気予報の数学モデルを作ることも不可能です．シミュレーションでは限られた情報とその時点で解明されている知識を元に作られた数学モデルを使って行われるので，得られる結果は 100 ％正しい答えではありません．現在の技術をもってしても天気予報で信頼できるのはせいぜい明日の天気予報くらいで，1 週間後の天気予報はあまり当てになりません．

誤差

　誤差（→ p.69）のために正確な計算ができない場合があります．

1.6　コンピューターの分類

　一口にコンピューターといっても，さまざまな種類があります．ここでは代表的なコンピューターの種類をいくつか紹介します．

パーソナルコンピューター

　個人用のコンピューターのことをパーソナルコンピューター（パソコン（PC））と呼びます．コンピューターの前にわざわざ「パーソナル」（personal（個人用の））という用語がついているのには理由があります．コンピューターが登場してからしばらくの間，コンピューターは何億円もするような非常に高価で，部屋いっぱいを占拠するような大きなサイズであったため，政府や大企業でしか使われませんでした．その後，1980 年ごろに技術の進歩により，コンピューターが小さく安価になり，個人でも購入できるようになった時に，それまでのコンピューターと違うということを表すために「パーソナル」という用語がコンピューターの前につけられたのです．

　パーソナルコンピューターはその大きさによって以下のように分類することができます．

- ●デスクトップ型パーソナルコンピューター

　　日本語に直訳すると，「机（desk）の上（top）のパソコン」となり，その名が示すとおり，机の上に配置して持ち運びを行わない個人用のコンピューターのことを指します．単にパソコンと言った場合，このタイプのコンピューターを表すことが多いようです．

- ●ラップトップ型パーソナルコンピューター

　　膝（lap）の上（top）で使用するような小型・軽量の持ち運べるパソコンで，ノート（notebook）のように持ち運びできることからノートパソコンとも呼ばれます．

- パームトップ型パーソナルコンピューター

手のひら（palm）で持って使用するさらに小型のパソコンで，日本では 1990 年代に電子手帳として利用されていましたが，より小型の携帯電話の高性能化により使われなくなりました.

- スマートフォン

賢い（smart）電話機（phone）という名前で呼ばれていますが，性能や用途からパソコンの一種と考えてよいでしょう. 手のひらサイズの小型のパソコンである点はパームトップ型と似ていますが，スマートフォンのことをパームトップと呼ぶことはないようです.

- タブレット型パーソナルコンピューター

タブレット（tablet）とは平板のことで，薄い板のような形をしたパソコンのことです. スマートフォンよりは大型ですが，ラップトップ型よりさらに小型で軽く，持ち運んで使いたい場合に便利です. スマートフォンと同様にキーボードやマウスはついておらず，画面を手でタッチしながら操作するタッチパネルで操作を行います.

組み込みコンピューター

コンピューターというと，ほとんどの人はパソコンを思い浮かべるのではないでしょうか. しかし，実際にはコンピューター全体におけるパソコンの比率はほんの数％程度にすぎません. 大多数のコンピューターは家電製品や車などに組み込まれる「組み込みコンピューター」というコンピューターで，ワープロや電子メールなど，さまざまな目的で利用できる汎用的なパソコンと異なり，特定の用途に特化されています. 組み込みコンピューターがパソコンと比べていかに多いかは，身の周りのコンピューターを数えてみればすぐにわかるでしょう. 一般的にパソコンは一家に数台しかありませんが，組み込みコンピューターはテレビ，冷蔵庫，電子レンジ，時計，電話機，リモコンなど，身の周りのありとあらゆる家電製品に入っています.

スーパーコンピューター

スーパーコンピューターは，天気予報など，膨大な計算を処理するための特別なコンピューターで，一般的なコンピューターと比較して処理速度が極めて高性能（super）なコンピューターです[3]. 高性能な分，値段は非常に高価で，そのサイズも大きくなっています.

コンピューターは，上記で挙げた以外にもさまざまな分類があります. 例えば本書では紹介しませんが，真空管やトランジスタなど，コンピューターを構成する部品によって分類する方法があります.

1.7 コンピューターの基本構成

コンピューターは実際に目に見える装置（ハードウェア）とその中で動く目に見えないソフトウェア，そしてソフトウェアが扱う情報（データ）から成り立ちます.

ハードウェア（hardware）は，計算，記憶，入力，出力，通信などの能力を持ちますが，自分から何かを行うことはなく，ソフトウェアがなければ機械の入ったただの箱にすぎません.

ソフトウェア（software）はコンピューターに何をさせるための命令書のようなものです. ソフトウェアも単体では何の役にも立たず，ソフトウェアを動作させるハードウェアが必要となります. ソフトウェアはソフトと略されたり，アプリケーション（またはアプリ）（→ p.14）と呼ばれます.

---

[3] 2019 年に運用が終了した日本の有名なスーパーコンピューター「京」は 1 秒間に 1 京（京は兆（$=10^{12}$）の 1 万倍の 10^{16} を表します）回の計算を行う能力を持っていました.

　データ（data）はハードウェアとソフトウェアが計算などの処理を行う際に使用する情報のことで，例えばワープロで作成した文章や，動画再生ソフトで再生する動画などのことです．

　ハードウェア，ソフトウェア，データをゲーム機にたとえると，PlayStation や Switch などのゲーム機の本体がハードウェアに相当し，それだけを買ってきてもゲームはできませんが，ゲームのソフトウェアを入れることでゲームを楽しむことができるようになります．また，ゲームに表示されるグラフィックスや音楽，得点，ゲームの進行を保存するセーブデータなどがデータに相当します．

1.8　ハードウェア

　コンピューターは大きく分けて以下の図のような装置から構成されており[4]，これらの装置は**ハードウェア**（hardware）（または略して**ハード**）と呼ばれます．ハードウェアとは英語で金物（かなもの）や金属部品のことを表し，初期のコンピューターではほとんどのハードウェアが金属製品でできていたことが語源となっています．また，ハードウェアが実際に手で触れる固い部品で構成されていることから，固い（hard）＋製品，部品（ware）のように覚えるのもよいでしょう．ハードウェアのそれぞれの装置は以下の図のように人間や身の周りのものにたとえることができます．

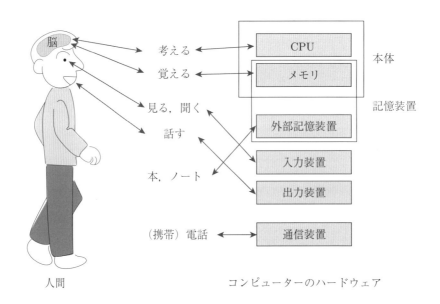

人間　　　　　　　　コンピューターのハードウェア

本体

　コンピューターの本体となる装置で，箱などの容器の中に主に以下のような装置が入っています．

- ● **CPU**（**Central Processor Unit：中央演算装置**）

　計算などの処理（process）を行う装置（unit）です．計算ができなければコンピューター（計算機）とは言えませんので，最も大事な部品の1つと言えるでしょう．人間で言うと**脳の考える機能**に相当します．CPU の central は中心，中枢の意味で，コンピューターの計算機能の中心となる部品です．

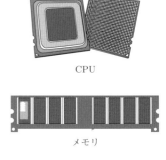

CPU

メモリ

---

[4]　「通信装置」の代わりに「制御装置」を入れるという構成の分類もあります．

- メモリ（Memory）

コンピューターが計算をする際に必要な情報（ソフトウェアやデータ）を一時的に記憶（memory）する装置で，主記憶装置（メイン（main（主））メモリ）とも呼ばれます．メモリは人間で言うと脳の記憶能力に相当します．一般的に，メモリはコンピューターの電源が入っている時のみ有効で，電源を切るとメモリに入っていたデータは消えてしまいますが，後述の外部記憶装置と比べて処理速度が速いという性質があります．

- その他の装置

本体の中には他にも，CPU やメモリを設置するマザーボードや熱に弱い部品を冷やしておくためのファン（fan（扇風機））などのさまざまな装置が入っています．

コンピューターの拡張

多くのデスクトップパソコンは本体のカバーを外して中の部品を見ることができ，メモリやハードディスクなどを後から増設して機能を拡張することができるようになっています．例えばメモリの場合，パソコンショップなどで増設メモリを購入し，マザーボードにあるメモリスロットという場所に挿し込むことでメモリを増設することができます．なお，コンピューターの中には高圧電流が流れており，感電や火傷の危険があるので，必ずコンセントを抜いた状態で作業を行ってください．また，本体の中の装置は精密機械で静電気に弱いので，あらかじめ体にたまった静電気を逃がした上で，中にある装置の金属の部分を絶対に素手で触らないように注意してください．なお，コンピューターのマザーボードの種類によって増設できるメモリやハードディスクの種類が異なりますので，増設を行う際には自分のコンピューターにどの製品を増設できるかをあらかじめ調べておく必要があります．よくわからない場合はパソコンショップや，メーカーのサポートセンターに問い合わせるとよいでしょう．また，作業に自信がない人はお金と時間がかかりますが，パソコンショップに任せるとよいでしょう．

外部記憶装置

コンピューターに指令を与えるためのソフトウェアや，計算や処理のために必要なデータを保存しておくための装置を**外部記憶装置**と呼びます（補助記憶装置，二次記憶装置と呼ぶこともあります）．名前のとおり，ほとんどの外部記憶装置は本体の外にありますが，例外として，ハードディスクは本体の箱の中に設置されることが多いようです．外部記憶装置はメモリと異なりコンピューターの電源を切っても中のソフトウェアやデータが消えることはありません．メモリと外部記憶装置の性質の違いについては p.11 を参照してください．

外部記憶装置には円盤（disk）状の形をした**ディスク**や，棒（stick）やカード（card）の形をしたものなど，さまざまな種類があり，それらを読み書きするための装置を**ドライブ**（drive（駆動装置））と呼びます．以下に主な外部記憶装置を紹介します．

- フロッピーディスク（**FD: Floppy Disk**）

持ち運びが便利で安価な小型の記憶装置です．名前が示すとおり，ケースの中にはぺらぺらの（floppy）の円盤（disk）が入っており，磁気を利用してデータを保存します．フロッピーディスクは安価だったので 2000 年代の前半ごろまではよく使われていましたが，より大容量の CD や DVD の普及や値段の低下により使われなくなりました．Word（→ p.150）の保存ボタン（🖫）のように，Windows の多くのソフトウェアの保存ボタンがフロッピーディスクの形をしているのはその名残です．一般的なフロッピーディスクには約 1.4 メガバイトのデータを保存することができます．バイト（→ p.73）は情報量の単位で，1.4 メガバイトは日本語の文章の約 75 万字，原稿用紙約 2000 枚分に相当します．

- ハードディスク（**HD: Hard Disk**）

  通常はコンピューターの本体の箱の中に内蔵されていますが，最近では本体の外に取り付けられるタイプのものも普及しています．硬い（Hard）という名前が示すとおり，フロッピーディスクとは異なりアルミやガラスなどの硬い円盤に磁性体を塗布して作られています．現在のハードディスクは一般的に数百ギガバイト（1 ギガ = 約 1000 メガ = 約 10 億）以上のデータを保存することができ，ソフトウェアやデータを保存するための装置として，ほぼすべてのパソコンに内蔵されています．

- **SSD**（**Solid State Drive**）

  近年ハードディスクの代わりに普及しはじめてきた記憶装置で，ハードディスクに比べて小型で読み書きの速度が速いという利点がありますが，容量が少なく値段が高いなどの欠点もあります．SSD は中にディスクは入っておらず，小型で消費電力が少ないのでノートパソコンなどでよく使われています．

- **CD，DVD**（**CD: Compact Disc**[5] **DVD: Digital Versatile Disc**）

  手のひらサイズの円盤状の記憶装置で，ソフトウェア，音楽，動画などを保存するために使われます．CD には約 700 メガバイト[6]，DVD には 5 ギガバイト以上のデータを保存することができます．CD や DVD は表面に約 1 μm（マイクロメートル = 100 万分の 1 メートル）の非常に小さな穴を開けることでデータを保存し，穴をレーザー光線で読み取ります．

  CD や DVD には中に入っているデータを読むことしかできない（書き込めない）CD-ROM，DVD-ROM（読み込み（read）しかできない（only）記憶装置（memory）），一度だけデータを書き込める CD-R，DVD-R（Recordable（記録可能）の略），何度でも書き込める CD-RW，DVD-RW（ReWritable（再（re）書き込み（write）可能（able））の略）など，さまざまな種類があります．また，DVD には，20 ギガバイト以上のデータを保存できるブルーレイ（Blu-Ray）という新しい規格が登場し，普及しはじめています．

- **USB メモリ**

  棒状の記憶装置で，コンピューターの USB（→ p.9）という端子に挿し込んで使用します．データの読み書きが可能で，小さく持ち運びに便利ですが，CD や DVD と比べ高価です．USB メモリは小さいため**紛失や盗難の危険性**が高く，紛失した場合，個人情報など秘密にしておかなければならない**情報が流出する恐れがあるので扱いには注意する必要があります**．誤って紛失した際の情報の流出を防ぐため，中のデータを暗号化し，パスワード（→ p.16）をかける[7]ことを強くお勧めします．また，USB メモリを介したコンピューターウィルスもあり（→ p.143）セキュリティの面からも取り扱いには注意が必要です．

- **メモリスティック，メモリカード**（**Memory Stick，Memory Card**）

  棒（stick）の形や，小さなカード型の記憶装置です．最近では数十～数百ギガバイト以上のデータを保存することができるようなものも発売されており，身近なところではスマートフォンや携帯ゲーム機などで使われています．種類によって大きさや形状が異なり，すべてのコンピューター機器で使用できるとは限りませんので，購入の際には使いたい機器で使用可能であるかどうかを確認したほうがよいでしょう．

---

[5] CD や DVD の場合，一般に Disk ではなく Disc と表記されますが，意味は同じです

[6] CD はもともと音楽を記録するために作られたもので，CD の記憶容量はベートーベン作曲の『交響曲第 9 番』がちょうど収まるように定められました．

[7] パスワードをかけるためのソフトウェアを用意する必要があります．あらかじめそのような機能を持ったソフトが入った状態で売られている USB メモリもあります．

入力装置

　人間がコンピューターに対して，情報を入力する装置のことを「**入力装置**」と呼びます．キーボード（→ p.37），マウス（→ p.22），マイク，カメラなど，さまざまな種類があります．人間で言うと目や耳に相当します．パソコンではありませんが，踏むと扉が開くタイプの自動ドアのマットも，人が扉の前に立った（踏む）という情報を入力する一種の入力装置と言ってよいでしょう．

出力装置

　コンピューターから人間に情報を出力する装置を「**出力装置**」と呼びます．ディスプレイ，プリンター，スピーカーなど，さまざまな種類があります．人間で言うと口や表情などに相当します．

通信装置

　通信装置とは，インターネット（→ p.83）などを通じて遠く離れた他のコンピューターと通信するための装置です．通信には線で通信を行う有線通信と，電波を使って通信を行う無線通信の 2 種類があります．人間の世界で言うと遠く離れた人と会話を行うことができる電話に相当します．

コンピューター本体とハードウェアの接続と USB

　コンピューターの本体は，キーボードやマウスなど，さまざまなハードウェア（周辺機器と呼びます）と接続することができます．異なる機器どうしを接続して情報をやり取りするには，ケーブル（cable（線））を使った有線による方法と電波を使った無線による方法があります．有線の場合，ケーブルの端と機器を接続する部分のことを**接続端子**（または**コネクタ**（connecter））と呼びます．

　コンピューターにはさまざまな周辺機器と接続するための接続端子があり，昔は接続する機器の種類によって接続端子の形状が異なっていたため取り扱いが非常に不便でした．そこで考え出されたのが **USB**（Universal Serial Bus）[8]という規格で，現在ではキーボード，マウス，USB メモリなど，さまざまな周辺機器を共通の接続端子を使って接続することができます（USB 端子の差込口には のようなマークが表示されます）．また，USB は電源を供給する目的でも使用することができ，スマートフォンの充電器や小型の扇風機などを接続して利用することができます．

　USB の規格は年々改良され続けており，バージョンが新しくなるほど通信速度や電源の供給能力などの面で性能が高くなります．USB は互換性（→ p.153）のある規格で，パソコン側の差込口と，USB 機器の接続端子のバージョンが異なっても動作するように作られていますが，その場合は古いほうのバージョンの性能しか発揮できません．2019 年 8 月の時点での最新バージョンは USB 3.2 となっており [9]，USB 3.0 以降のバージョンでは接続端子の内部を青色で塗ることが推奨されているので，見た目の色で USB 2.0 以前の古いバージョンの接続端子と区別することができます．また，USB 3.0 以降のバージョンの差込口のマークには SS（Super Speed の略）が表示されます．

　接続端子の種類を統一するという目的で作られた USB ですが，残念ながら USB の接続端子の形状にはさまざまな種類が存在します．1 つはタイプで，type A，type B，type C の 3 つが存在します．また，パソコンとタブレットやスマートフォンでは機器の厚みが大きく異なるため，接続端子の大きさにも通常，ミニ，マイクロの 3 種類の大きさがあります．接続端子の種類や大きさが合わないと USB 機器を利用できないので，USB 機器や USB の接続ケーブルを購入する場合は接続す

---

[8] 共通の（universal）コンピューターでデータをやり取りするための伝送路（bus）．シリアル（serial）はバスでデータをやり取りする際の方式を表します．

[9] 規格が作られても実際にその規格に対応した製品が発売されるまでには時間がかかります．USB 3.2 は 2017 年 7 月に規格が発表されましたが，2019 年 8 月の時点では USB 3.2 対応の機器は発売されていないようです．また，2019 年後半以降に最新バージョンの USB 4 の規格がリリースされる予定になっていますが，実際に製品として発売されるはその数年後になると予想されています．

る周辺機器とパソコンの USB の接続端子の両方について，対応する USB のバージョンと端子の形をあらかじめ確認する必要があります．よくわからない場合はパソコンショップなどで確認してから購入するとよいでしょう．

　USB メモリなどの機器をパソコンから取り外す際に，いきなり取り外してしまうと機器が故障する（USB メモリの場合は中のデータが破損する）可能性があります．安全に取り外すには，Windows の場合はデスクトップ画面の右下のタスクバーの通知領域（→ p.28）に表示される「ハードウェアを安全に取り外してメディアを取り出す（ 🔌 ）」をクリックして表示されるメニューの中から取り外したい機器を選択してから取り外すようにしてください．なお，USB 機器を介して情報を抜き取られたり，コンピューターウィルスに感染する可能性がある（→ p.143）ので，USB 経由で充電をする場合も含め，見知らぬコンピューターや USB 機器を利用しないようにすることが重要です．

┌─ USB 端子の種類と表記 ──────────────────

　USB 端子の種類は，大きさ，タイプの順で「USB ミニ Type A」のように表記されます．ただし，通常の大きさの場合は「USB Type A」のように大きさの表記はされません．また，USB のバージョンによって存在するタイプと大きさの組み合わせは決まっています．例えば USB Type C は USB 3.1 以降のバージョンにしか存在せず，大きさは 1 種類しかありません．デスクトップパソコンやノートパソコンでは USB Type A が，Android のスマートフォンで USB マイクロ Type A や USB Type C がよく使われています．一方，iPhone では USB ではない Apple 社独自の規格の端子が使われています．

┌─ コンピューター機器の性能の発展 ──────────────

　フロッピーディスクより前の記憶装置には紙テープが使われていました．紙テープは紙に穴が開いており，その穴のパターンが情報を表します．現在でも使われている紙テープに似ている身近な例としては点字（→ p.73）やオルゴールの筒が挙げられます．点字は突き出ている点のパターンで文字を表し，オルゴールの筒は突き出ている部分がオルゴールが奏でる楽譜を表します．昔の SF 映画や漫画には，コンピューターのオペレーターが機械から出てくる穴の開いた紙テープを見て何かを報告するシーンがありますが，それがここで説明した紙テープで，穴のパターンが表す文字の情報を翻訳して読み上げています．紙テープの後には，カセットテープやビデオテープと同じ原理で情報を記録する磁気テープが長い間使われました．磁気

点字

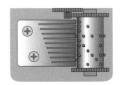

オルゴール

テープは CD のように好きな音楽を探し出してすぐに再生できる頭出しができないため，最近ではあまり見かけなくなりましたが，記憶容量が大きく，長期の保存性に優れ，安価であることから，頭出しが必要のないデータのバックアップ用の記憶装置として使われており，今でも発展し続けています [10]．

　記憶装置に限りませんが，コンピューターのさまざまな機器の性能は驚くべきスピードで発展してきました．紙テープには，紙テープの長さにもよりますが，せいぜい数百〜数千バイトのデータしか保存できませんでしたが，現在のハードディスクでは，その約 10 億倍である数百ギガバイト以上のデータを保存できます．また，同じハードディスクでも，1990 年代のハードディスクは現在の標準的なハードディスクの数万分の 1 である数百メガバイトしかデータを保存できませんでした．実際に，筆者は 1985 年ごろに約 16 キロバイトのメモリカードを 3 万円で購入した記憶がありますが，2019 年の時点ではその値段で約 1 億倍の 1 テラバイトの USB メモリを購入することができます．

　このようにコンピューターのさまざまな機器の性能は毎年数倍になるという驚異的な速度で発展してきました．このような発展の速度の法則を発見した人の名前をとって**ムーアの法則**と呼びますが，最近ではさすがにその発展速度も限界に達してきたようです．

10）　最新のものは 1 本で約 12TB（テラ=1 兆），DVD 約 1000 枚分もの記憶容量があり，寿命もハードディスクの
　　 5 倍以上あるものがあります．また，ハードディスクは常にディスクが回転しているため電力を消費し続けますが，磁気テープはバックアップ中のみ電力を消費するため消費電力は 1/10 程度で済みます．

1.9 メモリと外部記憶装置

メモリと外部記憶装置はどちらも情報を記憶するという点では似ていますが，その性質と用途は大きく異なります．主な性質の違いは以下の表のとおりです．

	読み書きの速度	容量	電源
メモリ	速い	小さい（メガ～ギガバイト）	必要（ないと消える）
外部記憶装置	遅い	大きい（ギガ～テラバイト）	不要

身近なものでたとえると，メモリは人間の脳の記憶，外部記憶装置はノートや本に相当します．人間の場合，頭の中に記憶したものは，すぐに思い出して利用することができますが，ノートや本に書いてあることを利用する場合，ノートや本のどこに必要な情報が記述されているかを探す必要があるため手間と時間がかかります．一方，人間は一度に多くのものを記憶するのが苦手ですが，ノートや本であればページを用意さえすればいくらでも情報を記録することができます．また，人間は頭で記憶したことは忘れてしまうことがありますが（電源を切るとメモリの中身が消えることに相当します），ノートや本に記録したことは勝手に消えたりすることはありません．

メモリは容量が小さいため，コンピューターにインストール（→ p.15）されたソフトウェアをすべてメモリに記憶することはできません．そこで，普段はソフトウェアの情報を容量の大きい外部記憶装置に保存しておきますが，外部記憶装置に保存した情報は読み書きの速度が遅いため，そのまま利用しようとするとコンピューターの動作速度が著しく遅くなってしまいます．そのため，次の図のように，ソフトウェアを実行するときにそのソフトウェアの中身をメモリにコピーしてから実行するということを行っています．あまりたとえとしてはよくないかもしれませんが，試験の前日に一夜漬けで試験科目のノートの内容を一生懸命暗記し，試験が終わったらそれを忘れてまた次の日の試験科目のノートの内容を暗記するというのに似ています．

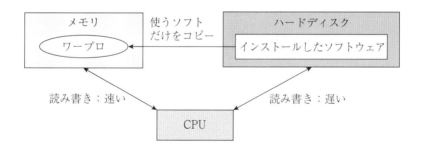

メモリの容量が少ないと，複数のソフトウェアを同時に実行しようとした時にパソコンの性能が次のページの図のような理由で低下してしまいます[11]．デスクトップパソコンの多くはメモリやハードディスクを後から増設することができるようになっているので，パソコンの性能に不満が生じた場合はメモリの増設を検討するのも1つの手です．また，アプリケーションがどれだけメモリを使用しているかはタスクマネージャー（→ p.34）を使うことで調べることができます．

---

[11] 図中のメモリの部分にはソフトウェアしか書いてありませんが，メモリにはソフトウェアが処理しているデータ（文章，画像，動画など）も記憶されます．

ワープロ，ブラウザー，メールソフトを同時に実行しようとした際に，全部のソフトウェアの内容がメモリに入りきらなかった場合は，図のように一部だけコピーする

メールソフトの後半部分が必要になった場合は，入れ替える必要が出てくるが，この入れ替えの作業に時間がかかるためパソコンの性能が低下する

1.10　ソフトウェア

ソフトウェアとはコンピューターに仕事をさせるための命令書のようなもので，ソフトウェアの機能を実現するために必要な計算のやり方の手順が記述されています[12]．ソフトウェアはハードウェアと異なり手で触ったりすることができないため，hard（固い）の反対の意味を持つ soft（柔らかい）に ware をくっつけて software と名付けられました．また，初期のコンピューターは紙テープや磁気テープなどの柔らかい記憶装置にソフトウェアを記録していたことからソフトという名前がついたという説もあります．ソフトウェアはオペレーティングシステムとアプリケーションソフトウェアの 2 つに分類することができます．

オペレーティングシステム

オペレーティングシステム（Operating System）とは，コンピューターシステム全体を管理するソフトウェアで，一般に頭文字をとって **OS** と呼ばれます．operate とは機械や装置などを動かす，操作するという意味で，機械などを操作する人のことをオペレーターと呼びます．

日本語で OS のことを「基本ソフト」と呼びますが，これは意訳であり，operate という単語に「基本」という意味はありません．OS はキーボードやディスプレイといった入出力機能や記憶装置の管理など，多くのソフトウェアが共通して利用する基本的な機能を提供します．例えばキーボードの入力機能を実現するためには，キーボードでどのキーを打つとどの文字が入力されるのかという，キーボードで行われる可能性のあるすべての操作に対するプログラムを記述する必要があります．キーボードの操作など，ほぼすべてのソフトウェアに共通するプログラムを，それぞれのソフトウェアに記述するのは次ページの図のように効率がよくありません．そこで，そういった基本的な処理は OS に任せて，それぞれのソフトウェアはソフトウェア独自の処理のみをプログラムすることで効率よくソフトウェアを作ることができるようになります．

他にも OS はそれぞれのソフトウェアが使うメモリの管理や，同時に複数のソフトウェアを実行できるようにするためのマルチタスク（複数の（multi）仕事（task），ソフトウェアを実行することをコンピューターの仕事と考え，同時に複数のソフトウェアを実行すること）という処理などのさまざまな仕事を行います．コンピューターを使いやすくすることも OS の重要な仕事の 1 つです．例えば，ハードディスクの中に複数のソフトウェアをインストールし，簡単な操作でソフトウェアを選んで実行できるのも OS のおかげです．1990 年ごろのパソコンの多くは OS が搭載されていなかったため，そのころのパソコンは同時に複数のソフトウェアを実行することはできず，一昔前

[12) この命令書のことを（コンピューター）**プログラム**（program（予定表，計画表））と呼びます．プログラムとは運動会のプログラムのように，何かを行うための手順を順番に示したもののことです．本書では扱いませんが，ソフトウェアは購入するだけでなく，プログラム言語を勉強することで自分で作成（プログラミング）することもできます．

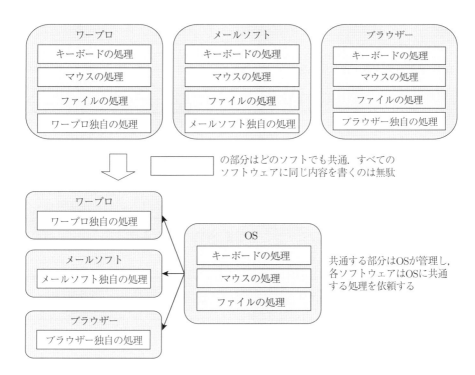

のゲーム機のように，別のソフトウェアを実行するためには電源を切ってソフトウェアの入ったフロッピーディスクをパソコンに挿入してから電源を入れ直す必要がありました．

OS の主な仕事を次にまとめます．

- マウス，キーボード，ディスプレイなどの入出力処理
- ウィンドウ（→ p.26）に関する処理
- ファイルシステム（→ p.48）に関する処理
- ファイルのアイコン，メニューなどの GUI（→ p.30）に関する操作の処理
- メモリの管理
- インストールされたソフトウェアの管理や実行
- 複数のソフトウェアを同時に実行するマルチタスク処理

OS にはさまざまな種類があり，OS の種類によってコンピューターの操作方法や，使えるソフトウェアの種類が異なります[13]．本書では Windows 10（以下 Windows と呼びます）をベースに解説を行いますが，OS にはそれぞれ特徴があるので目的にあった OS を選ぶとよいでしょう．以下に現在普及している主な OS を紹介します．

- **Windows**

  Microsoft 社の OS で，現在パソコンの OS として最も普及している OS です．Windows にはさまざまなバージョンがありますが 2019 年の時点では Windows 8 と Windows 10 の 2 つのバージョンが主に使われています[14]．Windows 8 以降のバージョンはそれ以前のバージョンと異なり，タブレット型パソコンの操作にも対応するようになっており，それ以前のバージョ

---

13) ゲーム機でたとえるとゲーム機によってコントローラーの形が異なっていたり，PlayStation 用のソフトを Switch で遊ぶことができない点に似ています．ソフトウェアは，同じ OS でも OS のバージョンが異なると動作しない可能性があるので，動作環境に注意して購入する必要があります．

14) 過去には Windows 95, 98, NT, 2000, XP, Me, Vista, 7 などのバージョンがありました．これらのバージョンは現在サポートの対象外になっており，セキュリティ上の危険性があるので使わないほうがよいでしょう．

ンと比べて大きく操作方法が異なる部分があります．ただし，デスクトップパソコンとして使用する場合は以前のバージョンと比べて基本的な操作方法に大きな違いはありません．詳しくは2章と4章を参照してください．

- **Macintosh（MacOS）**

  Apple社のOSで，洗練された操作方法や，映像や動画の編集に関連するソフトウェアが豊富に揃っているため，映像や動画を扱う業界やファンの間では根強い人気があります．

- **Unix**

  アメリカのAT&T社のベル研究所で開発されたOSで，ネットワーク機能や安定性に優れ，セキュリティの強度が高いことで知られており，主に大学や企業の研究所で使われています．例えば，ウェブページを管理するウェブサーバー（→ p.107）の多くはUnixで管理されています．Soralis，Linux，Free-BSDなど，さまざまな種類があります．

- **iOS**

  Apple社が開発したタブレット型パソコンやスマートフォン用のOSです．MacOSをベースに作られており，iPhone，iPadなどに搭載されています．

- **Android**

  Google社が開発したタブレット型パソコンやスマートフォン用のOSです．

- **TRON**

  日本で作られた国産のOSで，用途に応じてパソコン用のBTRON，携帯電話や電子レンジなどの機械に組み込んで使われるITRONなど，いくつかの種類があります．BTRONは「超漢字」という名前で発売されており，その名のとおり漢字に強く，他のOSでは扱えないような漢字を扱うことができます．また，ITRONは携帯電話や電子レンジなどの家庭用電化製品など身の周りの多くのものに組み込まれて使われています[15]．

- **組み込み機器のOS**

  家電製品や車など，身の周りの多くのものに入っている組み込みコンピューターにもOSが搭載されています．組み込みコンピューターのOSはパソコンのOSとは異なる性質が求められます．その1つがリアルタイム性（real-time（即時に，すぐに））という性質で，これは特定の操作が一定時間内に必ず完了することを保証するというものです．例えば車の場合，ブレーキペダルを踏んだ時にすぐにブレーキが利かないと事故が起きる可能性が高くなりますし，医療機器の場合，ほんの数秒でも機器の動作が遅れてしまうと患者の命に関わります．一方，パソコンのOSにはリアルタイム性が求められていないため，何か操作を行った場合，その操作がいつ完了するかは保証されていません．例えば，ウェブブラウザー（→ p.106）でリンクをクリックしたときに運が悪いとウェブページが完全に表示されるまでに数十秒も待たされる場合がありますし，同時に多くのソフトウェアを実行すると，1つひとつのソフトウェアの反応が遅くなったりします．パソコンのOSでは現在のところ，Windowsが圧倒的なシェアを占めていますが，組み込み機器の分野では国産のITRONというOSが大きなシェアを占めています．

アプリケーションソフトウェア

アプリケーションソフトウェア（Application Software）とは，文書を作成するワープロ（→ p.149）や，画像を編集する画像編集ソフトのように，特定の目的のために設計されたソフトウェアのことで，日本語では「応用ソフト」（application（応用））と呼びます．一般には「アプリケーション」，

---

[15] ITRONは火星探査機「はやぶさ」に搭載されました．最近の例ではSwitchにも搭載されています．

「アプリ」,「ソフト」のように略して呼びます．本書では OS 以外のソフトウェアのことをアプリケーションと表記することにします．

　コンピューターの外部記憶装置にアプリケーションをコピーして，いつでもそのアプリケーションを使えるようにする作業のことを「**インストール**」(install（設置）) と呼びます．代表的なアプリケーションには，ワープロ，表計算ソフト（→ p.203），画像編集ソフト，データベース（→ p.122, p.242），プレゼンテーションソフト（→ p.255），ゲーム，ウェブブラウザー，メールソフト（→ p.92）などがあります．購入したばかりのコンピューターにはあまり多くのアプリケーションはインストールされていません．コンピューターでさまざまなことを行いたい場合は，アプリケーションを購入してインストールする必要があります．

　コンピューターからアプリケーションを削除することを**アンインストール**（uninstall）と呼びます．Windows では「設定パネル（→ p.33）」の「アプリと機能」でアプリケーションを選択して「アンインストール」をクリックすることでアプリケーションをアンインストールすることができます．

コンピューターの発明と戦争

　コンピューターの開発がはじまった 1940 年代はちょうど第二次世界大戦の真っ只中であり，当時最も必要とされた計算の 1 つが，大砲の弾道の計算でした．大砲の弾はただ撃てば当たるというものではなく，砲弾の発射角度，気温や湿度，風向きなど，さまざまを要素を考慮して計算を行わなければなりません．これらの計算を人間が行った場合，何時間も（下手をすると何日も）かかってしまうような大変な計算でした．そこで，当時はあらかじめありとあらゆるケースでどのように弾を発射すればよいかを計算して表にした「発射表」という数表（→ p.2）を作成し，その表を頼りに発射角度を決めていましたが，この発射表の作成もやはりとても時間のかかる大変な作業が必要でした．また，大砲の種類によって発射表の内容は異なるため，当時のアメリカでは発射表の作成が追いつかないという事態に陥り，これまでにない高い計算能力を持つ ENIAC という世界最初のコンピューターの開発が急遽なされたのです．実は世界最初のコンピューターは ENIAC ではないという説もあります．しかし他の世界初とされるコンピューターも，戦争で使われていた暗号を解読するために開発されたものであるなど，コンピューターの開発と戦争にはやはり密接な関係があるようです．

理解度チェックシート

Q1　コンピューターとは何を行うための機械か．
Q2　コンピューターと人間を比べた場合のそれぞれの特徴は何か．
Q3　コンピューターはどのような場合に計算間違いをするか．
Q4　パーソナルコンピューター，組み込みコンピューターとは何か．
Q5　コンピューターの基本構成は何か．
Q6　ハードウェアの装置の主な分類は何か．
Q7　メモリと外部記憶装置を比べた場合の，それぞれの特徴は何か．
Q8　USB メモリを扱う際に気をつけなければならないことは何か．
Q9　なぜ一般にメモリ容量が少ないとパソコンの性能が悪くなるのか．
Q10　OS とは何の略か．また OS の主な役割を説明せよ．

章末問題

1. コンピューターには本書で解説した以外にもさまざまな分類がある．本書で解説した以外のコンピューターの分類を 2 つ以上調べ，その特徴を説明せよ．
2. 現在市販されている DVD の種類を調べ，それぞれの特徴を説明せよ．
3. 本書で解説した以外のコンピューターの入力装置と出力装置をそれぞれ 3 つずつ探せ．

第2章 コンピューターの基本操作

コンピューターの基本操作は，コンピューターを扱う際の安全性や効率に大きく影響します．基本だからといっておろそかにせず，確実にマスターするようにしてください．

2.1 Windows 10 の特徴

1章で紹介したように，Windows にはさまざまなバージョンがありますが，本書では，2019 年の時点での最新のバージョンである Windows 10 を扱います．Windows 8 以降の Windows は，タブレット型パソコンなど，タッチパネルを使ったコンピューターの操作にも対応するようになっており，Windows 10 では Windows 7 以前のバージョンで伝統的に使われてきたデスクトップ型パソコン向けの「デスクトップモード」と，タブレット型パソコン向けの「タブレットモード」[1]の2種類のモードがあります．本書では主にデスクトップモードでの Windows 10 の使い方を紹介し，タッチパネルを使った操作方法については扱いません．Windows 10 のアプリケーションは従来型の「デスクトップアプリ」と Windows 10 から新しく導入された「**UWP**（ユニバーサル **Windows** プラットフォーム）アプリ[2]」の2種類があります．UWP アプリは，従来のアプリケーションのように CD や DVD などからインストールするのではなく，Microsoft ストアからインターネットを使ってインストールします．UWP アプリはタブレットモードに対応している，セキュリティが高い，クラウド（→ p.140）を意識した作りになっているなどの特徴がありますが，2019 年の時点ではあまり普及しているとは言えません．本書では従来型のデスクトップアプリのみについて扱います．

2.2 アカウントとパスワード

一昔前のパソコンは，電源を入れて起動した後は誰でもパソコンを使えるようになっていましたが，最近のパソコンは，セキュリティなどの理由から起動後にログイン[3]という作業が必要になります．コンピューターの利用者（ユーザー（user））がコンピューターの特定の機能[4]を使用する権利のことを**ユーザーアカウント**（account（語源は銀行の口座））と呼び，そのコンピューターを利用する権利を持つことを証明する作業のことを**ログイン**（log in）（または**認証**）と呼びます．ログインの作業では，ユーザーアカウントの持ち主を識別するための**ユーザー ID**（identifier（識別子））と，アカウントの持ち主であることを証明するための本人しか知らない**パスワード**（password）（合言葉．コンピューターの入り口を通過（pass）するための言葉（word））や，指紋や網膜などの本人しか持たない生体情報が使われます．パソコンでは一般的にパスワードが使われます．

ノートパソコン，タブレット型パソコン，スマートフォンなど，持ち運んで使用するパソコンは盗難や紛失の恐れがあるため，適切なパスワードを設定しておくことが非常に重要で

---

[1] タブレットモードとデスクトップモードの切り替えは，タスクバーのアクションセンター（→ p.30）の中のボタンで行います．Windows 8 にあった「スタート画面」は Windows 10 では「タブレットモード」で使用できます．

[2] Windows 8.1 にあった Windows ストアアプリに似ていますが，細かい仕組みは異なっています．

[3] サインイン（署名（sign）して入る（in））やログオン（log on）と呼ぶ場合もあります．Windows 10 ではサインインという用語が使われていますが，本書では昔から一般的に普及しているログインという用語を使います．

[4] すべての機能を使うことができるユーザーのことを管理者（administrator）と呼びます．

す[5]．また，家庭の個人用のコンピューターにパスワードをかける必要はないと思うかもしれませんが，プライバシーの保護や，セキュリティ対策としてパスワードの設定は重要であり，家庭用のパソコンのパスワードの管理を怠るのは非常に危険です．

　Windows では電源を入れた後，ログイン画面が表示されるのでパスワードを入力してログインしてください．Windows では 1 台のパソコンに複数のアカウントを作成することができます（ログイン画面に表示されるボタンでユーザーを切り替えることができます）．複数のアカウントを利用することで，例えば，家族の間で 1 台のパソコンを共有する場合にそれぞれのユーザーが作成したファイルを他のユーザーが見ることができなくなり，プライバシーを守ることができるようになります．セキュリティの面では大事な情報の入った仕事用のパソコンを無断で子供に使われないようにしたり（→ p.146），教育の面では子供がパソコンを使うことができる時間を制限したり，閲覧可能なウェブページの種類を制限することができます．

Windows のアカウントの種類と設定

　Windows のアカウントには**ローカルアカウント**と **Microsoft アカウント**の 2 種類があります．ローカルアカウント（local（局所的な））はそのパソコンだけで使えるアカウントで，本書ではローカルアカウントで Windows にログインした場合の説明をします．Microsoft アカウントは Microsoft 社の電子メールや OneDrive（→ p.56）などのクラウド（→ p.140）のサービスを利用するためのアカウントで，Windows 10 にログインするアカウントにも利用できるようになっています．また，複数のパソコンで同じ Microsoft アカウントを共有し，同じ設定でパソコンを利用することができます．なお，ローカルアカウントでも，ログイン後に Microsoft アカウントにログインすることで，上記のサービスを利用することができます．Windows のアカウントの設定はスタートボタンの中の「設定」ボタン（→ p.33）をクリックして表示されるパネルの，「アカウント」から行えます．また，パスワードは「アカウント」→「サインインオプション」の画面で変更できます．

パスワードの盗難による被害

　パスワードはコンピューターに限らずさまざまな場面で使用されますが，その取り扱いには厳重な注意が必要です．パスワードが他人に漏れたことによってコンピューターを他人に悪用されて損害が生じた場合，**パスワードを盗まれた本人にも責任が生じる可能性があります**．また，パスワードが盗まれることによって以下のようなことが起きる可能性があります．

- 金銭的な被害

  ショッピングサイトなどのパスワードが盗まれると，勝手に高額な商品を買わされたり，ネットバンキング(インターネットの銀行の口座)から勝手にお金を引き出されてしまう場合があります．

- 個人情報の流出

  電子メールのパスワードが盗まれると，電子メールの中身を勝手に盗み見られてしまい，個人情報が流出してしまいます．また，最近の大学では大学のパソコンのアカウントを使って履修登録や自分の成績を見ることができるようになっていますが，パスワードを盗まれると取りたくない授業を勝手に履修登録されたり，自分の成績がすべて見られてしまうことがあります．

- 他のアカウントの不正利用

  同じパスワードを複数のアカウントで使い回していた場合，1 つのパスワードが盗まれると

---

[5] スマートフォンなどでは，タッチパネルで入力しづらいパスワードの代わりにパスナンバーや指先で特定の模様（pattern）を描くパターンロックと呼ばれる方法がよく使われます．これらを入力する際には，必ず周りから見られていないことを確認することが非常に重要です．

他のアカウントでも不正利用が可能になってしまいます. 実際にアカウントが不正利用される被害の多くはパスワードの使いまわしが原因になっています.

- **パソコンが知らないうちに乗っ取られる**

  パソコンの設定によっては, パスワードを使うことで遠隔操作を行うことができる場合があり, 他人に乗っ取られてしまう可能性があります (パスワードの流出以外でも, コンピューターウィルス (→ p.141) が感染することで, パソコンが他人に乗っ取られることもあります). 最近の家電製品は, ビデオの予約など, インターネットにつないで家の外から遠隔操作を行うことができるものがありますが, そのような製品もパスワードを盗まれると遠隔操作が可能になってしまい, 家のセキュリティの低下につながります.

- **なりすましの犯罪に利用される**

  パソコンが乗っ取られた場合, そのパソコンの持ち主になりすまして犯罪行為が行われる場合があります (→ p.147). 電子メールのパスワードが盗まれると, 自分のメールアドレスから知らないうちに迷惑メールを大量に発信されてしまうようなこともあります (→ p.104). 最近では Twitter, Facebook, LINE (これらは SNS というインターネットで他人と交流するためのサービスです (→ p.120)) などのパスワードを盗んで乗っ取り, 本人になりすまして嘘の情報を流したり, 個人情報を聞き出したり, 金銭をだまし取るなどの手口が社会問題になっています.

パスワードの取り扱いに関する注意点

パスワードの取り扱いは安易に考えず, 以下の点に注意して**厳重に管理**するようにしてください.

- **他人にパスワードを教えない**

  たとえ家族や親しい友人であっても決してパスワードを教えないようにしてください.

- **他人に盗まれないようにする**

  パスワードを入力する際には誰かがパスワードの入力を覗き見ていないか注意してください. スマートフォンの場合は, 覗き見防止シールなどが売られているので利用するとよいでしょう. ただし, 指の動きからパスワードを盗まれる可能性もあるので, 覗き見防止シールだけで安心しないでください. また, ネットカフェなどのパソコンには**キーロガー** (キーボードで入力した文字を記録 (log) して盗むアプリケーション) などのパスワードを盗む仕掛けがされている可能性があるので, **適切に管理されていない可能性がある不特定多数の人間が利用するパソコンでパスワードを入力するのは非常に危険です.**

- **パスワードは紙に書かないようにする**

  紙に書いたものは他人に盗まれる可能性が非常に高く, 危険です. どうしても紙に書く必要がある場合は, 必ず鍵のかかった安全な場所で厳重に管理するようにしてください.

- **誕生日や名前などの個人情報を使用しない**

  誕生日, 電話番号, 名前などの個人情報は簡単に推測されて破られてしまう可能性が非常に高いので, パスワードには決して使用しないでください.

- **辞書や辞典に載っている単語, 人名, 地名などをパスワードにしない**

  自分の好きな単語, 人名, 地名などをパスワードに設定するのも常に危険です. コンピューターは人間と違い, 指示されたことはどれだけ量が多くても飽きたり疲れたりせずにやりとげようとします. また, コンピューターの作業速度は人間と比べて非常に高速なので, 「辞書や辞典に載っている単語をパスワードとしてすべて試せ」というアプリケーションを作成することで, そのようなパスワードはほんの数分で簡単に破られてしまいます.

● 異なるところで使うパスワードは可能な限り別のものにする

さまざまな場所で使うパスワードをすべて共通のパスワードにした場合，そのパスワードが破られてしまうと，すべての場所でパスワードが破られることになってしまうため非常に危険です．ただし最近ではさまざまな場面で頻繁にパスワードを設定する必要があり，それらすべての場面で異なったパスワードを設定して使い分けるのは現実的に困難です．覚えられなくなってパスワードを紙に書いてしまったり，管理するパスワードの数が多すぎてパスワードを忘れてしまっては本末転倒です．すべてのパスワードを別のものにするのが無理な場合でも最低限破られたら困るような本当に大事なパスワードは異なるものを使うようにすることを強く推奨します．

● パスワード管理ソフトを使う

パスワード管理ソフトを使って複数のパスワードを管理することができます．パスワード管理ソフトは，パスワードを1つだけ覚えておけば，自分が使うすべてのIDとパスワードを管理してくれるので非常に便利ですが，以下のような欠点があるので，使う場合はそのことをはっきりと認識した上で使ってください．

　○ パスワード管理ソフトのパスワードを盗まれるとすべてのIDとパスワードが盗まれてしまうため，特に厳重に管理する必要があります．パスワードの盗難のリスクは個人で複数のパスワードを管理するよりは小さくなりますが，パスワードが盗難された場合の被害はパスワード管理ソフトのほうがはるかに大きくなります．また，パスワード管理ソフトのパスワードを忘れてしまうと，すべてのIDとパスワードが利用できなくなります．

　○ パスワード管理ソフトの多くは，パスワードとIDを業者に管理してもらうことで，インターネットにつながった環境であればどこでも利用できるようになっています（クラウドコンピューティング（→ p.140）の一種です）．そのため，その業者が何らかの理由でパスワードとIDを流出させてしまうという危険性があります．近年では，大手の業者でもIDとパスワードの流出がたびたび発生しており，100％安全であるとは言い切れません．業者が信用できないという人は，自分ですべてのパスワードを管理するしかないでしょう．パスワードを自分のパソコンの中で管理するように設定できる場合もありますが，その場合は自分のパソコン以外でパスワード管理ソフトを利用することができなくなります．

　○ 前述したキーロガーによるパスワードの盗難を防ぐことはできません．ネットカフェなど，不特定多数の人が使うパソコンでパスワード管理ソフトを使用するのは非常に危険なので，信頼できるパソコン以外では使わないようにしてください．

パスワードの作成方法の例

パスワードの作成の際に大事なのは「覚えられること」と「破られないこと」です．そのようなパスワードを作る方法はいくつかありますが，ここではその中の1つの方法を紹介します．

1. ある程度長い英語の文章を考える．
2. 文章のそれぞれの単語の頭文字を取る．
3. それをつなげたものに数字と記号を混ぜたものをパスワードとする．

英語の文章のバリエーションは無限にありますし，すべての英語の文章を載せた辞典も存在しません．したがって，この方法でパスワードを作れば上記で述べたような方法で破られることはありませんし，元は英語の文章なのでパスワードを覚えることも比較的容易です．一般的にはパスワードは最低8文字以上で，数字と記号を混ぜて作ることが推奨されています（次ページのコラム参照）．なお，上記で述べた方法はほんの一例です．他にもさまざまなパスワードの作り方がありますので，

自分に合った方法でパスワードを作成してください.

― パスワードに使用する文字の種類と長さ ―

　パスワードを破る1つの方法にすべてのパスワードを試してみるという方法があります. これは自転車のダイアルロックを0000から9999まで1万通りすべて試して開ける方法と似ています. そのため, パスワードの長さを長くしたり, パスワードに使う文字の種類を増やす（小文字のアルファベットだけでなく, 大文字や, 数字, 記号など混ぜる）ことによってパスワードを破られにくくすることができます. 例えば, アルファベットの小文字が2文字のパスワードは $26 \times 26 = 676$ 通りの組み合わせしかありませんが, 8文字の場合は $26^8 =$ 約2000億通りもの組み合わせがあります. しかし, 2000億程度の組み合わせであれば, コンピューターを使えば短い時間ですべてを試すことは十分可能です. アルファベットの大文字, 小文字, 数字を使う8文字のパスワードは $62^8 =$ 約200兆通りの組み合わせがあり, コンピューターを使ってもすべての組み合わせを試すのは容易ではなくなります.

― パスワードと生体認証技術 ―

　最近では, パスワードが必要となる場面が非常に多くなっており, パスワードを管理しきれないという状況が頻繁に発生しています. そのような状況を解決する1つの方法として, 指紋, 声, 静脈などの生体情報を使った認証技術が注目されています. 生体認証は2つと同じものがない自分の体を使った認証なので, パスワードのように覚える必要も, 鍵やカードのように管理して持ち歩く必要もありません. しかし, 残念ながら, 現在の生体認証の技術では100％正しく認証が行えないという問題もあります. 例えば, 本人なのに認証できなかったり, 他人なのに本人と誤認して認証ができてしまう可能性があるのです. また, 指紋をゼラチンで写し取ったもので認証を破るといった事例も報告されており, まだまだセキュリティ上の問題点は多いようです. 実際には生体認証技術を単独で使うのは危険なので, パスワードなど, 複数の認証技術を組み合わせて安全性を高めている場合が多いようです.

― パスワードは定期的に変更すべきか？ ―

　昔は同じパスワードを使い続けると流出の危険が高まるため, パスワードは定期的に変更すべきだと言われていました. しかし, 最近ではパスワードを定期的に変更すると, 新しいパスワードの作成やパスワードの覚え直しが困難なため, セキュリティの甘いパターン化したパスワードを作成したり, パスワードを使い回したりメモしたりするケースが多くなり, かえってセキュリティが低くなるのでパスワードは定期的に変更すべきではないと言われるようになってきています[6].

2.3　デスクトップ画面

　Windows 10を起動し, ログインの作業を行うと以下のような「デスクトップ画面」が表示されます. デスクトップ画面は, 次ページの図のようになっています.

デスクトップ

　背景の画面の部分をデスクトップ（desktop）と呼びます. デスクトップは文字どおり机（desk）の上（top）の意味で, 現実の机の上に書類を置くのと同じように, アイコンを自由に配置して利用できることが名前の由来となっています（同じデスクトップでも, 机の上に置くという意味のデスクトップパソコンとは意味が異なります）. デスクトップに表示される画像のことを壁紙と呼び, 自分の好きな画像を壁紙にすることができます（→ p.33）.

アイコン

デスクトップ上に表示される小さな画像のことをアイコン（icon（肖像））と呼びます. アイコンは

---

[6] 参考：内閣サイバーセキュリティセンター「インターネットの安全・安心ハンドブック」
　（https://www.nisc.go.jp/security-site/handbook/index.html）

ファイルやフォルダーやショートカット（→ p.67）を表し，マウスをダブルクリックすることでアプリケーションを実行（→ p.25）したり，フォルダーを開くことができます．

タスクバー

画面の下にある棒（bar）状の部分で，現在 Windows で実行されているアプリケーションの一覧が表示されます（→ p.28）．また，タスクバーの右には現在時刻やスピーカーの音量を調節するボタンなどが表示されます（この部分の内容はコンピューターの設定によって異なります）．

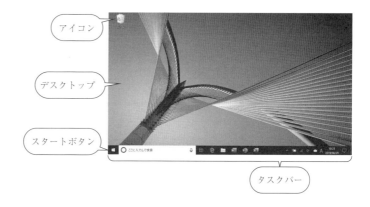

スタートボタン

画面の左下にあるボタン（■）で，スタートメニューを表示するためのボタンです[7]．また，このボタンの上でマウスの右のボタンをクリックすることで，さまざまな操作を行うためのメニューを開くことができます[8]．

スタートボタンをクリックすると下図のような**スタートメニュー**が表示されます[9]．

● 電源

コンピューターのシャットダウン，再起動，スリープ（→ p.25）をすることができる．

● 設定

コンピューターの設定を行う設定パネル（→ p.33）を呼び出すことができる．

● ピクチャ，ドキュメント

ピクチャ，ドキュメントフォルダー（→ p.50）をエクスプローラーで開くことができる．

● アカウント

アカウントの設定，切り替え，ログアウトなどを行うことができる．

---

[7] スタートボタンの役割は Windows 8 で大きく変化しましたが，Windows 10 から Windows 7 のスタートボタンの機能に近いものに戻されました．

[8] Windows キー（キーボードの■のロゴマークのキー）を押しながら X キーを押すことで，このメニューを呼び出すことができます．

[9] スタート画面の表示内容は設定パネル（→ p.33）でカスタマイズすることもできます．

- **アプリケーションの一覧**

　　このコンピューターにインストールされたアプリケーションの一覧が表示され，選択することでアプリケーションを起動することができる．

- **スタート画面**

　　アプリケーションがタイルの形で配置され，クリックすることでアプリケーションを起動することができる．タッチパネル操作を意識した作りになっており，タイルの配置はタイルをドラッグしたりすることで自由にカスタマイズできる．

2.4　マウス

　マウス（mouse）は上面に 3 つのボタン，底面に赤く光るセンサーがついた装置で，上から見た形がネズミ（mouse）に似ている（コードがしっぽを表します）ことからマウスと名付けられました．左側のボタンを操作ボタン，真ん中のボタンをホイール（wheel（車輪））ボタン，右側のボタンをメニューボタンと呼びます（左右のボタンを単純に，マウスの左ボタン，右ボタンのように呼ぶ場合もあります）．以下にマウスを使って行う操作の一覧を示します．これらの操作や用語はコンピューターを使用する上で頻繁に使われるため，必ず覚えてください．マウスのようにディスプレイ上の特定の位置を指し示すための装置をポインティングデバイス（pointing（指し示す）device（装置））と呼びます．

マウスカーソルの移動

　　マウスの底面を机の上などの平らな面に置き，上下左右に動かすことで，画面上に表示されるマウスカーソル（cursor）[10]という白い矢印（👆）を動かすことができます．マウスカーソルは，画面上に表示されるさまざまなものを操作するために使用します．

プレス

　　マウスのボタンを押し下げる（press）操作です．

リリース

　　押し下げているボタンを離す（release）操作です．

クリック

　　クリックとはマウスを動かさずに，同じ位置で素早くプレスしてリリースする操作です[11]．click は「カチッ」という音を表す英語で，ピストルの引き金を引いた時の擬音などで使われます．

ダブルクリック

　　ダブルクリックはマウスを動かさずに，同じ位置で素早く 2 回（double）クリックする操作です．

ドラッグ

　　ドラッグはマウスのボタンをプレスし，プレスしたままマウスカーソルの位置を動かす操作です．drag は物を引きずるという意味で，マウスをプレスすることでつかみ，そのまま動かすことで，つかんだものを引きずるというイメージから，この用語がつけられました．

操作（左）ボタン

　　操作ボタンは，マウスカーソルの下に表示されているものを操作するためのボタンです．例えば，マウスカーソルの下にボタンの形をした画像が表示されている場合，操作ボタンをクリックするこ

---

[10] コンピューターで何かを指し示すものを表す用語で，マウスカーソルや文字カーソルなどがあります．語源はラテン語の「走者」で，マウスカーソルのようにカーソルが画面上を走り回ることからつけられたと言われています．マウスポインター（pointer（指し示すもの））と呼ぶこともあります．

[11] プレスとクリックは同じ操作だと混同されがちですが，異なる操作です．

とで，そのボタンを押すという操作が行われます．一般的に，単に「マウスをクリックする」と表現した場合は，マウスの操作ボタンをクリックするという意味を表します．本書では，何かの上にマウスカーソルを移動してマウスの操作ボタンをクリックするという操作を「○○の上でマウスをクリックする」と表記します．

メニュー（右）ボタン

コンテキストメニューというメニューを表示するためのボタンです．キーボードのメニューキー（→ p.39）を押しても同じ動作が行われます．コンテキストメニューの内容は，その時に行っている作業やコンピューターの状態（context（文脈，状況））によって異なります（一般的にはマウスカーソルの下にあるものによって変化します）．本書では，コンテキストメニューの操作を『「○○」のメニュー→「メニューの項目」をクリックする』と表記します．

ホイールボタン

ホイール（wheel）とは車輪のことで，指で回転させることができるボタンです．ホイールボタンは主に「スクロール」（→ p.28 参照）という操作を行うためのボタンです．

マウスの種類

マウスにはさまざまな種類があり，ボタンが 1 つ，2 つ，4 つ以上ついているもの，底面にボールがついているものなどがありますが，いずれの場合も基本的な使い方は同じです．現在の Windows では 3 つボタンがあるマウスが標準的に使われていますが，Macintosh では昔は伝統的にボタンが 1 つしかないマウスが使われていました．底面に赤いランプがあるマウスは光学式マウスという種類のマウスで，底面のランプから発生する光の反射を読み取ってマウスの動きを感知する仕組みになっています．そのため，マウスを置く面が光を反射しにくい材質である場合はマウスの動きを正しく感知できない場合があります．そのような場合は，マウスパッド（pad（敷き物））という，マウスの光を反射しやすい材質で作られた敷き物を用意し，その上でマウスを使用するとよいでしょう．底面にボールがついているタイプのマウスは，ボールが転がることによってマウスの動きを感知する仕組みになっています．このタイプのマウスは仕組みが簡単なので値段が安いという利点がありましたが，時々ボールを掃除しないとごみがたまってしまい感度が悪くなるという欠点があり，光学式マウスの値段が十分安くなった現在ではほとんど使われなくなりました．

2.5 マウスによる基本操作

Windows ではマウスを使ってさまざまな操作を行うことができますが，その中でほとんどのアプリケーションに共通する基本的な操作について説明します．

クリック操作によるオブジェクトの選択

コンピューターでは，アイコンや図形や文字など，アプリケーションが操作することができる対象をオブジェクト（object（物や物体））と呼びます．マウスをクリックすることで，マウスカーソルの下にあるオブジェクトを**選択**することができます．選択されたオブジェクトは，選択状態であることを表すために色が変化したり，背景色が塗りつぶされた状態で表示されます．選択状態を解除するには，何もないところでマウスをクリックするか，他のオブジェクトを選択します．

文章を編集するアプリケーションの場合，マウスをクリックした場所に文字カーソル（キーボードによって文字が入力される場所を表すカーソル）が移動します．

シフトキーを押しながらマウスをクリックしてオブジェクトを選択した場合，特定の範囲に存在する複数のオブジェクトをまとめて選択状態にすることができます．文章を編集するアプリケーションの場合，文字カーソルの場所からマウスカーソルの下にある範囲の文章が選択状態になります．エ

クスプローラー（→ p.52）のように文字カーソルが存在しないアプリケーションの場合，現在選択状態にあるオブジェクトからマウスカーソルの下にある長方形の範囲のオブジェクトが選択状態になります．また，一部のアプリケーションでは，**Ctrl キーを押しながらマウスをクリックしてオブジェクトを選択**することで，オブジェクトを追加して選択状態にする（クリックしたオブジェクトが既に選択状態にあるときは，選択状態が解除される場合がある）ことができます．シフトキーによる選択とは異なり，離れたところにあるオブジェクトを飛び飛びに選択できる点が便利です．

ドラッグ操作によるオブジェクトの選択

マウスカーソルの下に何もない場所でドラッグ操作を開始することで，ドラッグの開始地点から終了地点までの間に存在するオブジェクトをすべて選択状態にすることができます．エクスプローラーのような文字カーソルの存在しないアプリケーションの場合，シフトキーを押しながらドラッグすることで，それまでに選択されていたオブジェクトの選択状態を解除せずにオブジェクトを追加することができます．また，一部のアプリケーションでは Ctrl キーを押しながらドラッグ操作を行うことで，それまでに選択されていたオブジェクトの選択状態を解除せずに，ドラッグされた範囲のオブジェクトの選択状態を追加または反転（選択されていないものを選択し，選択されているものの選択を解除する）することができます．

ドラッグ操作によるオブジェクトの移動とコピー

選択状態のオブジェクトの上にマウスカーソルを移動し，ドラッグ操作を行うことにより，選択状態にあるオブジェクトをすべて移動することができます．このとき，Ctrl キーを押しながらドラッグ操作を行うことによって，選択状態にあるオブジェクトをすべてコピーすることができます．オブジェクトの移動とコピーはクリップボード（→ p.31）を使って行うこともできますが，マウスを使ったほうが便利な場合もあるので使い分けるとよいでしょう．

メニューボタンによる操作

オブジェクトの上にマウスカーソルを移動し，マウスのメニューボタンをクリックすることで，そのオブジェクトに対してアプリケーションが提供する操作の一覧を表示するコンテキストメニュー（→ p.23）を表示することができます．オブジェクトがない場所でマウスのメニューボタンをクリックすると，マウスカーソルの下にあるウィンドウのアプリケーションが提供する，一般的な操作の一覧を表示するコンテキストメニューが表示されます．

マウスカーソルの形状について

マウスカーソルの形状はマウスのボタンをクリックまたはドラッグしたときに実行される操作の種類によって変化することがあります．代表的な形としては「＋➔✥」は「移動可能」，「⤢⤡↕↔」は変形可能，「Ⅰ」は「その位置に文字カーソルを移動」という意味を表します．これらの形状はマウス操作によって何が起こるかのヒントになりますので，覚えておくと便利でしょう．

2.6　メニュー

いくつかの項目の中から 1 つを選択する方法として，コンピューターにはメニューの機能が用意されています．Windows では，メニューはマウスのメニューボタンをクリックした場合など，さまざまな場面で表示されます．メニューには選択項目が縦に一覧で表示され，マウスカーソルを選択項目の上に動かすとその項目の背景の色が変化し，クリックすると項目を選択したことになります．

メニューの項目の中には一番右に右向きの三角形（▶）が表示されるものがあり，これはその項

目の中にさらに複数の選択項目が存在することを意味します．この選択項目の中にあるメニューのことを**サブメニュー**と呼びます．サブメニューが存在する項目の上にマウスカーソルを移動すると，メニューの横にサブメニューの内容が表示されます．サブメニューの項目の中にさらにサブメニューが入ることもあります．メニューの項目を選択せずにメニューを閉じる（画面から消す）には，メニューの外にマウスカーソルを移動してからマウスをクリックします．

2.7　コンピューターのシャットダウン，再起動，スリープ，ログアウト

コンピューターの電源を切るためには，シャットダウン（shutdown（閉鎖，運転中止））という操作を行う必要があります．コンピューターは画面上では何も行われていないように見えている場合でも，実際には常に OS などの複数のソフトウェアが作業を行っており，シャットダウンを行うと，それらの作業をすべて終了してからコンピューターの電源を切ります．シャットダウンをせずにいきなり電源を切ってしまうと，それらの作業が途中で中断されてしまい，コンピューターの内部がおかしな状態になってしまう可能性があります．例えば，アプリケーションで編集中の作業が保存されないまま終了してしまいます（→ p.65）．ゲーム機でたとえると，セーブをせずにいきなり本体の電源を切ってしまうとそれまでに遊んだゲームのデータが消えてしまうのと似ています．

再起動（reboot．再（re）起動（boot））とは，コンピューターをシャットダウンした後に自動的に電源を入れてコンピューターを起動する操作でコンピューターの動作が不安定になった場合（→ p.34）や Windows Update などで OS やアプリケーションにパッチを当てた場合（→ p.143）などで行います．コンピューターをシャットダウンして電源を切ってしまうと，次にコンピューターの電源を入れてから起動するまでに多少時間がかかります．コンピューターをしばらく使わない場合は，シャットダウンではなく，**スリープ**（sleep（眠る））するという方法もあります．スリープは，シャットダウンと異なり，完全に電源を切るわけではありませんが，コンピューターの電力をほとんど使わない状態に保ち，素早く通常の状態に復帰することができます．

シャットダウン，再起動，スリープの操作は，以下のいずれかの操作で表示されるメニューで行うことができます．また，設定パネル（→ p.33）で「システム」→「電源とスリープ」をクリックして表示される画面で，コンピューターを一定時間操作しなかった場合にディスプレイの電源だけを切ったり，自動的にスリープするように設定できます．

- 「スタートボタン」→「電源」をクリックする．
- 「スタートボタン」のメニュー→「シャットダウンまたはサインアウト」をクリックする．

パソコンの利用を終了し，電源を切らずに他人がパソコンを使えるような状態にすることを，**ログアウト**（log out），ログオフ（log off），サインアウト（sign out）などと呼びます．Windows 10 では「スタートボタン」→「アカウント」→「サインアウト」または，「スタートボタン」のメニュー→「シャットダウンまたはサインアウト」→「サインアウト」をクリックすることでログアウトを行う事ができます．ログアウト後はログイン画面が表示されます．

2.8　アプリケーションの実行

Windows でアプリケーションを実行するには，主に以下の 5 種類の方法があります．
デスクトップのファイルのショートカットのアイコンをダブルクリックする

デスクトップにはコンピューターにインストールされたアプリケーションを実行するためのファ

イルのショートカット（→ p.67）のアイコンを配置することができます．このアイコンの上でマウスをダブルクリックすることでアプリケーションを実行することができます．

スタートメニューからアプリケーションを実行する

スタートメニュー（→ p.21）からアプリケーションを選んで実行することができます．

タスクバーのアイコンをクリックする

タスクバー（→ p.28）にアプリケーションのアイコンを登録し，クリックすることでアプリケーションを実行することができます．

検索ボックスからアプリケーションを検索して実行する

タスクバーの**検索ボックス**をクリックすると検索のメニューが表示されます[12]．検索ボックスはアプリケーションやコンピューターの設定[13]などを検索するためのテキストボックス（文字（text）を入力するための箱（box））で，ここに実行したいアプリケーションの名前を入力すると，検索されたアプリケーションの一覧が表示され，クリックすることで実行することができます．右図は「メモ帳」というアプリケーションを検索した場合の画面です．

タスクバーの検索ボックスはタスクバーの上でマウスの右ボタン→「検索」→「検索ボックスを表示」で表示の有無を切り替えることができます．ただし，タスクバーの設定（→ p.30）で「小さいタスクバーを使う」を「オン」にした場合は，タスクバーに検索ボックスを表示することはできません．検索ボックスが邪魔な場合は，「検索」→「検索アイコンを表示」を選択することで，検索のメニューを表示するための小さなアイコンを検索ボックスの代わりに表示することができます．

データファイルのアイコンをダブルクリックする

ワープロで作成した文書などのデータが入ったファイルのことをデータファイル（→ p.49）と呼びます．データファイルのアイコンをダブルクリックするとそのデータファイルを処理するためのアプリケーションが実行されます．

2.9　ウィンドウ

アプリケーションを実行すると，そのアプリケーションを表す**ウィンドウ**（window）という長方形の領域が画面に表示されます．ウィンドウは，アプリケーションが扱うデータのうち，全体の中の一部分を窓（window）から覗き込むように表示することから名付けられました．現在のパソコンのほとんどの OS では，複数のウィンドウを画面に表示することにより同時に複数のアプリケーションを実行できるというマルチウィンドウシステム（multi（複数の））を採用しています．

---

[12] 検索のメニューは，Windows キー（ ▦ ）を押しながら S キーを押すことで呼び出すこともできます（search（検索）の S と覚えるとよいでしょう）．

[13] 例えば，検索ボックスに「パスワード」を入力することで，パスワードを変更するための設定パネルを呼び出すためのメニューが表示されます．

┌───┐
Windows の名前の由来

　Windows という OS の名前もこのウィンドウが由来となっています．最初の Windows が発売された当時（1985 年）はパソコンの性能があまり高くなく，一般人が購入できるような安価なパソコンにはマルチウィンドウシステムがまだあまり普及していませんでした．当時はスマートフォンのように，画面全体が 1 つのアプリケーションの表示で占有されているというスタイルのほうが一般的であり，同時に実行できるアプリケーションは 1 つだけでした．そのような状況で複数のウィンドウが使えるということは非常にインパクトがあったので，OS の名前を window の複数形の Windows にしたと言われています．なお，ウィンドウシステム自体は 1970 年代から開発されており，安価なパソコンにウィンドウシステムを搭載して普及するきっかけとなったのは Windows ではなく，Apple 社の Macintosh（1984 年）であると言われています．
└───┘

　ウィンドウに表示される内容は，アプリケーションの種類によって異なりますが，いくつかの部分は Windows のすべてのウィンドウに共通します．それらの部分について説明します．下図は「**メモ帳**」という文章を編集するアプリケーションのウィンドウです．メモ帳を実行するには検索ボックスからメモ帳を検索する（→ p.26）とよいでしょう．

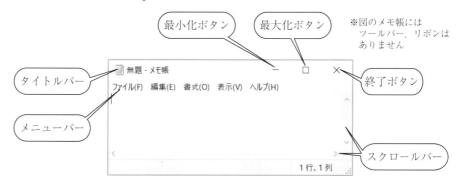

- **タイトルバー**　　編集している文章のタイトル（title）や，アプリケーションの名前などの情報がバーに表示されます．また，タイトルバーの部分をマウスでドラッグすることで，ウィンドウの位置を移動することができます．
- **メニューバー**　　アプリケーションの機能を使用するメニューを表示するボタンが並びます．
- **終了ボタン**　　アプリケーションを終了することができます．
- **最大化ボタン**　　ウィンドウのサイズを画面全体に広げるためのボタンです．このボタンをクリックしてウィンドウを最大化すると，最大化ボタンの形状が変化し，再びこのボタンを押すことで，最大化する前のサイズにウィンドウを戻すことができます．
- **最小化ボタン**　　ウィンドウの表示を画面から消すためのボタンです．終了ボタンと違い，最小化ボタンでウィンドウを消しても**アプリケーションは終了せず，単に画面から見えなくなる**だけです．最小化ボタンは，使用しないウィンドウを一時的に消して，画面を見やすくするために使われます．最小化ボタンで消えたウィンドウを再び画面に表示するには，後述するタスクバーに表示されるボタンをクリックします．
- **ツールバー**　　アプリケーションのさまざまなツール（tool（道具））（機能のこと）を呼び出すためのボタンを集めたバーです．アプリケーションによっては，ツールバーのボタンの上にマウスカーソルを移動すると，そのボタンの説明が表示される場合があります．なお，上図のメモ帳のように，ツールバーがないアプリケーションも存在します．
- **リボン**　　エクスプローラー（→ p.52）や Word（→ p.150）など，主に Microsoft 社のアプリケーションでは，メニューバーやツールバーの代わりにリボン（→ p.54）が使われています．

● **スクロールバー**　　コンピューターのウィンドウの大きさは有限なので，ウィンドウより大きなものを表示する場合，どうしても全体の一部しか表示できません．スクロールバーは，ウィンドウに表示されている内容を上下左右にスクロール（scroll（ずらす））して隠れている部分を表示するためのものです．スクロールバーには表示を上下方向にスクロールするスクロールする縦スクロールバーと，左右方向にスクロールする横スクロールバーの 2 種類があります．スクロールバーは，つまみをマウスでドラッグすることによって操作を行います．マウスのホイールボタンに対応したアプリケーションでは，ホイールボタンを上下に回転することで上下方向のスクロールを行うことができます．

ウィンドウの移動とサイズの変更

　タイトルバーの上でマウスをドラッグすることによって，ウィンドウを移動することができます．また，ウィンドウの四隅の部分にマウスカーソルを移動し，マウスカーソルが ⤢ の形に変化したところでドラッグすることによって，ウィンドウのサイズを変更することができます．四隅以外の端でドラッグした場合は，上下（または左右）方向に変形することができます．ウィンドウを画面の上端に移動することで最大化したり，左右の端に移動することで画面の左右の半分の大きさに配置することができます．このようにして最大化（または画面の半分の大きさに配置）したウィンドウは，タイトルバーをドラッグして少し移動することで，元の大きさに戻すことができます．

アクティブウィンドウ

　マルチウィンドウシステムでは，一番手前に表示されているウィンドウを「**アクティブウィンドウ**」（active（活動中の））と呼び，ウィンドウに対してキーボードから文字を入力するなどの操作を行う場合，ウィンドウをアクティブにする必要があります．ウィンドウをアクティブにするには，ウィンドウの上にマウスカーソルを移動してクリックするか，次に説明するタスクバーの対応するアプリケーションのボタンをクリックします．また，Alt キーを押しながら Tab（タブ）キーを押したり，タスクバーの「タスクビュー」ボタンをクリックして表示される画面でアクティブウィンドウを切り替えることもできます．以後，複数のキーを同時に押す操作を「Alt ＋ Tab」のように表記します．

2.10　タスクバー

　アプリケーションを実行すると，**タスクバー**の部分に実行したアプリケーションのアイコンのボタンが表示されます．タスク（task）とは「仕事」の意味で，OS が実行しているアプリケーションのことを OS の仕事と見なしてタスクと呼びます．タスクバーは左から，スタートボタン（→ p.21），検索ボックス（→ p.26），タスクビューボタン，アプリケーションのアイコンボタン，通知領域（→ p.30）から構成されます（次ページの図）．

タスクビューボタン

　タスクビュー（view（展望する））ボタンをクリックすることで [14]タスクビューが呼び出され，画面に現在実行中のアプリケーションのウィンドウの一覧が表示されます．アプリケーションをクリックすることでアクティブウィンドウを切り替えることができます．タスクビューの上部にある「新しいデスクトップ」をクリックすることで，仮想デスクトップという新しいデスクトップ画面を作成し，用途に応じてデスクトップ画面を切り替える [15]ことができるようになります．タスクビューの下部には「タイムライン」という，過去に実行したアプリケーションの履歴

[14) タスクビューは Windows キー + Tab で呼び出すこともできます．また，タスクバーの設定（→ p.30）によりタスクビューボタンをタスクバーに表示しないようにすることもできます．

[15) 仮想デスクトップの切り替えは Windows キー + Ctrl + ←（または→）キーでも行えます．

が表示され，クリックすることで過去に実行したアプリケーションを素早く呼び出すことができます．

アプリケーションのアイコン

　タスクビューボタンの右には，実行中のアプリケーションとタスクバーに登録されたアプリケーションの一覧を表すアイコンが表示されます．アイコンの中で，アクティブなウィンドウに対応するアイコンは明るくハイライトされて表示されます．また，実行中のアプリケーションに対応するアイコンには下線が表示されます．タスクバーの設定（→ p.30）を行うことで，同じアプリケーションのウィンドウが複数実行されていた場合にそのアプリケーションのアイコンを1つにまとめて表示することができます．

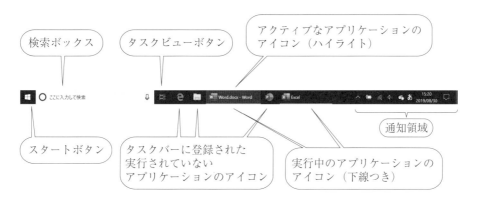

　実行中のアプリケーションのタスクバーのアイコンの上にマウスを移動することで，そのアイコンに対応するアプリケーションのウィンドウの一覧が小さく表示されます．この小さく表示されたウィンドウのボタンをクリックすることで対応するウィンドウをアクティブウィンドウに，マウスのメニューボタンをクリックすることで対応するウィンドウに対して最小化，最大化，移動などの操作を行うメニューを表示することができます．また，タスクバーのアイコンの上でマウスのメニューボタンをクリックすると，そのアプリケーションでよく使うファイルなどが表示され，クリックすることでファイルを開くことができます．

　タスクバーにはよく使うアプリケーションのアイコンを登録する（Windows ではこのことを「ピン留め」と呼びます）ことができます．ピン留めされたアプリケーションが1つも実行されていない場合はタスクバーのアイコンに下線が表示されず，そのアイコンをクリックすることでそのアプリケーションを実行することができます．タスクバーにアプリケーションのアイコンをピン留めするには以下の手順で行います．

　1.　以下のいずれかの上でマウスのメニューボタンをクリックする．
- スタートメニューに表示されるアプリケーションの上で表示されるメニューの「その他」を選ぶ
- 「検索ボックス」で検索されたアプリケーション
- アプリケーションを実行するためのファイルのショートカットのアイコン（→ p.67）

　2.　表示されるメニューから「タスクバーにピン留めする」をクリックする [16]．

　タスクバーのピン留めを外すには「タスクバーのアイコン」のメニュー→「タスクバーからピン留めを外す」をクリックします．

---

[16] 類似のメニューの項目に「スタートにピン留めする」がありますが，こちらはスタートメニューの右のタイルに登録するという意味を持ちます．

通知領域

　タスクバーの右にはシステムやアプリケーションの状態
を表示する**通知領域**があります．通知領域に表示されるボ
タンの種類はタスクバーの設定やインストールされている
アプリケーションによって異なりますが，一番右に「デス
クトップの表示」，その左に「アクションセンター」が表示
され，その左には一般的に，日付と時計，スピーカーの音
量調整，日本語入力 FEP（→ p.43），ネットワークなどの

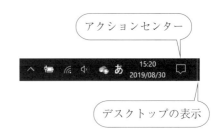

アクションセンター

デスクトップの表示

ボタンが並び，クリックすることでそれぞれの機能を呼び出すことができます．「デスクトップの
表示」をクリックすると一時的にすべてのウィンドウが最小化され，デスクトップのみが表示され
るようになります．もう一度「デスクトップの表示」をクリックすると元に戻ります．「アクショ
ンセンター」をクリックすると，Windows Update（→ p.143）など，Windows やアプリケーショ
ンから送られてきた通知の一覧や，デスクトップモードとタブレットモードの切り替えボタンや設
定パネルを呼び出すボタンなどが表示されます．通知領域に表示するボタンの設定は「タスクバー
の何も表示されていないところ（　　 の上でもよい）」のメニュー→「タスクバーの設定」で表示さ
れる画面の「通知領域」の下の「タスクバーに表示するアイコンを選択します」と「システムアイ
コンのオン／オフの切り替え」をクリックして設定できます．「タスクバーに表示するアイコンを選
択します」でオフにしたアイコンは通知領域の左端にある三角形のボタン（　　 ）で表示できます．

タスクバーの設定

　タスクバーに検索ボックスやタスクビューボタンなどを表示するかどうかの設定は「タスクバー
の何も表示されていないところ」のメニューで行います．また，このメニューの中の「**タスクバー
の設定**」で表示される画面でより詳細な設定を行うことができます．例えば「画面上のタスクバー
の位置」の下のメニューでタスクバーを画面のどこに表示するか，「タスクバーボタンを結合する」
の下のメニューで同じアプリケーションのアイコンを結合（ひとまとめに）して表示するかどうか
などの設定を行えます．

GUI と CUI

　ユーザーに対する情報の表示の方式や，データの入力方式を規定する，コンピューターシステムの
「操作環境」（interface）のことを**ユーザーインターフェース**（User Interface（UI））と呼びます．
　Windows のように，ユーザーに対する情報の表示をグラフィックス（graphics（画像））で行い，基
本的な入力操作を表示されたグラフィックスに対してマウスなどのポインティングデバイス（pointing
device）（→ p.22）を使って行うユーザーインターフェースのことを **GUI**（Graphical User Interface）
と呼びます．例えば，Windows のメニュー，アイコン，ツールバーなどはすべてグラフィックスで表
示されており，それらをマウスで操作します．GUI は直観的でわかりやすい操作方法をユーザーに提
供できるので，今日のパソコンの主流となっています．例えば，ウィンドウに表示される×マークの終
了ボタンは，ぱっと見ただけでアプリケーションを終了させるボタンであることが理解できるような
デザインになっています．アプリケーション間で共通する一貫した使いやすい GUI 環境を提供するこ
とは，OS の重要な役割の 1 つです．コンピューターが開発されてからしばらくの間は，ディスプレイ
には文字しか表示できなかったため，ユーザーに対する情報の表示や，コンピューターへのユーザーの
操作をすべて文字で行っていました．当時はパソコンにマウスはついておらず，パソコンの操作はキー
ボードによる文字の入力だけで行っていました．このようなユーザーインターフェースのことを **CUI**
（Character（文字の）　User Interface）[17]と呼びます．

----

[17] 文字でコマンド（command（命令））を入力するインターフェースなので CLI（Command Line Interface）と
　　呼ぶ場合もあります．line とは行のことで，コマンドの内容を 1 行で入力し，エンターキーを押して実行してい
　　たことが由来です．

　GUI と CUI は，下の表のようにそれぞれ利点と欠点があります．CUI はコマンドを覚えるのが大変なので初心者向けではありませんが，コマンドをうまく利用すればきめの細かい操作を簡単に実行できるという利点があります．例えば，GUI ではメニューで同じ操作を何度も繰り返すのは大変ですが，CUI では「ある操作を 10 回行う」という意味を表すコマンドを入力することで簡単に実行できます．余談ですが，スパイ映画などでよくある主人公が目まぐるしいキーボード操作によって敵のコンピューターから情報を盗み出すというシーンは，GUI のような操作に時間がかかるやり方ではなく，素早く操作を行うことができる CUI を使ってコンピューターを操作していることを表現しています．CUI には，英単語などで表現されたコマンドを入力するものと，Ctrl キーや Alt キーなどの特定のキーの組み合わせでコマンドを入力するものがあります．後者はショートカットキー操作（→ p.32）と呼ばれ，Windows でも頻繁に使われています．一方，Windows では英単語などで表現されたコマンドを入力するタイプの CUI はあまり使われていませんが，Unix などの OS では今でも標準的に使われています．また，Windows にも「コマンドプロンプト」，「Windows Power Shell」という CUI のアプリケーションが標準的に用意されています（→ p.108）．

	GUI	**CUI**
操作方法	直観的で覚えやすい（初心者向け）	コマンドを覚える必要がある
操作の手間	比較的時間がかかる．例えば，メニューの場合，マウスの移動，クリックという操作が数回必要	キーボードの入力が速く，コマンドを覚えさえすれば，すぐに実行できる
複雑な操作	同じ操作を繰り返したり，複数の操作を組み合わせて行う場合，操作に手間や時間がかかる	同じ操作を繰り返したり，複数の操作を組み合わせて行う場合，コマンドを組み合わせることで簡単に実行できる

2.11　クリップボードを使ったデータの移動とコピー

　Windows では，アプリケーション間でファイル，文章，画像などのデータのやり取りを行うために，「**クリップボード**」(clipboard) [18] という入れ物が用意されています．クリップボードは Windows の画面上には通常は表示されないので，その中身を普段は目で見ることはできませんが，ファイルだけでなく，文章，画像，音声など，さまざまなデータを扱うことができます．

　クリップボードを使ったデータのやり取りは，以下の手順で行います．

1. やり取りするデータを選択状態にし，以下のいずれかの操作を行う．
   - メニューバーの「編集」→「切り取り」または「コピー」をクリックする．
   - 「マウスのメニューボタン」→「切り取り」または「コピー」をクリックする．
   - エクスプローラー（→ p.52）や，Word（→ p.150）などでは，リボンの「ホーム」タブの「クリップボード」グループの中の「切り取り」や「コピー」をクリックする．
   - Ctrl + X（切り取り）または Ctrl + C（コピー）を押す．

   　上記の操作を行うことで，選択したデータがクリップボードに入ります．「切り取り」は選択したデータが削除されますが，「コピー」は削除されないという違いがあります．

2. データの受け取り先のウィンドウをアクティブにし，以下のいずれかの操作を行う．
   - メニューバーの「編集」→「貼り付け」をクリックする．
   - 「マウスのメニューボタン」→「貼り付け」をクリックする．
   - リボンの「ホーム」タブの「クリップボード」グループの中の「貼り付け」をクリックする．

---

18) 現実のクリップボードは上部にクリップ（clip）のついた板（board）のようなもので，クリップに書類などを挟んで簡単に受け渡しができるようにするための文房具です．回覧板や書類の受け渡しでよく使われています．

● Ctrl + V（貼り付け）を押す．

上記の操作を行うことで，クリップボードに入っているデータがウィンドウ上にコピーされます．コピーされる場所はアプリケーションによって異なりますが，文字を扱うアプリケーションの場合は，文字カーソルの位置にコピーされる場合が多いようです．

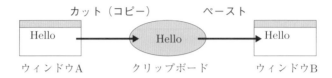

このようにクリップボードを使い，データを切り取って（cut）貼り付ける（paste）ことによってデータをアプリケーション間で移動することを「**カットアンドペースト**」，コピーする場合は「**コピーアンドペースト（または略してコピペ）**」と呼びます．Windows では，ほぼすべてのアプリケーションがクリップボードによる操作に対応しており，クリップボードには任意のデータを入れることができます．ただし，クリップボードを使ってアプリケーションへデータを貼り付ける場合は，貼り付ける先の**アプリケーションが扱えるデータしか貼り付けることはできません**．例えば，メモ帳は文字しか扱えないので，画像やファイルをクリップボードにコピーしても，そのデータをメモ帳に貼り付けることはできません．

2.12　ショートカットキー操作

メニュー操作などの GUI は，操作がわかりやすいという点では便利ですが，操作に手間がかかるという欠点があります．そこで，Windows には**ショートカットキー**（shortcut（近道））操作という，キーボードで素早く操作を行うことができる CUI による操作方法が用意されています．ショートカットキー操作には主に Alt キーを使うものと，Ctrl キー（→ p.38）を使うものがあります．

Alt キーによるショートカットキー操作

ウィンドウのメニューバーなどに表示されるメニューには名前の右に括弧が表示され，その中にアルファベット 1 文字が表示されます．これは，Alt キー（alternative（代わりの，代替の）の略）[19]を押しながらそのアルファベットのキーを押すことで，そのメニューをクリックした場合と同じ操作が行われることを意味します．例えば，右図のメモ帳の「ファイル」メニューの右には（F）と表示されているので，Alt + F を押すと「ファイル」メニューの一覧が表示されます．こうして表示されたメニューの中の項目にも同様に括弧の中にアルファベットが表示されており，同じ操作で項目を選択することができます．例えば，図のメニューで「上書き保存」を行いたい場合は，Alt + F，Alt + S の順で操作を行います（この操作は Alt キーを押しっぱなしで行う必要があります）．

Ctrl キーによるショートカットキー操作

Alt キーによるショートカットキー操作では，多くの場合，2 回以上操作を行う必要があります．それに対して，Ctrl キー（コントロール（control（操作））の略）によるショートカットキー操作は，1 回のキー操作でアプリケーションの機能を実行できます．メニューの項目の右端に Ctrl + ○

---

[19]　発音的にはオルトキーと呼ぶのがより正確なのですが，日本ではアルトキーと呼ぶ人が多いようです．

（○はアルファベット1文字）のように書かれているものは，Ctrlキーを押しながらそのアルファベットのキーを押すとそのメニューの操作が行われることを意味します．頻繁に使われるCtrlキーによるショートカットキー操作には以下の表の左の列のようなものがあり，これらはほぼすべてのWindowsのアプリケーションで共通して使うことができます．これらのショートカットキー操作を覚えることで効率的にWindowsの操作を行えるようになる（例えば，カットアンドペーストはCtrl + X，Ctrl + Vで行える）ので，ぜひ覚えて活用することをお勧めします．

操作	意味	操作	意味
Ctrl + A	データの全選択（All）	**Alt + Tab**	実行中のアプリケーションを切り替える
Ctrl + O	ファイルのオープン（Open）	**Ctrl + Shift+Esc**	タスクマネージャー（→ p.34）を開く
Ctrl + S	ファイルの上書き保存（Save）	**PrintScreen**	スクリーンショットを撮る（→ p.190）
Ctrl + X	クリップボードへ切り取り	**Windows キー＋E**	エクスプローラー（→ p.52）を実行する
Ctrl + C	クリップボードへコピー（Copy）	**Windows キー＋I**	設定パネル（→ p.33）を開く
Ctrl + V	クリップボードから貼り付け	**Windows キー＋L**	アカウントをロックする[20]（Lock）
Ctrl + Z	操作の取り消し	**Windows キー＋S**	ファイルや設定を検索する画面を呼び出す
Delete	削除操作を行う	**Windows キー＋X**	スタートボタンのメニューを呼び出す

　上記以外のショートカットキー操作は**アプリケーションごとに異なっています**[21]．ショートカットキー操作を覚えることで確かに操作が楽になりますが，ほとんど使わない機能のショートカットキー操作を無理に覚える必要はありません．自分がよく使う機能のショートカットキー操作をまず覚え，その他のショートカットキー操作は必要に応じて覚えていけばよいでしょう．

その他のショートカットキー操作

　アプリケーションによっては，ファンクションキー[22]など，Ctrlキー以外のさまざまなキーに機能を割り当てているものも存在します．どのキーがどの機能に対応するかは，Ctrlキーによるショートカットキー操作と同様に，メニューやリボン[23]に記述されています．

2.13　Windowsの設定

　Windowsの設定は**設定パネル**から行います．設定パネルでは，デスクトップの画像（壁紙）の変更，ユーザーアカウントの作成，アプリケーションのアンインストールなど，コンピューターに関するさまざまな設定を行うことができます．設定パネルは「スタートボタン」→「設定」，「スタートボタン」のメニュー→「設定」，Windowsキー＋Iなどの方法で表示することができ，設定パネルの上部のテキストボックスから設定の検索を行うことができます．また，設定パネルの下部にはWindowsの設定が分類されているので，そこから行いたい設定を選んで探すことができます．Windowsの設定は検索ボックス（→ p.26）から検索して呼び出すこともできます．

---

[20] パスワードを入力しないとパソコンを操作できない（鍵（lock）をかけた）状態にします．周りに他人がいる場合で，パソコンから一時的に離席する際に使うとよいでしょう．

[21] 表の中の右の列のショートカットキー操作はアプリケーションの種類に関係なく常に使うことができます．

[22] キーボードの上部にあるF1〜F12のキーのことです．アプリケーションによって何らかのfunction（機能）を割り当てられたキーで，日本語入力時（→ p.43）などでよく使われます．

[23] リボンの場合はリボンのボタンの上にマウスをしばらく置くと表示される機能の説明の中にショートカットキー操作が表示されます．また，メニューやリボンの機能がショートカットキー操作に対応していない場合もあり，その場合は何も表示されません．

2.14　トラブルの対処

コンピューターを使用していると，さまざまなトラブルが発生する場合があります．ここでは，トラブルが発生した場合の対処法について説明します．

操作の取り消し

コンピューターを使っていると，間違って必要な文章を削除してしまうなどの操作ミスはつきものです．そのような場合に対処するために，ほとんどのアプリケーションでは，**ユーザーが行った操作を取り消す（元に戻す）**ことができます．

取り消し操作を行うには，以下のいずれかの操作を行います．

- メニューバーの「編集」→「元に戻す」をクリックする．
- 「マウスのメニューボタン」→「元に戻す」をクリックする．
- リボンの場合はクイックアクセスツールバー（→ p.56）の「元に戻す」をクリックする．
- ショートカットキー操作の Ctrl + Z を押す．

上記のいずれかの操作によって，そのウィンドウで行った 1 つ前の編集操作を取り消すことができます．アプリケーションによっては，「元に戻す」を行った場合にどのような操作が取り消されるかをメニューの「元に戻す」の右側に表示する場合があります．

どのような操作を取り消すことができるかはアプリケーションによって異なります．中には取り消すことができない操作もあるので注意が必要です．ただし，ほとんどのアプリケーションでは，取り消しができない操作を行おうとした場合，警告のパネルが表示されるようです．また，アプリケーションによっては過去のユーザーの操作を複数個覚えていて，取り消し操作を連続で実行することで，過去に行った操作を複数回さかのぼって取り消すことができるものもあります．この時に，取り消し操作をやりすぎてしまった場合は，メニューバーの「編集」→「やり直し」をクリック（または Ctrl + Y を押す）することで，取り消した操作を 1 つ戻すことができます．

アプリケーションが固まった場合の対処

コンピューターのアプリケーションはさまざまな原因で動作がおかしくなる場合があります．特定のアプリケーションやコンピューター全体の動作が遅くなることを「重くなる」，全く動作しなくなることを「固まる」，「凍る」（フリーズ（freeze））と呼びます．これらの症状は放っておくと直る場合もありますが，しばらく待っても直らない場合は次の操作を行ってください．

1. 「スタートボタン」のメニュー→「タスクマネージャー」をクリックし [24]，**タスクマネージャー**というウィンドウを表示します（右図）．

2. タスクマネージャーには実行中のアプリケーションの一覧が表示されます．正常に動作しているアプリケーションの右には何も表示されませんが，図のメモ帳のように，右に「応答なし」と表示されているアプリケーションは何らかのトラブルが発生し，動作が停止していること表します．

3. 「応答なし」と表示されたアプリケーションをクリックして選択し，「タスクの終了」ボタンをクリックすることでそのアプリケーションを強制的に終了することができます．

---

[24] 「タスクバーの何もないところでマウスのメニューボタン」→「タスクマネージャー」または，Ctrl + Shift + Esc のショートカットキー操作で表示することもできます．

タスクマネージャーのウィンドウの左下にある「詳細」ボタンをクリックすると，より詳細な画面が表示されます．この画面では，それぞれのアプリケーションがどれだけ CPU やメモリなどを使用しているかがわかります．CPU やメモリの使用量が多いアプリケーションはコンピューター全体の速度の低下の原因となります．メモリの場合はコンピューターによっては後から増設することも可能です（→ p.7）．コンピューターの動作が遅いと感じた場合は，この画面を見て，どのアプリケーションが原因となっているかを確認してみるとよいでしょう．

上記の操作を行ってもアプリケーションが終了しない場合や，マウスやキーボードが全く反応しないような場合はどうしようもないので，電源を切ってコンピューターを再起動（→ p.25）してください．電源ボタンを押しても電源が切れないように設定されている場合は，電源ボタンをしばらくの間押し続けると電源を切ることができます．

故障への対処

ほとんどの場合はアプリケーションやコンピューターを再起動すると不具合が解消されますが，上記の対処を行ってもコンピューターが正常に動作しない場合はコンピューターが故障している可能性があります．そのような場合は，コンピューターに詳しい人に聞くか，コンピューターのメーカーや購入した店のサポートセンターに問い合わせてみるとよいでしょう．いずれの場合も問い合わせを行う場合には落ち着いて，**コンピューターが動作しなくなった時の状況を詳しくメモなどに整理してから問い合わせてください**．あわてて，コンピューターが動かなくなったから直してくれ，とだけ言ってサポートセンターの人を問い詰める人がいますが，コンピューターの専門家でも詳しい状況がわからなければ直しようがありません．故障した場合に限らず，コンピューターのことを聞く場合は，あらかじめ状況を詳しくまとめてから聞くくせをつけておくことが解決の近道になります．

バックアップ

最近のコンピューターしか使ったことがない人には信じられないかもしれませんが，1990 年以前のパソコンはアプリケーションや OS が固まるなどの不具合を頻繁に起こしていました．当時の Windows の場合，運が悪いと 30 分に 1 回コンピューターが動かなくなることもあったくらいです．そこで，当時はいつコンピューターが不具合を起こしても良いように，大事なデータは頻繁にバックアップ（backup（支援，予備））を取っておくという対処が一般的でした．最近では不具合があまり起きなくなってきたせいか，バックアップを取る人が少なくなっているようですが，コンピューターはいつ不具合が起きても不思議ではありません．またコンピューターの不具合以外にも，人間の操作ミスで大事なファイルを消したり，別のデータで上書きしてしまうこともあります[25]．

そこで，何らかのトラブルが起きることに備えて，大事なデータは定期的に CD や USB メモリなどにコピーしてバックアップを取ることをお勧めします．また，故障ではありませんが，例えばワープロなどで文章を書く際に，途中で大幅な文章の変更をした後にその変更が気に入らなくて元に戻したいということもあります．そのような場合にも，大幅な変更を行う前にバックアップを取っておけば元の状態に戻すことができます．Windows 10 では OS がバックアップの機能をサポートしており，「設定パネル」→「更新とセキュリティ」→「バックアップ」をクリックして表示される画面でバックアップを行えます．なお，この機能を使うには USB メモリ，外付けのハードディスク，OneDrive（→ p.56）などの保存場所が必要となります．

---

[25] 筆者も第 2 版の執筆中に 4 章の内容を別のファイルで上書きしてしまい，バックアップを取っていなかったため，4 章の内容を最初から書き直すことになってしまいました．

> ― コンピューターの故障は誰のせい？ ―――――――――――――――――――――
>
> 　コンピューターに詳しくない人が，コンピューターを触っていて突然動かなくなったり不具合が起きた時に，自分のせいでパソコンを壊してしまったと思ってあわてる人がいますが，多くの場合，コンピューターで起きる不具合はユーザーの操作によるものではなく，コンピューターのアプリケーション側の不備が原因です．実際に，ある程度以上の規模になると，不具合の全くないアプリケーションを作るのは不可能だと言われています．コンピューターを操作していて何か不具合が起きた場合は，あわてて自分を責めないで，上記で説明した対処を順番に行ってください．当然ですが，大事なファイルを消してしまったり，コンピューターウィルスに感染してしまった場合（→ p.141 参照）のように，ユーザー側に責任がある場合もあります．

ヘルプ機能の活用

　Windows のほとんどのアプリケーションには，アプリケーションを実行しながら操作方法を調べることができる**ヘルプ機能**が用意されています．ヘルプ機能を利用するには，アプリケーションに用意されている「ヘルプ」メニューや，ヘルプボタンなどをクリックします．ヘルプ機能にはキーワードを入力する部分があり，そこに知りたいことを入力して検索ボタンを押すと，入力したキーワードに関係する情報の一覧が表示されるようになっています．また，Windows 10 では，検索ボックス（→ p.26）が Windows に関するヘルプ機能になっています．

理解度チェックシート

Q1　パスワードに関する注意点を述べよ．

Q2　マウスとシフトキー，Ctrl キーを使ってオブジェクトを選択，移動，コピーを行う方法を説明せよ．

Q3　シャットダウン，再起動，スリープについてそれぞれの意味と操作方法を説明せよ．

Q4　タスクバーの意味と使い方について説明せよ．

Q5　GUI と CUI の違いを説明せよ．

Q6　クリップボードについて説明せよ．

Q7　代表的なショートカットキー操作について説明せよ．

Q8　アプリケーションが動作しなくなった場合の対処方法を説明せよ．

Q9　バックアップの重要性について説明せよ．

Q10　Windows の設定を行う方法について説明せよ．

章末問題

1. パスワードが漏れた可能性が高い時に行うべき対処法について調べてまとめること．

2. シャットダウンせずにコンピューターの電源を切った際に起きる可能性がある，本書で紹介していない不具合を 2 つ以上調べてまとめること．

3. Windows のパソコンで，CPU やメモリを最も使用しているアプリケーションの名前を調べる方法を説明せよ．実際に，家に Windows のパソコンがある場合は，CPU とメモリのそれぞれについて，最も使用しているアプリケーションと使用量を調べてまとめよ．

第3章 キーボードと文字入力

3.1 キーボードと英字入力

キーボード（キー（key）のついた板（board））は，人間がコンピューターに命令を与えるための重要な道具です．キーボードのキーはアルファベット順に並んでいるわけではないため，慣れるまでの間はキー入力を苦痛に思うかもしれません．しかし，いったん慣れてしまえば誰でもキーボードを使って手で文字を書くよりも早く文字を入力できるようになります．

一般的なキーボードは上図のようになっています．左のキーが最も多い部分がアルファベットなどの文字を入力するためのキーです．キーには通常，左上にアルファベット，右下にひらがなが印刷されています．

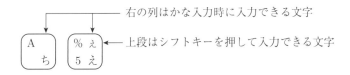

右の列のひらがなは，後述の「かな入力」という入力で使います．左上にアルファベットが表示されているキーは，押すと**小文字**が入力され，**シフトキーを押しながら押すことで大文字**が入力されます．左上に数字や記号などのアルファベット以外の文字が表示されているキーは，押すと左下の文字が入力され，シフトキーを押しながら押すことで左上の文字が入力されます．キーボードで入力した文字は，一般的に点滅する黒い縦棒で表示される「**文字カーソル**」（カーソルには他にもマウスカーソル（→ p.22）があります）という部分に入力されます．

キーボードには他にもさまざまキーがあり，その中で重要なキーについて説明します．

Shift （シフト）キー

アルファベットの大文字を入力する場合と，キーの上の段に表示されている記号を入力するために使います[1]．左右に2つありますが，どちらも同じ働きをしますので，使いやすいほうを使って

---

[1] 通常はキーの下の段に表示される文字が入力されますが，シフトキーで上の段を入力するようにずらす（shift）というのが名前の由来です．

ください．シフトキーは一般的に小指で入力します．

Alt（オルト）キー，Ctrl（コントロール）キー

　Alt キーは主にウィンドウのメニューバーなどのメニューを，Ctrl キーはアプリケーションの機能を呼び出すためのショートカットキー操作（→ p.32）で使います．

Space（スペース）キー

　一番下の段の真ん中にある細長いキーで，空白（space）を入力するために使います．空白を入力しても画面には何も表示されませんが，コンピューターでは空白もアルファベットや記号と同様に，1 つの文字として扱われます．アプリケーションによっては，空白がそこに入力されていることを示すために，空白の部分に編集記号という図形を表示するものもあります（→ p.164）．また，スペースキーは日本語入力時にかな漢字変換を行うためにも使われます（→ p.40）

Enter（エンターまたはリターン）キー

　「改行を入力する」，「かな漢字変換を確定する」（→ p.41），「キーボードなどで入力した内容を確定してアプリケーションに伝える（enter（入力する））[2]」などに使います．コンピューターでは改行もアルファベットや空白と同様に 1 つの文字として扱われます．なお，Word では，エンターキーは改行ではなく，**改段落の入力**という意味を持つ点に注意が必要です（→ p.161）．

Back Space（バックスペース）と Delete（デリート）キー

　Back Space キーは文字カーソルの手前の文字を（空白（space）1 文字分戻って（back）前の文字を削除する），Delete キーは文字カーソルの次の文字を削除（delete）するためのキーです．

Tab（タブ）キー

　タブ（tablator（一覧表にする）の略）という，文字カーソルの位置を一定の距離だけ進めるという特殊な文字を入力します．主に，複数の行にわたって行の中の文字の位置を揃えるために使います．多くのアプリケーションでは，Tab キーを押すと文字カーソルが行の先頭から 8 の倍数番目の文字の位置に移動しますが，Word では，より細かい設定を行うことができます（→ p.166）．

　設定画面など，ウィンドウの中に複数のテキストボックスやボタンがある場合は，Tab キーを使って入力中のテキストボックスやボタンを切り替えることができます．例えば，ユーザー ID とパスワードを入力するテキストボックスがある場合，ユーザー ID を入力後に Tab キーを押すことで，パスワードのテキストボックスに文字カーソルが移動します．他にも，Alt + Tab のショートカットキー操作で，アクティブなウィンドウを切り替えることができます．

Caps Lock（キャプスロック）キー

　アルファベットの大文字を連続して入力する（capital letters（大文字）の入力を固定（lock））場合に使用します．シフトキーを押しながら **Caps Lock** キーを押すとキーボードの **Caps Lock** の**ランプが点灯します**[3]．この状態でアルファベットのキーを入力すると大文字が入力され，シフトキーを押しながら入力すると小文字が入力されます．この状態を解除するには，もう一度，シフトキーを押しながら Caps Lock キーを押します．Caps Lock キーの効果は**アルファベットのキーにしか及ばない**点に注意してください．数字や記号のキーは，Caps Lock のランプが点灯していても，シフトキーを押さなければ上段に表示されている記号は入力されません．

---

[2] 例えば，「CUI（→ p.30）で入力したコマンドをコンピューターに伝える」，「検索画面や設定画面の中のテキストボックスに文字を入力し，エンターキーを押して画面の中に入力した文字をアプリケーションに伝えて検索や設定を開始する」などが挙げられます．

[3] コンピューターの設定によっては Caps Lock キーだけを押しても点灯することがあります．

カーソルキー

矢印が表示されたキーで，主に文字カーソルを矢印の方向へ移動するために使います．図形を編集するアプリケーションなどでは，選択中の図形を上下左右に移動することができます．

ファンクションキー

文字入力以外のさまざまな機能（function）を持ったキーで，その機能はアプリケーションによって異なります．印字されている F は function の頭文字です．

テンキー

数字や四則演算の記号[4]を素早く入力するために用意されたキーで，テンキーのテン（ten）は主に 0 から 9 までの 10 種類の数字を入力するために使われるのが由来です．テンキーは，キーボードの Num Lock（Num は numeric（数字）の略）のランプが点灯しているときはキーの上部に表示されている数字が入力され，Num Lock のランプが点灯していないときはキーの下部に表示されているキーと同じ役割を果たします．例えば，2，4，6，8 のキーがカーソルキーとして機能します．Num Lock のランプは Num Lock キーによって点灯を切り替えることができます．パソコンのキーボードで Num Lock キーを使うことはあまりありませんが（通常はランプを常に点灯させた状態で使う），ノートパソコンのキーボードのようにテンキーが存在しないキーボードでは，Num Lock のランプを点灯させることで，アルファベットのキーの一部（キーに小さく数字が印字されている場合が多い）をテンキーのように使うことができます．

メニューキー

マウスのメニューボタンをクリックした場合と同じ動作が行われます．

Insert （インサート）キー

文字を入力するアプリケーションには，キー入力を行うと文字カーソルの位置に入力した文字が挿入（insert）される「挿入モード」と，入力した文字が文字カーソルの次の文字に上書きされる「上書きモード」があります（メモ帳のように挿入モードしかないアプリケーションもあります）．Insert キーはこの 2 つのモードを切り替えるために使います．アプリケーションによっては挿入モードと上書きモードで文字カーソルの形状が変わる場合があります．

半角/全角 漢字キー

英語入力モードと日本語入力モードを切り替えるためのキーです（3.2 節を参照）．

各種状態ランプ

Caps Lock や Num Lock などの状態が ON になっているかどうかを表すランプです．

3.2　日本語入力モードとひらがなの入力

コンピューターには「英語入力モード」と「日本語入力モード」の入力モードがあり，英語入力モードはアルファベット，数字，記号などを入力するモードです．ひらがなや漢字などの日本語の文字を入力するには入力モードを日本語入力モードにする必要があります．入力モードは「全角/半角 漢字」と書かれたキーを押すことで切り替えることができます．

日本語の文字を入力するには，ひらがなで文字の読みを入力し，入力したひらがなを漢字に変換する「かな漢字変換」という操作を行います．ひらがなを入力するには「ローマ字入力」と「かな入力」の 2 種類の方法があり，それぞれ以下のような特徴があります．

---

[4] コンピューターでは乗算（掛け算）の記号は半角の＊，除算（割り算）の記号は半角の／が使われます．

ローマ字入力

　ローマ字入力はひらがなをローマ字で入力する方法です．例えば「あ」は「ａ」,「か」は「ｋａ」のようにローマ字を使って入力するので，アルファベットのキー配置を覚えるだけで日本語が入力できるようになります．

かな入力

　かな入力はひらがなを直接（キーの右側に表示されているひらがなを使って）入力する方法です．かな入力を行うためには，アルファベットのキー配置だけでなく，ひらがなのキー配置も覚える必要があるため覚えるのが大変です．しかし，ひらがなを1文字打つのに平均2回キーを入力しなければならないローマ字入力と比べて，キーを1回入力するだけで済むので素早く日本語を入力することができるという利点があります．かな入力を行うには，日本入力モードの際にAltキーを押しながら「カタカナ ひらがな ローマ字」と表示されたキーを押してください．もう一度同じ操作を行うことでローマ字入力に戻すことができます．

┌─「ローマ字入力」と「かな入力」の入力速度─────────────────
│　かな入力はローマ字入力と比べるとひらがなの入力速度は約2倍になりますが，その後にローマ字入力と同様の方法で「かな漢字変換」を行う必要があります．かな漢字変換の操作にはある程度の時間が必要なため，残念ながら，総合的に見るとかな入力でローマ字入力の2倍の速さで日本語が入力できるとは言えません．かな入力は覚えるのが大変なので，まず，ローマ字入力を練習することをお勧めします．ローマ字入力をマスターした上で，さらに日本語の入力速度を上げたい人はかな入力にチャレンジしてみるとよいでしょう．
└──

　日本語入力モードで入力したひらがなは点線状の下線つきで表示されます．これは「下線の部分の文字を漢字に変換できる」ということを表しています．漢字に変換したくない場合はエンターキーを押すと点線が表示されなくなります．この作業を「**文字を確定する**」と呼びます．

　ローマ字入力モードでの，いくつかのわかりにくい文字の入力方法について表にまとめます．

文字	入力方法
あいうえおやゆよつ	x（または l）の後に入力する．xa→ぁ，xya→ゃ
っ	同じ子音を2つ入力後母音を入力する．ippai→いっぱい
ん	nを2回入力する．んの後に「なにぬねの」が続かない場合は1回でもよい．annnai→あんない，kanji→かんじ
、　。	,（コンマ）　.（ピリオド）キーを入力する
ー	－（0の右にあるキー）キーを入力する
・（中点）	／キーを入力する
「　」	［　］キーを入力する
,　.　ー　／　［　］	対応するキーを入力した後，F9キーを入力する

3.3　かな漢字変換

　コンピューターは辞書を持っており，入力したひらがなの読みに対応する漢字を辞書の中から探して候補を表示してくれます．候補の中から入力したい文字を選択して漢字を入力することを**かな漢字変換**と呼びます．ひらがなを入力すると入力した文字が点線状の下線つきで表示されます．このときに「**スペースキー**」を押すことで下線部の文字が漢字に変換され，変換中の部分に太い下線が

引かれます. 日本語は同じ読みをする単語（同音異義語）がある場合が多いので, 1回スペースキーを入力しただけでは入力したい文字に変換されないことがあります. この場合はスペースキーをもう一度入力すると変換可能な漢字の候補が下図のように一覧で表示されるので, 変換したい文字を「スペースキー」または「カーソルキーの下（↓）」で1つ下の候補を,「カーソルキーの上（↑）」で1つ上の候補に動かして選択します. また, 変換候補の一覧の左の数字を入力したり, メニューの上でマウスをクリックすることで, 文字を選択することもできます（下図の状態で数字の7を入力すれば「藍」が選択されます）. 図のようにメニューの右に辞書のマークが表示されている場合は, その項目を選択することで変換候補の単語の辞書の内容が表示されます. 表示される候補の中に変換したい文字がない場合は, 以下のいずれかの操作で他の候補を表示することができます.

- 右のスクロールバーをスクロールする.
- 一番下の候補が選択されている時にスペースキーかカーソルキーの下を押す.
- 一番上の候補が選択されている時にカーソルキーの上を押す.
- Page Up, Page Down, Home, End のいずれかのキーを押す. それぞれ候補の「前のページ」,「次のページ」,「先頭」,「最後」へ表示が移動する.
- スクロールバーの下にある ≫ をクリックするか Tab キーを押すとすべての候補が表示される.

選択後に「エンターキーを押す」か「次の文字を入力する」ことでその文字を確定することができます. Word など, 一部のアプリケーションでは一度確定した文字を選択し, スペースキーを押すことで, もう一度選択した文字をかな漢字変換で変換し直すことができます.

長い文章の変換

2つ以上の単語が入った文章を入力して変換した場合, 下図のように文章が単語ごとに分割され（下線で区切って表示されます）, それぞれの単語が漢字に変換されます. このときスペースキーをさらに押すと, 最初の単語の変換候補が表示されます. 変換したい単語を変更するには**左右のカーソルキー**を押します. この状態でエンターキーを押したり, 次の文字を入力すると変換中のすべての文字が確定してしまうので注意してください. 長い文章を変換したときに, 区切って欲しくないところで単語が区切られることがあります. これを直すには区切りを変更したい単語を選択してから,「シフトキーを押しながら左右のカーソルキー」を押します. 下図のように左のカーソルキーを押すと選択された単語が1文字短くなり, 右を押すと1文字長くなります.

あまり長い文章を入力して一度に変換しようとすると, 間違った変換がされる可能性が高くなり, 間違った変換を直す手間が大きくなりますので, 10文字程度ごとに変換するとよいでしょう.

3.4　全角文字と半角文字

　ひらがなや漢字にはありませんが，アルファベット，数字，記号，カタカナには「全角」と「半角」の区別があります．英語入力モードで入力した文字（アルファベット，数字，記号）は**半角文字**といい，コンピューターの内部では 1 バイトのデータ（ASCII コード（→ p.74））で表現される文字が入力されます．一方，日本語入力モードでアルファベット，数字，記号を入力した場合は**全角文字**といい，コンピューターの内部では 2 バイト以上のデータ（Windows の場合 Shift-JIS や Unicode）[5]で表現される文字が入力されます．（→ p.75）

　これらの文字がなぜ，「全角」，「半角」と呼ばれているかの理由は，画面に表示されたときの文字のサイズにあります．全角文字は一般的に 1 つの文字が正方形にちょうど収まるように表示されます．それに対し，半角文字は横幅が全角文字の半分のサイズで表示されます．実際にメモ帳に全角の A を 5 つ入力（AAAAA と入力してから F7 キーを押す）して改行し，次の行に半角の A を 10 個入力して，横幅が同じになることを確かめてみてください．

　なお，文字の**フォント**（font（文字の形やデザインの種類のこと．日本語では**書体**と呼ぶ））によっては文字の見栄えをよくするために，半角文字が文字の種類によって表示する横幅が異なる場合があります[6]．そのため，必ずしも半角文字が全角文字の半分のサイズで表示されないことがありますが，それでも全角文字よりは横幅が狭く表示されます．

　全角文字と半角文字は，例えば，同じ A であっても**コンピューターの内部では別の文字として扱われます**（→ p.74）．また，空白（スペース）にも全角と半角の違いがあり，見た目では判断しづらいので特に注意が必要です．**パスワード，ユーザー ID，メールアドレス，ウェブページのアドレスなど，コンピューターでアルファベットや数字を入力する際には，半角文字しか受け付けないものが多いので注意してください**．英語の文章を入力する場合は，通常は半角文字で入力します．また，日本語と英語を混ぜて入力する場合でも，英単語や数字を入力する場合は特に理由がない限り半角文字で入力するのが一般的です．

日本語入力モードでのカタカナや半角文字の入力方法

　日本語入力モードでは基本的には全角の文字が入力されますが，日本語の入力の途中で半角の英数字や記号を入力したい場合に毎回入力モードを変えるのは大変です[7]．また，カタカナを入力したい場合に変換の候補の中からカタカナを探すのは大変です．そこで，次ページの表のように，**ファンクションキー**を使って，日本語入力モードの最中に簡単に半角の英数字やカタカナを入力するショートカットキー操作が用意されています．なお，F6〜F10 のキーは，連続して押すことで変換される文字の内容が変化します．例えば，F10 の場合には「hello」→「HELLO」→「Hello」のように，F6 の場合は「こんにちは」→「コンにちは」→「コンにちは」のように変換されます．

---

[5] 話が非常に複雑なので詳細は割愛しますが，Shift-JIS では全角文字は 1 文字を 2 バイトで表現し，Unicode では 1 文字を 3 バイトのデータで表現する場合が多いようです．

[6] 例えば，半角のアルファベットの i と w は表示したときの文字の幅が大きく異なります．すべての文字の表示幅が同じフォントのことを「等幅フォント」，文字によって表示の幅が異なるフォントのことを「プロポーショナルフォント」と呼びます．「ＭＳ Ｐ 明朝」のように，フォントの名前に「Ｐ」がついているものがプロポーショナルフォントです．

[7] 日本語入力モード中でも半角の数字と「．」（ピリオド）と四則演算の記号はテンキーで入力できます．

キー	意味	キー	意味
F5 キー	IME パッド（→ p.44）を表示します	**F8 キー**	半角文字に変換します
F6 キー	ひらがなに変換します	**F9 キー**	全角のアルファベットに変換します
F7 キー	カタカナに変換します	**F10 キー**	半角のアルファベットに変換します

全角文字にはあるが半角文字にはない記号

以下の記号は全角文字にはありますが，半角文字にはありません．

「　」　。　、　ー

3.5　日本語入力FEPと高度な日本語入力

日本語入力フロントエンドプロセッサー

日本語の入力は**日本語入力フロントエンドプロセッサー**（FrontEnd Processor，FEP（エフイーピー，またはフェップと読む）と略されます）というアプリケーションが行っています．フロントエンドとはキー入力のようなユーザーの操作を OS から直接受け取って [8] 処理を行う部分のことで，processor とは処理を行うアプリケーションのことを表します（ワープロのプロは processor の略です）．OS はキー入力があった時にどのキーが入力されたかを判断してアプリケーションに伝えるという機能を持っていますが，入力された文字を日本語に変換する機能は持ちません．かな漢字変換は文字を入力するアプリケーションに共通する機能なので OS の機能としたほうがよいと思うかもしれませんが，かな漢字変換が必要なのは日本語の文章を入力する場合に限られます．世界的に見れば，かな漢字変換はすべての文字を入力するアプリケーションに共通する処理とは言えないので，OS の機能とはなっていません．そこで下図のように，OS がワープロなどのアプリケーションに入力された文字を伝える前に日本語入力 FEP が入力された文字を変換し，それをアプリケーションに伝えるという仕組みになっています．このように，フロントエンドプロセッサーは OS とアプリケーションの間を取り持つような役割を持ちます．

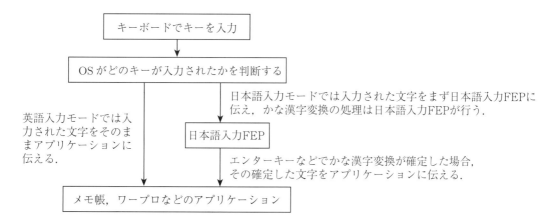

日本語入力 FEP にはいくつか種類があり，代表的なものには「MS IME [9]」，「ATOK [10]」など

---

[8] OS から見て通常のアプリケーションより手前（front）側（end）で受け取るのでフロントエンドと呼びます．

[9] MicroSoft Input（入力）Method（方式）Editor（編集ソフト）の略．日本語入力 FEP のことを IME と呼ぶ場合もあります．

[10] Advanced（先進的な）Technology（技術）Of Kana-kanji transfer（かな漢字変換）の略．

があります．本書では Windows に標準的にインストールされている MS IME の使い方について説明します．MS IME 以外の日本語入力 FEP を使うにはアプリケーションを購入してインストールする必要があります．日本語入力 FEP はそれぞれ特徴があり，使い勝手が微妙に違うので，自分が使いやすいと思うものを使うとよいでしょう．例えば，ATOK は純国産のアプリケーションであり，かな漢字変換を行う際の変換の精度が MS IME よりも高いと言われています．

入力モードの切り替え

タスクバーの通知領域（→ p.28）には右図のように MS IME の設定を呼び出すためのボタンが表示されています（図の A と表示されているボタン）．このボタンの表示は現在の入力モードを表し

ており，英語入力モードの場合は「A」が，日本語入力モードの場合は「あ」が表示されます．

このボタンの上でマウスのメニューボタンをクリックすると MS IME の設定メニューが表示されます [11]．メニューの中の「単語の登録」で単語を辞書に登録することができます．人名や地名など，かな漢字変換がしづらい単語は辞書に登録しておくとよいでしょう．

部首や総画数による文字入力

読み方がわからない文字を入力する場合，かな漢字変換を使うことはできません．そのような場合は，漢和辞典で漢字を調べる場合と同じように，漢字の部首や画数を指定して文字を検索して入力することができます．部首による文字入力を行うには，かな漢字変換中に F5 キーを押すか，MS IME の設定メニューから「IME パッド」をクリックして「**IME パッド**」というパネル（下図）を表示し，左の中から部首ボタンをクリックします．次に，部首の画数をメニューから選択し，部首の一覧から部首をクリックすると，その部首を持つ漢字の一覧が右側に表示されます．文字を入力するには一覧から入力したい漢字を探してクリックします．漢字の総画数で漢字を検索して入力するには左の総画数ボタンをクリックして同様の操作を行ってください．

手書き入力

読みも部首もわからない場合は，手書きで文字を入力し，それに似た文字を候補として表示する手書き入力モードを利用するとよいでしょう．手書き入力は「IME パッド」の手書きボタンをクリックし，マウスをドラッグして左の白い部分に文字を書いてください．右の部分に漢字の候補の一覧が表示されるので，入力したい漢字をクリックすると文字が入力されます．

---

[11]　Windows 7 以前のバージョンでは「言語バー」というツールバーがタスクバーに表示されていましたが，Windows 8 以降は初期設定では表示されなくなりました．

MS IME の詳細設定

　MS IME はユーザーの好みに合わせてさまざまな設定を行うことができます．MS IME の設定画面は，MS IME の設定メニューの「プロパティ」をクリックすることで表示されるパネルの中の「詳細設定」をクリックすること表示することができます．設定の方法については，パネルの右下にある「ヘルプ」をクリックすることでヘルプ画面が表示されるので，そちらを参照してください．

3.6　キーボードの種類

　コンピューターにさまざまな種類があるように，キーボードにもさまざまな種類があります．現在最も普及しているのが，「**QWERTY**」（クワーティ）というキー配列のキーボードで，左上のアルファベットが QWERTY の順に並んでいることから名付けられました（p.46 の図で確認してみましょう）．

　キーボードは 19 世紀に発明されたタイプライター（typewriter）という文字を入力する機械のために作られたもので，QWERTY はそのころに作られたキーボードの配置です [12]．当時のタイプライターはキーを押すと打鍵という金属の棒を紙に打ちつけることで文字を印刷していたのですが [13]，入力速度が速くなりすぎると棒が絡んで機械が故障してしまうという問題が起こりました．そこで，QWERTY は棒が絡みにくいようにわざと英文を打ちにくい配置にしていると言われています [14]．また，英語の入力を考慮して作られたキー配列なので，日本語をローマ字で入力する場合には効率よく左右の手で交互に入力できるような配置にはなっていません．

　次に有名なのが「**DVORAK**」（ドヴォラック）という配置で，考案者の名前からとられています．DVORAK は QWERTY よりも英文の入力に適した配置になっており，練習すれば DVORAK のほうが QWERTY よりも文字を速く英文を入力できるようになります．また，母音（aeiou）が左に位置しているので，日本語のローマ字入力の際に左右の手で交互に入力が行えることから，日本でも一部のユーザーの間では人気があります．QWERTY のキーボードを DVORAK のように使えるフリーソフト（→ p.139）がありますので，興味がある方は試してみるのもよいでしょう．

　他にもアルファベット順にキーが並んでいるものや，スマートフォンなどで使われているフリック入力というタッチパネル用のキーボードなど，さまざまな種類のキーボードが存在します．

3.7　タッチタイピング

　キーボードを見ずにキーを素早く打つ技法のことを**タッチタイピング**（touch typing）[15]と呼びます．タッチタイピングは昔はブラインドタッチ（blind touch）とも呼ばれ，blind の単語が指すとおり，キーボードを「見ない」でキー入力を行います．キーボードを見ないで入力することで，原稿などを見て考えながら入力できるようになります．キーボードの入力はコンピューターの操作の大部分を占めるため，タッチタイピングをマスターすることはコンピューターの操作の効率に大きく影響します．キー入力が苦手な方はタッチタイピングの練習を行うことを強くお勧めします．

---

[12] 偶然かどうかは不明ですが，一番上の列のキーを使って typewriter という単語を入力できます．

[13] かなり激しく打ちつけられるので文字を打つたびにガチャガチャと大きな音がしていました．昔の『ルパン三世』というアニメで，その回の冒頭にタイトルが 1 文字ずつ大きな音を立てながら表示されるという演出がありましたが，その時に鳴っている大きな音がタイプライターの音です．

[14] この件については諸説があり，そうではないという説もあります．

[15] 指先をキーにタッチする感覚だけでタイピングすることからつけられたようです．また，英語ではタッチメソッド（touch method）（方式）と呼びます．

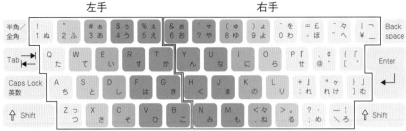

ホームポジション

　慣れない間はキーボードを見ながら人差し指でキーを探しながら入力してしまいがちです．しかし，そのような入力方法は効率が非常に悪く，文字を早く入力するのに適していません．タッチタイピングでは，効率のよいキー入力のための指の配置が決まっています．キーボードをよく見ると，**F と J のキーの表面に小さな突起があります**．ここにそれぞれ左手と右手の人差し指を置き，その隣のキーに順番に中指，薬指，小指を置くのがタッチタイピングでの基本で，この指の配置を**ホームポジション**（家（home）のようにキーを入力するたびに指が帰ってくる場所（position））と呼びます．タッチタイピングでは，図のように，どのキーをどの指で入力するかが決まっています．なお，タッチタイピングでは，親指は基本的にスペースキーを押すために使います．

　ホームポジションに指を置き，そこからどのキーをどの指で入力するかを体に覚えこませることで，キーボードを見ずに文字を素早く入力することができるようになります．タッチタイピングの練習では，キーを 1 つ入力するたびに必ず指をホームポジションの位置へ戻すくせをつけてください．以下に練習のコツをいくつか紹介します．

- 練習中はキーボードをなるべく見ないようにする．
- 最初はキーボードの配列と，どのキーをどの指で入力するかを覚えることが重要なので，早く入力しようとせず，ゆっくりと正確に行うとよい．
- キーを押すたびに指をホームポジションに戻す．
- 手首をなるべく動かさないようにする．
- 練習の回数をこなす（**これが一番重要です！**）．

練習用アプリケーション

　ただ単に文章を入力するだけでは飽きてしまう人は，タッチタイピングの練習用アプリケーションをお勧めします．練習用アプリケーションの中にはゲーム感覚で学べるものもあり，中にはインターネットから無料で手に入れることができるフリーソフトもあります．

　タッチタイピングは，楽器やスポーツなどと同じで，練習しなければ上達しませんが，練習しさえすれば，誰でもある程度までは早く入力できるようになりますので頑張って練習してください．タイピングが苦手な方は，まず 1 分間に英語のアルファベットを 100 文字入力できることを目標に練習してみるとよいでしょう．目標を達成したら，次は 1 分間に 150 文字，その次は 200 文字を目指して頑張ってください．どこまで速く文字を入力できるようになるかの限界は人それぞれですが，1 分間に 300 文字以上打てるようになれば文字の入力速度の遅さに悩まされることはほとんどなくなるでしょう．参考までに，実務レベルでの実用的なタイピング速度の目安となるといわれているワープロ検定の 2 級では，かな漢字変換を含め，日本語の文章を 10 分間で 500 文字以上正確に入力できれば合格となるようです．

理解度チェックシート

Q1 文字を消去する場合に使用する Back Space キーと Delete キーの違いは何か.

Q2 アルファベットが大文字で入力されるモードを解除するにはどうすればよいか.

Q3 上書きモードと挿入モードとは何か. またこのモードを切り替えるにはどうすればよいか.

Q4 全角文字と半角文字の違いは何か.

Q5 かな漢字変換の最中にファンクションキーの F6～F10 を押すとそれぞれどうなるか.

Q6 日本語入力 FEP とは何か. その仕組みについても説明せよ.

Q7 読み方がわからない文字を入力する方法についていくつか説明せよ.

Q8 キーボードの種類を 2 つ以上挙げ, それぞれについて説明せよ.

Q9 ホームポジションとは何か.

Q10 タッチタイピングの練習のコツについて説明せよ.

章末問題

1. 『情』という漢字を IME パッドの「部首入力」,「総画数入力」,「手書き入力」で入力せよ.

2. 以下の文章をメモ帳で入力せよ.

> WHEN, in the Course of human Events, it becomes necessary for one People to dissolve the Political Bands which have connected them with another, and to assume, among the Powers of the Earth, the separate and equal Station to which the Laws of Nature and of Nature's GOD entitle them, a decent Respect to the Opinions of Mankind requires that they should declare the Causes which impel them to the Separation.
>
> （アメリカ独立宣言より）

3. 以下の文章をメモ帳で入力せよ.

> メロスは激怒した. 必ず, かの邪智暴虐（じゃちぼうぎゃく）の王を除かなければならぬと決意した. メロスには政治がわからぬ. メロスは, 村の牧人である. 笛を吹き, 羊と遊んで暮して来た. けれども邪悪に対しては, 人一倍に敏感であった. きょう未明メロスは村を出発し, 野を越え山越え, 十里はなれた此（こ）のシラクスの市にやって来た. メロスには父も, 母も無い. 女房も無い. 十六の, 内気な妹と二人暮しだ. この妹は, 村の或る律気な一牧人を, 近々, 花婿として迎える事になっていた. 結婚式も間近かなのである. メロスは, それゆえ, 花嫁の衣裳やら祝宴の御馳走やらを買いに, はるばる市にやって来たのだ. 先ず, その品々を買い集め, それから都の大路をぶらぶら歩いた. メロスには竹馬の友があった. セリヌンティウスである. 今は此のシラクスの市で, 石工をしている. その友を, これから訪ねてみるつもりなのだ. 久しく逢わなかったのだから, 訪ねて行くのが楽しみである.
>
> （太宰治『走れメロス』より）

第4章 ファイル操作

4.1 ファイル

コンピューターのデータやプログラムは「ファイル」（file（手紙や書類などを保存するための入れ物））という形でハードディスクや USB メモリなどの外部記憶装置に保存されます．ファイルは文章，画像，プログラムなど，コンピューターが扱う何らかのまとまりのあるデータであり，ファイルの管理は OS の最も重要な機能の 1 つです．

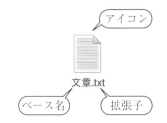

ファイルには，ファイルの内容を表したり，他のファイルと区別するために名前がつけられます．ファイル名は，右図の「文章.txt」のように「.」（半角のピリオド）記号で「ベース名」と「拡張子」の部分に区切ってつけられ，Windows 上では「ファイル名」と「アイコン」（icon）をセットにした形で表示されます．

ベース名の部分はユーザーが自由に好きな名前をつけることができ，Windows では約 200 文字までの長さの名前をつけることができますが，あまり長いベース名は名前が画面に表示しきれなくなるなどの理由で扱いにくいため，実際には**長くても 10 文字程度**の名前をつけるのが一般的です．なお，ファイル名をつける際には以下の点に注意してください．

Windows ではアルファベットの大文字と小文字は区別されない

Windows では，ファイル名にアルファベットを使った場合，大文字と小文字は区別されません．例えば，「test.txt」というファイルと「Test.Txt」というファイルと「TEST.TXT」という名前のファイルは，Windows ではすべて同じファイルと見なされます．ただし，半角と全角の文字は区別されます．例えば，ベース名が全角の「ＴＥＳＴ.txt」と「Ｔｅｓｔ.txt」は同じファイルと見なされますが，ベース名が半角の「test.txt」とは違うファイルと見なされます．

なお，Unix など，Windows 以外の OS ではファイル名の大文字と小文字を区別する場合が多いようです．例えば，インターネットのウェブページの住所である URL（→ p.107）の最後にファイル名を記述しますが，Unix でウェブページが管理されている場合は（例外はありますが）その部分は基本的に大文字と小文字を区別します．興味のある方は，ウェブブラウザーのアドレスバーに表示されるウェブページの URL のうちどれか 1 文字の小文字を大文字に入れ替えてみてください．そのウェブページが Windows 以外の OS で管理されている場合は，「ページが見つかりません」のように表示されるはずです．

ファイル名に使用できない文字がある

Windows では以下の半角文字はファイル名に使うことができません．

$$ ¥ \quad / \quad : \quad * \quad ? \quad " \quad < \quad > \quad | $$

拡張子は，そのファイルがどんな種類のデータであるかを表す**半角の英数字**（アルファベットまたは数字のこと）です．拡張子は 3 文字が一般的ですが，ps や html のように 1〜4 文字以上の場合もあります．また，拡張子はコンピューターがそのファイルをどのアプリケーションで処理をすればよいかの手がかりとなるものです．次ページに代表的な拡張子を表にまとめます．拡張子の名前のつけ方は規格として定まっているわけではなく，アプリケーションの製作者が，そのアプリケー

ションが処理を行うファイルの拡張子を自由に設定してよいことになっています．そのため，拡張子の種類は無数にあり，同じ拡張子がアプリケーションによって異なる意味に使われることもあります[1]．ただし，以下の表に挙げた拡張子は一般に普及しているので覚えておくとよいでしょう．

拡張子	意味
txt	テキストファイル．文字（text）のみが保存されたファイル．最も標準的なファイル形式の1つ
docx	ワードプロセッサー「Word」（→ p.150）で作成された文書ファイル．テキストファイルと異なり画像なども保存できる
xlsx	表計算ソフト「Excel」（→ p.203）で作成されたファイル
pptx	プレゼンテーションソフト「PowerPoint」（→ p.257）で作成されたファイル
pdf	Adobe 社が開発した文書を保存するファイル形式で，インターネット上で広く使用されている
htm, html	ウェブページ（→ p.106）が保存された HTML 形式のファイル
bmp, gif jpg, png	画像ファイル．bmp は Windows がサポートする画像形式．他の3つは広く利用されている画像形式で，データが圧縮されている（→ p.79）ため bmp よりもファイルサイズが小さい
wav mp3	音声ファイル．wav は Windows がサポートする形式．mp3 は MPEG Audio Layer 3 という形式で広く利用されている
avi, wmv mp4, mpg	動画ファイル．avi, wmv は Windows がサポートする形式．mp4, mpg は広く利用されている形式．他にもさまざまな形式があります
zip lzh	圧縮ファイル（→ p.79）．zip は Windows がサポートする形式（→ p.79）だが，他の圧縮ファイルを扱うためには圧縮・解凍のためのアプリケーションをインストールする必要がある
exe	実行可能ファイル．アプリケーションのプログラム本体など

4.2　ファイルの種類と実行

ファイルは「データファイル」と「実行可能ファイル」の2種類に分類できます．データファイルはアプリケーションが扱うデータが格納されているファイルで，例えば，ワープロで書いた文章や，画像エディターで編集した画像の入ったファイルなどが相当します．データファイルのアイコンをダブルクリックして実行すると，**そのデータを処理するためのアプリケーション**が実行されます．一方，実行可能ファイルはアプリケーションのプログラムそのものが格納されたファイルです．実行可能ファイルを指すアイコンをダブルクリックすると，その実行可能ファイルそのものがアプリケーションのプログラムとして実行されます．

Windows は拡張子と，その拡張子のついたファイルを編集するアプリケーションの対応表を持っており，その表に従ってファイルのアイコンをダブルクリックした時に実行するアプリケーションが選ばれます[2]．例えば，メモ帳で作った「test.txt」というファイルは拡張子が txt なので，ダブルクリックすると自動的にメモ帳のアプリケーションが実行されて[3]その中身を編集することがで

---

[1] 例えば，Word で作成されたファイルの拡張子として広く使われていた doc は，昔はテキストファイルの拡張子としてよく使われていました．

[2] ファイルの拡張子を無視して好きなアプリケーションを実行することもできます（→ p.57）．

[3] 拡張子とアプリケーションの対応はユーザーが変更することができるので，拡張子が txt のファイルを実行した場合に他のアプリケーションが実行される場合もあります．

きるようになります．Windows では，拡張子に対応したアプリケーションのことを**既定のプログラ****ム**と呼びます[4]．拡張子が exe のファイルは実行可能ファイルなので，そのファイルの中身そのものが実行されます．

　このように，データファイルの拡張子と，ファイルを表すアイコンをダブルクリックした時に実行されるアプリケーションは 1 対 1 に対応するため，ファイル名をつけるときには，そのファイルを扱うアプリケーションに対応した拡張子をつける必要があります．現在では，ほとんどのアプリケーションがファイルを作成する際に自動的に拡張子をつけてくれるようになっており，ユーザーが拡張子を意識する場面は昔と比べて少なくなりました．また，Windows では，初期設定ではアイコンに表示するファイル名に拡張子をユーザーに見せない（既定のプログラムが設定された拡張子を省略して表示する）[5]ようになっており，ユーザーが拡張子を直接扱うことはそれほど多くはありませんが，実際に拡張子の知識が必要になる場面がなくなったわけではありません．例えば，誤ってファイルの拡張子を変更した場合，拡張子とその意味を覚えていないと元に戻すことができなくなってしまう場合があるので，よく使う拡張子は覚えておくことをお勧めします．また，実行可能ファイルは中にコンピューターウィルスが入っている可能性があるため不用意に実行すべきではありませんが（→ p.141），拡張子を表示しない設定ではファイルがデータファイルなのか，実行可能ファイルなのか，見た目の区別がつけられないので拡張子を表示するように設定しておくことをお勧めします（→ p.64）．

4.3　フォルダー

　コンピューターには，ファイルをハードディスクなどの外部記憶装置の容量が許す限り，いくらでも作ることができます．実際に，Windows では，コンピューターを購入したばかりの状態でも数万以上のファイルがハードディスク内に保存されており，コンピューターを使いはじめると，ファイルの数が数十万以上になることはめずらしいことではありません[6]．そのような大量のファイルを整理せずにハードディスクなどに入れておくと，ごちゃごちゃしてしまい管理するのが大変です．そこで，コンピューターでは「**フォルダー**」（folder（ファイル入れ，紙挟み））[7]という名前の入れ物を用意してファイルの管理を行います．

　現実のものにたとえると，コンピューターのハードディスクを「本棚」，ファイルを「本」だと思ってください．大量の本を整理せずに本棚の中に適当に入れてしまうと，どれがどこにあるかわからなくなってしまいます．そこで，普通は本の種類を分類し，この本棚には辞書を，この本棚には教科書を，この本棚には漫画を，という風に，本棚ごとに入れる本の種類を決め，整理整頓をすることで，何がどこにあるかわかるようにします．この本棚に相当するものがフォルダーです．フォルダーは，Windows 上ではファイルと同じようにアイコンの形で表示されますが，アイコンの絵の部分には黄色いブリーフケースの絵（右図）が表示されます．

Program
Files

---

[4] 拡張子と規定のプログラムの対応は「設定パネル」→「アプリ」→「既定のアプリ」で表示されるパネルの「ファイルの種類ごとに規定のアプリを選ぶ」をクリックすることで確認や設定を行うことができます．

[5] Windows ですべてのファイルのアイコンに拡張子を表示する方法は p.64 を参照してください

[6] 実際に，本書を執筆したコンピューターを調べたところ，10 万以上のファイルがハードディスクに入っていることを確認できました．

[7] Windows 以外の OS では「ディレクトリ」（directory（住所録））と呼ぶこともあります．

　フォルダーのアイコンをダブルクリックすることで，フォルダーの中身を表示するエクスプローラー（→ p.52）というアプリケーションが実行されます．フォルダーの中にはファイルをいくつでも格納することができますが，1 つのフォルダーの中に同じ名前のファイルを複数格納することはできません．ただし，同じ名前のファイルであっても，別のフォルダーには格納することができます．また，フォルダーの中に格納するファイルをさらに分類するために，フォルダーの中に別のフォルダーを格納することもできます．このあたりは，メニューとサブメニューの関係に似ています．ファイルやメニューのような構造のことを「**階層構造**」[8]と呼びます．フォルダーにもファイルと同じように名前をつけることができます（ただし，フォルダーには拡張子はつけません）．ハードディスクや USB メモリのように，外部記憶装置そのものを表すフォルダーを「**ルート (root) フォルダー**」と呼び，C: のように半角のアルファベット 1 文字とコロンで表現します．

　Windows にあらかじめ用意されている主なフォルダーを以下の表にまとめます．

フォルダー名	意味
Program Files	Windows にインストールされているプログラムを格納するフォルダー
ドキュメント，ピクチャ ミュージック，ビデオ	ユーザーが作成したさまざまなファイルを保存するためのフォルダー．「ドキュメント」（文書），「ピクチャ」（画像），「ミュージック」（音楽），「ビデオ」（動画）がある

4.4　ファイルのパス

　コンピューターのファイルは，現実世界の家と同じように，それぞれに異なった住所がつけられています．このファイルの住所のことをファイルの「**パス**」（path（道筋））と呼びます．ファイルのパスは，ルートフォルダーから順番にそのファイルにたどり着くために開く必要があるフォルダーの名前を半角の「¥」記号で区切って指定し[9]，最後にファイル名を記述します．

　C: という名前がつけられたハードディスクの中のファイルとフォルダーの構造が，以下の図のようになっている場合のファイルのパスの表記例を挙げます．薄く塗りつぶされた長方形がフォルダー，そうでない長方形がファイルを表します．また，図ではファイルの拡張子は省略しています．

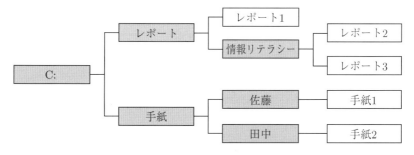

　上の図で「レポート 1」というファイルのパスは「**C:¥レポート¥レポート 1**」，「手紙 2」というファイルのパスは「**C:¥手紙¥田中¥手紙 2**」と表記します．Windows ではすべてのファイルは必ずいずれかのフォルダーの中に格納されるため，パスでその位置を一意に表現することができます．

---

[8] 階層構造は物事を分類，整理する際にさまざまなところで使われています．例えば学校の生徒は「学年」,「クラス」,「出席番号」の階層構造で，家の住所は「都道府県」,「市や区」,「町」,「番地」の階層構造で表現されます．

[9] Windows 以外の OS では，区切りの記号として半角の「/」を使用します．例えば，ウェブページの住所であるURL の区切り記号は「/」を使います．

　家の住所やファイルのパスなどで最も重要なことは，同じ住所やパスで表される家やファイルが 2 つ以上存在してはならないということです．例えば，同じ住所の家が 2 つ以上あった場合，その住所に手紙を出した場合にどちらの家に届くかわからなくなってしまいます．家の住所，ファイルのパス，電話番号，ユーザー ID，学生証番号などのように，それによって唯一のものを区別するための番号や記号のことを**識別子**や **ID**（identifier）と呼びます．

　同じフォルダーの中に同じ名前のファイルやフォルダーを複数作成することができないが，他のフォルダーの中には作成できるという決まりは，人間の家族の名前に似ています．例えば，「佐藤」さんの家族の中に「太郎」という名前の人が 2 人以上いると名前で呼んだ時に区別できなくなってしまうため，普通はそのような名前のつけ方はしません．一方，別の「田中」さんの家族に「太郎」さんがいても，「佐藤さん家の太郎さん」，「田中さん家の太郎さん」のように区別がつくので同じ名前でも問題は起きません．ファイルの場合は，同じフォルダーの中に同じ名前のファイルが 2 つあってもよいことになると，その 2 つのファイルのパスが全く同じになってしまうため，ファイルのパスでその 2 つのファイルを区別できなくなってしまいます．一方，同じファイル名であっても保存されているフォルダーが異なればパスが違うので区別できるため，同じ名前のファイルを異なるフォルダーに保存することができるのです．

― メタファーについて ―

　コンピューターの世界では，よくコンピューター用語が日常のものにたとえられます．例えば，コンピューターの画面のことを机の上にたとえてデスクトップと呼びます．このようなたとえを「メタファー」（metaphor（隠喩））と呼びます．フォルダー（folder）は日本語では書類などを挟み込むための紙挟みという意味を持ちますが，これも日本語で書類の意味を持つファイル（file）を挟み込んで整理するということから名付けられています．他の OS ではフォルダーのことをディレクトリ（directory）と呼ぶ場合があると脚注で述べましたが，directory は日本語で人名録や住所録のことを表しており，ファイルを住所や名前に見立てたところから名前がつけられました．

　ハードディスクなどの外部記憶装置そのものを表すフォルダーを「ルート（root）フォルダー」と呼ぶと説明しましたが，これもメタファーです．前のページの図を左に 90 度回転させてみてください．よく見ると木のように見えることがわかります．root とは英語で木の根のことを表し，図ではちょうど木の根に相当する位置にルートフォルダー（C:）があります．このように，根（root）となる場所から枝分かれしていく構造のことを**木構造**（tree structure）と呼び，枝分かれする節のことをノード（node（節）），枝分かれした端の部分のことをリーフ（leaf（葉））と呼びます．先ほどの図では，ルートフォルダーがルート，それ以外のフォルダーがノード，ファイルがリーフに相当します．なお，木構造は階層構造の別名で，同じものを表しています．

4.5　エクスプローラーとドライブ

　Windows では，ファイルを**エクスプローラー**（ハードディスクなどの外部記憶装置の中を探検する **explorer**（探検家）が由来）というアプリケーションによって操作します．エクスプローラーは，「スタートボタン」のメニュー→「エクスプローラー」をクリックする，「タスクバーのエクスプローラーのアイコンをクリックする」，「Windows キー + E を押す」などの方法で起動することができます[10]．エクスプローラーを起動し，左の PC と表示されたボタンをクリックすると，右の部分の「デバイスとドライブ」と書かれた下にコンピューターに接続されている外部記憶装置を表すルートフォルダーのアイコンの一覧が表示されます．コンピューターに接続されている外部記憶装

---

[10] エクスプローラーは頻繁に使うので，タスクバーにピン留め（→ p.29）しておくと便利です．

置の中のすべてのファイルは，ここからたどることができます．

コンピューターに接続されているハードディスクなどの外部記憶装置を「ドライブ」と呼びます．Windows では，それぞれのドライブには C:のように半角のアルファベット 1 文字とコロンで表記される名前がついており，「C ドライブ」，「D ドライブ」のように呼びます．基本的には 1 つの外部記憶装置が 1 つのドライブに対応するのですが，ハードディスクのように容量が非常に大きい外部記憶装置の場合，1 つの外部記憶装置を複数のパーティション（partition（仕切り，壁））という領域に分割して利用することもあります．ドライブの名前と，そのドライブが表す外部記憶装置の対応はパソコンによって異なります．一般的な Windows のコンピューターでは C ドライブや D ドライブがハードディスクを表しており，その次のアルファベットが CD や DVD のドライブを，それ以降のアルファベットが USB メモリなどのドライブを表します．

ドライブの名前

現在ではドライブ名に A や B はほとんど使われていませんが，2000 年ごろのコンピューターではフロッピーディスクのドライブの名前として A が使われていました．また，B ドライブは，それよりもさらに昔の 1990 年ごろのコンピューターで使われていました．当時のコンピューターは現在のようにハードディスクは接続されておらず，使用したいアプリケーションが入ったフロッピーディスクをコンピューターに挿し込んで実行するという形で利用していました．また，当時のコンピューターにはフロッピーディスクのドライブが標準で 2 つ搭載されており，A ドライブにアプリケーションの入ったディスクを，B ドライブにアプリケーションで編集したデータを保存するためのディスクを入れる，のように使い分けていました．これは，遊びたいアプリケーションを入れて電源を入れるという，昔の PlayStation などのようなゲーム機に似ています．ゲームの入った CD を入れるドライブが当時のコンピューターの A ドライブ，データを保存するメモリカードが当時のコンピューターの B ドライブに相当します．CD やハードディスクの普及によりフロッピーディスクのドライブが 2 つ必要なくなったころから B ドライブは使われなくなり，その後フロッピーディスクそのものが使われなくなって A ドライブも使われなくなりました．その際に，ハードディスクのドライブ名として使われていた C ドライブの名前を，使われなくなった A や B に変更することもできたのですが，名前をつけ替えるのは何かと面倒なので，A と B ドライブは現在では欠番になっています．

4.6 エクスプローラーの各部の名称と説明

エクスプローラーの各部の名称とその意味について説明します．なお，デスクトップは画面全体を覆う特殊なエクスプローラーのウィンドウの一部として表示されています．したがって，デスクトップ上でもエクスプローラーとほぼ同じ方法でファイルの操作を行うことができます．ただし，デスクトップにはリボンが表示されないので，リボンで行う操作はマウスのメニューボタンで表示されるメニューから行います．

- **ファイルウィンドウ** アドレスバーに表示されている場所のフォルダーの中身がアイコンの形で表示されます．アイコンの表示形式（→ p.64）によっては次ページの図のようにファイルの更新日時などの情報も表示されます．ファイルウィンドウの操作方法については次節（→ p.57）を参照してください．
- **戻る** ファイルウィンドウの表示を 1 つ前に表示していたフォルダーの内容に戻します．
- **進む** 戻るボタンの逆で，ファイルウィンドウの表示内容を戻るボタンをクリックする前の表示に戻します．
- **最近表示した場所** 最近ファイルウィンドウに表示したフォルダーの一覧がメニューで表示

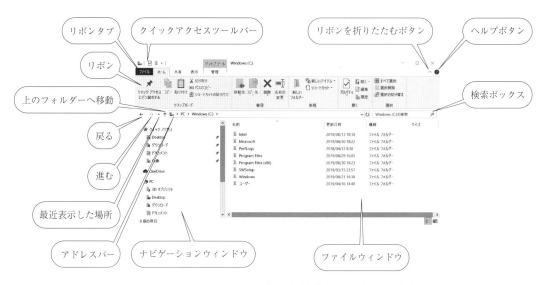

され，クリックしてファイルウィンドウの表示を移動することができます．

- **上のフォルダーへ移動**　　ファイルウィンドウの表示を 1 つ上の階層のフォルダーへ移動します．
- **アドレスバー**　　アドレスバー（住所（address）が表示される棒（bar））にはファイルウィンドウに現在表示しているフォルダーの場所が表示されます．普段はフォルダー名を三角形（＞）でつないだ形で表示されており，以下の操作を行うことができます．

  - フォルダー名の部分をクリックすることでファイルウィンドウの表示をクリックしたフォルダーに移動することができる．
  - フォルダー名の右の三角形（＞）をクリックすることで，そのフォルダーの中のフォルダーの一覧が右図のようにメニューで表示され，クリックすることでそのフォルダーに移動することができる．
  - アドレスバーの住所の右の空白の部分をクリックすることで右図のようにアドレスバーにフォルダーのパスが表示されるようになる．
  - アドレスバーに直接表示したいフォルダーのパスを入力してエンターキーを押すことで，指定したフォルダーを表示することができる．

- **リボン**　　Windows の多くのアプリケーションのウィンドウにはメニューやツールバーがありますが，エクスプローラーや Word（→ p.150）などの，Microsoft 社のアプリケーションではリボンというユーザーインターフェース（→ p.30）を採用するようになっています．リボンは，そのアプリケーションで利用することができる機能を呼び出すためのボタンやメニューなどをまとめたものです．リボンの上部にはリボンタブというアプリケーションの機能を分類した分類名が表示されたボタンが配置され，このボタンをクリックすることで，リボンの表示がク

リックしたリボンタブの分類に関連する内容に変化します．前ページの図はエクスプローラーのリボンの「ホーム」タブの内容を表示したものです．リボンの中はさらに細かく分類されており，「クリップボード」や「整理」のようにグループ名がリボンの下部に表示されます．

リボンに表示されるボタンなどの表示内容は，ウィンドウの幅によって変化します．例えば，ウィンドウの幅を狭くすると「ホーム」タブの表示は右図のようになります．本書では，リボンの図はウィンドウを最大限に広げた場合の図を表示します．

リボンの中のボタンには，ボタンの中に▼マークが表示されたものがあります[11]．このようなボタンは，▼マークが表示されている部分をクリックするとそのボタンの機能に関連する細かい設定を選択するためのメニューが表示され，▼マーク以外の部分をクリックするとそのボタンの基本的な機能が実行されます．ただし，中には▼マークが表示されている場合に，そのボタンのどこをクリックしてもメニューが表示されるようなボタンもあります．

本書では，リボンの操作を「ホーム」タブ→「クリップボード」グループ→「コピー」をクリックする，のように表記します．また，ボタンの▼マークの部分をクリックして表示されるメニューを操作する場合は，「ホーム」タブ→「整理」グループ→「削除の▼」→「ごみ箱へ移動」をクリックする，のように表記します．

リボンタブの内容は，アプリケーションで行われている操作によって増えることもあります．例えば，エクスプローラーでハードディスクのアイコンをクリックして選択した場合，リボンタブに普段は表示されない「管理」という名前のタブが表示されます．このようなタブは状況や場面（context）に応じて表示されたり消えたりするので**コンテキストタブ**と呼びます．

リボンの表示が邪魔な場合は，リボンタブの右の∧ボタンをクリックすると，リボンタブをクリックした時だけリボンが表示されるようになります．同じ場所に表示されるボタンをもう一度クリックすると，リボンが常に表示されるようになります．

リボンの中のボタンに対してショートカットキー操作を行うことができます．Alt キーを押すと，右図上のようにリボンタブの上にアルファベットが表示され[12]，Alt キーを押しながら表示されたキーを押すことでそのリボンタブをクリックした時の操作を行うことができます．右図上で Alt + H を押すと，右図下のようにホームタブのそれぞれのボタンにアルファベットが表示され，Alt キーを押しながらそのキーを続けて押すことでそのボタンの操作を行うことができます．アルファベットが 2 文字以上表示される場合は，Alt キーを押しながらアルファベットを左から順番に押してください．

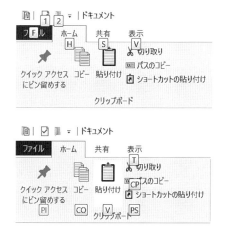

---

11) 上図の「選択」ボタンのように，ウィンドウの幅を狭くした結果，ボタンを表示しきれなくなったため，複数のボタンを▼が表示される 1 つのボタンにまとめて表示する場合もあります．

12) 次に説明するクイックアクセスツールバーのボタンには数字が表示され，Alt キーを押しながら対応する数字キーを押すことでクイックアクセスツールバーの機能を呼び出すことができます．

　　リボンのボタンの上にマウスカーソルを移動すると，ボタンの説明が表示されます．説明の中に「Ctrl + C」のようなショートカットキー操作が表示されている場合は，そのボタンの操作を表示されたショートカットキー操作で行うことができます．

- **クイックアクセスツールバー**　　アプリケーションでよく使われる機能を素早く（quick）呼び出す（access）ボタンが表示されます．クイックアクセスツールバーの一番右のボタンをクリックすることで，クイックアクセスツールバーに表示するボタンをカスタマイズすることができます．また，「リボンのボタン」のメニュー→「クイックアクセスツールバーに登録」をクリックすることで，そのボタンをクイックアクセスツールバーに登録することができます．よく使うボタンを登録しておくとよいでしょう．

- **検索ボックス**　　ファイルやフォルダーなどを検索するためのテキストボックスです．この部分に探したいファイルのファイル名を入力すると，そのファイルを現在ファイルウィンドウに表示されているフォルダーの中から検索し，画面に一覧で表示します [13]．検索時には，リボンタブに「検索」タブが表示されます．検索タブのボタンを使うことで，ファイルの名前以外の条件でファイルを検索することができます．例えば，「絞り込み」グループの中のボタンで，ファイルの更新日，分類，サイズなどを条件にして検索結果を絞り込むことができます．また，ファイルウィンドウに表示された検索結果のファイルのアイコンを選択し，「検索」タブ→「オプション」グループ→「ファイルの場所を開く」をクリックすることで，メインウィンドウの表示を選択したファイルが保存されているフォルダーに移動することができます．

- **ナビゲーションウィンドウ**　　コンピューターのフォルダーを視覚的に表示することで，外部記憶装置の中を案内（navigation）してくれる部分です．この部分は以下のように分かれていますが，いずれも階層構造（→ p.51）で表示されます．ナビゲーションウィンドウには外部記憶装置の階層構造を表すフォルダーだけが表示されます．ナビゲーションウィンドウのフォルダーをクリックすることで，そのフォルダーの中身がファイルウィンドウに表示されます．また，フォルダーの左に三角形が表示される場合，その部分をクリックすることでそのフォルダーの中にあるフォルダーの一覧をすぐ下に表示することができます（もう一度クリックすると一覧の表示は消えます）．

  - **クイックアクセス**　　よく使用するフォルダーの一覧が表示されます．また，頻繁にアクセスしたいフォルダーをクイックアクセスに登録することもできます．フォルダーの登録は，登録したいフォルダーをファイルウィンドウからクイックアクセスの上にドラッグするか，フォルダーを選択し「ホーム」タブ→「クリップボード」グループ→「クイックアクセスにピン留めする」か，「フォルダー」のメニュー→「クイックアクセスにピン留めする」をクリックします．クイックアクセスにピン留めされたフォルダーは，右に画びょうのアイコンが表示されます．登録を削除するにはクイックアクセスの中で「削除したいフォルダー」のメニュー→「クイックアクセスからピン留めを外す」をクリックします．

  - **OneDrive**　　OneDrive とは，Microsoft アカウントで提供されるサービスの 1 つで，インターネット上にファイルを保存することができるクラウド（→ p.140）のサービスです．ここからエクスプローラーを使って OneDrive 内のファイルを操作することができます．以前は SkyDrive という名前で呼ばれていました．

---

[13] どこを検索するかは，検索ボックスに文字が入力されていない時に p.54 の図のように検索ボックスの中に検索する場所を表す文字が薄い色で表示されます．

- ○**PC** 「デスクトップ」,「ダウンロード」[14], ドキュメントなどのフォルダーや, コンピューターに接続された外部記憶装置を表すドライブの一覧が表示されます.
- ○**ネットワーク** 家庭内の LAN (→ p.85) などのネットワークにつながれたコンピューターの間でファイルのやり取りなどを行う場合に使います. 本書では扱いませんが, 利用する場合は情報の流出の危険性がありますので, セキュリティの設定に充分気をつけた上で使用してください.

- ●**ヘルプボタン** エクスプローラーに関するヘルプのウィンドウが表示されます. 操作方法がわからなくなった場合に使うとよいでしょう.

OneDrive とのファイルの同期

Microsoft アカウント (→ p.17) でログインした場合などで, OneDrive のサービスを利用している場合は, デスクトップやドキュメントフォルダー (→ p.51) に保存されたファイルが自動的に OneDrive にも保存され, 同期(連動)するようになる場合があります. OneDrive と同期することによってパソコン側でファイルが破損した場合でも, OneDrive 側のファイルを使って復元することができるようになります. OneDrive と同期したファイルは右図上のようにファイルのアイコンの左下に緑色のチェックマークが表示されます. また, 右図下のようにアイコンの左下に青色の雲のようなマークが表示された場合は, そのファイルはパソコン上には保存されておらず, OneDrive 上にのみ存在することを表します.

文章.txt

文章.txt

4.7 エクスプローラーの基本操作（ファイル操作）

エクスプローラーの**ファイル操作**に関する基本的な操作方法について説明します.

コンピューターの操作を上達する 1 つの方法に, 自分が興味を持ったメニューやボタンなどの操作を色々試してみるという方法があります. これは, 教科書や書籍などに書かれていることを言われるままに試すよりも, 自分で興味を持って操作を行い, その結果を自分の頭で理解して納得したほうが身につきやすいからです. ただし, アプリケーションによっては, 操作を行うと編集中のファイルが元に戻らなくなってしまうような場合もあります. アプリケーションの操作を試す際には, 壊れてもかまわないようなデータ（例えば新規作成したファイル）を用意し, それに対して色々と試してみるとよいでしょう. エクスプローラーでのファイル操作に関しては, 自分が作成していないファイルに対する操作は慎重に行う必要があります. コンピューターに最初から存在するファイルや, アプリケーションをインストールした際に作成されるファイルなど, **自分が作成していないファイルの名前を変更したり, 削除したりすると, アプリケーションが正常に動作しなくなったり, コンピューターそのものが正常に動作しなくなる可能性があります**. 素性がよくわからないファイルの操作は行わないほうがよいでしょう.

ファイルを任意のアプリケーションで開く

ファイルを処理するためのアプリケーションを自分で選択して開きたい場合は,「ファイルのアイコン」のメニュー→「プログラムから開く」で表示されるメニューからアプリケーションを選択します.「ホーム」タブ→「開く」グループ→「開くの▼」でも同じメニューが表示されます. なお, この方法でファイルを開いても既定のプログラム (→ p.50) は変更されません.

メニューの一覧にそのファイルを開きたいアプリケーションがない場合は「別のプログラムを選

---

14) インターネットからダウンロードしたファイルが保存されるフォルダーのことです.

択」をクリックして表示されるパネル[15]からアプリケーションを選択します．パネルの下にある「その他のアプリ」をクリックすると，その下にさらにアプリケーションの候補が表示されるようになります．それでも開きたいアプリケーションが表示されない場合は，一番下に表示される「このPC で別のアプリを探す」をクリックして表示されるファイルを開くためのパネル（→ p.66）からアプリケーションの実行ファイルを探して「開く」ボタンをクリックします．Windows では，アプリケーションは通常「C:¥Program Files」[16]の中にインストールされるので，アプリケーションの実行ファイルがどこにあるかわからない場合は，ファイルの検索機能を使ってこのフォルダーの中を検索するとよいでしょう．また，パネルの「常にこのアプリケーションを使って○○（拡張子が入る）を開く」のチェックボックスを ON にしてアプリケーションを実行すると，そのファイルの拡張子に対する既定のプログラムがそのアプリケーションに変更されます．

　上記以外の方法として，ファイルのアイコンを，開きたいアプリケーションの実行ファイルまたはファイルのショートカット（→ p.67）の上にドラッグして開くという方法もあります．このように，ファイルなどをドラッグして移動して特定の場所の上でリリースする操作のことを，マウスで物をつかんで（drag）別の場所に落とす（drop）というイメージから，「ドラッグアンドドロップ」と呼びます．ファイルに対してドラッグ操作を行っている際には右図のように，ファイルのアイコンの右下にその場所でマウスをリリースした時に何が起きるかが表示されます．

フォルダーを新しいエクスプローラーのウィンドウで開く

　「フォルダーのアイコンの上でマウスのメニューボタン」→「新しいウィンドウで開く」をクリックすることで，新しいエクスプローラーのウィンドウでフォルダーを表示することができます．

フォルダーやファイルの新規作成

　フォルダーを作成するには，主に以下の 4 種類の方法があります[17]．

- 「ホーム」タブ→「新規」グループ→「新しいフォルダー」をクリックする．
- クイックアクセスツールバーにある「新しいフォルダー」をクリックする．
- キーボードで Ctrl + Shift + N を押す．
- ファイルウィンドウの中で，「フォルダーやファイルのアイコンがない場所」のメニュー→「新規作成」→「フォルダー」をクリックする．

　いずれかの操作を行うと新しいフォルダーがメインウィンドウ内に作成され，フォルダーの名前が編集可能な状態になるので，新しいフォルダーの名前を入力します．

　ファイルの新規作成は，主に以下の 2 種類の方法で表示されるメニューで行います．

- 「ホーム」タブ→「新規」グループ→「新しいアイテム」をクリックする．
- ファイルウィンドウの中で，「フォルダーやファイルのアイコンがない場所」のメニュー→「新規作成」をクリックする．

　メニューが表示されるので，作成したいファイルの形式を選択します[18]．例えば，「テキストドキュメント」を選択すると，メモ帳で編集するためのファイルが作成され，ファイルの名前が編集可能な状態になるので，ベース名を（拡張子を変更しないように注意しながら）入力します．ファ

[15) 既定のプログラムが登録されていない拡張子のファイルをダブルクリックした場合もこのパネルが表示されます．

16) 古いアプリケーションは「C:¥Program Files(x86)」にインストールされる場合があります．

17) ドライブの一覧を表示する PC など，新規作成を行えない場合もあります．

18) 「フォルダー」をクリックするとフォルダーが作成されます．また，ショートカットをクリックすると後述のショートカット（→ p.67）が作成されます．

イルの新規作成は，エクスプローラーからではなく，アプリケーションから新規作成する方法（→ p.65）もあり，一般的にはアプリケーションから作成するほうが多いでしょう．

フォルダーやファイルの名前の変更

フォルダーやファイルの名前を変更するには，主に以下の4種類の方法があります．

- 変更したいフォルダーまたはファイルを選択状態にし，「ホーム」タブ→「整理」グループ→「名前の変更」をクリックする．
- 変更したいフォルダーまたはファイルを選択状態にし，F2キーを押す．
- 「変更したいフォルダーまたはファイル」のメニュー→「名前の変更」をクリックする．
- 変更したいフォルダーまたはファイルを選択状態にしてから，アイコンの名前の部分をクリックする．この時，選択した後に急いで名前の部分をクリックするとダブルクリック操作になってしまうので注意すること．

いずれかの操作を行うとアイコンの名前の部分が編集可能になるので，ファイルの場合は拡張子を変更しないように注意しながら新しい名前を入力してください．

フォルダーやファイルの移動やコピー

フォルダーやファイルを別のフォルダーに移動するには，主に以下の4種類の方法があります．

- 移動先のフォルダーを別のエクスプローラーのウィンドウで開いておき，移動したいフォルダーやファイルを移動先のフォルダーのウィンドウの何も表示されていないところにドラッグアンドドロップする．エクスプローラーのウィンドウを新しく開くには「ファイル」タブ→「新しいウィンドウを開く」をクリックすればよい．
- 上記のドラッグアンドドロップ操作を行う際に，フォルダーのアイコンの上でドロップすると，そのフォルダーの中にフォルダーやファイルが移動する．移動先のフォルダーが移動元のフォルダーの内にある場合はこの方法で移動するのが便利である．
- 移動したいフォルダーやファイルを選択状態にし，「ホーム」タブ→「整理」グループ→「移動先」をクリックして表示されるメニューで移動先のフォルダーを選択する．
- 「ホーム」タブ→「クリップボード」グループのボタンを使うか，ショートカットキー操作でクリップボードを使った操作を行う（→ p.32）．ドラッグアンドドロップ操作による移動は，同時にウィンドウを2つ開く必要があるので，ウィンドウを開くスペースがない場合はカットアンドペーストの操作を使うとよい．

フォルダーやファイルのコピー操作は上記とほぼ同じですが，ドラッグアンドドロップで行う場合は**Ctrl**キーを押しながらマウスをリリースし，リボンの場合は「コピー先」をクリックします．ドラッグアンドドロップの場合，マウスをリリースした時に何が起きるかは，右図のようにドラッグ中のアイコンの右下部分を見ることで確認することができます．なお，ド

ラッグによる移動操作の場合は，**移動元と移動先のドライブが異なる場合はCtrlキーを押さなく**てもコピーされます．ドライブが異なる場合でもファイルを移動したい場合はシフトキーを押しながらドラッグしてください．

移動やコピーを行う際の注意点

- 移動またはコピー先のフォルダーに同じ名前のファイルが存在した場合，それまで存在していた同名のファイルは置き換えられてなくなってしまいます．そのような操作を行った場合，置き換えを行うかどうかを確認するパネルが表示されるので，置き換えたい場合は「ファイルを

置き換える」を，置き換えたくない場合は「ファイルは置き換えずスキップする」をクリックしてください．また，「ファイルの情報を比較する」をクリックすることでファイルの日付やサイズなどの情報を比較することもできます．

- フォルダーのコピーを行う場合，そのフォルダーの中にあるファイルやフォルダーの中身がすべて移動先にコピーされます．フォルダーの中に巨大なデータがあった場合はコピーに長い時間がかかったり，移動先の外部記憶装置の空き容量が足りない場合はコピーすることができません．フォルダーをコピーする場合には，本当にそのフォルダーの中身をすべてコピーしたいかどうかよく考えてからコピーすることをお勧めします．フォルダーの中の容量は，フォルダーのプロパティ（→ p.61）で確認することができます．

フォルダーやファイルのパスのコピー

フォルダーやファイルのパスをコピーしたい場合は，コピーしたいフォルダーやファイルを選択し，「ホーム」タブ→「クリップボード」グループ→「パスのコピー」をクリックすると，パスがクリップボードにコピーされます．

フォルダーやファイルの削除

いらなくなったファイルを削除するには，主に以下の 3 種類の方法があります．フォルダーを削除する場合も同様の操作を行ってください．

- 削除したいファイルを選択状態にし，Delete キーを押す．
- 削除したいファイルを選択状態にし，「ホーム」タブ→「整理」グループ→「削除」をクリックする．
- 「削除したいファイル」のメニュー→「削除」をクリックする．

これらの操作を行うと「このファイルをごみ箱に移動しますか？」と表示された確認パネルが画面に表示される[19]ので「はい」をクリックします．

こうして削除されたファイルはアイコンの表示が消えてしまうのでコンピューターの外部記憶装置から完全に消えてしまったように見えますが，実際には，まだコンピューターの外部記憶装置の中に残っています．これは，削除操作を間違って行ってしまった場合に元に戻せないと取り返しのつかない場合が多いため，後から元に戻すことができるようにするためです．削除操作を行ったファイルは，実

ごみ箱

際にはデスクトップ上に表示される「**ごみ箱**」という特別なフォルダー（右図）の中に移動され，ごみ箱の中からファイルを元の場所に戻すことで再び利用することができるようになります．ごみ箱の中のファイルを元の場所に戻すには，ごみ箱のフォルダーを開いて，元の場所に戻したいファイルを選択し，「管理」タブ→「復元」グループ→「選択した項目を元に戻す」をクリックします．なお，ファイルの削除の操作は，Ctrl キー + Z のショートカットキー操作で取り消すこともできます．

ごみ箱に移動したファイルを外部記憶装置から完全に削除するには，ごみ箱のフォルダー内で削除操作を行います[20]．この操作を行ってしまうと，削除したファイルは二度と戻ってこないので注意してください．また，ごみ箱のフォルダーを開いて，「管理」タブ→「管理」グループ→「ごみ箱を空にする」をクリックすることで，ごみ箱内のすべてのファイルを削除することができます．

---

[19] Windows の設定によっては，確認パネルが表示されない場合もあります．そのような場合に確認のパネルを表示したい場合は，エクスプローラーの「ホーム」タブ→「整理」グループ→「削除の▼」→「削除の確認の表示」をクリックしてチェックを ON にてください．

[20] ファイルを削除する際に，「ホーム」タブ→「整理」グループ→「削除の▼」→「完全に削除」をクリックすることで，ごみ箱に移動せずにいきなり完全に削除することもできます．

なお，ハードディスク以外の外部記憶装置では，削除操作を行うとごみ箱に移動せずに，いきなり外部記憶装置から完全に消去される場合があります．このような場合は，削除操作を行うと「このファイルを完全に削除しますか？」というパネルが表示されます[21]．USB メモリや DVD など，取り外して持ち歩くような外部記憶装置のファイルがこれに該当し，それらの中のファイルは削除すると二度と取り戻すことはできないので注意してください（フォルダーを削除した場合はその中にあるファイルやフォルダーがすべて削除される点にも注意してください）．これはごみ箱がパソコンのハードディスクの中に作られたフォルダーであることが原因です．USB メモリのように持ち運んで使うような外部記憶装置の中のファイルを削除した時に，USB メモリを挿し込んだパソコンのハードディスクのごみ箱のフォルダーにそのファイルを移動しても，USB メモリを別のパソコンに移動してしまうと移動した先のパソコンのハードディスクの中のごみ箱には削除したファイルが入っていないため，ごみ箱の機能がうまく機能しないのでゴミ箱にファイルは移動しません．

── 外部記憶装置の破棄の際の注意点 ──

上記で，ファイルをごみ箱から削除すると二度と取り戻せないと書きましたが，実際にはこの操作によって外部記憶装置の中から削除したファイルのすべての情報が削除されるわけではありません．実際にはそのファイルが外部記憶装置の中のどこに保存されていたかという情報が消去されるだけで，ファイルの中身に関する情報は外部記憶装置の中に（他のファイルが作成されるなどの理由で別の情報で上書きされるまで）残り続けます．これは，外部記憶装置はデータの書き込みの速度が遅いため，ファイルの削除の際に外部記憶装置の中でそのファイルが格納されていた領域の情報をすべて削除していては時間がかかりすぎてしまうからです．現実の例で，外部記憶装置を本に，ファイルを本の章にたとえて説明します．本の章の内容を削除する際に，本の目次から削除したい章の情報を消してその章の内容を削除したことにする場合と，章の内容を修正液などですべて消してしまう場合を比べてみましょう．前者の方法はすぐに作業を済ますことができ，目次から章の情報が削除されるため，目次を見てもその情報が本の中にあることはわからなくなりますが，実際には目次から削除した章の中身は本の中に残っています．一方，後者の方法では修正液で章の内容を消す作業に相当な時間がかかりますが，章の内容は本の中から完全に削除されます．

USB メモリやハードディスクなどの外部記憶装置を捨てる際に，個人情報などが漏れないように，外部記憶装置の中のファイルをすべてごみ箱に移動し，ごみ箱を空にして消去してから捨てる人がいますが，その方法では外部記憶装置の中身を完全に消したことになりません．外部記憶装置の中のごみ箱から削除したファイルを復元することができるアプリケーションがあり，それを使えば削除したはずのファイルの中身を取り出すことができてしまいます．外部記憶装置の中には個人情報や，会社などで使っている場合は企業秘密などの情報が入っている可能性が高く，個人情報などを収集したいと思っている人や業者から狙われています．外部記憶装置の中のデータを完全に消去せずに捨ててしまうと，中に残っているデータを他人に盗み見られてしまう可能性が高いので，外部記憶装置を捨てる際には中身を完全に消去してから捨てるように気をつける必要があります．

外部記憶装置の中身を完全に消去するためのアプリケーションがありますので，外部記憶装置を廃棄する際にはそれらのアプリケーションを使って，中身を完全に消去してから廃棄するようにしてください．また，CD や DVD の場合は，CD 用のシュレッダーやハサミを使って細かく切り刻んでから捨てるという方法もあります．

フォルダー，ファイル，ドライブのプロパティ

ファイル，フォルダー，ドライブに関する詳細情報のことを**プロパティ**（property（特性，属性））と呼びます．ファイルのプロパティを表示するには以下の4種類の方法があります．フォルダーや

---

[21] OneDrive（→ p.56）のファイルを削除しようとした場合は「オンライン専用ファイルを削除すると，ごみ箱には送信されず PC から完全に削除されます」と表示されますが，同期されている（緑のチェックマークが表示される）ファイルの場合はパソコンにも同じ内容のファイルが存在するのでごみ箱に移動します．

ドライブのプロパティも同様の方法で表示することができます.

- ファイルを選択し,「ホーム」タブ→「開く」グループ→「プロパティ」をクリックする.
- ファイルを選択し, クイックアクセスツールバーの「プロパティ」をクリックする.
- ファイルを選択し, Alt + Enter を押す.
- 「ファイル」のメニュー→「プロパティ」をクリックする.

プロパティのパネルが表示され, ファイルの場合は, ファイルの名前, ファイルの種類, ダブルクリックした時に実行される既定のプログラム, ファイルが格納されているフォルダーの場所（パス）, ファイルのサイズ, ディスク上のサイズ[22], ファイルの作成日時などの情報が表示されます. この中でファイルのサイズは「バイト」（→ p.73）という単位で表示されます. また, プログラムの右にある変更ボタンをクリックすることで, そのファイルの拡張子に対する既定のプログラムを変更することができます. パネルの下にある属性の「**読み取り専用**」のチェックを ON にすると, そのファイルの内容を変更することができなくなります.「**隠しファイル**」のチェックを ON にすると, そのファイルがエクスプローラーで表示されなくなります[23]. ただし, 隠しファイルの属性を ON にしても完全に隠せるわけではありません. 簡単な操作（→ p.64）で隠しファイルをエクスプローラーに表示することができるので, 他人からファイルを隠したいという目的で使うことはできないと考えたほうがよいでしょう.

プロパティのパネルの「全般」タブには, すべてのファイルが共通して持つプロパティが表示されますが, ファイルの種類によっては他にもさまざまなプロパティを持つ場合があり, パネルの「詳細」タブをクリックすることでファイルに設定されているすべてのプロパティを表示することができます. ファイルのプロパティの中には個人情報が含まれている場合もあります. 例えば, スマートフォンで撮影した画像ファイルには, 撮影日時だけでなく, スマートフォンの GPS[24]の機能によって計測された, 撮影した場所の緯度や経度のプロパティが含まれる場合があります. ファイルを他人に渡す場合, **ファイルのプロパティから個人情報が漏れないように気をつける必要があります.**特に, インターネットのブログ（→ p.120）など, 不特定多数の人に見える形でファイルを公開する際には, ファイルのプロパティに他人に知られたくない個人情報が入っていないことを確認した上で公開する必要があります.

ファイルやフォルダーのプロパティは,「ホーム」タブ→「開く」グループ→「プロパティの▼」→「プロパティの削除」をクリックするか, 右図のプロパティのパネルの「詳細」タブの下の「プロパティや個人情報を削除」をクリックして表示されるパネルから削除することができます. ただし, ファイルには削除できないプロパティもあります. 例えば, 右図のパネルに表示される「ファイル」という分類に含まれるプロパティは削除できません. この中に, 図のように「所有者」という個人情報に

関係するように見えるプロパティがありますが，これはこのファイルが保存されているコンピューターのどのアカウントのユーザーがファイルを所有しているかを表す情報です．このファイルを別のコンピューターにコピーするとこのプロパティは変化するので，このプロパティから個人情報が漏れることを心配する必要はありません．

フォルダーのプロパティを表示した場合は，フォルダーが格納されている場所（パス），フォルダー内に格納されているファイルの総サイズやファイルの数，フォルダーの作成日時などの情報が表示されます．属性についてはファイルと同じものが表示されます．なお，フォルダーには，「全般」タブに表示されている以外のプロパティは設定されません．

ドライブのプロパティを表示した場合は，ドライブの容量が表示されます．使用領域がそのドライブ内に格納されているファイルやフォルダーのサイズの合計を表し，空き領域が使用できるドライブの容量を示しています．空き領域が少なくなってきた場合は，いらないファイルをごみ箱から削除することで空き領域を増やすことができます．

Windows は動作中に C ドライブの空き領域の一部を使用して作業を行っています．そのため，C ドライブの空き領域が少なくなると，コンピューターの動作が著しく遅くなる場合があります．Windows 10 の場合，C ドライブに常に 10 ギガバイト以上空き領域を作っておくことをお勧めします．また，ハードディスクの空き容量が少なくなると Windows が警告のパネルを表示してくれるので，それを目安にするのもよいでしょう．

4.8 エクスプローラーの基本操作（表示に関する操作）

エクスプローラーの表示に関する操作は「**表示**」タブ（下図）のボタンで行います．以下の操作説明では『「表示」タブ→』の表記を省略します．

ペインの表示

ナビゲーションウィンドウなど，ウィンドウの内部がいくつかの部分に分けられている場合，それぞれの部分のことを**ペイン**（pane（窓枠，碁盤の目などの区画））と呼びます．エクスプローラーではナビゲーションウィンドウ以外にもペインが用意されており，「ペイン」グループのボタンで表示することができます．

プレビューウィンドウ（ファイルを開く前（pre）に見る（view））はエクスプローラーの右に表示されるペインで，ファイルウィンドウでファイルを選択した時に，そのファイルの内容の一部を表示します．ただし，プレビューウィンドウではファイルの中身を編集することはできません．また，プレビューウィンドウに対応していないファイルもあります．

詳細ウィンドウもエクスプローラーの右に表示されるペインで，選択されたファイルやフォルダーの詳細情報が表示されます．ファイルの場合，ファイルのプロパティも表示され，この中でプロパティの削除や編集を行うことができます．

なお，プレビューウィンドウと詳細ウィンドウを同時に表示することはできません．

アイコンの表示形式の変更

　アイコンにはいくつかの**表示形式**があり，「レイアウト」グループのボタンでアイコンの表示形式を選択することができます．また，▼ボタンをクリックすると「レイアウト」グループのすべてのボタンが表示されます．「マウスのメニューボタン」→「表示」で表示されるメニューから表示形式を選択することもできます．アイコンの表示形式を以下の表にまとめます．

表示形式	意味
○○アイコン	「特大」～「小」までさまざまな大きさでアイコンが表示される．基本的にアイコンとファイル名だけが表示されるが，「中」以上の大きさにした場合，ファイルの場合はファイルの中身が，フォルダーの場合はフォルダーの中のファイルの一部がアイコンの中に表示される場合がある
一覧	アイコンの絵が小さくなり，さらにつめて表示される
詳細	アイコンにファイルサイズなどの詳細情報が表示される
並べて表示	アイコンが並べて表示される．その際に名前だけでなく，ファイルの種類とサイズも表示される
コンテンツ	ファイルに動画などのコンテンツが保存されていた場合，動画の長さなどの情報が表示される

　表示形式が「詳細」の場合は，ファイルウィンドウの上部に「ファイル名」や「更新日時」などのファイルのプロパティの名前が表示されます．また，プロパティの名前の間にある細い縦棒をドラッグしてプロパティの表示幅を変更することができます．

アイコンの並べ替えと絞り込み

　アイコンの表示の順番の**並べ替え**は，「現在のビュー」グループ→「並べ替え」のメニューで行います．メニューに並べ替えの基準となるプロパティと並べ替えの順番が表示されるので選択してください．特定の基準によって並べ替えることを**ソート**（sort）や**整列**と呼びます．

　表示形式が「詳細」の場合は，ファイルウィンドウの上部に表示される「名前」や「更新日時」などのファイルのプロパティをクリックすることで，クリックしたプロパティを基準に並べ替えを行うことができます．表示される「プロパティ」の種類は「現在のビュー」グループ→「列の追加」のメニューで設定することができます．また，プロパティの右の▼をクリックすることで，ファイルウィンドウに表示するファイルを絞り込むことができます．例

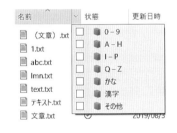

えば，右図で「漢字」をクリックすると，最初の文字が漢字のファイルだけがファイルウィンドウに表示されるようになります．絞り込みを解除するには，すべてのチェックを OFF にします．

　「現在のビュー」グループ→「グループ化」で表示されるメニューによって，ファイルウィンドウに表示されるファイルをグループ化して表示することができます．グループ化を解除するには「（なし）」をクリックします．

ファイルの拡張子や隠しファイルの表示

　Windows では初期設定では，既定のプログラムが設定されている拡張子のファイルはエクスプローラーに拡張子が表示されない設定になっています．すべてのファイルの拡張子を表示するには「表示/非表示」グループ→「ファイル名拡張子」のチェックを ON にしてください．

　「表示/非表示」グループ→「選択した項目を表示しない」をクリックすると，選択中のファイル

やフォルダーに隠しファイルの属性が設定されます.「表示/表示」グループ→「隠しファイル」をクリックしてチェックを ON にすると,隠しファイルの属性が設定されたファイルやフォルダーがファイルウィンドウに薄く表示されるようになります.「表示/非表示」グループ→「項目チェックボックス」のチェックを ON にすると,ファイルやフォルダーのアイコンの左に選択したことを表すチェックボックスが表示されるようになります.

フォルダーオプション

フォルダーに関する詳細設定は「表示」タブ→「オプション」をクリックして表示されるパネルで行うことができます.本書では詳しくは扱いませんが,興味がある方はさまざまな設定を試してみるとよいでしょう.

4.9　アプリケーションによるファイルの新規作成と保存

ファイルの新規作成

メモ帳など,データを編集するアプリケーションでは,メニューバーやリボンの「ファイル」→「新規(または新規作成)」で,そのアプリケーションで編集するファイルを**新規作成**することができます.この操作で新しいファイルを編集するためのウィンドウが開きますが,この時点では実はウィンドウが開いただけで新しいファイルは実際には作成されていません.実際に新しいファイルを作成して保存するには次のデータの保存の操作を行う必要があります.

データの保存(ファイルの保存)

メモ帳などのアプリケーションで編集中のデータは,「データの保存(ファイルの保存)」という作業を行わない限り,外部記憶装置には保存されません.これは,アプリケーションが編集中のデータは外部記憶装置ではなく,メモリに格納されているためです.1 章で説明したように,メモリは「読み書きが速いが容量が小さい」,外部記憶装置は「読み書きが遅いが容量が大きい」という性質を持っています(→ p.11).もし,ハードディスクや CD などの外部記憶装置に保存されている文書ファイルを編集する際に,1 文字編集するたびに編集した内容をファイルに書き込んで反映すると,外部記憶装置は読み書きが遅いので,キーボードを打つたびに読み書きが反映されるまで待たされることになり,反応の遅い使いづらいアプリケーションになってしまいます.そのようなことを防ぐため,アプリケーションは編集するデータをいったんメモリに読み込み,ユーザーが編集した内容はメモリに保存されたデータに反映させます.メモリは読み書きが非常に速いため,ユーザーが高速に編集作業を行ってもアプリケーションの反応が鈍くなることはありません.ただし,メモリは電源を切ると内容が消えてしまうので,例えば,メモ帳で文章を入力した場合,「データの保存」を行わずにコンピューターの電源を切ってしまうと編集中のデータはすべて消えてしまいます.メモリ内で編集した内容を外部記憶装置のファイルに反映させる作業がデータの保存です.

アプリケーションが編集中のデータを外部記憶装置に保存するにはメニューバーやリボンの「ファイル」→「上書き保存」(Ctrl + S でもよい)または「名前を付けて保存」をクリックします.上書き保存をクリックした場合は,編集中のファイルにデータが上書きして保存されます.

「名前を付けて保存」をクリックした場合は,編集中のデータを新しいファイルに保存するためのパネルが表示されます.このパネルの多くの機能はエクスプローラーと共通しています.ここではエクスプローラーと異なる部分について説明します.

- **ファイルウィンドウ**　ファイルウィンドウに表示されているフォルダーにファイルが保存さ

れるので，まずナビゲーションウィンドウやアドレスバーを使って，ファイルウィンドウの表示をファイルを保存したいフォルダーに移動する必要があります．ファイルウィンドウの部分の表示や操作方法は基本的にはエクスプローラーと同じですが，フォルダー内のすべてのファイルが表示されない場合があります（フォルダーはすべて表示されます）．どの種類のファイルが表示されるかは，下記の「ファイルの種類」と書かれている部分で決まります．

- **新しいフォルダー**　　上部に新しいフォルダーを作成するためのボタンが表示されます．
- **ファイル名**　　保存するファイルの名前を入力するテキストボックスです．ファイル名の部分にファイルの拡張子を記述せずに「保存」ボタンをクリックした場合は，下記のファイルの種類に記述されている拡張子が自動的に保存したファイルにつけられます．
- **ファイルの種類**　　ファイルウィンドウに表示するファイルの種類と，ファイルを保存したときのファイルのデータ形式を選択するためのメニューを表示するボタンです．ファイルウィンドウの中には，ファイルの種類の（ ）の中に *.拡張子という形で記述されている種類の拡張子のついたファイルのみが表示されます（*はワイルドカード（→ p.245）という，検索を行うための記号です）．*.txt の場合，拡張子が txt のファイルだけがファイルウィンドウに表示されます．この機能は，ファイルウィンドウにこれから保存するファイルの種類以外の余計なファイルを表示しないようにするための機能で，ファイルを保存する場合はそれほど便利ではありませんが，ファイルを開く場合は，開きたいファイルとは関係のない種類のファイルが表示されなくなるため便利です．

   複数の形式でデータを保存することができるアプリケーションの場合は，**ファイルを保存する際にファイルの種類で選択した形式でデータが保存されます**．なお，このパネルを表示した時にファイルの種類の部分に設定されている内容は，一般的にそのアプリケーションが標準的に扱うファイルの種類が選択されているので，必要がなければ初期設定のままにしておいてかまいません．
- **文字コード**　　文章を扱うアプリケーションの場合に表示され，保存する文章の文字コード（→ p.74）を選択することができます．
- **保存**　　保存ボタンをクリックするとファイルが保存されます．指定したフォルダーに既に同じ名前のファイルが存在する場合は「上書きしますか？」という確認パネルが表示されるので，上書きしてもよい場合は「はい」をクリックしてください．

終了時の保存の確認

　ファイルの内容を編集した後に，ファイルにデータを保存せずにアプリケーションを終了しようとした場合，「○○への変更内容を保存しますか？」という警告のパネルが表示されます．「はい」をクリックすると，アプリケーションを終了する前にファイルに編集した内容を上書き保存することができます．

ファイルを開く

　アプリケーションでファイルを開いて編集するには，メニューバーやリボンの「ファイル」→「開く」（Ctrl + O でもよい）をクリックして表示されるパネルでファイルを選択します．この作業を「ファイルを開く（オープン（open）する）」と呼びます．このパネルの操作方法は，「保存」ボタンが「開く」ボタンに代わった以外は保存のパネルとほぼ同じです．なお，メモ帳などの一部のアプリケーションでは，ファイルを開いた際にそれまで編集していたウィンドウの内容が破棄され，新しく開いたファイルの内容と置き換わる場合があります．

4.10 ファイルのショートカット

　階層構造の深い位置（外部記憶装置のルートフォルダーから遠い場所）に保存されたファイルをダブルクリック操作で開くには，そのファイルにたどり着くために多くのフォルダーをダブルクリック操作で開く必要があるため，操作が大変です．そこで，Windows には，「ファイルのショートカット」という機能が用意されています（同じショートカットですが，2 章で説明したキーボードを使ったショートカットキー操作とは異なります）．ファイルのショートカットは，日常生活で使われるものにたとえると，テレビのリモコンのようなものです．リモコンのボタンを押せば，テレビの本体まで移動しなくてもテレビを操作することができるように，デスクトップなどによく使うファイルのショートカットを作っておけば，ファイルの本体が保存されている場所へ移動しなくてもすぐにそのファイルを開くことができるようになります．フォルダーに対してもショートカットを作ることができ，フォルダーのショートカットはファイルのショートカットと全く同じ性質を持ちます．

　ファイルのショートカットは特定のファイルを指すもので，右下の図のようにファイルと同様にアイコンの形で画面に表示され，以下のような特徴を持っています．

- ●ダブルクリック操作でファイルのショートカットが指すファイルを開くことができる．
- ●1 つのファイルに対してファイルのショートカットをいくつでも作ることができる．
- ●ファイルのショートカットのアイコンには，通常のファイルと区別するために，右図のようにアイコンの左下に正方形の中に矢印が表示されたマークが表示される．

- ●ファイルのショートカットは，ファイルのコピーのようにファイルの中身がコピーされるわけではなく，本体となるファイルのパスの情報だけが保存される．
- ●ファイルのショートカットを削除しても本体のファイルが消えることはないが，逆に本体のファイルを削除してしまうとそのファイルのショートカットは利用できなくなる．
- ●本体のファイルの名前を変更したり，ファイルの場所を移動してもファイルのショートカットが利用できなくなることはない．ただし，異なる外部記憶装置にファイルを移動した場合はショートカットは利用できなくなる．
- ●ファイルのショートカットには本体のファイルとは別の名前をつけることができる．またファイルのショートカットには拡張子をつける必要はない（つけても意味はありません）．
- ●ファイルのショートカットの本体のファイルのパスはファイルのショートカットのプロパティを開き，「ショートカット」タブをクリックして表示される「リンク先」のテキストボックスの中に表示される．

ファイルのショートカットは以下の 4 通りの方法で作成することができます[25]．

- ●ファイルのショートカットを作成したいファイルをクリップボードにコピーし，「ホーム」タブ→「クリップボード」→「ショートカットの貼り付け」をクリックする．
- ●「ファイルのショートカットを作成したいファイル」のメニュー→「ショートカットの作成」をクリックする．

---

[25] 大学のコンピューターのように複数の人が共用するコンピューターでは，デスクトップなどにショートカットを作っても，前にコンピューターを使った人の設定が残らないように，電源を切ったりログアウトすると自動的に消されてしまう場合があります．

- ファイルのショートカットを作成したいファイルをドラッグし，シフトキーと Ctrl キーを同時に押しながらマウスをリリースする.
- マウスのメニューボタンから，「送る」→「デスクトップ（ショートカットを作成）」をクリックする．この場合はデスクトップにファイルのショートカットが作成される.

理解度チェックシート

Q1　ベース名，拡張子，フォルダーとはそれぞれ何か.

Q2　次の拡張子は何のファイルか.

　　　docx　　xlsx　　jpg　　exe　　txt

Q3　既定のプログラム，ファイルのパス，ドライブとはそれぞれ何か.

Q4　エクスプローラーでファイルを検索する方法を説明せよ.

Q5　ファイルを任意のアプリケーションで開く方法を説明せよ.

Q6　フォルダーやファイルの新規作成，コピー，移動，削除を行うにはそれぞれどう操作するか.

Q7　外部記憶装置の中身をごみ箱に移動し，ごみ箱の中で削除した場合，外部記憶装置の中のデータが完全に消去されない理由はなぜか.

Q8　ファイルのプロパティとは何か．また，ファイルのプロパティから個人情報を削除する方法を説明せよ.

Q9　編集中のデータの保存が必要な理由を説明せよ.

Q10　ファイルのショートカットとは何か．またファイルのショートカットの作り方を説明せよ.

章末問題

1. 「メモ帳」に自分の名前を入力し，デスクトップに name.txt という名前で保存した後，ファイルを「ワードパッド」[26]というアプリケーションで開くにはどうすればよいか説明せよ．また，name.txt のファイルを使って，拡張子が txt のファイルの既定のプログラムをワードパッドに変更する方法を2種類挙げて説明せよ.

2. 自分のコンピューターにインストールされているアプリケーションのファイルの数とファイルのサイズの合計を調べよ（C ドライブの Program Files フォルダー内にインストールしたアプリケーションのみを調べればよい）.

3. 以下の①〜④の操作を行うと何が起きるか，理由もあわせて説明せよ.

    ① メモ帳で test.txt という名前のファイルを「ドキュメント」フォルダーに作成する.

    ② 作成した test.txt のファイルのショートカットをデスクトップに作成する.

    ③ 元の test.txt のファイル名を change.txt に変更する.

    ④ デスクトップに作成したファイルのショートカットをダブルクリックする.

    また，③の作業を『作成したファイルのショートカットの名前を「てすと」に変更する』にした場合と『元の test.txt を削除してごみ箱に移動する』にした場合のそれぞれについて，④の作業を行うと何が起きるか説明せよ.

---

[26] ワードパッドは Windows に標準的にインストールされている，簡易的なワードプロセッサー（→ p.149）です．ワードパッドの使い方については本書では扱いません.

第5章　コンピューターとデータ

5.1　デジタルとアナログ

　コンピューターは計算を行うための機械であるため，数字以外のものを扱うことはできません．我々は日常生活でさまざまな数字を扱いますが，数字には1人，2人のようにはっきりとした値で表されるものと，鉛筆の長さ，背の高さのように，本当に正確な値がよくわからないものがあります．例えば，鉛筆の長さの場合，長さを測る定規の目盛を細かくすればより正確な長さを測ることができますが，目盛の細かさにはきりがないため，本当に正確な長さを測ることは不可能です．前者のような数字を**デジタルデータ**（digital data），後者のような数字を**アナログデータ**（analog data）と呼びます．

　アナログデータは我々の身の周りのありとあらゆるところにありますが，正確な値がわからないため，コンピューターだけでなく，我々人間もアナログデータを正確に扱うことはできません．そこで，人間やコンピューターはアナログデータをデジタルデータに変換して扱います．例えば，鉛筆の長さの場合，本当の長さがわからなくてもほとんどの場合は1 mmの単位までの長さがわかれば十分なので，鉛筆の長さを0.01 cmの位で四捨五入します（例：12.3456…cm → 12.3 cm）．こうして変換されたデジタルデータにはあいまいさはありませんので，人間やコンピューターが計算を行うことができるようになります．アナログデータのようにどんな値でもとることができるもののことを**連続的**，デジタルデータのように飛び飛びの値しかとることができないもののことを**離散的**と呼びます．アナログデータは正確な値がわからないため，そもそも数字で表記することができないので，我々が日常で目にすることができる数字はすべてデジタルデータです．

　このように，身の周りにあるあいまいなアナログデータをあいまいさのないデジタルデータに変換することを**アナログデジタル変換**（AD（analog to digital）変換）と呼びます．こうして変換されたデジタルデータは元のアナログデータと若干異なったものになり，その違いを**誤差**と呼びます．元がアナログデータであるものをデジタルデータに変換し，人間やコンピューターが計算する場合，誤差があるために100 %正確な計算を行うことはできませんが，誤差をある程度小さくすることで実用的な計算結果を得ることができます．数字以外のアナログデータ，デジタルデータもあります．例えば，りんごの色はアナログデータなので正確に表現することは不可能です．一方，赤，青，黄などの色の名前はデジタルデータです．色の名前は数字と違い，人によって感じ方が異なるため，数字よりも誤差の問題は大きくなります．例えば，同じ太陽の色であっても，人によっては「赤」と表現したり，「オレンジ」と表現する場合があります．

　人間の会話でしばしば誤解が生じる理由の1つは，アナログデータである人間の感情を，デジタルデータである言語に置き換える際に誤差が生じることが原因です．また，聞き手の側でもこの誤差は発生します．

誤差は適度に

　誤差を小さくすればするほどデータをより正確に扱うことができますが，誤差は小さければよいというものではありません．例えば，鉛筆の長さをデジタルデータに変換する場合，顕微鏡などを使って 0.00001 cm までの長さを計測して四捨五入するようにすれば誤差を非常に小さくすることができますが，その分必要なデータの量が増えてしまいます．例えば，12.3 cm であれば数字が 3 桁で済みますが，12.34567 cm では 2 倍以上の 7 桁が必要になります．必要以上に誤差を小さくしても，得られる答えはほとんど変わりませんが，データの量や計算にかかる時間が増えてしまうのです．

デジタルデータどうしの計算と誤差

　誤差はあいまいさのないデジタルデータの計算においても発生することがあります．昔の電卓では，1 ÷ 3 × 3 という計算の結果が 1 にならないものが多かったようです．例えば，10 桁の数字を表示できる電卓で 1 ÷ 3 を計算すると 0.333333333 になり，その答えに 3 を掛け算すると 0.999999999 となり，答えが 1 になりません．これは 1 ÷ 3 の答えが小数点以下に 3 が無限に続く割り切れない数字であるためデジタルデータで正確に表現できず，誤差が発生するためです．なお，最近のほとんどの電卓で 1 ÷ 3 × 3 を計算すると答えが 1 になりますが，これは画面に表示されるよりも多くの桁数で計算を行い，計算結果を四捨五入しているためであり，誤差がなくなっているわけではありません[1]．計算の際に生じる誤差には，四捨五入したために発生する「丸め誤差」や，他にも「打ち切り誤差」，「情報落ち誤差」，「桁落ち誤差」などがあります．

　このように，計算する元のデータがデジタルデータであっても誤差が発生することがあるため，コンピューターで行う多くの計算には誤差がつきものです．このような誤差は 1 つひとつはあまり大きな影響を及ぼしませんが，誤差の発生する計算を誤差の影響を気にせずに何度も繰り返すと，これらの誤差が積み重なり，最終的な計算結果が正しい答えと大きく異なってしまう場合があります．コンピューターの出した計算結果だから 100 ％正しいと盲信せずに，コンピューターも間違うことがあるということを心にとめておくことが重要です．

5.2　データの劣化と著作権

　アナログデータとデジタルデータのもう 1 つの違いは，データをコピーした時のデータの劣化にあります．データの劣化とは，コピー元のデータとコピー先のデータが異なることです．アナログデータはそもそも正確な値を計測することができないため，全く同じものを複製することは不可能です．例えば，どんな名人でも，あるいはどんな精巧な機械を使ったとしても，ある人が描いた絵と 100 ％同じ絵を複製することは不可能です．身近な例としては，コピー機で本のページをコピーし，コピーしてできた紙をまたコピーするという作業を繰り返すと，ページの内容がどんどん粗くなってしまいます．また，アナログデータで情報を保存しているカセットテープやビデオテープをダビングしてコピーを繰り返すと，どんどん音質や画質が劣化します．一方，デジタルデータは正確な値がわかっているため，元のデジタルデータと全く同じものを正確にコピーすることができるので，何度コピーしてもデータは劣化しません．コンピューターのファイルや CD の音楽データはデジタルデータで保存されているため，いくらコピーしても元の品質を保つことができるのです．また，アナログデータのコピーと比べて，デジタルデータは高速にコピーを行うことができます．

　著作権者の立場から見ると，「いくらコピーしても劣化しない」，「高速にコピーが可能」というデジタルデータの利点は逆に欠点になってしまいます．あまりにも容易にデジタルデータがコピーできてしまうため，近年では著作物の**違法コピー**問題が大きな社会問題になっています．違法コピー

---

[1] 例えば，Excel（→ p.203）のセルに「=2^0.01^100」を入力して 2 の 1/100 乗の 100 乗を計算し，表示する小数点以下の桁数を 14 桁ほど増やしてください（→ p.212）．誤差のため答えが 2 と表示されません．

による**著作権**侵害の被害額がいくらになるかについては，さまざまな試算がなされています．例えば，BSA（ビジネスソフトウェアアライアンス（https://bsa.or.jp/））によれば，2018年度の違法コピー率は37％[2]で，違法コピーによる損害額は約463億ドル（日本円にして約5兆円！）にものぼるとのことです．日本の場合は違法コピー率が16％（2013年度の調査結果の19％から減少しているようです），損害額が約1000億円となっており，違法コピー率は世界の平均よりは低いものの，それでもソフトウェアの約6本に1本が違法コピーであるという現状のようです．

　違法コピーの利用者の立場から見ると，無料でさまざまなデータを手に入れることができるため便利だと思うかもしれませんが，製作者の立場から見ると，自分の生活の糧である著作物を無断で手に入れることがまかり通ってしまえば，生活が成り立ちません．違法コピーが蔓延してしまうと，その時は著作物を無料で手に入れることができるので得をしたような気分になるかもしれませんが，長い目で見ると著作者が著作物を作らなくなり，手に入れるデータそのものがなくなってしまうというコンテンツ産業の衰退につながります．実際に，著作権の侵害が深刻な国ではコンテンツ産業が育たないという統計データがあります．また，違法コピーによる損害額の大きさを考えると，著作権の侵害による被害が日本や世界の不景気の原因の1つであるといっても過言ではありません．

　著作権の侵害に対する対策としては，法律の制定，違法なコピーを防止するさまざまな技術開発などがあります．しかし，残念ながら，現在の法律は急速なデジタル技術の発展に追いついているとは言い難いですし，コピー防止技術に関してはそれを破る技術も次々と開発されているため，イタチごっこの様相を呈しています．また，違法コピーを防止する技術を強化しすぎると，バックアップのためのコピーなど，正当な目的のコピー（→ p.139）が阻害されるという問題も発生してしまいます．もう1つの対策としては，啓蒙，教育活動によるモラルの向上が挙げられます．法律の整備や技術の開発も重要ですが，一人一人が違法コピーが引き起こす問題について正しく認識し，違法コピーを自ら行わないようにモラルを向上させていくことが違法コピーの減少につながります．

　違法コピーの利用は，お金を払わないで商品を手に入れるという万引きや窃盗と同様の犯罪です．残念ながら，現在のインターネット上には違法な著作物のコピーデータが蔓延しているようですが，そのようなデータを見かけたとしても決して利用しないように心がけてください．また，そのようなデータの中にはコンピューターウィルス（→ p.141）が仕込まれている場合もが多く，利用することで個人情報の流出，データの破壊など，さまざまな危険性があります．

> ── **アナログデータの時代と現在の違い** ──
>
> 　違法コピーの問題は，レコード，カセットテープ，ビデオテープなどのアナログデータで情報を記録していた時代にもありました．もちろん，当時も違法コピーは大きな社会問題でしたが，現在ほど大規模なものではありませんでした．これは，アナログデータはコピーに手間と時間がかかり（例えば60分の音楽テープのダビングに60分かかってしまう），コピーすればするほどデータが劣化してしまうからです．また，当時はコピーしたデータを大規模に配布するためには郵便などを使わなくてはならず，輸送の手間や費用が必要でした．それに対し，現在では音楽CDのようなデジタルデータをボタン1つで短時間に何千，何万とコピーすることが可能であり，複製したデータをインターネットなどを使って容易にほぼ無料で全世界に配布できてしまうため，違法コピーによる著作権侵害の被害は深刻なものとなっています．このように，世の中のほとんどのものには利点と欠点があります．デジタルデータやインターネットは非常に便利なため，利点ばかりが宣伝される傾向にありますが，同時に欠点も存在することを忘れないようにすることが重要です．

---

[2] 何年にもわたる啓蒙，教育活動や法律の整備により2013年度の違法コピー率の43％と比べて若干減少しているようですが，新興国では現在でも違法コピー率が非常に高い傾向にあり，80％を超える国もあるようです．

5.3　2進数と10進数

　人間は0から9までの10種類の文字で数字を表現する**10進数**を使いますが，コンピューターは0と1の2種類の文字で数字を表現する**2進数**を使います．コンピューターが2進数を使う理由はいくつかありますが，その1つが電気回路の作りやすさです．コンピューターは電気で動いているため，電気回路で数字を表現する必要があります．10進数の場合，1桁につき0から9までの10通りの数字を表現するための複雑な電気回路を作る必要があります．一方，2進数の場合は，1桁につき0と1の2通りの数字を表現する電気回路を下図のように電気が流れている状態を1，流れていない状態を0と見なすことで非常に簡単に作成することができます．実際のコンピューターの部品は図のような単純な回路ではありませんが，基本的な原理は同じです．

スイッチON	豆電球点灯＝1
スイッチOFF	豆電球消灯＝0

豆電球
電池　　　　　スイッチ

　回路が簡単であるということは，速度が速い，回路のコストが安い，故障に強い，電力消費が小さい，回路を小さく作ることができる[3]などの利点があります．電気回路の大きさはコンピューターそのものの小型化にも大きな影響を与えます．コンピューターは数字を計算するための機械であり，数字を表す回路はコンピューターのさまざまな場所で使われるため，利点の多い2進数を使って数字を表現しています．映画や漫画でよくコンピューターのディスプレイなどに0と1の数字の羅列が表示されるシーンがあります．これはコンピューターの中で表現されるありとあらゆるデータが2進数，すなわち，0と1で表現されているということを視覚的に表現しています．

　10進数では0から9までの**10種類**の数字を使い，右から順に1の位，10の位，100の位のように，位が1つ大きくなるたびに位を表す数字が**10倍**になりますが，2進数では0と1の**2種類の数字**を使い，1の位，2の位，4の位のように，位が1つ大きくなるたびに**2倍**になります．

　例えば，1011（「いちぜろいちいち」と読みます）という2進数の数字は1の位が1，2の位が1，4の位が0，8の位が1となっており，10進数に直すと，$1 \times 8 + 0 \times 4 + 1 \times 2 + 1 \times 1 = 11$のように11になります．次の表は0から15までの10進数と2進数の対応表です．このように，2進数と10進数は見た目は異なりますが，どちらも数字の一種であり，数字の表現力に差があるわけではありません．2進数は普段見慣れないので，10進数とは全く異なる未知の性質を持つと勘違いする人もいるようですが，10という数字を漢字で「十」，英語で「ten」，ローマ数字で「X」とさまざまな方法で表現できるのと同じように，2進数も数の表現の方法の1つにすぎません．我々が日常生活で10進数を使う理由は，指の数が10本だからという説が有力なようです．もし人間の指の数が8本であったら，今ごろ我々は8進数を使っていたかもしれません．

2進数	10進数
0	0
1	1
10	2
11	3

2進数	10進数
100	4
101	5
110	6
111	7

2進数	10進数
1000	8
1001	9
1010	10
1011	11

2進数	10進数
1100	12
1101	13
1110	14
1111	15

---

[3] 現在では，トランジスタという2進数1桁分を表現できる電気回路の大きさがナノ（10億分の1）メートル単位にまで小さく作れるようになっています．

　多くの人は 2 進数の話を聞くと難しくてわかりにくいと思うかもしれませんが，我々は日常生活で 2 進数よりもはるかにややこしい数字を実際に扱っています．その 1 つが時間です．例えば，時刻を 10 時 23 分 45 秒のように表現しますが，分と秒の部分は 0 から 59 までの 60 種類の数字しかとることができません．秒の場合は 60 秒になったら繰り上がって分が 1 つ増えるわけです．つまり，時刻において分と秒の部分は 60 進数であるということです．同様に，時間の部分は 0 から 23 までの 24 種類の数字しかとることができないので 24 進数です．同じ時刻の中で 24 進数と 60 進数の 2 つが混じり合っているわけですが，我々は普通に時刻を理解することができます．時刻と比べれば 2 進数のほうがよほど単純と言えるのではないでしょうか？なお，時刻が 24 進数と 60 進数で表されるのは，24 や 60 が多くの数で割り切れるためであるという説があります．例えば 1/3 時間は 20 分のように整数で表現できますが，もし 1 時間が 100 分であった場合は 1/3 時間や 1/6 時間を整数で表現することはできません．

　他にも万，億，兆などの単位を使って表現した数字（10000 ごとに単位が変わるので 10000 進数），欧米のキロ，メガ，ギガなどの単位を使って表現した数字（1000 ごとに単位が変わるので 1000 進数），曜日（7 種類あるので 7 進数），月（月によって何日あるかが違うので何進数とはっきり言えないほどややこしい！），欧米の数や長さの単位（ダース（1 ダース = 12 個），インチ，フィート，ヤード（12 インチ = 1 フィート，3 フィート = 1 ヤード））など，さまざまな例があります．他にもまだまだありますので，身近な 10 進数以外の数字を探してみるのも面白いのではないでしょうか．

5.4　2進数とバイトとビット

　2 進数では桁数が 1 桁増えるごとに 2 倍の数字を表現することができ，n 桁の 2 進数では 2^n（2 の n 乗）種類の数を表現することができます．n 桁の 2 進数で表現できるデータのことを n ビット（bit）のデータと呼びます．1 ビットは，情報の最小の単位である 0 と 1 の 2 種類の数字しか表現できないので，何かと不便です．そこで，現在のコンピューターでは，一般に 2 進数 8 桁分の数字をひとまとまりとして扱います．この 2 進数 8 桁分の数字，すなわち 8 ビットのデータを **1 バイト**と呼びます．1 バイトのデータでは 0 から 255 までの，256（$=2^8$）種類の数字を表現できます．

　大きな数を表す単位としてキロ，メガ，ギガ，テラ，ペタなどの単位があり，それぞれ 10 進数では 1000 倍，100 万倍，10 億倍，1 兆倍，1000 兆倍という意味を表します．1 キロ（K）バイト = 約 1000 バイト，1 メガ（M）バイト = 約 1000 キロバイト = 約 100 万バイト，1 ギガ（G）バイト = 約 10 億バイト，1 テラ（T）バイト = 約 1 兆バイト，1 ペタ（P）バイト = 約 1000 兆バイトです[4]．

　身の周りにある 2 進数を使ったものに**点字**があります．点字は目の不自由な人が指先で触ることで読むことができる文字で，駅の自動発券機やエレベータのボタンなど，さまざまな場所で見かけることができます．点字は 6 つ[5]の点から構成され，6 つの点の場所のそれぞれに突起があれば 1，なければ 0 と考えると点字は 2 進数を使った文字の一種であると言えるので，点字は 1 文字で 6 ビット，すなわち 64（$=2^6$）通りの文字を表現できます．

点字　あ □ い □ う □ え □ お □

---

[4] 10 進数ではキロ，メガなどの単位はそれぞれ 10 進数 3 桁分の 1000 倍，10 進数 6 桁分の 100 万倍を表しますが，2 進数ではキロは 2 進数 10 桁分の 1024 倍，メガは 2 進数 20 桁分の 1048576 倍を表します．ただし，細かい計算が必要な場合を除けば 2 進数のキロ，メガなども 10 進数と同様の約 1000 倍，約 100 万倍と覚えておいて問題ないでしょう．

[5] あまり見かけませんが，8 つの点で構成される点字もあります．

> **片手の指で数えられる数**
>
> 　指を折るという方法では片手の指で数字を 5 までしか数えることができませんが，2 進数の考え方を使えば 5 本の指で 0 から 31 までの数字を数えることができます．やり方は，5 本の指を 2 進数の桁に見立てて，指を折ればその桁が 1，伸ばせば 0 と見なして数えます．例えば，右手の中指と親指だけを折った場合，00101 となり，これは 10 進数の 5 を表します．さらに，両手の 10 本の指を使えば 0 から 1023 までの数字を数えることができますが，桁が大きくなると，頭の中で 2 進数を 10 進数に直すのが難しくなったり，折り曲げにくい指の組み合わせがあるので，あまり実用的ではないかもしれません．参考までにこの方法で両手両足の 20 本の指を使えば約 100 万までの数を数えられます．

5.5　文字の符号化

　鉛筆の長さのように，元から数字で表現されるものをデジタル化してコンピューターで扱うのは比較的簡単です（本書では取り上げませんが，0.5 などの小数点以下の入った数字をデジタル化する方法は多少複雑です）．しかし，文字，画像，音のように，数字でないものをデジタル化するためには工夫が必要です．コンピューターは数字しか扱うことができないので，文字や画像をコンピューターで扱うためには，それらの情報を数字に置き換える必要があります．情報をデジタルデータである数字に置き換える作業のことを**符号化**と呼びます．最初に文字の符号化について説明します．

> **身近にある符号化**
>
> 　符号化とは，何らかの情報を一定の規則に従って別の形に置き換えることを言います．例えば，Operating System → OS，United States of America → USA のように，英語の頭文字をとって略すのも符号化の一種です．また，アメリカ→米，イギリス→英，フランス→仏のように，漢字を使った国の名前の略号や，パーソナルコンピューター→パソコンのような略も符号化の一種といってよいでしょう．

英語の文字コード

　コンピューターでは，英語と日本語で文字の扱いが異なります．英語を数字に置き換えて符号化するためには，英語で扱う文字が何文字あるかを数える必要があります．英語で扱う文字は「アルファベット」，「数字」，「記号（ピリオドや！など）」があります．アルファベットは全部で 26 文字あり，大文字と小文字を区別するので，あわせて 52 文字あります．数字は 10 種類，記号は約 30 種類あるので，英語を表現するためには全部で約 100 種類程度の文字が表現できればよいことになります．コンピューターはバイト単位でデータを表現し，1 バイトは 256 通りの数字を表現できるので，1 バイトのデータで

ASCII コード表

空白	32	0	48	@	64	P	80	'	96	p	112
!	33	1	49	A	65	Q	81	a	97	q	113
"	34	2	50	B	66	R	82	b	98	r	114
#	35	3	51	C	67	S	83	c	99	s	115
$	36	4	52	D	68	T	84	d	100	t	116
%	37	5	53	E	69	U	85	e	101	u	117
&	38	6	54	F	70	V	86	f	102	v	118
'	39	7	55	G	71	W	87	g	103	w	119
(	40	8	56	H	72	X	88	h	104	x	120
)	41	9	57	I	73	Y	89	i	105	y	121
*	42	:	58	J	74	Z	90	j	106	z	122
+	43	;	59	K	75	[	91	k	107	{	123
,	44	<	60	L	76	¥	92	l	108			124
-	45	=	61	M	77	]	93	m	109	}	125
.	46	>	62	N	78	^	94	n	110	~	126
/	47	?	63	O	79	_	95	o	111		127

アルファベットと数字と記号をすべて異なった数字に符号化して（置き換えて）表現できることになります．この文字とコンピューターの内部で扱う数字の対応を定めたものを**文字コード**（code（符号，記号））と呼び，文字と数字を対応させた表のことを**文字コード表**と呼びます．英語の文字は**ASCII コードという文字コードで定められており，ASCII コード表は上の表のように英語の 1 文字を 1 バイトの数字に対応させています**．例えば，アルファベットの「A」という文字は 65，「B」と

いう文字は 66,「C」という文字は 67 のようにそれぞれの文字に 1 つずつ 1 バイトの数字が対応しています[6]. メモ帳などに ABC という文字を入力した場合, コンピューターの内部では, 65, 66, 67 という 3 バイトの数字で表現します.

日本語の文字コード

　日本語は, ひらがな, カタカナ, 漢字などで表現されます. ひらがなやカタカナは文字の種類が決まっているので, すべてのひらがなとカタカナに対してアルファベットと同じように数字を割り当てることができます. 一方, 漢字にはそうは簡単に数字を割り当てることはできません. なぜなら, 漢字には非常に多くの文字があり, 全部で漢字が何文字あるか正確な数字がわかっていないからです. 中国の巨大な漢字の辞典には数十万字の漢字が収録されていますし, 漢字は, アルファベットやひらがなとは違い, 時代と共に新しい漢字が生み出されることさえあります.

　そこで, コンピューターではすべての漢字を扱うのではなく, よく使う漢字だけに数字を割り当てた文字コードを作って, それを用いて日本語を表現しています. 日本語を表現する文字コードにはいくつかの種類がありますが, いずれも基本的に 1 文字を 2 バイトで表します. 2 バイト=16 ビットなので, 2 バイトの数字を使えば最大 $2^{16}=$ 65536 種類の文字を表現することができます. このように, 特に人名や地名などにある, 普段あまり使われないような特殊な文字はコンピューターでは扱えないことがあります.

　Windows では, これまで一般的に **Shift-JIS** という文字コードが使われてきました. Shift-JIS には約 10000 種類の文字が収録されています. また, 最近の Windows では, 漢字以外の文字も含めてさらに多くの文字を扱うことができる **Unicode**（ユニコード）という文字コードも使われています. 他の日本語を表現する文字コードとしては, **JIS**（ISO-2022-JP とも呼ばれ, 主にインターネットでよく使われる）や, **EUC**（主に Unix で使われる）などがあります.

　日本語を扱うことができる文字コードは主なものだけでも上記の 4 種類があり[7], これらはすべて現在でも使われています. 文字コードが異なれば文字と数字を対応する文字コード表も異なってくるため, 同じ数字であっても違う文字を表現することになります. インターネットでウェブページを見ている時に, まれに画面上の文字が意味不明な文字の羅列になってしまう「**文字化け**」という現象が起きますが, これはそのウェブページを記述している文章の文字コードとは異なった文字コード表を使って画面に文字を表示しようとして起きる現象です[8].

さまざまな文字コードと Unicode

　同じアルファベットでも, 英語, フランス語, ドイツ語では微妙にアルファベットが異なります. 例えば, ドイツ語には英語では使われない Ä などのアルファベットが使われます. また, アラビア語のようにアルファベットとは全く異なる文字も存在します. そのため, コンピューターでは, 最初は文字コードは言語ごとに作られてきました. また, 日本語の文字コードが複数あるのと同様に, 同じ言語の文字コードが複数作られることもあります. このように, コンピューターの世界では非常に多くの種類の文字コードが作られ, それらが国や言語ごとによってバラバラに使われているため, 異なった文字

---

[6] コンピューターの内部ではこういった数値はすべて 1 バイト（8 桁）の 2 進数（例えば 65 は 1000001）で表現しますが, 本書ではわかりやすさを重視して 10 進数で表現します.

[7] （後から作られた Unicode を除いて）日本語の文字コードを最初に作る際に, いくつかの団体が別々に文字コードの規格を作り, それが統一されなかったためにそのようになっています.

[8] Firefox（→ p.106）では, ウェブページが Unicode で記述されていないページのみ, 右上にあるメニューボタン →「その他」→「テキストエンコーディング」のメニューで文字コードを選択することができます. ここでわざと間違った文字コードを選ぶことで, 人為的に「文字化け」を起こすことができます. なお, 2019 年 9 月のバージョンの Edge と Chrome にはこのような機能はないようです.

コードで記述されたコンピューターの文章をやり取りする際に文字化けなどの問題が頻繁に発生してしまいます．また，複数の言語を 1 つの文書内に記述することが困難です．そこで，これら問題を解決するために，世界中のすべての言語を統一して扱う文字コードを作ろうという動きが出てきました．そうして作られたのが Unicode で，世界中の言語を Unicode だけで扱うことができるように設計されています．ただし，Unicode が作られても Unicode より前に作られた膨大な文書がなくなるわけではありませんし，Unicode 以外の文字コードは現在でもさまざまな理由で引き続き使われています．今後は Unicode が主流になることは間違いなさそうですが，Unicode にもいくつかの問題があると言われており，世界中のコンピューターで使われる文字コードが完全に Unicode に統一されるということは，当分の間はなさそうです．

5.6　画像の符号化

コンピューター上に表示されている画像は，色のついた**ピクセル**（pixel（**画素**））[9]，または**ドット**（dot（**点**））という小さな点が集まってできています．それぞれの点の色は赤と緑と青（光の 3 原色）の組み合わせで表され[10]，それぞれの色の明るさを 3 つの数字で表します．例えば，明るさを 0 から 100 の範囲で表す場合，0 はその色が全くない場合，50 は

赤	緑	青	色
100	0	0	赤
50	0	0	暗い赤
0	0	0	黒
100	0	100	マゼンタ（赤紫）
100	100	100	白

半分の明るさの暗い色，100 はその色そのものを表します．3 つの色の組み合わせの例を表にします．

実際の画像データでは，一般的に赤，緑，青の明るさをそれぞれ 0 から 255 の範囲（1 バイトで表現できる数字）で表現します．1 つの点を赤，緑，青の 3 つの 1 バイトのデータで表すので，画像をコンピューターで表現するためには，1 つの点につき 3 バイトのデータが必要になります．赤，緑，青のそれぞれの色につき 256 通りの表現ができるので，1 つの点につき 256 × 256 × 256＝約 1600 万色の色を表現できます．もちろん，それぞれの色を表す数字の範囲を広げれば（例えば 0 から 1000 まで）もっと細かく色を表現することも可能ですが，あまり細かく表現しても人間の目では区別できないので，現在では約 1600 万色の色を表現できれば十分だと考えられています．なお，半透明な色を表現するために，赤，緑，青に加えて色の透明度を表す 1 バイトのデータを加えて 1 つの色を 4 バイトで表現する方法もあります．このように，色のついた点の集まりで画像を表現する画像のことを**ラスター画像**（raster image）と呼びます．

画像データのサイズは「点の数×色のバイト数」で計算できます．例えば，右の図のような 5 × 7 の大きさの正方形の点で構成される「A」という文字を表した画像は点の数が 5 × 7 = 35 個あり，1 ドットにつき 3 バイトのデータが必要なので，この画像のデータサイズは 35 × 3 = 105 バイトであることがわかります．また，縦 500 ドット，横 1000 ドットの画像を色を 4 バイトで表現した場合，その画像データのサイズは 500 × 1000 × 4 = 200 万バイト = 約 2 メガバイトであることがわかります[11]．

---

[9]　スマートフォンやデジタルカメラの画質を表すメガピクセルという単位は，カメラで写した画像の中の点（ピクセル）の数を表しています．点の数が多いほど点の大きさが細かくなるため，画質がよくなります．また，4K テレビや 8K テレビの 4K や 8K はテレビ画面の横方向の点の数を表しており，4K テレビの横方向の点の数は約 4000 となっています．計算式は省略しますが，4K テレビの画素数は約 9 メガピクセル，8K テレビの場合は約 36 メガピクセルとなります．

[10]　プリンターなどで使われるシアン（cyan），マゼンタ（magenta），黄色（yellow）の 3 色など，他の色の組み合わせで色を表現する場合もあります．

[11]　この，現在ではそれほど大きくない 2 メガバイトのたった 1 枚の画像データは，2000 年ごろに使われていた記憶容量が約 1.4 メガバイトフロッピーディスクには収まりません．

画像データの質とサイズ

　画像データは，画像を表す点を細かくすればするほど，色を細かく表現すればするほどきれいな画像を表現できますが，その一方で，画像データのサイズが大きくなってしまいます．現在ではコンピューターのメモリや記憶装置の容量が大きくなっており，写真と同じような品質の画像を表現できるようになっていますが，昔のコンピューターはメモリや記憶装置の容量が小さかったため，画像データのサイズを小さくする必要がありました．例えば，1980 年代の有名なゲーム機のファミリーコンピューターはメモリが数キロ (=数千) バイトしかなく，色も約 50 色しか表現できませんでした[12]．また，ディスプレイの横と縦の点の数を表す解像度も 256 × 224 ドットしかなく，画像を構成する点（ドット）が肉眼で十分確認できたため，当時のゲームのキャラクターなどの画像をドット絵と呼んでいました．このように，当時のコンピューターの画像は現在と比べて誤差が大きく，画質は非常に貧弱でしたが，データサイズは現在の画像と比べて非常に小さく済ますことができたのです．

　画像データにはもう 1 つ，**ベクター画像**（vector image）というデジタル化の方法があります．ベクター画像は画像を点の集まりではなく，丸や四角などの図形の集まりで表現します．例えば，左下図の円の形のベクター画像は，円の中心の座標が「左上の隅から右に 50 ドット，下に 80 ドット」，半径が「30 ドット」，円周の枠の太さが「1 ドット」，円周の枠の色が「黒」，塗りつぶしの色が「グレー」というデータで表現されます．ラスター画像は画像を拡大するとドットが目立って画像が荒くなりますが，ベクター画像は画像のデータを図形の形で表現しているので，いくら拡大しても画像が荒くなることはありません（右下図）．ベクター画像は写真のような図形の組み合わせで表現しづらい画像を表現するのには向いていませんが，地図のような図形の組み合わせで表現される画像でよく使われます．また，身近な例としては，コンピューターの文字のフォントや Word の図形（→ p.175）などで使われています．このことは，Word のズーム機能（→ p.153）を使って Word の文章を拡大しても文字や図形がきれいに表示されることから確認することができます．なお，本書では，以降は**画像と記述した場合はラスター画像のこと**を指すことにします．

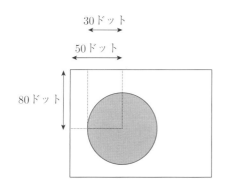

ラスター画像を
拡大した場合

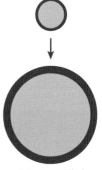
ベクター画像を
拡大した場合

---

[12] 当時のコンピューターでは，1 つの色を 0.5 バイト（現在の 3 バイトの 1/6）で表現していたことが多かったようです．0.5 バイトでは 2^4=16 種類の色を表現できました．また，それより以前の白黒のディスプレイのコンピューターでは，色を 1 ビット（1/8 バイト）で表現していました．コンピューターの画像のことをビットマップ（bit map）と呼ぶことがありますが，白黒の画像の 1 つの点を 1 ビットのデータに対応（mapping）させていたことが由来です．

5.7 動画の符号化

コンピューターでは，動画はパラパラ漫画のように少しずつ違う画像データを高速に切り替えて表示しています．したがって，動画データは複数の画像データの集まりでできています．動画データのサイズは画像の枚数を数えることで計算できます．例えば，先ほどの例と同じ縦 500 ドット，横 1000 ドットで，1 秒間に 60 枚の画像を切り替える，3 分間の動画データのサイズを計算してみましょう．3 分を秒に直すと 3 × 60 秒＝180 秒となり，1 秒間に 60 枚画像が必要なので全部で 180×60＝10800 枚の画像が必要になることがわかります．1 枚あたりの画像のサイズが 200 万バイトなので，全体では 200 万 ×10800＝約 200 億バイト ＝ 約 20 ギガバイトとなることがわかります．

5.8 音の符号化

音は波の形で表すことができます．音をデジタル化する場合，この波を一定時間ごとに区切り，区切った時点での音の強さを数字で表すという方法で音を符号化します（図）．音の強さをどれだけ細かく表現するか，音の区切る時間をどれだけ細かくするかによって音質が変わります．現在の音楽 CD で使われている音データでは，音の強さを 16 ビット（＝2 バイト．2^{16}＝65536 種類の数字を表現可能），音の間隔を 44.1 kHz（キロヘルツ．1 秒間に 44100 回区切る）でデータを符号化しています．音楽 CD のデータはステレオなので左右の 2 種類の音を保存するため，例えば，1 分間の音楽 CD の音データは 44100 × 2（バイト）× 1（分）× 60（秒）× 2（ステレオなので 2 倍）＝約 1000 万バイト＝約 10 メガバイトとなります．

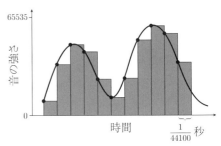

● の音の強さの数値を記録してデジタル化する

拡張子が必要な理由

デジタルデータは，人間が決めた形式（フォーマットと呼びます）で情報を数値化して保存しますが，フォーマットの種類は世の中に存在するデータの種類だけ（ほぼ無数に）あるため，デジタルデータの中身を見ただけで中にどのような種類のデータが入っているかを判別することは困難です．例えば「72 101 108 108 111 33」というデジタルデータは ASCII コードでデジタル化された「Hello!」という文字データ以外に，RGB で表現された 2 つの点の色が表現されているなどの可能性があります．デジタルデータの種類によってはある程度の見当をつけることは可能ですが，すべてのデジタルデータに対して，その中身が何のデータであるかを正確に判定することは不可能です．ファイルに拡張子を付ける理由の 1 つは，このようにファイルの中のデジタルデータだけでは，中にどのような種類のデータが入っているかを判別しづらいことが挙げられます．

5.9 データの圧縮

データの圧縮の必要性

画像，動画，音データのサイズの計算の例でわかるように，これらのいわゆる**マルチメディアデータ**（multi（複数）の media（情報を伝達する手段，媒体のこと））と呼ばれるデータは，文字データと比べてデータサイズが非常に大きくなります．大きなデータはハードディスクなどの記憶装置の容量を圧迫しますし，データのコピーや転送に時間がかかるという欠点があります．身近な例としては，Apple 社の iPod などの音楽データがあります．iPod の記憶装置の容量には限りがあるため，音楽データのサイズが小さければ小さいほど多くの音楽を保存することができます．

　そこで，コンピューターではデジタルデータを何らかの方法で小さくして扱いやすくするということが行われ，これを**データの圧縮**と呼びます．データの圧縮が必要であることを示す実例として，インターネットで動画を転送する例を挙げてみます．YouTube などのインターネット上に保存されている 3 分間の動画データをリアルタイム（real time（即時に，その場ですぐに））に見ようと思った場合，3 分以内にインターネット上に保存された動画データをすべて自分のパソコンに転送する必要があります．そこで，現在のインターネットで動画データをリアルタイムに転送することができるかどうかを計算してみることにします．インターネットでは，データの転送速度を 1 秒間に何ビットのデータを転送できるかを表す **bps**（bit per second）という単位で表します[13]．最近の家庭用のインターネット回線の多くは，約 100 メガ bps 以上でデータを送ることができます[14]．ここで注意が必要なのは，**単位がバイトではなくビットであることです**．1 バイト＝ 8 ビットなので，ビットをバイトに直すには 8 で割る必要があります．したがって，100 メガ bps のインターネット回線では 1 秒間に 100 ÷ 8＝12.5 メガバイトのデータを送ることができます．ここで，p.76 で挙げた，サイズが 500×1000 で 1 秒間に 60 枚の画像が必要な 3 分間の動画を，100 メガ bps のインターネット回線で転送するにはどれだけの時間が必要か計算してみましょう．動画データのサイズを 12.5 メガで割れば何秒で送れるかを計算することができます．200 億 ÷ 1250 万 ＝1600 秒 ＝ 約 27 分なので，計算の結果，たった 3 分の動画を送るのに最低でも約 30 分もかかることがわかります．このように，現在のインターネット回線を使って動画データをそのままの形でインターネットで送ってしまうと，リアルタイムにその動画を見ることは到底不可能です．データの圧縮が非常に重要な技術だということが実感できましたでしょうか．

　データの圧縮は布団の空気を抜くのに似ています．冬用の羽毛布団は暖かくて寒い冬には便利ですが，かさばるため，夏になると押入れを圧迫してしまいます．そこで，長期間でしまうときに，羽毛布団をビニールでできた袋に入れ，中の空気を掃除機などで抜いて小さくしてしまうということがよく行われるようです．データの圧縮は，布団の中の空気を抜くように，何らかの工夫をすることによってデジタルデータのサイズを小さくするというものです．

画像データの圧縮

　画像データを圧縮するにはさまざまな方法がありますが，ここでは最も簡単な方法について説明します．先ほどの例で挙げた下の「A」の画像には同じ色の点が複数並ぶという性質があります．このように同じ色で塗りつぶされている部分が多い画像は，点の色を 1 つひとつ表現するよりは，同じ色の点がいくつ並んでいるかで表現するほうが効率よくデータを表現することができます．この「A」の画像の点を一番上の行から右に見ていくと以下のようになります．

横にして並べる

同じ色が並んでいる点の個数を数える

白2 黒1 白3 黒1 白1 黒1 白1 黒1 白3 黒7 白3 黒2 白3 黒2 白3 黒1

「色」と「同じ色が並んだ点の個数」のペアが16個ある

---

[13] 速度の単位である時速何キロ（kilo meter per hour，1 時間に何キロ m 移動できるか）に似ています．

[14] 100 メガ bps の回線の速度は最高速度を表しています．実際にはその半分以下の速度になる場合が多いようですが，ここでは最高速度で計算することにします．

このように,「A」という画像を「色」と「同じ色が並んだ点の個数」のペアが 16 個分のデータで表現することができます.それぞれについて色で 3 バイト,点の個数で 1 バイト[15)]の合計 4 バイトのデータが必要なので,この場合は 16 × 4＝64 バイトでこの画像を表すことができます.この画像の元のサイズは 105 バイトだったので,この方法によってデータを 64 ÷ 105＝約 61 ％に圧縮することができます.この元のデータサイズと圧縮後のデータサイズの割合を圧縮率と呼びます.

データの圧縮は他にもさまざまな方法があり,データを圧縮する際には圧縮するデータの性質に合った方法を選ぶ必要があります.例えば,上記の圧縮方法は,アニメや漫画の絵のように多くの場所で隣り合った点の色が同じであるという性質を利用しています.したがって,写真のように隣り合った点の色が異なる画像をこの方法で圧縮してもうまくいかず,データのサイズが減るどころか増える場合もあります.例えば,先ほどと同じ,サイズが 7 × 5 の画像で白と黒の点が交互に並んでいた場合,この方法で画像を表現すると「白 1,黒 1,…」のように色と色の並んだ個数のペアが 35 個分必要となり,全部で 35 × 4＝140 バイト必要になってしまい,元のデータの 105 バイトと比べて増えてしまいます.

実際に使われている画像の圧縮技術としては,**JPEG**,**GIF**,**PNG** などがあります.これらは上記のような単純な方法ではなく,複雑な数学を使った方法で高い圧縮率を実現しています.

動画データの圧縮

動画データの特徴として,連続する画像の内容がほとんど変わらないという性質があります.例えば,下の図で左の画像の次の画像が右の画像であった場合,異なっているのは下の行の 5 つの点だけです.つまり,一番下の行の 5 つの点の色が変化したという情報があれば,左の画像を元に右の画像を再現できるということです.このように,動画データの圧縮は隣り合った画像の異なった部分(差分と呼びます)だけをデータとして記録するという方法がとられており,画像と比べて非常に高い圧縮率が実現されています.

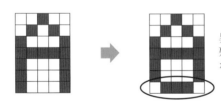

異なるのはこの5つの点だけ.
残りの30個の点は前の画像と全く同じなので
わざわざ記録する必要はない.

音データの圧縮

音データの圧縮方法の 1 つに,人間の耳で聴き取ることができない高周波や低周波の音を削除するというものあります.こうして圧縮された音データは元の音データとは異なったデータになりますが,人間の耳には区別がつかないので大きな問題とはなりません.音楽データの保存形式として普及している **MP3**(MPEG Audio Layer 3)は,この手法を使って音楽データを圧縮しています.

その他のデータの圧縮

文字やプログラムなどを圧縮する技術としては **ZIP** があります.ZIP では,よく使われる文字やデータを短く表現する(例:United State of America を USA に置き換える)という方法で圧縮を行っています.他にもさまざまな圧縮技術があります.

データの圧縮・解凍と可逆・非可逆圧縮

布団の空気を抜いて小さくするというたとえを紹介しましたが,小さくした布団は,しまったり

[15)] 1 バイトで点の個数を表現する場合,0～255 の個数を表現できます.

運んだりするのには便利ですが，実際に使うときは元に戻す必要があります．それと同様に，圧縮したデータは，保管したりインターネットで転送する場合は便利ですが，そのデータを使う際には元のデータ形式に戻す必要があります．この作業を解凍（Windows では展開）と呼びます．

データの圧縮技術の中には，画像や音の圧縮技術の 1 つである JPEG や MP3 のように，解凍したデータが完全には元に戻らないものもあります．ただし，それらの圧縮技術は，完全に元に戻らない代わりに圧縮率が高かったり，圧縮に必要な計算が少なくて済むという利点があります．このように，完全に元に戻らない圧縮を非可逆圧縮と呼びます．非可逆圧縮は，画像や動画のように，少し中身が変化しても見た目の変化がわからないようなデータを圧縮する際によく使われます．上記で紹介した高周波や低周波の音を削除する圧縮も非可逆圧縮の一例です．一方，圧縮したデータが完全に元に戻る圧縮のことを可逆圧縮と呼びます．可逆圧縮は，文章データやコンピューターのプログラムなど，ほんの少しでも内容が変化してはいけないようなデータを圧縮する際に使われます．PNG や ZIP は可逆圧縮の一種です．

データの圧縮・解凍を行うには，圧縮・解凍ソフトを使用します．Windows の場合は OS が ZIP という圧縮形式をサポートしているので，ZIP で圧縮されたファイルはそのままエクスプローラーから開いたり解凍したりできます．また，ウェブブラウザーや画像編集ソフトなどの多くのアプリケーションは JPEG，PNG，GIF などの代表的な画像の圧縮形式に対応しています．それ以外の形式で圧縮されたファイルは圧縮・解凍ソフトをインストールする必要があります．インターネット上にはさまざまな圧縮・解凍ソフトのフリーソフトがありますので，それらを利用したい人はサーチエンジン（→ p.122）などで探してインストールしてください．

Windows でファイルやフォルダーを ZIP で圧縮するには「圧縮したいファイルやフォルダー」のメニュー→「送る」→「圧縮（zip 形式）フォルダー」をクリックします．この操作によって拡張子が zip のファイル（Windows では「圧縮フォルダー」と呼びます）が作成されます．フォルダーを ZIP で圧縮した場合は，フォルダーの中

文章.zip

身がすべて 1 つのファイルに圧縮されるので，複数のファイルをメールなどで転送したい場合に便利です．Windows では ZIP で圧縮されたファイルは図のようにチャックが表示されたフォルダーのアイコンで表示されます．このファイルはフォルダーと同様の操作で中を開くことができますが，中にあるファイルを編集することはできません．ZIP で圧縮されたファイルを解凍するには，ファイルを選択し，エクスプローラーの「展開」タブ→一番右の「すべて展開」をクリックして表示されるパネルからファイルを解凍するフォルダーを選んでください [16]．

> ―― アナログデータとデジタルデータの長期保存による劣化 ――――――――――
>
> デジタルデータの保存は，ハードディスクなどの物理的な媒体に記録するという点ではアナログデータの保存と何ら変わりはありません．物は必ず時間の経過によって劣化していくため，長期的な保存という観点から見るとアナログデータもデジタルデータも保存するための努力を行わなければ劣化し続けていきます．また，絵画など，物体そのものが情報を表現するアナログデータと異なり，デジタルデータは人間が独自に決めたルールで情報を数値に置き換えたものであるため，ほんの少しの劣化によって元の情報と大きく変化してしまうことがよくあります．例えば文章を表すデジタルデータの中の 65 という ASCII コードで「A」を表すデジタルデータが劣化して 66 になってしまうと「B」という全く異なる文字に変化します．また，「半径 100 の大きさの円」を表すベクター画像のデジタルデータの中の 100 というデータの百の位の数字が劣化して 900 になってしまった場合や，円を表すデータが劣化して別の形状の図形を表すデータになってしまった場合など，ほんの少しの劣化によってデータ

---

16) 「解凍したいファイル」のメニュー→「すべて展開」で解凍することもできます．

の意味が大きく変わってしまいます. それに対し, アナログなデータは多少の劣化であれば写真や絵画が色あせた場合のように元がどのようなデータであったかをうかがい知ることができます.

　デジタルデータは CD やハードディスクなどの外部記憶装置に保存されますが, これらの記憶装置の寿命はそれほど長くありません. 例えば CD や DVD の寿命は数十年と言われています. また, 記憶装置そのものが時代によって変化していく点にも注意が必要です. 例えば 2000 年ごろに普及していた記憶装置であるフロッピーディスクは現在では全く使われておらず, 再生装置もほとんど見かけなくなったため, フロッピーディスクに保存しておいたデータを現在読み出すのは簡単なことではありません. このように, デジタルデータを長期保存するためには, 定期的に新しい記憶装置にコピーするという作業が必要になります.

理解度チェックシート

Q1 デジタルとアナログの違いは何か.

Q2 次のものはアナログデータか, デジタルデータか.

　　　鉛筆の長さ　ユニホームの背番号　今日の気温　今日の出席者数　部屋の番号

Q3 デジタルデータが簡単にコピーできることの問題点を述べよ.

Q4 コンピューターではなぜ 2 進数が使われるのか.

Q5 2 進数の 10101 は 10 進数ではいくつか. 10 進数の 30 は 2 進数ではいくつか.

Q6 英語の「Happy New Year!」を ASCII コードでデジタル化するとどうなるか.

Q7 日本語の文字化けはなぜ起きるのか.

Q8 ラスター画像とベクター画像の違いは何か.

Q9 なぜファイルを圧縮する必要があるのか.

Q10 Windows でファイルを ZIP で圧縮する方法と, ZIP で圧縮されたファイルを解凍する方法を述べよ.

章末問題

1. 640 × 480 のサイズの画像を 1 秒間に 30 枚分流す動画を, データを圧縮せずに 5 分間作ったとすると, そのデータサイズは何バイトになるかを計算せよ. また, そのデータを 64 キロ bps および 80 メガ bps[17] のインターネットの回線を使った場合, 転送するのに最低何分かかるか, それぞれ計算せよ. なお, 動画データの点の色は 4 バイトで表現するものとする. 答えは電卓を使って計算してもよいが, 答えだけでなく, 計算に使った式を必ず書くこと.

　　　ヒント：64 キロ bps は 1 秒間に 64000 ÷ 8＝8000 バイトのデータを転送することができる.

2. 右の画像を横方向に同じ色の点が何個並んでいるかを数えるという方法で表現した場合, 何バイトのデータになるか計算し, 圧縮率を計算せよ.

　　　また, 縦方向に同じ色の点が何個並んでいるかを数えるという方法で表現した場合についても同様の計算を行うこと. ただし, 色は 3 バイト, 並んでいる点の数は 1 バイトで表現するものとする.

3. 画像, 音, 動画, ファイルの圧縮技術についてそれぞれ 1 つ以上調べ, その特徴（どのようなデータを圧縮するのに適しているか, 圧縮率はどのくらいかなど）を述べなさい.

---

17) 64 キロ bps は 2000 年ごろ, 80 メガ bps は最近の標準的な家庭のインターネット通信回線の速度です.

第6章　インターネットと電子メール

6.1　インターネットの歴史

インターネットとは？

　インターネット（Internet）は全世界にちらばったコンピューターどうしをつなぐ巨大なネットワークです．インターネットは，パソコンの一般家庭への普及やインターネットの商用利用の開始などによって，この十数年で爆発的に拡がりました．インターネットの代表的なシステムには電子メール（→ p.89）や WWW（World Wide Web）（→ p.106）などがあります．まずインターネットの歴史について簡単に説明します．

オンラインシステム

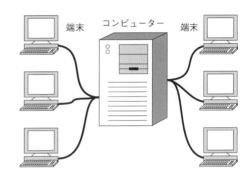

　コンピューターが誕生したのは 1940 年代半ばのことです．初期のコンピューターシステムは 1 つのコンピューターが単独で動作するというシステムでした．そのため，そのコンピューターを利用するためには人間がコンピューターのところまで移動する必要があり，同時に 1 人の人間しかコンピューターを利用できないという欠点がありました．当時のコンピューターは非常に高価で巨大な機械で，同時に複数の人間がコンピューターを使えないことや，大きすぎて持ち運べないことから，使用できる場所が限定されることによる効率の悪さが問題となっていました．そこで，コンピューターに端末装置[1]という装置を複数つなぎ，端末装置からコンピューターに命令を与えるという方法が考案され，離れた場所から複数の人間がコンピューターを同時に扱うことができるようになりました．図のように，コンピューターと端末装置がつながっている状態のことをオンライン（online．線（line）でつながる（on）という意味）な状態と呼び，オンラインで端末装置から送られてくる情報を処理するシステムのことを**オンラインシステム**と呼びます．現在でも使われているオンラインシステムの例としては航空機や鉄道の座席予約システム，銀行の ATM などが挙げられます．

集中から分散へ

　1980 年ごろまでは，コンピューターシステムと言えば，どこかに巨大なコンピューターが 1 つだけ存在し，そのコンピューターがすべての処理を行うと考えられていました．昔の SF 小説や漫画では，「マザーコンピューター」という巨大で超高性能なコンピューターがよく登場したものです[2]．このように，すべての処理が 1 つの巨大なコンピューターで集中して行われるシステムのことを「**集中処理システム**」と呼びます．一方，技術の発達によってコンピューターが小型化し，安価に作られるようになってくると，1 台の高性能なコンピューターをみんなで利用するよりは，安価で低性能なコンピューターを個別に利用したほうが便利なことがわかってきました．このように，複数のコンピューターを使ったシステムのことを「**分散処理システム**」と呼びます．例えば，集中処理シス

---

[1] 端末装置には通常のパソコンと同じようにディスプレイとキーボードがついていますが，コンピューターそのものはそこに存在しません．

[2] 代表的な例として手塚治虫の漫画『火の鳥』の未来編に出てくるコンピューターが挙げられます．興味のある方はインターネットのサーチエンジン（→ p.122）で検索してみるとよいでしょう．

テムではデータが 1 か所に集まっているので中央のコンピューターが壊れてしまうとすべてのデータが失われてしまいますが，分散処理システムでは 1 つのコンピューターが壊れても破壊されるのはそのコンピューターが持っている一部のデータだけで済みます．また，分散処理システムのほうが全体的な目でみるとコストが安く，よりきめ細かな作業を行うことができます[3]．

コンピューターネットワーク

分散処理システムでは，複数のコンピューターのデータをどうやってみんなで利用するかということが問題となります．集中処理システムではすべてのデータが 1 台のコンピューターに格納されていたので，オンラインでつながった端末装置を使えば誰もがすべてのデータを利用できましたが，分散処理システムでは他のコンピューター内のデータを利用するにはフロッピーディスクなどを使ってデータを移す必要があり，非常に不便でした．そこで考え出されたのがコンピューターどうしをつなぐ**コンピューターネットワーク**です．コンピューターネットワークと分散処理システムを組み合わせることで，情報の処理を個々のコンピューターで行い，その成果をネットワークを通じて共有することができるようになりました．

ネットワークの拡がり

最初に実用化されたコンピューターネットワークは 1969 年にアメリカで開発された**ARPANET**（アーパネット）です．初期の ARPANET はアメリカの西海岸の 4 つの都市を結ぶ小規模なネットワークでしたが，その有用性からまたたく間に拡がり，10 年後にはアメリカ全土の主要都市を結ぶネットワークに成長しました．ARPANET は，当初は大学や研究所など限られた人しか利用できませんでしたが，1991 年に一般に開放され，それが今日のインターネットとして発展しました．

> **─ インターネットと戦争 ─**
>
> インターネットの前身である ARPANET の発展も戦争と密接な関係があると言われています（あいまいな言い方をしているのは諸説があるためです）．ARPANET が作られた当時はアメリカとソビエト連邦の冷戦の真っ只中で，核戦争の危機が大きな問題となっていました．当時は既にコンピューターが軍事目的に利用されており，さまざまな軍事データがコンピューターで処理されていました．それまでのように集中管理システムでデータを管理していたのでは，そのシステムがある都市に核兵器を落とされてしまうとすべてのデータが破壊され，軍事機能が麻痺してしまいます．ARPANET には，分散処理システムを作ることで大切なデータを各地に分散し，たとえ 1 か所が核攻撃されてもデータがすべて失われることがないようにするという目的があったと言われています（諸説がありますが，全く関係がないとは言い切れないと思われます）．また，1991 年の NSFNet（ARPANET の後継のネットワーク）の一般への開放も，ソビエト連邦の崩壊と共に冷戦が終了したため，アメリカがインターネットを軍事目的からビジネスに積極的に利用しようと政策を転換したためであるという説があります．

6.2 インターネットの仕組みと利用方法

インターネットの特徴

インターネットの大きな特徴の 1 つに，誰もが使えるオープン（**open**（開かれた））なシステムであるという点が挙げられます．インターネットで使われているネットワークの回線は，接続すれば誰もが利用してよいことになっています．これに対して，例えば銀行の ATM などで利用されている専用回線というネットワークは非常に重要なデータのやり取りをしているため，特定の関係者しか使うことができません．特定の人物，用途にしか使えないネットワークをクローズ（closed

---

[3] 集中処理システムには分散処理システムにない利点もあるので全く使われなくなったわけではありません．

（閉じた））なネットワークと呼びます．オープンであることは必ずしもよいことばかりではありません．誰もが使えるということは，インターネットを悪用したい人も使えるということです．インターネットに流れるデジタル情報を盗聴することは技術的に可能ですし，インターネットを使った詐欺などの犯罪も多発しています．インターネットは確かに便利ではありますが，同時に，何も知らずに利用すると非常に危険なネットワークであるとも言えるのです（→ p.130）．

LAN と WAN

インターネットのコンピューターネットワークは，その規模によって2種類に分類することができます．インターネット上には世界中のコンピューターがつながれていますが，それらの何百億台以上もあるコンピューターをいきなり1つのネットワークで結ぶのは非常に困難ですし，効率的ではありません．そこでまず，会社や研究所などの限られた狭い範囲のコンピューターをつなぐ，場所を限定したコンピューターネットワークを作ります．このようなネットワークのことを **LAN**（局所的（Local）な範囲（Area）のネットワーク（Network））と呼びます．家庭内のコンピューターだけをつないだ家庭内 LAN は最も規模の小さい LAN です．次に，こうして作られた LAN どうしをつなぐことで，世界中のコンピューターを結ぶネットワークを作ります．このようなネットワークを **WAN**（広い（Wide），すなわち全世界の範囲（Area）のネットワーク（Network））と呼びます．

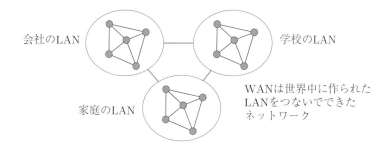

サーバーとクライアント

インターネットのネットワークの通信回線どうしをつなぐコンピューターのことを「ノード」（node）（木の節．→ p.52）と呼びます．ノードはいわゆる中継局の役割を果たすコンピューターや機器のことで[4]，インターネットを利用するには，コンピューターをインターネットに接続するサービスを提供する機能を持つノードに接続する必要があります．ノードの中で，ユーザーに対して特定のサービスを提供するコンピューターのことを **サーバー**（server（給仕人））[5]と呼びます．インターネット上のサーバーにはウェブページを管理する「ウェブサーバー」，電子メールの送受信を行う「電子メールサーバー」などがあります．また，サーバーを利用するコンピューターのことを **クライアント**（client（顧客））と呼びます．パソコンは一般的にインターネットのさまざまなサービスを利用する側のコンピューターなので，ほとんどの場合はクライアントであると言ってよいでしょう[6]．サーバーとクライアントで構成されるシステムのことを **クライアントサーバーシステム** と呼びます．電子メール（→ p.89）や WWW（→ p.106）など，インターネットの代表的なサービスの多くはクライアントサーバーシステムです．

---

[4] ノードは「インターネットに接続されている機器」という別の意味で使われることもあります．

[5] 何かを提供する人や物のことを表します．サーバーを使った身近な用語としてはファミレスのドリンクサーバーやビアガーデンのビアサーバーなどがあります．

[6] パソコンをサーバーとして使うことも可能ですが，ある程度の知識と技術が必要になります．

インターネットへの接続方法

　大学や企業などの組織の多くは，自前でインターネットに接続するための設備を持っています．一方，家庭のコンピューターからインターネットを利用する場合は，**プロバイダー**（provider（提供者））という，インターネットに接続するためのサーバーを持つ会社と契約する必要があります．プロバイダーは正式には**ISP**（Internet Service Provider）と呼ばれ，インターネットへの接続や電子メールのアカウントの提供など，インターネット（internet）のさまざまなサービス（service）を提供（provide）する会社のことを表します．家庭のコンピューターをプロバイダーが提供するインターネットに接続するためのサーバーに，光回線，ADSL，ISDN，電話回線などの回線でつなぐことにより，インターネットを利用することができるようになります．

　昔はプロバイダーによって通信速度やつながりやすさに大きな差がありましたが，最近ではどのプロバイダーもインターネットを利用するという点ではほとんど変わらなくなってきました．プロバイダーを選ぶ際には値段やサービスを見て決めるのがよいでしょう．

インターネットの利用にかかる費用と通信速度

　インターネットを家庭から利用するには 2 種類の費用がかかります．1 つは，家のコンピューターからプロバイダーの接続サーバーまでの回線の使用料金です．回線には光回線，ADSL，ISDN，電話回線などといったさまざまな種類がありますが，現在では光回線や ADSL が主流です．もう 1 つはプロバイダーのさまざまなサービス（インターネットに接続するサービスも含まれます）の使用料金です．最近の契約では，この 2 つをセットで契約できる場合が多いようです．これらの使用料金は，昔はインターネットを使用する時間に比例した従量制でしたが，最近ではいくらインターネットを利用しても料金が変わらない定額制が一般的です．

　インターネットの通信速度は bps（→ p.79）という単位で表され，この速度は回線の種類によって差があります．また，この速度は最高速度を表しており，常にこの速度でデータが送られるわけではありません．実際の転送速度は家から通信サーバーまでの距離，同時にその回線を利用している人の数などによって大きく変化します．例えば，高速道路では時速 100km までの速度を出すことができますが，一度に多くの車が高速道路を利用しようとすると渋滞が発生して速度が落ちてしまいます．インターネットでも同様の理由で通信速度が低下することがあります．実際の転送速度は最高速度の半分以下と考えておいたほうがよいでしょう．

　最近ではスマートフォンや携帯電話からもインターネットを利用できるようになっています．スマートフォンや携帯電話からインターネットを利用する場合の費用は 1 種類で済みますが（2 つの料金がセットになっていると考えてください），料金プランにはさまざまなものがあるようです．パソコンの場合と違い，スマートフォンや携帯電話の場合は定額料金ではない料金プランもあり，そのような契約でインターネットを長時間利用すると，膨大な料金が請求される可能性があるので注意してください．インターネットの使用料金が高すぎて支払いが困難になることを，俗にパケ死（パケはパケットのこと（→ p.109））と呼びます．

無線 LAN

　LAN には**有線 LAN** と**無線 LAN**[7])の 2 種類があります．有線 LAN は文字どおり線を使ってコンピューターどうしをつなぐネットワークのことで，イーサネット（Ethernet）という方式が最

---

[7]　無線 LAN のことを **Wi-Fi**（ワイファイ）と呼ぶことがありますが，正確には Wi-Fi は無線 LAN の規格の 1 つです．ただし，現在ではほとんどの無線 LAN が Wi-Fi の規格を使っているので，無線 LAN のことを Wi-Fi と呼ぶことが多くなっています．

もよく使われています．一方，無線 LAN は電波が空中を伝って情報を伝えます．無線 LAN は有線 LAN と異なり，わずらわしい線が必要ないので扱いやすいという利点がありますが，情報が有線 LAN のように膜で保護されていない空中を飛び交うため，有線 LAN と比べて通信速度が遅い，情報の伝達が不安定，盗聴されやすいという欠点があります．無線 LAN は距離が離れると通信速度が遅くなったり，電磁波などの影響で通信が切断されやすく，遠距離の通信に向いていないため，パソコンと**アクセスポイント**（接続する（access）場所（point））[8]という機器の間の短い距離を無線で通信し，そこから先は有線で通信を行います．パソコンをアクセスポイントに接続できる範囲のことを**ホットスポット**（hotspot）[9]と呼びます．家庭内の無線 LAN の場合，ホットスポットは家の外まで拡がっている場合が多く，**セキュリティの設定を正しく行わないと，通信した情報を盗聴されて個人情報が盗まれたり，勝手に他人に無線 LAN を犯罪目的で利用されたりする可能性がある**（→ p.147）ので注意が必要です．ツールバーの通知領域（→ p.30）にあるネットワークのボタンをクリックすると，（パソコンに無線 LAN に接続する機能があれば）接続可能な無線 LAN のアクセスポイントが表示されます．家庭内で自分の家の無線 LAN 以外のアクセスポイントを見ることができる場合は，他人の家の無線 LAN の電波が届いていることを表しています．最近の無線 LAN の製品には，簡単な操作で無線 LAN の不正利用を防ぐための暗号化を行う**セキュリティ機能を設定できるようになっていますので，必ず利用するようにしてください**．なお，暗号化方式には WEP，WPA，WPA2 などの方式がありますが，可能であれば，より暗号の強度が高い WPA2 の方式（WPA-PSK（AES）と表示される場合もあります）を使うことを強くお勧めします．特に，WEP は既に解読された暗号技術であるため，絶対に使わないほうがよいでしょう．また，無線 LAN に接続するためのパスワード（暗号化キーと呼ぶ場合もあります）が，無線 LAN ルーターにシールなどで貼られている場合がありますが，これを他人に見られてしまうとその無線 LAN に接続できてしまうので危険です．該当する方は，シールをはがして安全な場所に保管するようにし，心配な場合はパスワードを変更するとよいでしょう．

　最近では，街中で誰でも無線 LAN を利用できる公衆無線 LAN というサービスがさまざまな場所で利用できるようになっており，タブレット型パソコンやスマートフォンなどを使って無料でインターネットに接続するサービスを利用できるようになっています．ただし，中には大手の企業が提供するサービスであっても適切なセキュリティ対策が行われておらず，通信内容が暗号化されていないようなものもあります．セキュリティ対策が行われていない公衆無線 LAN のサービスを利用した場合，通信内容が他人に盗聴されたり，パソコン側の設定によってはパソコンの中のファイルを他人に見られたり，コンピューターウィルスを感染させられる危険があります．公衆無線 LAN を使用する際には，その公衆無線 LAN のセキュリティの設定がどのようになっているか調べた上で利用したほうがよいでしょう．接続時に暗号化がされているかどうかがわかる場合は，暗号化が行われていないものや，暗号化に WEP が設定されているものには接続しないほうがよいでしょう．**また，公衆無線 LAN に接続した場合は，ID，パスワード，個人情報など，秘密にしておきたい情報を通信しないことを強くお勧めします．**

　タブレット型パソコンや，スマートフォンの設定によっては，Wi-Fi の機能を ON にすると，接続可能な公衆の無線 LAN に自動的に接続してしまう場合があります．自動的に接続した公衆無線 LAN のセキュリティの設定が行われていない場合，気がつかないうちに安全性の低い通信が行わ

---

8) 基地局，（無線 LAN）親機，無線 LAN ルーター，Wi-Fi ルーターと呼ぶ場合もあります．
9) Wi-Fi スポットと呼ぶ場合もあります．

れてしまう可能性がありますので，スマートフォンの Wi-Fi 接続の機能は必要な時だけ ON にするか，特定の信頼できるアクセスポイントにのみ自動的に接続するような設定にしたほうがよいでしょう．

プロトコル

　コンピューターどうしで情報のやり取りを行う際には，あらかじめやり取りの手順を決めておく必要があります．インターネットは世界中のコンピューターをつないでいるわけですから，日本語で「○○をください」といったような，日本人にしかわからないようなやり方は通用しません．世界中のコンピューターで共通するやり方を決める必要があるのです．このようなコンピューターどうしで情報をやり取りする際の，やり方の手順の取り決めのことを「（通信）**プロトコル**」（protocol）[10]と呼びます．ウェブブラウザーに限らず，電子メールなど，さまざまなアプリケーションがインターネットを利用できるのは，インターネットで通信するための共通のプロトコルが決められており，インターネットを利用するアプリケーションがそのプロトコルに従って通信を行っているからなのです．インターネットではサービスごとに定められたさまざまなプロトコルが利用されていますが，最も基本となるプロトコルは，インターネットを使って情報を指定したコンピューターに正確に転送するための **TCP/IP** というプロトコルです（→ p.110）.

─ 身近なプロトコルの例 ─

　コンピューターどうしのような「物と物」の間に限らず，「物と人」，「人と人」の間でやり取りを行う場合も同様に，やり取りの手順が決められています．例えば，「物と人」の場合，自動販売機のことを生まれてはじめて見る人は使い方の手順（プロトコル）を知らないのでジュースを購入することはできませんが，「お金を投入口に入れる」→「欲しいジュースのボタンを押す」→「出てきたジュースを取り出す」という使い方の手順を知っていれば誰でもジュースを購入することができるようになります．インターネットのプロトコルも，自動販売機の使い方と同じようにコンピューターどうしで情報をやり取りするためのやり方の手順が細かく決められているのです．「人と人」の場合は言語がプロトコルです．例えば，日本語には人と人が意思を疎通させるための単語や文法が定められており，日本語というプロトコルを知っている人どうしの間で日本語を使って会話を行うことができます．また，「最初はグーなどの掛け声をかける」→「グーかチョキかパーを同時に出す」→「勝敗が決まる」という「じゃんけん」は人と人の間で勝ち負けを決めるためのプロトコルの一種です．

IP アドレスとドメイン名

　インターネットに接続されているコンピューターには，それぞれ TCP/IP で仕様が定められた **IP**（**Internet Protocol**）**アドレス**（インターネットのプロトコルで使われる住所（address））というインターネット上のコンピューターの住所の役割を持つものがつけられています．IP アドレスは 4 バイトのデータで表現され，4 つの 1 バイトの数字を「.」（ピリオド）で区切って表記します．1 バイトでは 0〜255 の範囲の数字を表現できるので，4 つの数字はすべて 0〜255 の範囲のいずれかの数字が入ります．例えば，日本の首相官邸のウェブサーバー（ウェブページを管理するためのコンピューター（→ p.107））は 202.214.194.138[11]という IP アドレスを持っています．

　IP アドレスは 32 ビット（＝ 4 バイト）のデータなので，2^{32}（＝約 40 億）種類のコンピューターの住所を表現することができます．しかし，インターネットに接続されるコンピューターの数は年々増えており，住所の数が足りなくなるという問題が発生しています．そこで，より多くの住所を表

---

[10] 日本語では「通信規約」や「通信手順」と訳されることがあります.

[11] 2019 年 8 月現在の IP アドレスです.将来的に，首相官邸の IP アドレスは変化する可能性があります.

現できる IPv6（v は version の略）という規格が作られ，普及しはじめています[12]．IPv6 ではコンピューターの住所を 128 ビット（＝ 16 バイト）のデータで表現することで，地球上にあるすべての砂粒に異なった住所を割り当てることができるほどの余裕を持っています．IPv6 に対し，これまで使われてきた 4 バイトの IP アドレスのことを IPv4 と呼びます．

IP アドレスは数字で表現されるので，人間が覚えるのは大変です．そこで，人間にも覚えやすいドメイン名という方法でコンピューターの住所を表す方法が用意されています．例えば，先ほどの首相官邸のウェブサーバーは www.kantei.go.jp で表されます．ドメイン名はピリオドによって階層化されており，前にいくほどアルファベットの文字列が表す内容が詳細になります．例えば首相官邸のドメイン名の場合，後ろから順に表のような意味を持ちます．なお，最近では名前のつけ方の規則がゆるやかになり，必ずしも最後に国名を表す文字列がこない場合もあります．

jp	国名を表します．jp は日本，uk はイギリスのように国ごとに決まっています．なお，インターネットの発祥であるアメリカは国のドメイン名をつけません
go	組織の種類を表します．go は政府（government），ac は教育機関（academic），co は企業（corporation）など．この部分は国ごとにつけ方が異なります
kantei	固有の名称を表します．ここでは首相官邸であることを表します
www	ウェブサーバーであることを表します

6.3 電子メール

インターネットの代表的なシステムの 1 つが**電子メール**（mail（郵便））です．電子メールは Eメール（E は electronic（電子）の略）とも呼ばれます．電子メールは，郵便で手紙を指定した住所に送るのと同じように，コンピューターが扱うデジタルデータを指定した相手に送ることができます．電子メールのシステムには（電子）**メールサーバー**という現実の世界の郵便局の役割を果たすサーバーが用意され，電子メールの送受信や受信した電子メールの管理などの処理を行います．

メールアドレスとメールアカウント

電子メールを使うためにはインターネット上で電子メールを使うための（電子）**メールアカウント**を持つ必要があります．メールアカウントは銀行の口座のようなもので，特定のメールサーバーで電子メールのサービスを利用する権利を表すものです．メールアカウントは，プロバイダーと契約する，スマートフォンを購入する，フリーのメールアカウントを取得するなどの方法で入手することができます．電子メールを利用するためには，パソコンにログインする場合と同じように，メールアカウントが本人のものであることを認証するための ID とパスワードが必要となります．また，電子メールを送るためには，郵便と同様に，「**メールアドレス**」という送り先の住所を指定する必要があります．メールアドレスはメールサーバーが管理しており，以下の形で表記します．

メールアカウント ID ＠メールサーバーのドメイン名

電子メールの特徴

電子メールは郵便と似ていますが，以下のような利点と欠点があるので注意してください．

- ●電子メールの利点
  - ○転送速度が速い．郵便は届くのに半日以上かかるが電子メールはほぼ一瞬で届く．

[12) インターネットを新しい IPv6 に対応させるためには，世界中のインターネットの機器を IPv6 に対応した機器に交換する必要があるため，すぐにすべてのアドレスを IPv6 に移行するというわけにはいきません．しばらくの間は IPv4 と IPv6 が混在する状況が続く見込みです．

　　　○手紙の一種なので，電話のように相手をその場で呼び出すことはない．

　　　○送信した文章が自動的に文字として記録に残る．

　　　○郵便と違い，紙を使わないので資源を節約できる．

　　　○郵便と違い，1 通送るごとに料金がかからない．

● 電子メールの欠点

　　○ **文字だけで送るので表現上の誤解を生む場合がある**　　例えば，「馬鹿」という言葉は会話では声の調子などの言い方や仕草によっては親しみを込めた意味を持たせることができる場合もありますが，文章で「馬鹿」と書くと，それが冗談なのか本気なのか区別しにくいことがあります．本人は軽い冗談や親しみを込めて書いたつもりでも相手には伝わらないことはよくありますので，電子メールに限らず文章だけでコミュニケーションを行う場合は誤解が起きないように注意してください．

　　○ **盗聴の恐れがある**　　電子メールに限りませんが，インターネットはオープンなシステムなので，誰かがインターネットに流れている内容を盗聴している可能性があります．パスワードや ID など，**他人に知られてはいけないような重要な情報を電子メールで送ることは避けたほうがよいでしょう**．どうしても電子メールを使って秘密の情報を送りたい場合は，送る情報を暗号化して送ることをお勧めします．電子メールを暗号化して送る方法はメールソフトやメールサーバーによって異なりますので，詳しくはメールソフトのマニュアルやヘルプ機能を使って調べてください．

　　○ **転送速度が速いことが逆に欠点となることがある**　　電子メールを出した場合，その電子メールがすぐに届いてしまうため，出した人は返事がすぐ返ってくることを期待しがちですが，相手が電子メールすぐ読むとは限りませんし，忙しくて返事をすぐに出せない場合もあります．実際に電子メールを出して返事がすぐに（例えば30 分以内に）帰ってこないと無視されたような気になって怒り出す人がいますが，電子メールは電話とは違い手紙の一種であり，相手の都合によっては返事に時間がかかることを忘れないでください．

電子メールの仕組み

　電子メールを相手に送ると [13]，送られた電子メールは相手のコンピューターに直接届くのではなく，送信した相手のメールアドレスを管理するメールサーバーに保管されます．メールサーバーに送られた電子メールは，メールサーバーの中に用意された**メールボックス**（mailbox（郵便箱））という場所に保管されます．メールボックスは郵便局の私書箱（郵便局内に設置された，郵便物を受け取るための専用ロッカーのこと）に似ています．送られた側はメールサーバーに自分宛の電子メールが届いていないかをメールソフトの受信ボタンをクリックして確認し [14]，届いていればその電子メールをメールサーバーのメールボックスから自分のコンピューターに送ってもらい，電子メールを読むという仕組みになっています．

　電子メールの送信には **SMTP**（Simple（簡潔な，使いやすい）Mail Transfer（転送）Protocol）というプロトコルが，受信には **POP3**（Post Office（郵便局）Protocol Version 3）や **IMAP**

---

13) インターネットで，電子メールなどのデジタルデータをドメイン名で指定された住所のコンピューターに送るための具体的な仕組みについては 7 章で紹介します（→ p.108）．

14) 多くのメールソフトは，定期的に自動でメールサーバーに自分宛の電子メールが届いているかを確認して受信する機能を持っているので，自分に送られたメールが直接自分のコンピューターに届いているように見えますが，実際には直接届いているわけではありません．

(Internet Message Access Protocol)[15)]という**プロトコル**が使われます．送信の手順を図にします．

　なお，携帯電話やスマートフォンの電子メールとパソコンの電子メールの基本的な仕組みは同じなので，パソコンと携帯電話などの間でも電子メールのやり取りを行うことができます．

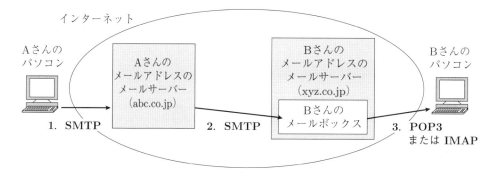

Aさん（a@abc.co.jp）がBさん（b@xyz.co.jp）に電子メールを送る場合の手順

1. SMTP を使って A さんのメールサーバー（abc.co.jp）に B さん宛てのメールを送る．現実の郵便にたとえると，ポストに郵便を投函し，最寄りの郵便局に郵便が送られるのに相当する．

2. A さんのメールサーバーは，受信したメールを B さんのメールサーバーに SMTP を使って送る．B さんのメールサーバーは受信した電子メールを B さんのメールボックスに入れる．郵便局に届いた郵便を，B さんが住む地域の郵便局の B さんの私書箱に届けるのに相当する．

3. B さんはメールが届いていないかを POP3 または IMAP を使って確認し，届いていれば自分のパソコンに送ってもらう．現実の郵便にたとえると，私書箱に自分宛の郵便が届いていないかを確認しに行き，届いていれば持って帰るのに相当する．

─ POP3 と IMAP の違い ────────

　電子メールでは，電子メールを送るときと受け取るときに異なるプロトコルを使います．電子メールを送るときに使うプロトコルはSMTP というプロトコルだけですが，電子メールを受信する際にはIMAP と POP3 という 2 種類のプロトコルが使われています．メールソフトによっては，電子メールの設定を行う際に，IMAP と POP3 のどちらを使うかを選択する必要があり（どちらかがあらかじめ設定される場合もあります），IMAP と POP3 では電子メールを受信した時の動作が異なるので気をつける必要があります．IMAP と POP3 の違いは以下のとおりです．どちらのプロトコルを使うかは，自分がどのように電子メールを使うかを考えて選んでください．例えば，自宅，学校，会社など，さまざまな場所から電子メールを読みたい場合はIMAP を選ぶとよいでしょう．昔はインターネットの接続料金が定額制でなく，通信速度も非常に遅かったため，なるべくインターネットに接続する時間を減らすために POP3 を使うのが一般的でしたが，常時インターネットに接続するのがあたりまえになった現在では IMAP が主流になっています．

- **POP3**
  - 電子メールはメールサーバーのメールボックスから受信したパソコンに移動する．
  - 一度受信した電子メールはメールサーバーに残らないので，その電子メールを受信したパソコンからしか読むことができない．
  - 一度受信した電子メールはパソコンの中に保存されるので，パソコンをインターネットに接続していなくてもいつでも読むことができる．

---

15) 直訳すると，インターネットで（メールの）メッセージを読み書き（access）するためのプロトコル．

- **IMAP**
  - 電子メールをその電子メールを受信したパソコンにコピーして送る．したがって，受信した電子メールはメールサーバーのメールボックスに残り続ける．
  - メールサーバーに接続すれば，どのパソコンからでも受信した電子メールを読むことができる．
  - 電子メールを読むためには（過去に読んだことがある電子メールであっても）必ずメールサーバーに接続する必要がある
  - 送られてきた電子メールはメールサーバーにどんどんたまっていくため，メールボックスがあふれて電子メールを受け取れなくなってしまう可能性があり，あふれた場合は手動で削除する必要がある．

6.4　電子メールの基本的な使い方

　電子メールの送受信はメールソフト（メールアプリ，メーラー）というアプリケーションで行います．メールソフトにはさまざまな種類があるので，気に入ったものを使うとよいでしょう．

　最近では，**Web メール**という，ウェブブラウザーを使って電子メールを送受信することができるウェブページがあります[16]．Web メールで電子メールを受信する場合は IMAP と同じ性質を持ちます．Web メールはパソコンに標準的にインストールされているウェブブラウザーを使うため，新たにパソコンにメールソフトのアプリケーションをインストールする必要がなく，電子メールに関する設定を行わなくても使うことができるなど，手軽に利用できるという利点がありますが，IMAP と同様にインターネットに接続しなければ電子メールを読むことができないという欠点があります．代表的な Web メールとしては，Gmail や Yahoo!メールなどがあります．

　本書では，特定のメールソフトの使い方を説明するのではなく，メールソフト全般に共通する機能について説明します．それぞれの機能の使い方はメールソフトによって異なりますので，使い方や設定の方法がわからない場合はメールソフトのヘルプ機能などを使って調べてください．

電子メールの受け取り方と読み方

　電子メールを受け取るには受信操作を行います（「受信」ボタンをクリックします）．受信操作を行うことによって，コンピューターは自分宛の電子メールが届いていないかをメールサーバーに問い合わせます．メールソフトに受信した電子メールの一覧が表示されるので，中身を見たい電子メールのタイトルを選択すると電子メールの内容が表示されます．

電子メールの送り方

　電子メールを送信するには電子メールの作成ボタンをクリックし，表示されるウィンドウの中身を埋めていきます．**宛先**の部分に送りたい相手のメールアドレスを入力してください．なお，メールアドレスの部分はすべて半角の英数字であり，1 文字でも間違うと正しく転送されないので注意してください．**件名**の部分には電子メールの用件を簡潔に記入します．**本文**には電子メールの本文の内容を書きます．電子メールも手紙の一種なので，相手が親しい友人でない限り，普通の手紙を書く場合と同じように書いてください．送信ボタンをクリックすると電子メールを送ることができます．なお，電子メールでは一般的に「送信箱」という場所に送信した電子メールの記録が残るので，自分が送信した電子メールを後から確認することができます．

返信の仕方

　受信した電子メールに対して返事を出すには，メールソフトの「返信」というボタンをクリックし

---

[16]　Web メールでは，ウェブブラウザーとメールサーバーとの間の通信を電子メールのプロトコルではなく，暗号化の通信機能を持つ WWW（→ p.106）のプロトコルである HTTPS（→ p.129）で行います．

ます．宛先，件名，本文の部分が埋まった状態のウィンドウが表示されるので，必要な部分を書き足して送信ボタンをクリックして返事を出すことができます．件名の部分には受信した電子メールの件名の最初に Re:をつけたものが表示されます[17]が，これは受信した電子メールに対する返信であることを表します．相手の用件に対する返事を書く場合は件名の部分は変える必要はないでしょう．本文には受信した電子メールの内容がコピーされ，それぞれの行頭に＞などの記号が表示されます．これは，その部分が相手の電子メールの引用であることを表す記号です．また，引用文の手前に誰の電子メールの文章を引用したかが表示されます．

電子メールを書くときの注意点

会話とは異なり，電子メールは文章で書くので読む側にはそれなりの労力が必要です．電子メールを書く場合は，できるだけわかりやすく，なおかつ伝えたいことの要点をまとめて簡潔に内容を書くことを心がけてください．あまりに長い電子メールは読む側にとっては苦痛です．また，多い人は1日に数百もの電子メールを仕事で受け取る人もいます．そういう場合は，件名を見てどの電子メールから読むかを決めるのが一般的なので，本文だけでなく，件名の部分もできるだけ簡潔に書くことを心がけてください．例えば，以下のような電子メールの本文は悪い例です．

> 授業でわからないことがあったのですが，詳しく教えてもらえないでしょうか？

上記の電子メールには，名前が書いていないので誰からの質問であるかがわかりません．また，何の授業であるかがわからないので，質問した先生が複数の授業を担当していた場合は困ってしまいます．さらに，何がわからないかが書かれていませんので，受け取った先生はおそらく何と返事をしてよいのか途方にくれてしまうでしょう．電子メールを出す前には，いったん読み直してみて，相手の立場に立ってその電子メールを自分が受け取った場合に意味がわかるかどうかを確認してから出すことをお勧めします．電子メールを送信する際の注意点（→ p.99）も参考にしてください．

6.5　ヘッダーとボディ

電子メールは送信者，宛先，送信日時，件名など，電子メールの送信に使われる「ヘッダー」（header）という部分と，電子メールの内容が記述される「ボディ」（body）（または本文）という2つの部分から構成されます．はがきで言うと，ヘッダーが表の郵便番号，宛先，切手，消印などに相当し，ボディが裏の手紙の本文に相当します．

ヘッダーとボディの語源

ヘッダーとボディは人間の体が語源となる用語です．人間を上から見ると，一番上に頭（head），真ん中に体（body），一番下に足（foot）があります．このことから，文書などの本文の前の先頭部分に記述する見出しのような情報をヘッダー（header），その後の本体の部分をボディ（body），最後に記述する部分をフッター（footer）と呼びます．電子メールにはフッターはありませんが，ワープロでは用紙の上の余白部分をヘッダー，下の余白の部分をフッターと呼びます（→ p.170）．

ヘッダーには宛先や件名のように送信者が書くものや，送信日時などのようにメールソフトが自動的に記述してくれるもの，配送途中にメールサーバーが自動的に記述するもの（はがきの消印に相当）などがあります．メールソフトの電子メールを作成する画面にはヘッダーに相当する「宛先」，「Cc」，「Bcc」，「件名」を入力するテキストボックスと，本文のボディを記述するためのテキスト

---
[17] 返信メールの件名につく Re:は英語の reply（返事，応答）ではなくラテン語が由来と言われています．

ボックスが用意されています．受信した電子メールを表示する画面もヘッダーとボディに分かれています．本文の上に表示される，件名，送信者，宛先などがヘッダーの部分で，その下の本文がボディです．実は電子メールのヘッダーにはこれら以外にも多くの種類が存在しますが，それらのうちの大部分はユーザーにとっては特に必要のない情報（送信者の使っているメールソフトの種類など）なので，ほとんどのメールソフトでは，ヘッダーの中からユーザーにとって必要な情報だけを表示するようになっています．メールソフトによって操作方法は異なりますが，すべてのヘッダーを含めた情報を表示することもできるようになっています．

　ヘッダーの部分は ASCII コード（→ p.74）で表される文字（いわゆる半角文字）で記述するという決まりがあります[18]が，現在ではメールソフトが電子メールの送信時に MIME（マイムと読みます）という方法で全角文字を ASCII コードに変換する仕組みを備えているため，ヘッダーの部分に全角文字を入力できるようになっています．しかし，世の中にはヘッダーの部分に全角文字が使われていると正しく文字を読めないメールソフトも存在しますので，送り先の人が何のメールソフトを使っているかわからない場合（特に外国人に電子メールを送る場合）は，件名などのヘッダーの部分には全角文字を使わないようにすることをお勧めします．

　ヘッダーもボディも**簡単に偽造する**ことが可能です．例えば，From のヘッダーに他人のメールアドレスを書いて，他人を騙った電子メールを簡単に出すことができます．これは，はがきの差出人のところに他人の名前と住所を書くことで簡単になりすましのはがきを送ることができるのに似ています．さらに具合の悪いことに，電子メールの場合，内容がデジタルデータで送られてくるので通常の郵便のように筆跡で本人かどうかを判定することはできません．不審な電子メールが届いた場合は，その内容をすぐに鵜呑みにしないで送信者に確認を取ることをお勧めします（→ p.104）．

6.6　パソコンの電子メールの使い方

　スマートフォンや携帯電話の電子メールとパソコンの電子メールは同じプロトコルを使っているという点で仕組みは同じと言えますが，パソコンの電子メールではスマートフォンや携帯電話の電子メールではあまり使われない機能や，パソコンの電子メール独特の慣習などがあります．ここではそういったパソコンの電子メールの使い方について説明します．

送信先の指定

　スマートフォンや携帯電話の電子メールでは送り先は「宛先」で指定しますが，パソコンの電子メールでは宛先以外に「Cc」と「Bcc」を使って電子メールを送ることができます[19]．以下のように意味が異なり，誤った使い方をするとトラブルの元になるので使い分けをしてください．

- **宛先**　　電子メールの内容を直接送信したい人のメールアドレスを書きます．宛先，CC，BCC は必要がなければ空欄でもかまいません．「To」や「送信先」と表示される場合もあります．

- **Cc**　　　Cc とはカーボンコピー（carbon copy）[20]の略で，電子メールの中身とは直接関わりがないが，参考までに内容を知っておいて欲しい人のメールアドレスを書きます．Cc は送信した電子メールが確かに送られたことを確認したい場合にも使われ，Cc に自分のメールアドレ

---

[18]　多くのメールソフトでは，宛先，件名，送信者など，ヘッダーの名前をわかりやすさを重視して日本語で表記されますが，本来はそれぞれ To, Subject, From のように英語で表記されます．

[19]　スマートフォンや携帯電話のメールソフトで Cc や Bcc を設定できるものもあります．

[20]　現在のようにコピー機が普及していなかったころは，手紙の写しを取るときに，カーボン紙という茶色い紙が使われていました．手紙の下にカーボン紙，その下にコピー先の紙を重ねて手紙を書くことによって，下の紙にカーボン紙の茶色が写ってコピーされるという仕組みです．現在でも宅配便の送り状などで使われています．

スを記述することで，自分が送信した電子メールが自分にコピーして送られます．このように，宛先と Cc は意味が明確に違うので，正しく使い分けるように心がけてください．人によっては，自分に届いた電子メールの宛先と Cc のヘッダーを見て，その電子メールの重要性を判断する（自分のメールアドレスが宛先に書かれていれば重要，Cc であれば直接の自分宛てではないので重要でないと判断する）人もいますので，誤った使い方をすると重要なメールを重要でないと判断して見過ごしたりするなど，大きな混乱やトラブルの元になる可能性があります．

宛先と Cc の使い分けの例

　あるサークルに所属する A さんが，サークルの先輩 B さんから飲み会の連絡をメンバーの C，D，E さんに送って欲しいと頼まれた場合，宛先には直接本文の内容を伝えたい相手である C，D，E さんのメールアドレスを，電子メールを出したという事実を知らせたい（本文の内容を直接知らせたいわけではない）B さんのメールアドレスを Cc に書いて送ります．

- **Bcc**　　Bcc の B はブラインド（blind）の略で，見えない Cc という性質を持ちます．宛先や Cc の部分に書いたメールアドレスは受信した電子メールのヘッダーに記述されるため，受信した人はその電子メールが自分以外の誰に送られたものであるかを知ることができます．しかし，Bcc に書かれたメールアドレスは，受信した電子メールのヘッダーには記述されません．また，宛先の一部が Bcc に書かれた電子メールに対して後述の「全員に返信」の操作を行っても，Bcc に宛先が書かれた人へ電子メールは返信されません．Bcc は主にメールアドレスという個人情報の流出を防ぎたい場合に使われます．例えば，お互いに面識のない複数の人物に電子メールを送信する場合に全員のメールアドレスを Bcc に書いて送れば，その電子メールを受け取った人は，他に誰がその電子メールを受け取ったかがわからないようになります．

複数の人物へ電子メールを送る方法

　電子メールは，郵便と異なり，同じ内容の電子メールを複数の相手に簡単に送ることができます．複数の相手に送る場合は，宛先（または Cc，Bcc）に複数のメールアドレスを「；」または「，」（いずれも半角です）で区切って記述します．また，「全員に返信」ボタンをクリックすることで，その電子メールを受信した全員のメールアドレスが宛先と Cc に入力済み（ただし Bcc で送られた相手を除く）の電子メール作成ウィンドウが開かれます．

電子メールの転送

　電子メールに対して返事を書く場合は「返信」ボタンで行いますが，受信した電子メールを**内容を変更せずにそのまま他の人に送りたい場合**は，「転送」ボタンで行います．件名の部分に「Fw: 受信した電子メールの件名」（Fw は forward（転送）の略），本文の部分に転送する電子メールのヘッダーの一部と，受信した電子メールを引用した文章が書かれたウィンドウが表示されます．返信と異なり，宛先は空欄になっているので，送りたい相手のメールアドレスを記入して，本文の最初に自分の名前と転送メールであることを書き足してから送ってください．

名前付きメールアドレス

　メールアドレスのアカウントの ID は必ずしもメールアドレスの持ち主の名前を表しているとは限らないため，受信した電子メールの送信者のメールアドレスだけを見ても誰からの電子メールかを判断するのが困難な場合があります．そこで，電子メールではメールアドレスと一緒に送信者の名前を書くことができるようになっています[21]．その場合，名前とメールアドレスを区別するため，メール

---
21) はがきの送り主のところに住所だけを書いて送ることもできますが，名前も一緒に記述できるのに似ています．

アドレスを半角の＜＞の中に記述します．名前が「情報 学」，メールアドレスが「abcde@abc.co.jp」の場合，メールアドレスを次のように書くことができます．

情報 学 <abcde@abc.co.jp>

メールソフトで名前の設定を行うことにより，送信者を表すヘッダーに上記のような名前つきのメールアドレスが自動的に記述されるようになります．また，多くのメールソフトでは，送信者を表すヘッダーがこのように記述された電子メールを受信した場合，送信者の部分に名前の部分のみが表示されるようになっています．

住所録

メールソフトには，メールアドレスを整理するための**住所録**（**アドレス帳**）が用意されています．多くのメールソフトでは，受信した電子メールの送信者のメールアドレスをクリックすることで，メールアドレスを住所録に登録することができるようになっています．住所録に登録したメールアドレスは，簡単な操作で電子メールの宛先や Cc に入力することができます．

署名

パソコンの電子メールには，本文の最後に差出人の氏名や連絡先を数行で記述する「**署名**」という慣習があります．メールソフトの署名の機能を設定することによって，電子メールを作成した際に，本文の最後に設定した署名の内容が自動的に挿入されます．署名の機能を使うかどうかは個人の自由ですが，仕事などで使う電子メールで，名刺のように自分の連絡先などを相手に知らせたい場合などで便利です．たまに数十行もの凝った署名を書く人がいますが，あまり長い署名は相手に不快感を与えるので，署名は **3 行～5 行**程度を目安に作ることをお勧めします．右図に署名の例を挙げます．

> 情報 学
> 情報大学情報学部
> 〒100-xxxx 東京都○○区△△1-2-3
> TEL: 03-1234-xxxx

返信アドレス

送られてきた電子メールに対して返信操作を行うと通常は送信者のメールアドレスが宛先の欄に記入されますが，返事を別のメールアドレスに送って欲しい場合もあるでしょう．例えば，複数のメールアドレスを所持している場合に，あるメールアドレスは友達との連絡用，あるメールアドレスは仕事用のように使い分ける一方で，受信した電子メールを複数のメールソフトを使って読むのは大変なので，返事は 1 つのメールアドレスに送ってもらいたい場合があります．このように，送信した電子メールに対する返信を別のメールアドレスに送って欲しい場合は「**返信アドレス**」の設定を行います．返信アドレスの設定を行ったメールソフトから送られた電子メールに対して返信を行うと，宛先の欄に返信アドレスで設定したメールアドレスが入力されるようになります．

電子メールの自動転送

返信アドレスは，自分が送信した電子メールに対する返信先を指定する方法ですが，返信ではない，新しく自分のメールアドレスに送られて来た電子メールに対しては何の影響も及ぼしません．自分に送られたすべてのメールを 1 つのメールアドレスで一括して管理したい場合は，**自動転送機能**を利用してください．自動転送機能は，そのメールアドレスに送られてきたすべてのメールを指定したメールアドレスに自動的に転送する機能です．

自動転送機能を利用する際には，転送先に自分自身のメールアドレスを記述しないように気をつけてください．そのような設定を行うと，そのメールアドレスに送られた電子メールがすぐに自分自身にコピーして送られ，その送られた電子メールがまたすぐに自分自身に送られるという**無限ルー**

プ（loop（繰り返し））と呼ばれる現象が発生します．実際にはメールボックスがあふれるなどの理由で無限には送られませんが，メールボックスがあふれると電子メールをそれ以上受け取れなくなります．また，インターネットの回線が無限ループによる電子メールの送信で占有されてしまうため，速度が遅くなるなどの悪影響が起きるので気をつけてください．無限ループは他にもさまざまな理由で発生する可能性があるため注意が必要です．例えば，メールアドレス A に対して B に送るという自動転送の設定を行い，メールアドレス B に対して A に送るという自動転送の設定を行っても A → B → A → B… という無限ループが発生します．

フォルダーとフィルター機能

電子メールを仕分けるために，パソコンのフォルダーと同じ仕組みを利用することができます．多くのメールソフトでは受信した電子メールを保存する「受信箱」，送信した電子メールを保存する「送信箱」，不要な電子メールを一時的に保存する「ごみ箱」などのフォルダーがあらかじめ用意されており，自分で新しいフォルダーを作ることもできます．また，メールソフトには特定の条件で送られてきた電子メールを自動的に特定のフォルダーに移動したり，送られてきた迷惑メール（→ p.101）を自動的に「迷惑メール」などのフォルダーに移動してくれる**フィルター**（filter（ろ過器））という機能があります．例えば，特定のメールアドレスから送られてきた電子メールを「友達」というフォルダーに自動的に入れたり，件名に「レポート」という文字がある電子メールを「レポート」というフォルダーに自動的に入れることができます．

ファイルの添付（てんぷ）

電子メールの本文には文字だけしか記述できませんが，文字以外の情報をファイルに保存して本文と一緒に送ることができます．電子メールで本文と一緒に送るファイルのことを**添付ファイル**と呼びます．電子メールにファイルを添付するには電子メールを作成するウィンドウにある，ファイルを添付するためのボタンをクリックしてファイルを選択します．

受信した電子メールにファイルが添付されていた場合，添付ファイルの一覧が表示されます．添付ファイルの中身を見るには，一覧から開きたい添付ファイルをクリックします．ファイルを開くか，保存するかを選択するパネルが表示されるので選択してください．

添付ファイルを使う際の注意点

あまりにサイズの大きい電子メールを送ると，ネットワークや相手のメールボックスを圧迫するなど，さまざまな場所に迷惑がかかります．ファイルを添付する場合，送るファイルのサイズが 1 メガバイトを超えるようなものは送らないようにしたほうがよいでしょう．メールソフトによっては一定のサイズを超える添付ファイルを送れないものもあります．

また，5 章で説明したとおり，ファイルには個人情報などのプロパティの情報が保存されている場合があります（→ p.62）．添付ファイルでファイルを送る際は，相手に知られたくない個人情報のプロパティが入っていないか確認してから送ったほうがよいでしょう．

送られてきた電子メールの中に**添付ファイル**が含まれていた場合は，**不用意に開かないように**してください．後で説明しますが，添付ファイルにはコンピューターウィルスが入っている可能性があります（→ p.103）．拡張子が exe の実行可能ファイル（→ p.49）は特に危険です．なお，Gmail などの一部のメールソフトでは，実行可能ファイルなど，コンピューターウィルスが入っている可能性のあるファイルを送れない場合があります[22]．

---

[22] Gmail で送られてきた添付ファイルが絶対に安全であるというわけではありません．

リッチテキストメール（HTMLメール）

通常の電子メールでは，本文の文章の文字の大きさや色を変えたりすることはできませんが，リッチテキストメール（豊富（rich）な表現力を持つ文章（text）のこと）を使えば文章にさまざまな修飾をつけることができます．リッチテキストメールはウェブページを記述する言語と同じHTML（→p.111）を使っているので，**HTMLメール**とも呼ばれます．また，通常のメールのことをプレーン（plain（ただの，混ぜ物のない））テキストメールと呼びます．

リッチテキストメールは，文章に修飾情報をつけるための余分なデータを送る必要があり，電子メールのサイズが大きくなってしまいます．また，メールソフトによってはリッチテキストメールを正しく表示できないものや，リッチテキストメールの機能を悪用してコンピューターウィルスを混入させるという手口があるため，リッチテキストメールを嫌うユーザーが多いようです．実際にインターネットの代表的な詐欺の1つであるフィッシング詐欺（→p.132）の多くはリッチテキストメールが使われています．また，リッチテキストメールを開いただけで，そのメールを読んだことが相手に伝わるような仕掛けを作ることも可能です．リッチテキストメールは，**相手がリッチテキストメールを受け取ってもよいと確認が取れている場合**だけで使ってください．

メールソフトには，リッチテキストメールを受信した際に，リッチテキストメールの機能を使用しないで安全に開く方法が用意されています．ただし，この方法で開いた場合は，文章につけられた修飾情報も表示されるため，メールの内容が非常に読みづらくなってしまいます．リッチテキストメールによるコンピューターウィルスの感染などが心配な場合は，リッチテキストメールを受信した際に，何からかの操作を行わないとリッチテキストメールとして画面に表示されないようにメールソフトを設定することをお勧めします．

メーリングリスト

特定のグループ内で電子メールを使ってやり取りを行う場合に全員のメールアドレスを入力するのは大変なので，**メーリングリスト**（list（一覧））という特殊なメールアドレスが使われます．メーリングリストは1つのメールアドレスが特定のグループ全員分のメールアドレスを表すもので，そのアドレスに電子メールを送ることで，グループに参加している全員に電子メールが送られます．メーリングリストを使ってメーリングリストのメンバーの1人と電子メールのやり取りをする場合は，残りのメンバー全員がその電子メールの内容を見ているということを忘れないようにしてください．参加しているメンバーのことをよく知らないメーリングリストを利用する場合は，メーリングリストに送ったメールを誰が読んでいるかがわからないため，トラブルにならないように特に内容に気をつける必要があります．メーリングリストはメールソフトの機能ではなく，メールサーバーの機能なので，利用するにはメールサーバーの管理者にメーリングリストを作って欲しいという申請を行う必要があります．また，メールサーバーの規定によってはメーリングリストを作れない場合もあり，個人でメーリングリストを作ることはあまりないでしょう．

送信した電子メールの確認

電子メールの仕組みには，郵便と同様に，送信した後に相手がそれを読んだかどうかをすぐに確認する機能はありません．どうしても送信した電子メールを相手が読んだかどうかを確認したい場合は，電話などの電子メール以外の手段を使って直接確認する必要があります．

間違えて存在しないメールアドレスに電子メールを送信した場合や，何らかの理由で届かなかった場合は，届かなかったということを伝える**エラーメール**が戻ってきます．エラーメールの多くは英語で書かれます．件名に「Undelivered Mail」（配達されなかった（undelivered）電子メールとい

う意味）と記述されているものはメールが届かなかったことを表すエラーメールです．ただし，エラーメールを装った迷惑メールやウィルス入りの電子メールも存在するので注意してください．電子メールを送信した後で，エラーメールがしばらくしても戻ってこなかった場合は（間違えて別の人に送信した場合を除き）100％ではありませんが，相手に届いたと考えてよいでしょう．ただし，現実でも郵便事故がたまに起きて郵便物が届かないことがあるのと同じように，送信した電子メールのエラーメールが戻ってこないのにも関わらず，相手に届かない場合がまれにあります．

メールソフトによっては送信した電子メールを相手が読んだかどうかを確認する「確認メッセージ」という機能を持つ場合があります．確認メッセージつきの電子メールを開くと，画面に確認メッセージを送り返すかどうかのパネルが表示されるので，「送り返す」を選択すると電子メールを確かに読んだというメッセージの入った電子メールが送り返されます．なお，確認メッセージがわずらわしいと思う人もいるため（仕事で1日に何百通も電子メールを受け取る人にとっては，いちいち確認ボタンをクリックするだけでも面倒です），この機能はリッチテキストメールと同様に，相手が確認メッセージを受け取ってもよいと確認が取れている場合だけで使ってください．また，この機能は電子メールのシステムに備わっている機能ではなく，メールソフトが独自に用意している機能なので，相手の使っているメールソフトがこの機能に対応していない場合は無意味です．

その他の機能

メールソフトによっては他にもさまざまな便利な機能を持っている場合があります．ここで紹介した以外の機能についてはメールソフトのマニュアルやヘルプ機能を見てください．

6.7 電子メールを送信する際の注意点

電子メールを使う際には色々と知っておくべきことがあります．友達どうしなど，お互いに同意の上で電子メールをやり取りする場合は好きなように電子メールを利用してかまいませんが，会社などの仕事や就職活動の電子メールなどで，自己流で電子メールを出すと相手の気分を害したり，ネットワークに余計な負荷をかけて迷惑をかける可能性がありますので注意してください．ここでは，電子メールを送信する際の注意点，代表的な**マナー**，慣習などについて紹介します．

言葉遣い

電子メールも手紙の一種なので，目上の人やよく知らない人に電子メールを送る場合は，手紙と同じように，送る相手にふさわしい言葉遣いで書いてください．ただし，電子メールは簡潔に書くことが推奨されているので，通常の手紙でよく使われる季節のあいさつなどはほとんど使われません．

送信前に一度読み直す（本文と宛先の確認）

電子メールは**一度送信してしまうと取り消すことはほぼ不可能**です．電子メールを出す前に必ず一度読み直してみて，誤字脱字がないか，相手の立場に立って意味が理解できるかどうかなどを確認してから出すことをお勧めします．また，本文だけでなく，宛先やCcなどのメールアドレスが正しいかどうかも確認してください．よくあるトラブルの原因に，秘密の話を知られたくない人に間違えて送ってしまうというものがあります．ほんのちょっとした不注意で取り返しのつかないトラブルに発展することがよくありますので，くれぐれも注意してください．

1行の長さは70文字（全角の場合35文字）以内に

パソコンの電子メールは，読みやすいように，1行の長さが半角の英数字の場合は約70文字以内，全角の場合は約35文字以内で改行するという慣習になっています．また，段落と段落の間には空行

（中身のない行）を入れて，間を開けて読みやすくするのが一般的です．コンピューターでは，空行は「改行文字」というたった 1 バイトのデータで表現できるので，空行をたくさん入れてもデータが大きく増えることはありません．

使わないほうがよい文字が存在する

①のように○の中に数字が入っている文字や I，II のようなローマ数字や半角のカタカナなどは特定の文字コードにしか存在しない文字なので [23)]，相手のメールソフトによっては読めなかったり，トラブルを引き起こしてしまう可能性があるので使わないようにしてください．MS IMEでは，かな漢字変換時にこれらの文字は図のように環境依存と表示されます．ローマ数字を使いたい場合はアルファベットで代用するとよいでしょう（大文字の I や V などを半角で書くとそれらしく見えます）．最近ではこれらの文字を表示できるメールソフトが増えてきていますが，現在でもこれらの文字を表示できるメールソフトは存在しますので，これらの文字を電子メールで使わないようにするのがマナーとなっています．

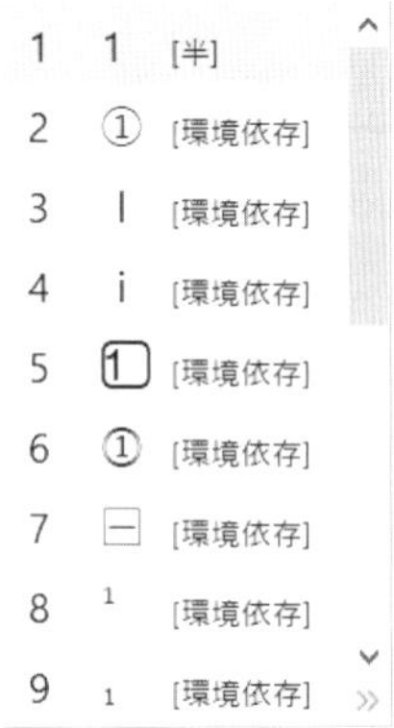

1	1	[半]
2	①	[環境依存]
3	I	[環境依存]
4	i	[環境依存]
5	①	[環境依存]
6	①	[環境依存]
7	─	[環境依存]
8	¹	[環境依存]
9	₁	[環境依存]

引用は最小限にし，誰が書いた文章かをはっきりさせる

相手の電子メールに対して返信する場合には「＞」記号を先頭につけて書くという慣習になっていますが，この引用は必要最小限な範囲で行ってください．よく相手の電子メールを署名まで含めて全文引用して，それに対して 1 行だけ自分の返事を書く人がいますが，不必要な引用は電子メールが読みにくくなるだけでなく，ネットワークやメールボックスの負担となります．ただし，過去の経緯を明確にしたいという目的で全文引用するケースもあります．

引用する場合はその文章を誰が書いたかを明らかにする必要があります．電子メールに返信すると自動的に引用文の前に引用元の情報が書かれますので，それをそのまま利用するとよいでしょう．

顔文字

文章でのやり取りは言葉のニュアンスが伝わりにくく誤解が起きやすいと述べましたが，これに対処するために，記号で書いた顔の表情を表す以下のような**顔文字**がよく使われます．ただし，これらの顔文字を使ったからといって相手が正しく意図を汲み取ってくれるとは限りませんし，暴言を書いてしまった場合にその事実が取り消されるわけでもありません．また，人によっては顔文字をふざけているとして嫌う人もいます．顔文字は相手によって使い分けることをお勧めします．

笑顔	(^_^)　(^o^)　(w　;-)	泣顔	(:_:)　(T_T)　:<	謝罪	m(__)m　_o_

絵文字

スマートフォンや携帯電話では**絵文字**と呼ばれる小さな画像を電子メールの文章に記述することができますが，これらの絵文字は Shift-JIS や EUC などの文字コードには存在していません（Unicodeには存在します）．そのため絵文字入りの電子メールをパソコンのメールソフトで読むと，何も表示されなかったり，文字化けしたりすることがあります．スマートフォンや携帯電話とパソコンの間で電子メールのやり取りを行う場合は相手のメールソフトが絵文字を表示できることを確認できた場合だけで使うようにすることをお勧めします．

---

23) 機種依存文字や環境依存文字と呼ぶ場合があります．

よく使われる記号

電子メールでは以下の記号がよく使われます.

記号	意味
＞	文頭に＞が書かれた場合, その行は引用された文章であることを表します. 引用文の中にさらに他人の引用文がある場合は＞＞を記述します
＃	文頭に＃が書かれた場合, その行の文章は本文のメインの話題とは異なること（余談など）が書かれていることを表します
○○ ＞ 人名	文中に＞が書かれた場合, ＞の前の文章を＞の後の人に伝えたいということを表します. 例えば複数の人に出した電子メールの中で特定の人にだけ呼びかけたい場合などに使われます. 例： 明日7時に電話ください ＞ 佐藤さん

著作権

　他人が書いた文章やファイルには著作権が発生し, 勝手に利用することはできません. 他人の書いた文章を必要に応じて引用することは認められていますが, その場合でも必ず誰が書いた文章であるかをはっきりさせ, 自分の文章が主, 引用文が従となるようにする必要があります（→ p.139）. また, 他人が作ったファイルを許可なく添付ファイルで色々な人に送ることも著作権法で禁止されています. 電子メールを送る際には著作権法に違反しないように気をつけてください.

6.8　電子メールを受信した際の注意点

　受信した電子メールにはさまざまな危険があります. ここでは主に迷惑メールとコンピューターウィルスに関する注意点について説明します. 詐欺については8章（→ p.130）を参照してください.

迷惑（スパム）メールは無視する

　電子メールを使っていると, 頼んでもいないのに知らない人から宣伝などの電子メールを大量に受け取ることがあります. このような電子メールのことを迷惑（スパム[24]）メールと呼びます. 知らない人から迷惑メールが送られてきた場合, 自分の個人情報が漏れているのではないかと心配になるかもしれませんが, たいていの場合は迷惑メールを送信した人は相手のことをよく知りません.

　よく知らない相手に迷惑メールを届けられるのは, 電子メールの送信にかかる費用が非常に安価であること, 同じ文面の電子メールを大勢の人に簡単に送ることができること, 送り先のメールアドレスが類推しやすいことが理由になっています. はがきの場合, 1枚につき切手代とはがき代がかかりますが, パソコンで電子メールを送る場合は, たとえ何万通もの電子メールを送っても料金は変わらないので電子メールはタダ同然で送れます. また, 同じ文面のはがきを大量に用意するのは大変ですが, 電子メールの場合は同じ文面の内容を大量に送ることは簡単です. メールサーバーのドメイン名は郵便局と同じように一般公開されており, メールアドレスのアカウントのIDの部分にはユーザーの名前がよくつけられるので, メールサーバーのドメイン名を調べ, そのメールサーバーに例えば偶然suzukiというアカウントのIDを持つ人のメールアドレスがあれば,「suzuki@ドメイン名」に電子メールを送ることで実際に鈴木さんのことを知らなくても電子メールが届いてしまいます. また, 多くのメールアドレスはアカウントのIDに名前と数字を組み合わせたものを使っ

---

[24] スパムの語源のspamはアメリカのある食品会社が販売する缶詰の名前で, 迷惑メールのことをスパムメールと呼ぶようになったのはイギリスのモンティ・パイソンによるコメディ番組の中でスパムという言葉を周りの迷惑になるほど連呼したことが由来となっているようです.

ているため，アカウント名の部分に名前と数字を適当に並べただけで偶然に誰かのメールアドレスを作ることが可能です．コンピューターは単純作業が得意なので，人名辞典に載っている人名やさまざまな英数字を組み合わせたものを使ってメールアドレスを作り，そこに迷惑メールを送信するアプリケーションを作成すれば，そのアプリケーションを実行するだけで大量の迷惑メールを送ることができてしまいます．こうして送られた迷惑メールの宛先のほとんどは実際に存在しないメールアドレスなので，エラーメールとなって送信した本人に返ってきますが，電子メールを送る費用はタダ同然なので，迷惑メールの送信者にとっては痛くもかゆくもありません．

---- 個人情報が漏れるさまざまな原因 ----

　当然ですが，個人情報が漏れたことが原因で迷惑メールが送られてくる場合もあります．個人情報が漏れる原因としては，「コンピューターウィルスに感染した」，「インターネットのブログや掲示板にうっかり個人情報を書いてしまった」，「相手が迷惑メール業者だと知らずにアンケートなどに個人情報を書いた」など，自分に責任がある場合もあります．一方，「個人情報を知らせた信頼できると思っていた業者が，個人情報の管理が不十分なせいで個人情報が流出してしまった」，「友人が勝手に自分の個人情報を他人に教えた」，「友達のコンピューターがコンピューターウィルスに感染した」など，自分の責任のないところで知らないうちに個人情報が漏れている可能性もあります．現代社会では，個人情報がお金になるため，さまざまなところで個人情報の収集が行われています．一度漏れてしまった個人情報をなかったことにすることは不可能です．個人情報の管理はしっかりと行うように気をつけてください．

　迷惑メールを受信した場合の一番よい対処法は**無視**することです．迷惑メールを送った側は，迷惑メールが相手に届いたかどうかはエラーメールが返ってくるかどうかでわかりますが，その迷惑メールが実際に読まれたかどうかまでは確認できません[25]．しかし，返事をしてしまえばそのメールアドレスが実際に使われていることを迷惑メール業者に知らせてしまうことになってしまいますし，返事の文面からある程度の個人情報を推測されてしまう可能性もあります．迷惑メールによくある文面に，「この電子メールの情報が必要でなければ以下のメールアドレスに返信してください」というものがありますが，これは巧妙な罠です．これに返事を送ってしまうと，確かにその迷惑メールの送信アドレスからはその後迷惑メールが送られてこなくなるかもしれませんが，迷惑メール業者の間にそのメールアドレスが実際に使われているという情報が出回り，さまざまなところから別の迷惑メールが殺到することになりかねません．

　お得な情報や，簡単に金儲けをする方法などを謳った迷惑メールは，そのほとんどが詐欺情報です．特に，金儲けの迷惑メールは実際に行うとネズミ講などの犯罪になる場合があります．残念ながら，現在の電子メールのシステムでは迷惑メールを完全になくす方法はありません．自分のメールアドレスを変更すれば一時的に迷惑メールはこなくなるでしょうが，それで迷惑メールが二度と来なくなる保障はありませんし，迷惑メールが来るたびにメールアドレスを変えるのは大変です．**迷惑メールは無視し，決して返事をしないことを心がけてください．**

　最近では，自動的に電子メールの送信者のメールアドレスや本文の内容から迷惑メールかどうかを判断してくれる迷惑メールフィルターの機能を持つメールソフトが増えてきました（メールソフトではなく，メールサーバー側でこの機能を用意してくれる電子メールのサービスもあります）．この機能を使えば，迷惑メールを自動的に迷惑メール専用のフォルダーなどに隔離することができま

---

25) リッチテキストメールの場合は，リッチテキストメールとして開いただけでその電子メールを読んだことが送信者に知られるような仕掛けが施されている可能性があります．

す．しかし，この機能は完璧ではなく，間違って迷惑メールでない普通の電子メールが迷惑メールと判断される可能性がある点に注意してください．

チェーンメールには返信しない

　不幸の手紙をご存知でしょうか？「数日以内に同じ文章の手紙を数人に送らなければその手紙を受け取った人が不幸になる」という文面が書かれた手紙で，一時期はやったことがありました．残念ながらこれと全く同じことが電子メールの世界でも頻繁に起きており，電子メールが次から次へと鎖（chain）のようにつながって送られていくことから**チェーンメール（chain mail）**と呼ばれます．チェーンメールも迷惑メールの一種ですが，チェーンメールの場合はチェーンメールにだまされた知人から送られてくる可能性もあります．チェーンメールに書いてある内容を全員が実行してしまうと，電子メールの数がネズミ算式にあっという間にふくれ上がってしまい，ネットワークが機能しなくなってしまう可能性が高くなります．2011 年 3 月の東日本大震災で，実際にデマなどのチェーンメールが大量に発生し，ネットワークに負荷をかけたという報告がありました．それだけでなく，チェーンメールを受信した人は不快な思いをし，人間関係に悪い影響を及ぼしてしまいますので，チェーンメールを受け取っても必ず無視してください．

　最近ではさまざまなバリエーションのチェーンメールが発生しています．例えば，災害や戦争による難民に対する募金のお願い，お金儲けの誘い，コンピューターウィルスへの注意喚起など，さまざまな手口がありますが，文面に**同じ内容の文章を不特定多数の人に送れと書いてある電子メール**はすべてチェーンメールです．一見すると善意の電子メールに見えるものもありますが，有益な情報を本当に多くの人に知ってもらいたい場合，途中で内容が変わってしまう可能性のある伝言ゲームのようなチェーンメールで送ることは普通はありません．チェーンメールを受信した場合は内容に関わらず，絶対に転送しないでください．

添付ファイルによるコンピューターウィルス

　電子メールを使う際には**コンピューターウィルス**（→ p.141）（以下，**ウィルス（virus）**と表記）に注意する必要があります．ウィルスはコンピューターの機能を破壊するなど，コンピューターの持ち主に被害を及ぼすような悪意のあるアプリケーションのことで，生物に感染するウィルスと同じように，感染したコンピューターにさまざまな悪影響を及ぼしたり，インターネットなどを使って他のコンピューターに感染したりします．電子メールを使ってウィルスを相手に送りつけるという手口が広まっており，さまざまな種類のウィルスが今もなお次々と作られています．ウィルスが及ぼす悪影響にはさまざまなものがありますが，例えば，コンピューターの中に保存されている個人情報を盗んだり，コンピューターの中のファイルを勝手に消したり，最悪の場合はコンピューターシステムそのものを破壊したりします．

　電子メールを使ったウィルスにはさまざまな手口がありますが，最も注意しなければならないのが添付ファイルです．電子メールを使ったウィルスの多くは，添付ファイルにウィルスの入ったファイルを入れておき，そのファイルを開いて実行してしまうことでコンピューターがウィルスに感染します．これを防ぐには，**添付ファイルを不用意に開かない**ことが一番重要です．電子メールを使ったウィルスの中には，次ページの図のようにウィルスがそのコンピューターのユーザーになりすまして勝手に他人に（例えば，アドレス帳に登録されているメールアドレスの人物全員に）ウィルスメールを送りつけるような悪質なものもあります．この場合，ウィルスメールを受信した人は，知人からウィルスが作成したもっともらしい内容の電子メールを受け取ることになり，知人から来た電子メールだから大丈夫だろうと安心してその電子メールの添付ファイルを開いて実行してしまう

と，ウィルスに感染してしまいます．このように，ウィルスメールの手口には巧妙なものが多いので，たとえ親しい友人からの電子メールであっても，身に覚えがない添付ファイルは開かないようにしてください．また，前にも述べましたが，**電子メールの送信者のメールアドレスは簡単に偽造することができます**．送信者が知人のメールアドレスであっても，内容が怪しければ簡単に信用しないことが重要です．添付ファイル入りの電子メールが送られてきた場合，送り主にその電子メールや添付ファイルを送った覚えがあるか確認するという方法があります．送り主がその電子メールや添付ファイルのことを知らなければ，ほぼ確実にウィルスの入ったメールだと判断できます．

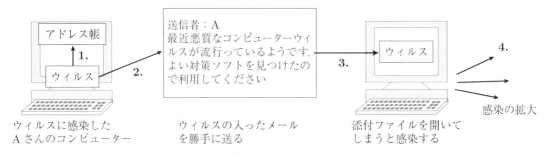

1. ウィルスが勝手に A さんのコンピューターのアドレス帳の中身を調べる．
2. ウィルスが勝手にアドレス帳に記載されているメールアドレスにウィルスの入った添付ファイル入りのメールを送りつける．
3. 受信した人が A さんからのメールだと思って信用し，添付ファイルを開いてしまうと，ウィルスに感染する．
4. 新たに感染したコンピューターから同様の方法で感染を広げていく．

添付ファイルとセキュリティソフト

　ファイルがウィルスに感染しているかどうかを調べたり，コンピューターがウィルスに感染しないように監視するアプリケーションのことを**セキュリティソフト**と呼びます[26]．セキュリティソフトはコンピューターをさまざまな危険から守るための必須のアプリケーションと言ってよいものなので，必ずインストールするようにしてください．送られてきた添付ファイルをどうしても開きたい場合は，セキュリティソフトをパソコンにインストールし，そのファイルがウィルスに感染していないことを確認してから開くことで感染する可能性を減らすことができます．この作業のことを**ウィルススキャン**（scan（詳しく調べる））と呼びます．残念ながら，セキュリティソフトでウィルスを 100 ％検出することはできません[27]．ウィルスは日々新しいものが作られており，セキュリティソフトはウィルスの被害が発生してからでないと対策が取れないため，どうしても後手にならざるを得ません．対策が取られるまでの間のまだ発見されていないウィルスは検出できないのです．特に，使用期限が切れたセキュリティソフトは新しいウィルスを検出できないため全く役に立ちませんので，**セキュリティソフトは必ず使用期限が切れていない最新のものを使ってください**．最近のセキュリティソフトは，一度購入すると一定の期間インターネットから最新のバージョンに自動的に更新するサービスが用意されていますので，そのサービスを利用するとよいでしょう．

---

[26] アンチウィルスソフト (anti-virus)，ウィルス対策ソフト，ワクチンと呼ぶ場合もあります．

[27] どんな名医でも未知の病気を正しく診断することができないのと同じです．

リッチテキストメールとフィッシング詐欺

　リッチテキストメールにはウィルスが混入されている場合があり，開いただけでウィルスに感染する場合があります．また，リッチテキストメールはフィッシング詐欺でよく使われています．フィッシング詐欺はウィルスではありませんが，電子メールの本文の中に偽のウェブページへのリンクを入れてユーザーをだますという手口の詐欺です．詳しくは p.132 で述べますが，電子メールの中にウェブページのリンクがあった場合は，不用意にリンクを開かないほうがよいでしょう．

理解度チェックシート ━━━━━━━━━━━━━━━━━

Q1　インターネットとは何かについて簡単に説明せよ．

Q2　利用者に対して特定のサービスを提供するコンピューターを何というか．また，そのコンピューターを利用してサービスを受ける側のコンピューターを何というか．

Q3　LAN とは何か．また，有線 LAN と無線 LAN の違いは何か．

Q4　プロトコルとは何か．

Q5　IP アドレスとは何か．また IP アドレス（IPv4）はどのように表記するか．

Q6　電子メールの送信に使われているプロトコルの名称を何というか．

Q7　電子メールの受信に使われているプロトコルの名称を2つ答え，その違いについて説明せよ．

Q8　以下の電子メールの用語について説明せよ．

　　　ヘッダー　　Cc　　Bcc　　返信アドレス　　署名　　自動転送　　リッチテキストメール

Q9　迷惑メールとは何か．また，迷惑メールを受け取った際の注意点は何か．

Q10　電子メールからウィルスに感染しないようにする方法を述べよ．

章末問題 ━━━━━━━━━━━━━━━━━━━━━━━

1. 自分の使っているパソコンのメールソフトに自分の「署名」を設定し，自分に電子メールを送信することで，署名が正しく設定されていることを確認せよ．

2. パソコンのメールソフトの返信アドレスにスマートフォン（または携帯電話）のメールアドレスを設定した後に，パソコンからスマートフォンに電子メールを送信し，スマートフォンで受信した電子メールに返信すると何が起きるか説明せよ．また，パソコンとスマートフォンのメールアドレスを持っている場合は，実際に上記の作業を行い，何が起きるか確認せよ．

3. 2000 年に猛威を振るった LOVELETTER というウィルスについて調べ，どのようなウィルスであったかを説明せよ．

第7章 World Wide Web

7.1 World Wide Webとハイパーテキスト

ワールドワイドウェブ（World Wide Web（WWW））は電子メールと並ぶインターネットの代表的なシステムで，インターネットブームの火付け役となったシステムです．WWWはハイパーテキスト（hypertext）という方式に基づいた情報提供システムであり，WWWによって世界中のインターネット上のウェブサーバー（→ p.107）に保存されたデータを「ウェブブラウザー」（web browser）というアプリケーションを使って見ることができます．WWWはコンピューターネットワークが世界中（world wide）に蜘蛛の巣（web）のように張り巡らされていることから名付けられました．

WWWにはW3（ダブルユースリー），WWW（ダブルダブルダブリュー），web（ウェブ）など，さまざまな呼び方があります（本書では**WWW**と表記します）．WWWのことを「インターネット」と呼ぶ人がいますが，WWWはインターネットの応用システムの1つにすぎません．この誤用はインターネットのシステムの中で，WWWが人々に与えた影響の大きさを物語っています．

ハイパーテキストは，テキスト（文章）どうしを「リンク」（link（結びつけるもの，絆）．**ハイパーリンクとも呼ばれる**）によって結びつけることができる文章データのことです．従来の紙に書かれた文章では，文章中に記述された参考文献を参照するには図書館や本屋などで文献を探す必要がありましたが，ハイパーテキストでは他の文章を参照する部分がリンクという形で表示され，リンクの部分をマウスでクリックするだけで，リンクの参照先の文章をインターネットから取得して画面に表示することができます．このように，ハイパーテキストは「文章と文章をインターネットを通じて簡単な操作でリアルタイムに結びつける」という通常の紙の文章にはない画期的な能力を持つために，ハイパー（hyper（超越した，〜を超えた））なテキストと名付けられました．また，ハイパーテキストは紙の文章では不可能な音や動画などのマルチメディアなデータを扱うこともできます．

WWW上のハイパーテキストで記述された文章を表示するアプリケーションのことを「ウェブブラウザー」または単に「ブラウザー」（browser）[1]と呼びます（本書では以降はブラウザーと表記します）．また，ブラウザーで表示する文章のことをウェブページ（web page）と呼びます[2]．代表的なブラウザーにはEdge[3]，Firefox，Chrome，Opera，Safari[4]などがありますが，これら以外にもさまざまなブラウザーが存在します．本書ではWindows 10に標準的にインストールされて

---

[1] ブラウザーは，本来は何らかのデータを閲覧（browse）するアプリケーションという意味を持ち，画像ブラウザー，動画ブラウザーなどさまざまな種類があります．最近ではブラウザーの中で最もよく使われているウェブブラウザーのことを単にブラウザーと表記することが多くなりました．

[2] 正確にはHTML（→ p.111）で記述された文章のことをウェブページと呼びます．ブラウザーはテキストファイル（拡張子がtxtのファイル）や画像ファイルを表示することもできますが，それらは正式にはウェブページとは呼びません．

[3] 以前はMicrosoft社が開発したInternet Explorerがよく使われていましたが，現在ではInternet Explorerは開発が終了し，Edgeという新しいブラウザーに移行しています．Internet Explorerは最新のWWWの技術に対応しておらず，Microsoft社もセキュリティの危険があるため使い続けるのは危険だと表明しているので，現在も使っている方は別のブラウザーに乗り換えたほうがよいでしょう．

[4] SafariはMacintoshやiPhoneなど，Apple社のOSでよく使われています．なお，Windows版のSafariは開発が終了しているのでInternet Explorerと同様に使い続けるのは危険です．

いる Edge の使い方について説明しますが，どのブラウザーも基本的な操作方法はほとんど同じです．他のブラウザーはインターネットから無料で入手してパソコンにインストールすることができるので，色々試してみて，使いやすいと思ったブラウザーを使うとよいでしょう．

7.2 WWWの仕組み

ブラウザーの使い方を説明する前に WWW の仕組みについて説明します．WWW の仕組みについて知らなくても WWW を使いこなすことはできると考えている人は多いかもしれませんが，仕組みを知ることは応用力を身につけることにつながります．また，インターネットで横行している詐欺（→ p.130）の手口の多くはユーザーの無知につけ込むというものです．例えば，詐欺ではよくIP アドレスという用語が使われますが，IP アドレスがわかっても個人情報には結びつかない（→p.128）ということを知っていれば，だまされにくくなります．

ウェブサーバーと URL

WWW を使って見ることができる情報は**ウェブサーバー**[5]というコンピューターの外部記憶装置（通常はハードディスク）の中に保存されており，ブラウザーで **URL**（Uniform Resource Locator）[6]というインターネット上の住所を指定することで，その情報をインターネットから取ってきて表示することができます．URL は，WWW ではほとんどの場合，以下のような形で記述します．

http://ウェブサーバーのドメイン名/ファイルのパス名

最初の http の部分は「**スキーム部**」（scheme（仕組み））という，インターネットを使って情報をやり取りする方法を記述する部分で，WWW では一般的に WWW の標準的なデータ転送プロトコルである **http**（ハイパーテキスト（HyperText）なデータをインターネットで転送（Transfer）するための**プロトコル**（Protocol））を記述します．ウェブサーバーに保存されている情報はウェブサーバーの外部記憶装置の中にファイルの形で保存されています．URL ではスキーム部の後にウェブサーバーのドメイン名とファイルのパスを指定することで，閲覧したいウェブページの住所を指定します．なお，Windows ではファイルのパスの区切り記号に半角の「¥」を使いますが，URLや Windows 以外の OS では区切り記号に半角の「/」を使います．

例えば，首相官邸のウェブサーバーのドメイン名は www.kantei.go.jp ，ウェブページの入り口に相当するウェブページのファイルのパスは index.html なので，以下の URL を記述することで首相官邸のウェブページを指定することができます．

http://www.kantei.go.jp/index.html

ブラウザーのアドレスを入力するテキストボックスに URL を入力してエンターキーを押すことで，指定したページを表示することができます．URL は基本的に**半角文字**で入力する決まりになっているので注意してください．なお，一般的にウェブページの入り口にあたるウェブページは索引（index）の役割を果たすため，ほとんどのウェブページの入り口のファイル名は index.html（または index.htm）と名付けられます．そこで index.html（または index.htm）に限り，URL のファイル名の部分を http://www.kantei.go.jp/ のように省略することができます．

---

[5] WWW のプロトコルである HTTP を処理することから HTTP サーバーと呼ぶ場合もあります．
[6] URI（Uniform Resource Identifier）と呼ぶ場合もあります．正確には URL と URI は違うものですが，ウェブページのアドレスの場合はどちらの名称を使ってもよいでしょう．

URL の意味

　URL はそれぞれ uniform は「統一した」，resource は「資源」，locator は「位置を示すもの」という意味を持ちます．一般的には，資源とは鉄や石油などの産業の元となるものを表しますが，コンピューターでは，資源はコンピューターが利用できるデータやアプリケーションやサービスのことを表します．ほとんどのデータやアプリケーションのような資源はファイルの形で保存されますが，中にはメールアドレスのようにファイルの形で保存されないものも存在します．locator は位置を示すもの，すなわち住所のことを表します．uniform についてですが，インターネット上の資源をやり取りする方法は http だけではなく，他にもさまざまな方法が存在します．それらの方法ごとに住所を指定する方法が異なっていると混乱の元になってしまうので，資源のやり取りの方法に左右されない，統一された（uniform）インターネット上の資源（resource）の住所（locator）として定められたのが URL です．URL は以下のように記述します．

＜スキーム部＞：＜スキームごと定められた形式＞

　スキーム部（scheme（手法））には，一般的に，**http** のようにデータをやり取りする際に用いるプロトコル名が記述されます．例えば，**https**（http に暗号の機能を付け加えたプロトコル．s は secure の頭文字），**ftp**（ファイル（file）を転送（transfer）するためのプロトコル（protocol））などがあります．プロトコル名以外のスキームの例としては電子メールアドレスを表す **mailto** があります．例えば，mailto:jouhou@abc.co.jp は電子メールアドレスを表す URL です．

URL と IP アドレス

　ウェブページの住所を表す URL のウェブサーバーのドメイン名の部分には IP アドレス（→ p.128）を書くこともできます．Windows では **nslookup** というコマンドを使ってドメイン名に対応する IP アドレスを調べることができます．これを行うには，「スタートボタン」のメニュー→「コマンドプロンプト（または **Windows PowerShell**）」をクリックし，表示されるウィンドウに「nslookup ドメイン名」を入力してエンターキーを押します．例えば「nslookup www.kantei.go.jp」を入力すると，首相官邸のウェブサーバーの IP アドレスが 202.214.194.138 であることがわかり[7]，アドレスにhttp://202.214.194.138/ と入力しても首相官邸のウェブページを表示することができます．なお，コマンドプロンプト（または Windows PowerShell）は p.30 で説明した CUI のアプリケーションです．

TCP/IP，DNS サーバー，ルーター

　ブラウザーに入力した URL には，ウェブサーバーのドメイン名が記述されています．しかし，現実の世界で自分の知らない土地の住所を聞いた場合に，地図などの助けがなければ目的地にたどり着けないのと同様に，ドメイン名がわかっても，それだけではそのドメイン名のコンピューターにたどり着く方法はわかりません．ここではまず，インターネットで目的のコンピューターに情報を届ける手順について説明します．この手順はインターネットの基本的なプロトコルである **TCP/IP** によって定められており，WWW に限らず，電子メールなど，インターネットを使ったあらゆる通信で使われています．

　人間はドメイン名を使ってコンピューターの住所を指定しますが，ドメイン名はコンピューターにとっては意味不明な住所です．現実の世界にたとえると，ドメイン名はあだ名のようなものです．あだ名は親しい友人どうしでは通用しますが，書類などの正式な場で使うことはできません．そこで，最初にドメイン名をコンピューターが理解できる住所である IP アドレスに変換する必要があります．この作業は，**DNS サーバー**（ドメイン名（Domain Name）を管理するシステム（System））

---

[7] 首相官邸のように，多くの人が利用するウェブページでは，同じ機能を持つ複数のウェブサーバーを用意することがあるため，202.214.194.138 以外の IP アドレスが得られる場合があります．これは，コンビニのレジや切符の自動販売機を複数用意することで混雑を緩和するのと似ています．

というIPアドレスとドメイン名の対応表を管理するコンピューターが行います．URLが指定されると，ブラウザーはまずこのDNSサーバーにドメイン名の問い合わせを行い，対応するIPアドレスを取得します．

www.kantei.go.jp　問い合わせる　DNSサーバー　インターネット

202.214.194.138　答えが返ってくる

　DNSサーバーは1つではなく，世界中のあちこちに存在しています．これは，もし1台のDNSサーバーが世界中のすべてのコンピューターのドメイン名とIPアドレスの対応表の管理をしたとすると，そのDNSサーバーに世界中の数億台以上のコンピューターから問い合わせが殺到し，処理しきれなくなってしまうからです．また，1つしかないDNSサーバーが故障してしまうと，世界中のコンピューターがインターネットを利用できなくなってしまいます．そこで，DNSサーバーは集中処理システム（→ p.83）ではなく，分散処理システムとして実現されています．

　こうして目的地のコンピューターのIPアドレスを取得しても，目的地のコンピューターが具体的にどこにあり，どうやってたどり着くことができるかはまだわかりません．インターネットでは，ネットワークの分岐点であるノード（道で言うと交差点に相当する）に**ルーター**（router．道筋（route）案内人（-er））という機械が設置されています．ルーターは，そこを通るデータが次にどちらへ行けばよいかを教えてくれる役目（現実の世界でいうと交番の道案内の機能に似ています）を持ちます．自分のコンピューターから目的地のIPアドレスのコンピューターにたどり着くには，ルーターにIPアドレスを伝えてどちらへ進めばよいかを聞き，次のルーターへたどり着くという作業を繰り返します．このような手法で，目的地のコンピューターがインターネットにつながっている限り，いつかは所在とたどり着くための道順がわかるという仕組みになっています．

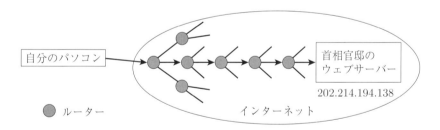

自分のパソコン　首相官邸のウェブサーバー　202.214.194.138

● ルーター　インターネット

202.214.194.138のコンピューターにたどり着くにはどちらへ行けばよいかをルーターにたどり着くたびに尋ね，教えられた方向へ進むという手順を繰り返す．

パケット

　インターネットでは動画のような巨大なデータが頻繁に送られていますが，巨大なデータを一度に送ろうとするとさまざまな問題が起きてしまいます．インターネットに流れるデータは，電磁波など，さまざまな理由で頻繁に破損します．特に，データを空気中に電波で送る無線通信では，頻繁にデータが破損します．例えば，巨大なデータを送っている途中で何らかの原因でデータが破損したりしてしまうと，すべてのデータを最初から送り直すことになってしまいます．また，インターネットの回線も現実の道と同じように，同じ回線を複数の人が同時に使おうとすると渋滞が起きて情報の流れるスピードが極端に遅くなることがあります．巨大なデータが一度に送られるとそのよう

な渋滞が発生しやすくなったり，渋滞に巻き込まれる可能性が高くなってしまいます．そこで，インターネットではデータを転送する際にデータを細かく分割して送ります．このように分割されたデータのことを**パケット**（packet（小包））と呼びます．現実の世界でたとえると，引っ越しの際に家の荷物がすべて入るような巨大な段ボール箱を 1 つだけ用意することはまずありません．実際には小さな段ボール箱を複数用意し，それぞれの段ボール箱に家具などを分けて運びます．下図はウェブサーバーから動画などのデータをパケットに分割して送る様子を表したものです．

1.　小さくパケットに分割する．

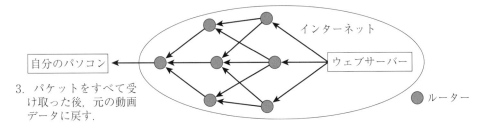

2.　分割したパケットをそれぞれウェブサーバーからパソコンへ送る．それぞれのパケットはそのときのネットワーク回線の状況に応じて届けるルートが変わる．

3.　パケットをすべて受け取った後，元の動画データに戻す．

データをパケットに分割して送ることで，途中で一部のパケットが破損したりして送れなかった場合でも送れなかったパケットだけを送り直せば済みますし，1 つひとつのパケットはデータのサイズが小さいのでインターネット回線の渋滞にも巻き込まれにくくなります．インターネットを使っていてデータの破損が起きていないように感じられるのは，TCP/IP というプロトコルが，破損したデータを自動的に送り直すという仕組みを持っているからです．また，インターネットも実際の道と同じように，目的地にたどり着くためのルートは 1 つではありません．データをパケットに分けて送ることによって，パケットごとに違う道を通って効率よくデータを届けることができるようになります．パケットも TCP/IP というプロトコルで定められた仕組みです．スマートフォンや携帯電話のパケット料金は，こうして分割されたパケットを送るための料金のことを表します．

パケットをルーターから次のルーターへ送る際に，ルーターは受け取ったパケットの情報を伝言ゲームのようにコピーして次のルーターへ送ります．人間の場合，伝言ゲームを行うと途中で情報が変化する危険性がありますが，デジタルデータは正確にコピーを行うことができるのでそのようなことはおきません．

TCP/IP と HTTP

ここまでで説明した **TCP/IP** は **IP アドレスで指定したコンピューターに情報を正確に届ける**ために用いられる，インターネット通信の基盤となるプロトコルです．電子メールや WWW など，インターネットを使うすべてのサービスはコンピューターどうしの間で何らかの情報のやり取りを行う必要があり，その情報を送り届けるために使われるプロトコルが TCP/IP です．TCP/IP は情報を正確に送り届けるという役目を持ちますが，送り届ける内容に関しては一切関知しません．TCP/IP は現実の世界で言うと郵便や電話に相当します．郵便は住所を指定すると手紙を届けてくれますが，その際に手紙の内容を検閲したりすることはありません．

　一方，**HTTP** は WWW のプロトコルで，ウェブサーバーから指定したウェブページを取ってくる際のコンピューターどうしのやり取りの手順を決めたプロトコルです．HTTP で定められたやり取りの内容は TCP/IP の仕組みを使って送られます．HTTP の詳しい仕組みについては本書の範囲を超えてしまいますので紹介しませんが，現実の世界にたとえると，TCP/IP は宛先の住所を書いて送りたいものを届けることができる「郵便」の仕組みに相当し，HTTP は欲しい商品の商品番号をはがきに書いて送って商品を購入する「通信販売」の仕組みに相当します．はがきに書く内容は「通信販売」の決まりに従って書きますが，はがきそのものは「郵便」の仕組みを使って送られます．

プロトコルと階層構造

　インターネットで行われるさまざまなやり取りの手順を，1 つのプロトコルで決めるのは現実的ではありません．そこでプロトコルを階層に分類し，ある階層のプロトコルはその下位の階層のプロトコルを利用するという，階層構造でプロトコルは設計されています．インターネットだけでなく，現実世界のプロトコルの多くも階層構造になっています．下図はインターネットのプロトコルと現実の輸送のプロトコルを図で比べたものです．図の矢印は，矢印の上にあるプロトコルが矢印の下のプロトコルを利用して作られていることを表します．図はわかりやすさを重視したもので，実際のインターネットのプロトコルの階層構造はもっと複雑です．本書では詳しくは紹介しませんが，図のように有線通信や無線通信のやり方を定めたプロトコルも存在します．

階層の分類	インターネット	現実の輸送
サービス	HTTP　SMTP	通信販売など
	⬆	⬆
通信方法	TCP/IP	郵便　宅配サービス
	⬆	⬆
通信手段	有線通信　無線通信	車　電車　飛行機

HTML

　WWW 上に保存されているウェブページは **HTML**（HyperText Markup Language）という言語で記述されています．HTML はその名のとおりハイパーテキストを記述するための言語で，タグという印をつける（mark up）ことで文章の中にリンクを埋め込んだり，表や画像などのマルチメディアデータを埋め込むことができます．HTML は，メモ帳などを使って誰でも気軽に記述することができるために爆発的に普及し，WWW の標準的な記述言語となっています．

　ウェブページの元となる HTML 文章のことを「ソース」（source（源，元））と呼び，Edge の場合，F12 キーを押して表示される開発者ツールの「要素」のボタンをクリックすることで，現在表示しているウェブページの元となる HTML のソースを表示することができます．

7.3　ブラウザー（Edge）の基本的な使い方

　本書では Windows 10 に標準的にインストールされている **Edge** の説明を行います．

Edge の実行と画面構成

　Edge を実行するにはタスクバーにある 🄴 のアイコンをクリックします．タスクバーにアイコンがない場合は，スタートメニューから Microsoft Edge を探して実行してください．以下に Edge の

主な構成要素を図に示します[8]．ページ切り替えタブの下にはウェブページの URL を入力するためのアドレスバーや，戻る，進むなどのさまざまなボタンが配置され，その下の本体部分にウェブページの内容が表示されます．ウェブページの内容は文章，画像，フォーム（→ p.115）などから構成され，リンクは一般に文章の場合は**青い下線が引かれた文字**で表示されます．ただし，下図のウェブページのリンクのように下線が引かれない場合もあります．

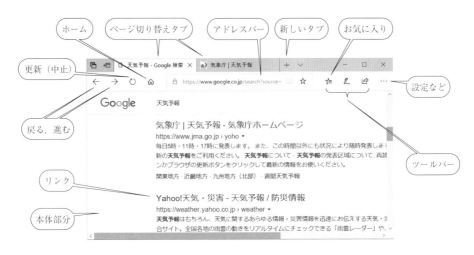

　ツールバーに表示されるボタンは，「設定など」→「ツールバーに表示」のメニューでカスタマイズすることができます．なお，本書ではツールバーについては「お気に入り」についてのみ解説します．

　以下に，Edge の基本的な使い方についてまとめます[9]．

アドレスバー

　アドレスバーの中に URL を入力してエンターキーを押すことで，その URL のウェブページを表示することができます．ネットワーク回線の使用状況や，ウェブページのサイズによっては，しばらく時間がかかる場合があります．また，アドレスバーに検索したいキーワードを入力することで，サーチエンジン（→ p.122）を使ってウェブページを検索することもできます[10]．

リンク操作

　リンクは別のウェブページを指しており，リンクの上にマウスカーソルを移動してクリックすることで，本体部分の表示をリンクが指すページの内容に移動することができます．リンクは文字だけではなく，画像がリンクになっている場合もあります．画像のリンクはぱっと見ただけではその画像がリンクであるかどうかわかりにくい場合があります．文字や画像がリンクであるかどうかを見分けるには，その文字や画像の上にマウスカーソルを移動した際のマウスカーソルの形を見てください．マウスカーソルの形が人差し指を立てた形状（🖑）になっている場合は，その下に表示されているものがリンクであることを表します．また，その際にウィンドウの下部にリンク先のウェブページの URL が表示されます．リンクの文字が青ではなく，紫色で表示される場合は，そのリン

---

[8]　Edge はさまざまなカスタマイズを行うことができるアプリケーションなので，ウィンドウの構成が図と異なる場合があります．

[9]　本書では 2019 年 9 月の時点での Edge のバージョンの説明をします．Edge のバージョンによってボタンやメニューの構成などが若干変化する場合があります．

[10]　Edge の場合は，Microsoft 社の Bing というサーチエンジンで検索が行われます．

クを最近見たことがあるということを意味します．ただし，ウェブページのリンクの文字の色など
の表示形式はウェブページの制作者が自由に設定できるので，リンクの文字色が必ずしも青や紫色
でない場合や，下線が表示されない場合があります．

　ウェブページを見てその中のリンクをクリックするという操作を繰り返すことで，簡単に世界中
のウェブサーバーに保存されているウェブページを次々に閲覧することができます．このように，リ
ンクをクリックしてインターネット上のウェブページを次々と移動する様子が，波から波へ次々と
移動するサーフィンに似ていることから，ブラウザーであちこちのウェブページを見ることを**ウェ
ブサーフィン**（web surfing．またはネットサーフィン）と呼びます．

ボタンの操作

　よく使われるボタンの操作について解説します．

- **戻る**　　本体部分の表示内容を 1 つ前に見たウェブページの内容に戻します．「戻る（または進
  む）ボタン」のメニューには，たどってきたウェブページの一覧がメニューで表示され，クリッ
  クすることでそのページへ移動することができます．

- **進む**　　戻る操作を行っていた場合，戻る操作の前に表示していたページに移動します．

- **更新**　　現在表示されているウェブページの内容を更新します．ウェブページは定期的に内容
  が更新されるものもあるので，最新の情報を見たい場合や，中止ボタンで読み込みを中止した
  ページを再び読み込みたい場合などに使います．更新の操作は **F5 キー**によるショートカット
  キー操作でも行えます．

- **中止**　　ウェブページの読み込み中は，更新ボタンが「×」の形をした中止ボタンに変化しま
  す．中止ボタンはネットワークが重くて（混んでいて）なかなかページが表示されない時など，
  読み込みを中止したい時に使います．

- **ホームボタン**　　ブラウザーを最初に実行したときに表示されるウェブページのことを**ホーム
  ページ**（home page）（→ p.115）と呼びます．ホームボタンをクリックすると本体部分にホー
  ムページが表示されます．ホームページの変更は「設定など」→「設定」で表示される項目の
  中の「ホームページの設定」の部分で行います．

- **お気に入りボタン**　　よく利用するウェブページを見る場合，毎回 URL を手で入力するのは面
  倒です．そこで，ブラウザーには**お気に入り**[11]というウェブページの URL を集めたしおりの
  ようなものを作ることができます．右上にある ☆≡ マークのお気に入りボタンをクリックする
  と本体部分の右にお気に入りのウィンドウが表示され，中に表示されたウェブページの名前を
  クリックすることで本体部分の表示をクリックしたページに移動することができます．表示さ
  れたウィンドウの中にお気に入りの一覧が表示されていない場合は左の「お気に入り」タブを
  クリックしてください．本体部分に表示されているウェブページをお気に入りに追加するには，
  アドレスバーの右にある☆マークの「お気に入りまたはリーディングリストに追加します」をク
  リックします．お気に入りに追加すると，追加したウェブページのタイトルがお気に入りの一
  覧に追加されます．お気に入りに登録されたウェブページのタイトルの上でマウスのメニュー
  ボタンをクリックすると，そのお気に入りを編集するためのメニューが表示されます．このメ
  ニューの「新しいフォルダーの作成」をクリックすることで，お気に入りの中にフォルダーを作
  成し，ファイルと同じようにお気に入りを整理することができます．作成したフォルダーにお
  気に入りを移動するには，お気に入りをドラッグしてフォルダーの上にドロップしてください．

---

[11] Edge 以外のブラウザーでは「ブックマーク」（bookmark（本のしおり））と呼びます．

- 履歴とダウンロード　　お気に入りのウィンドウの左の「履歴」ボタンをクリックすると，最近ウェブブラウザーで閲覧したウェブページの一覧が表示されます（→ p.128）.「ダウンロード」ボタンをクリックすると最近ダウンロードしたファイルの一覧が表示されます. また，ダウンロードの上にある「フォルダーを開く」をクリックすることで，ダウンロードされたファイルが保存されているフォルダーを開くことができます.

Edge の設定

「設定など」ボタンをクリックすることで，Edge のさまざまな設定を行うことができるメニューが表示されます. 設定の中でよく使われる機能について説明します.

- 新しいウィンドウ　　新しい Edge のウィンドウを開きます. 同時に複数のウェブページを別々のウィンドウで表示したい場合などで使います.
- 新しい InPrivate ウィンドウ　　新しい Edge の InPrivate ウィンドウを開きます. ブラウザーでウェブページを閲覧すると，閲覧の履歴，フォームに入力されたデータ，Cookie と呼ばれるウェブサイト側が指定した利用者に関する情報など，さまざまな情報がブラウザーの中に自動的に記録されます. このような情報をブラウザーに記録することで，フォームの ID などの 2 回目以降の入力が自動的に行われるオートフィル（auto（自動的に）fill（埋める））機能や，一度ログインしたページを再び訪れた際に自動的にログインされるなどのメリットが得られます. 一方，複数の人でコンピューターを共有している場合や，他人のコンピューターを借りて利用するような場合，自動的に保存された情報によってパスワードなどの個人情報が漏えいする危険性があります. InPrivate ウィンドウで閲覧した場合，ウィンドウを閉じた時点でそのような情報は自動的に削除されるようになっているので，ネットカフェなど不特定多数の人が利用するパソコンや他人のパソコンでブラウザーを使う場合は，このモードを使うことをお勧めします.
- 拡大　　本体部分に表示される内容を拡大することができます. また，Ctrl キーを押しながら「＋」キー，「－」キー，マウスのホイールボタンを回転することで，表示を拡大，縮小し，Ctrl キーを押しながら「0」を押すことで，表示を元の大きさに戻すことができます.
- お気に入り，履歴，ダウンロード　　ツールバーのお気に入りボタンをクリックしたときと同じウィンドウが開かれます.
- 拡張機能　　ブラウザーに新しい機能を追加する拡張機能（→ p.116）インストールすることができます.
- ツールバーに表示　　ツールバーに表示するボタンを設定するメニューが表示されます.
- 印刷　　現在表示されているウェブページの内容を印刷するためのパネルを表示します.
- ページ内の検索または Ctrl キー＋ F　　本体部分に表示されているウェブページの文章の中から文字列を検索します. 検索ツールバーが表示されるので，検索のテキストボックスに文字を入力してください. 検索された文字が複数ある場合は「＜」,「＞」をクリックすることで前（または次）を検索します. 検索ツールバーは×ボタンをクリックすることで消すことができます.
- 設定→左のタブにある「プライバシーとセキュリティ」　　セキュリティに関する設定を行うことができます.
- 設定→左のタブにある「パスワード＆オートフィル」　　入力したパスワードを記録するかどうかや，オートフィル機能を有効にするかどうかなどを設定できます.

タブブラウジング

タブブラウジングは，1 つのウィンドウに複数のウェブページを切り替えて表示する機能です. ア

ドレスバーの上に表示されるウェブページの名前が書かれているタブボタンをクリックすることで,ウェブページの表示を切り替えることができます.また,「新しいタブ」をクリックすることで新しいタブを追加することができます.Ctrl キーを押しながらリンクをクリックするか,「リンクの上でマウスのメニューボタン」→「新しいタブで開く」をクリックすることで,ウェブページを新しいタブで開くことができます.タブを閉じるには,タブの右に表示される「×」ボタンをクリックします.

7.4 WWWの用語

WWW でよく使われる用語について説明します.

ホームページ,トップページ

ホームページ(homepage)には以下のようなさまざまな意味があり,人によってはホームページを別の意味で使っている場合があるので注意が必要です.

- ブラウザーを立ち上げたときに最初に表示されるウェブページ.もともとホームページはこの意味で使われていましたが,最近ではあまりこの意味で使われることはなくなりました.ただし,現在のブラウザーにもこの意味でのホームページへ移動するための「ホームボタン」(→ p.113)が残っています.
- ウェブページのうち,目次などが書かれている最初の入り口のウェブページ.他のホームページの用法と区別する場合は,**トップページ**(top(一番上の))と呼びます.
- ウェブページ全般のことをホームページと呼ぶ場合もあります.この用法は紛らわしいのでウェブページと呼んだほうがよいでしょう.

サイト

同じ人物(または組織)が作った関連するウェブページ全体のことを**サイト**(site(用地,敷地))と呼びます.例えば,首相官邸のトップページからたどれる首相官邸関連のウェブページをすべてひっくるめたものを「首相官邸のサイト」と呼びます.

リンク集

自分のサイトと関連する他人のサイトのトップページの**リンク**を集めたウェブページです.お互いのリンク集のページに相手のウェブページをリンクすることを相互リンクと呼びます.

テーブル

ウェブページ内に表示された表のことを**テーブル**(table(表))と呼びます.

フォーム

ウェブページには**フォーム**(form(空所を埋める申し込み用紙))という,編集可能なテキストボックスやボタンを表示することができます.例えば,サーチエンジン(→ p.122)のウェブページにある検索のテキストボックスや,その右の検索ボタンなどがフォームです.

CGI

通常のウェブページは,ウェブサーバー内に保存された HTML 形式で書かれたファイルを読み込んで画面に表示しています.このようなウェブページの URL のファイルのパスの拡張子は一般に html(または htm)となっており,そのウェブページの所有者がファイルの内容を更新しない限り,誰が,いつ,どこからそのウェブページを見ても,同じ内容のウェブページがブラウザーに表示されます.これに対して,サーチエンジン(→ p.122)や掲示板(→ p.119)など,フォームに入力した内容などによって表示する内容が変わるウェブページは,ウェブサーバーに保存されたファ

イルの内容を表示するのではなく，**CGI**（Common Gateway Interface）というプログラムが作り出したウェブページを表示しています．CGI によるウェブページの URL のファイルのパスの拡張子が cgi，php などとなる場合が多いようです．

拡張機能（アドオン）

　ブラウザーは，本来は HTML 形式で記述された文章データと，画像，動画などの限られたデータしか扱うことはできません．しかし，インターネット上にはそれ以外のさまざまな形式のデータが存在しています．ブラウザーなど，最近のアプリケーションの中には，後からアプリケーションの機能を拡張する「拡張機能」（またはアドオン）を追加できるものが増えてきました[12]．拡張機能をブラウザーにインストールすることで例えば Edge の場合は本来ブラウザーで閲覧できない Word などの Office 製品（→ p.150）の文章をブラウザーで表示，編集することができるようになります（Office 製品のライセンスが別途必要です）．

JavaScript

　HTML は，文章，画像，リンクなどを扱うことができますが，ウェブページの中に表示されたボタンの上にマウスを移動するとボタンの画像の形状が変わるといったような，ユーザーの操作によって表示内容が変化するようなウェブページを表現することはできません．**JavaScript** はそのようなインタラクティブな（対話式の）ウェブページを記述するためのプログラム言語で，HTML の中に埋め込んで記述することができます．

リンク切れ

　WWW では URL を入力したり，リンクをクリックしたのに，エラーメッセージが表示されてウェブページが表示されないということが頻繁に起きます．最も多いのが「404 Not Found」や「ページが見つかりません」と表示されるケースです．ウェブページのファイルを何らかの理由でウェブサーバーから削除したり移動したりすると，そのファイルを指していた URL のページを見ることはできなくなってしまいます．これは，現実の世界でも，昔知り合いが住んでいた住所に手紙を送った時に，引っ越しなどが原因で宛先不明で手紙が戻ってくるのに似ています．このように，リンク先のウェブページが存在しないリンクのことを「**リンク切れ**」や「**デッドリンク**」（dead link）と呼びます．dead は「死んだ」という意味で，転じて，使えなくなったリンクを表します（余談ですが，英語で行き止まりのことを dead end と呼びます）．他の原因としては，間違ったウェブページの URL を入力した場合や，ウェブサーバーが一時的に機能を停止していたり，ネットワークが混雑しているためデータを転送できなかった場合などが考えられます．

ステータスコード

　ウェブページが見つからなかった場合などで表示される 404 などの数字のメッセージは，HTTP を使ってウェブページのデータを取得しに行った結果を表す**ステータスコード**（status（状態）code（記号，符号））という番号です．この番号は HTTP によって意味が定められており，例えば 404 はページが見つからなかった，200 はページの取得が成功したということを表します．インターネットが現在のように一般に開放される前は研究者などの専門家しか利用しておらず，一般人には意味不明なこれらの数字も専門家にとってはあたりまえに理解できるものでした．現在では，エラーが発生した場合にステータスコードだけでは意味がわかりづらいので，多くのウェブサーバーが「ページが見つかりません」などの人間の言葉を使ったメッセージを送るようになっています．

---

[12] 拡張機能は，昔はプラグインと呼ばれており，ブラウザー上でインタラクティブなアニメーションを作成できる Adobe 社の Flash が有名でした．しかし，近年では HTML と JavaScript が Flash と同等以上の表現力を持つようになってきたため，Flash はあまり使われなくなっています．

7.5 WWWで得られる情報

　ほんの数十年前までは，世界に向けて情報を発信することができたのは，マスコミ，政府，研究機関など，ごく一部の人々に限られていました．しかし，WWWの出現により，現在では誰もが簡単に世界中に向けて情報を発信することが可能になっています．WWWの出現後，ありとあらゆる人々がさまざまな情報をWWWで発信し続けてきたため，WWWは世界中のありとあらゆる情報がつまった情報の宝庫といっても過言ではありません．WWWをうまく利用することで簡単にさまざまな情報を手に入れることができます．ただし，世の中にあるすべての情報がWWWに入っているとは限りません．特にWWWが誕生する1990年以前に作られた情報はWWWに入っていない可能性が高くなっています．**WWWで検索して見つからないからと言って，その情報が存在しないということを表しているわけではないのです**．図書館の書籍など，コンピューターを使わない情報の検索は依然として重要であることを忘れないでください．

　WWWで提供されている情報の種類としては以下のようなものがあります[13]．他にもさまざまな情報がありますので，興味がある方はサーチエンジン（→ p.122）などを使って探してみるとよいでしょう．

ニュース

　新聞社など，さまざまなウェブサイトがWWWでニュースを提供しています．

朝日新聞　https://www.asahi.com/	読売新聞　https://www.yomiuri.co.jp/
日本経済新聞　https://www.nikkei.com/	Yahoo!ニュース　https://news.yahoo.co.jp/

　また，スポーツや天気などの情報も提供されています．

　　気象庁　https://www.jma.go.jp/　　　　Sportsnavi　https://sports.yahoo.co.jp/

　まとめサイトやまとめブログという，特定のジャンルにおける最新のニュースのリンク集のようなページもあります．これらのサイトは便利ですが，それらのサイトに書かれているウェブページへのリンクには，リンク先の記事の内容とは異なる見出しや，事実を誇張した大げさな見出しがつけられているなどの印象操作（→ p.135）が行われている場合もあるため，まとめサイトの見出しだけを見て情報を収集するのは危険です．

美術館・博物館

　美術館や博物館が展示品の情報を提供しています．また，世界中の美術館や博物館の情報を集めたインターネットミュージアムを作ろうというプロジェクトもあります．

　　　　　　東京国立博物館　https://www.tnm.jp/
　　　　　　ルーブル美術館　https://www.louvre.fr/
　Google Arts & Culture　https://artsandculture.google.com/

インターネットショッピング，オークション

　さまざまなサイトがインターネットを使ったオンラインショッピングやオークションを提供しています．なお，大手ショッピングサイトはおおむね安全ですが，中には代金だけ取って商品を渡さないサイトや，入力したクレジットカード番号を悪用する詐欺まがいの悪質なショッピングサイト

---

[13] 本書で紹介するウェブページのURLはすべて2019年8月の時点で確認したものです．ウェブサイトの都合によりウェブページがなくなったりアドレスが変化する場合があります．

もありますので，利用の際は注意が必要です．また，オークションサイトでは詐欺が横行しているので注意が必要です（→ p.130）．

Yahoo!ショッピング　https://shopping.yahoo.co.jp/
Amazon.com　https://www.amazon.co.jp/
ヤフオク！　https://auctions.yahoo.co.jp/

情報提供

地図，路線図，時刻表など，さまざまな情報が提供されています．

Google マップ　https://www.google.co.jp/maps/
マピオン　https://www.mapion.co.jp/
路線情報　https://transit.yahoo.co.jp/

サーチエンジン

WWW 上から知りたい情報が載っているウェブページを探すためのウェブページです．サーチエンジンの詳しい使い方については p.122 を参照してください．

Yahoo! JAPAN　https://www.yahoo.co.jp/
Google　https://www.google.com/
Bing　https://www.bing.com/

辞書，辞典

インターネットには企業が提供する辞書，辞典，有志が集まって作った Wikipedia のような辞典があります．Wikipedia については p.138 を参照してください．

Goo 辞書　https://dictionary.goo.ne.jp/
Wikipedia　https://ja.wikipedia.org/

動画

無料で動画を投稿，閲覧できるサイトがあります．ただし，自分や他人の顔などの個人情報が入ったものや，著作権に抵触するような動画はトラブルの元になるので，自分で動画を投稿する際には注意が必要です．

YouTube　https://www.youtube.com/
ニコニコ動画　https://www.nicovideo.jp/

一次情報

何か事件などが起きた時に，その事件の起きた現場や当事者から直接得られた生のオリジナルの情報のことを**一次情報**と呼びます．そうした情報をマスコミなどが取材してまとめ，ニュースや新聞などで発表した，他人の手を介して発表される情報のことを**二次情報**と呼びます．同様に，二次情報を元にして発信された情報を三次情報と呼びます．

インターネットが出現する前は，遠くで起きた事件について知るにはマスコミや政府の発表する二次情報に頼るしかありませんでした．しかし，そういった情報は，どうしても取材した記者や発表したマスコミの解釈や思惑が加わった，偏った情報になることがあります．同じ事件に対するニュースがマスコミによって異なることがよくありますが，それはそれぞれのマスコミの思惑が加わった二次情報であることが原因の 1 つです．ただし，物事には色々な見方があるため，マスコミによってニュースの報道の仕方が異なっていたからと言って，そのどれかが間違っているというわけでは

ありません（当然ですが，事実でないことや，捏造を報道した場合は，間違った報道になります）．また，情報は伝わる際に他人を介した回数が多いほど元の情報とかけはなれていくものです．実際，伝言ゲームや噂話など，伝わってきた情報が元の情報とかけ離れることがよくあります．したがって，より正確な情報を得るためには，なるべく一次情報に近い情報をあたることが重要です．記者や研究者が現地に取材や調査に行くのは一次情報を手に入れるためなのです．

　昔は遠くで起こった事件に対する一次情報を個人が手に入れることはほぼ不可能でしたが，現在ではインターネットを使えば，その情報を当事者がウェブページなどで公開していた場合に限りますが，生の一次情報を得ることができるようになっています．ただし，一次情報をしっかりと理解するためにはその地域の言語や文化などに精通する必要があるため容易ではありません．また，一次情報だからといってその情報が正しいとは限りません．当事者が発信する一次情報にも，ある程度はその当事者の思惑が入っていると考えるべきです．例えば，ある事件の犯人が被害者を装ってマスコミのインタビューに答えた場合，その証言は一次情報ですが，完全な嘘の情報です．世の中にあるほとんどの情報は（当然ですが，この本の内容も含みます），程度の差はあれ，その情報を発信した人の思惑が入っていることを常に念頭に置いておくべきでしょう（→ p.135）．

掲示板

　掲示板とは特定の話題に対して誰もが書き込んで意見を交換することができるページで，**BBS**（Bulletin Board（掲示板）System）とも呼ばれます．代表的な掲示板には Yahoo! 掲示板や 5ch[14]などがあります．掲示板を使う際には以下の点に注意してください．

- **フレームに注意する**　　電子メールのときにも述べましたが，文字だけでコミュニケーションを行う場合，ささいな言葉の行き違いによって簡単に喧嘩になってしまいますので言葉遣いには気をつけてください．また，掲示板は一般的に匿名で書き込みができるため，残念ながら，自分の名前を隠したまま無責任にいやがらせなどの発言を掲示板に書き込む人がいます．掲示板でのいざこざを**フレーム**（flame（炎），いざこざが炎のようにあっという間に燃え拡がっていくことが由来）と呼びます．フレームによって掲示板などが本来の機能を果たせないほど荒れてしまうことを「**炎上**」と呼びます．フレームは掲示板の管理者や，その掲示板で楽しく意見を交換している人にとって非常に迷惑です．わざと場の雰囲気を壊してフレームを発生させるような人物のことを**フレーマー**（flamer）と呼びます．多くのフレーマーは自分の発言の結果，掲示板の場が荒れるのを見て楽しむ傾向があり，たいていの場合は何を言っても（たとえ正しいことを言ったとしても屁理屈でまぜかえされたりして）火に油を注ぐ結果になってしまいます．もし掲示板でフレーマーに遭遇した場合は，場が荒れなければ多くのフレーマーは去っていくことが多いため無視することをお勧めします．

  なお，一見匿名のように見える掲示板も，実際には完全な匿名ではありません．犯罪に関わるような内容を書き込んだ場合，警察が詳しく調べれば誰が書き込んだかわかる場合があり，実際に逮捕された人も大勢います（→ p.128）．

- **自分勝手な書き込みはしない**　　掲示板で質問をしたら答えが返ってくるのは当然だと思い，返事が返ってこなかったり，「そのくらいなら自分で調べたらいかがですか？」とたしなめられたりすると怒り出す人がいますが，それは筋違いというものです．答えるためには手間をかけて調べたり，時間をかけて文字を打たなければならず，かなりの労力が必要だということを忘れないでください．また，掲示板などに書き込む場合には電子メールと同じように，要点を簡潔

---

14) "ごちゃんねる" と読みます．昔は 2ch と呼ばれていました．

にはっきりと書くように心がけてください．自分がわかっているから相手もわかるだろうというような気持ちで書き込むと，他人にとって意味のわからない自分勝手な書き込みになります．

- **個人情報を書かない**　掲示板は誰が見ているかわからないので，特に理由がない限り自分の個人情報を書くべきではありません．うっかり住所や電話番号を書いてしまい，いたずら電話などをされるケースはめずらしくありません．匿名の掲示板ではハンドル名（handle（肩書き）name）というあだ名のようなものを実名の代わりに使って書き込む場合が多いようです．

- **書いてあることを鵜呑みにしない**　掲示板に限りませんが，インターネットの情報は正しいとは限りません．書いてある情報を鵜呑みにせず，別のところから裏づけを取ってから信じたほうが無難です．ハンドル名などの匿名で書くことができる掲示板の場合，簡単に他人のハンドル名を使って他人になりすまして書き込むことができますし，面白がって相手をだます嘘情報を書く人もいます．普段から，注意深く書いてある情報が正しいかどうかを見極める目を養うことが重要です（→ p.134）．

個人のウェブページ，CMS，SNS

インターネットの出現によって，誰もが気軽に個人のウェブページを作成したり，ブログや Twitter などで情報を世界中に発信できるようになりました．現在では日記や，特定の趣味に対する情報交換など，ありとあらゆるジャンルのウェブページが個人によって作られています．

昔はウェブページを作成する場合，HTML を勉強したり，ウェブページを作成するためのホームページビルダ（build（作る））というソフトを使っていましたが，これらの作業は慣れないとかなり面倒な作業が必要です．最近では **CMS** という，ブラウザーからウェブページのコンテンツ（Contents）を管理（Management）するためのシステム（System）が普及してきており，CMS を使えば誰でも簡単にウェブサイトを作ることができるようになっています．CMS を使った代表的なシステムには，個人の日記のサイトを作るためによく利用されている「**ブログ**」（Weblog の略．ウェブの log（記録）を取るためのシステム）などがあります．

また，同じ趣味を持った人どうしなどが交流するためにインターネット上に設置された **SNS**（Social Networking Service）（社交的（social）なつながり（network）の場を提供するサービス）というサービスもあります．代表的な SNS には **Twitter**[15]，**Facebook**，Instagram などあり，メンバーの間でコミュニティを作ったり，お互いの日記や記事をフォローし合うことができます．

こうした CMS や SNS を使えば誰でも情報を簡単に発信できるため，それらを利用してウェブ上で日記や記事などを書いたり，他人と交流している人も多いでしょう．ただし，こうした場にも掲示板と同様に，個人情報の漏えい，他人とのいざこざ（フレーム），間違った情報などの問題は存在します．ウェブ上も公共の場と変わらないものと考えて，節度のある利用を心がけてください．以下に CMS や SNS で実際に起きたことのあるトラブルのいくつかを紹介します．

- 車などの写真を掲載したところ，ファイルのプロパティ（→ p.61）や画像の背景などから住所や個人情報を特定されてしまった．

- 日記などに自分が行った犯罪行為を書いてしまい，警察に通報され学校を退学になったり，会社を解雇された．試験でカンニングしたことをブログに書いて停学になった例や，コンビニの店員がふざけてアイスクリームの冷蔵ケースに中に入った写真を Facebook に投稿して解雇された例など，数多くの実例があります．特に，SNS は会員制になっている場合が多いため，自

---

15) 一般的に Twitter は SNS の一種であるといわれることが多いようですが，Twitter 本社は Twitter は人と人をつなげるツールである SNS ではないと否定しているようです．

分の知り合いしか見ていないと勘違いして，このような日記を書く人がいるようです．会員制のSNSと言えども，インターネットに書き込んだ情報は誰が見ているかはわからないと考えたほうがよいでしょう．また，最近ではYouTubeなどの動画投稿サイトに動画を投稿することで広告収入を得る人の中で，閲覧数を増やすために過激な動画を投稿する人が増えており社会問題にもなっています．

- 他人の著作物を勝手に利用し，訴えられたり，逮捕されたりした．
- ふとした書き込みから，他人に反感を持たれ，掲示板やTwitterが炎上してしまった．このような炎上が芸能人や有名人のブログやTwitterで起きた場合は報道されることもあるので，聞いたり，見たことがある人も多いのではないでしょうか．また，わざと過激な発言をして炎上を起こすことで注目を集めたり，広告収入を得たりする行為のことを炎上商法と呼びます．
- SNSなどを使っていじめが行われた．

マスコミの報道しない情報

新聞やテレビなどのマスコミは，一見，公平な報道をしているように見えるかもしれませんが，れっきとした営利団体なので，都合の悪いことは報道しないこともあります[16]．そういった情報は昔はほとんど手に入れることはできませんでしたが，今ではしがらみのない個人や海外のマスコミなどが発信する情報をインターネットを通じて得ることができるようになっています．例えば，2010年に起きた尖閣諸島で漁船がぶつかった問題で，東京で起きた日本人による数千人規模のデモについて日本のテレビのニュース番組ではほとんど報道されませんでしたが，海外のマスコミや個人のブログなどを通じてインターネットでは情報が発信されました．

7.6　WWWとブラウザーの歴史

WWWやWWWの土台となったハイパーテキストの歴史を紹介します．ハイパーテキストという考え方が生み出されたのは50年以上も前のことで，1945年にヴァーネバー・ブッシュ（Vannevar Bush）が**memex**（メメックス）という今日のハイパーテキストシステムの原型となるようなシステムを提案しています．memexには，驚くべきことに50年も先に実用化されることになるさまざまなアイディアが盛り込まれていましたが，当時の技術ではそのシステムを実現することはできませんでした．技術の発展とともに，1960年代に，ダグラス・エンゲルバート（Douglas C. Engelbart）やテッド・ネルソン（Theodor H. Nelson）らがハイパーテキストをコンピューター上で実現するための研究を行い，ハイパーテキストという言葉もこのころに作られました．

WWWは1989年にスイスの研究所でティム・バーナーズ・リー（Tim Berners Lee）によって提案されたシステムです．当初の目的は，物理学の研究者達がお互いの研究データを共有するためのシステムを開発することでした．それまでにもGopher（ゴーファー）という情報共有システムは存在していましたが，Gopherはテキストとテキストを結び付けるための機能はなく，文字データしか扱えませんでした．それに対して，WWWではリンク機能だけではなく，画像や音声データなどのマルチメディアデータを扱うことが可能です．

このように，WWWは当時の他の情報共有システムと比べて画期的な機能を持っていましたが，しばらくの間は研究者の間にしか広まりませんでした．最大の理由はWWWのデータを閲覧するための使いやすい**ブラウザー**が存在しなかったからです．初期のブラウザーは現在のようにGUIを

---

[16] このこととマスコミがよく報道の自由を求めることを揶揄した「報道しない自由」というスラングがあります．

使った簡単な操作ではなく，コマンド入力などの複雑な操作を必要としたため，一般のユーザーが
使うことは困難でした．また，当時のブラウザーは文章と画像を別々のウィンドウで表示していま
した．WWW が爆発的に普及するきっかけとなったのは，1993 年のアメリカの大学による Mosaic
というブラウザーの開発です．Mosaic は今日のブラウザーの原型ともいうべきもので，その使い
やすさと便利さからあっという間に世界中に広まりました．Mosaic は大学で作られたものですが，
その後開発者が会社を設立し，Netscape というブラウザーを作り，これが大ヒットしました．そ
の後，しばらくの間はブラウザーと言えば Netscape という時代が続きましたが，Microsoft 社が
新しく Internet Explorer（IE）というブラウザーを開発し，Netscape と IE の間でブラウザー戦
争という熾烈なシェア争いがしばらくの間続きました．ブラウザー戦争は IE の勝利で終わり，し
ばらくの間は IE がブラウザーのシェアの大部分を占めていました．しかし，その後 Netscape の
後継のブラウザーである Firefox や，Google が開発した Chrome などがシェアを伸ばした結果，
Internet Explorer のシェアは大きく減りました．現在では Chrome がトップのシェアを占めてい
ますが，Microsoft 社も Internet Explorer の後継の Edge というブラウザーを開発し，さまざまな
ブラウザーがシェアを争う新たなブラウザー戦争の時代に突入しています．

7.7　サーチエンジンとその仕組み

　WWW は，図書館のように決まった規則で種類ごとに本が分類されて並べられているということ
はありませんので，知りたい情報を自分の力だけで探すのは困難です[17]．そこで，WWW には知
りたい情報がどこにあるかを探すための**サーチエンジン**（search（検索） engine（機関））という
サイトが作られています．サーチエンジンでは，知りたい情報のキーワードを入力するとそのキー
ワードに関連したウェブページの一覧が表示されるので，その中から自分の知りたい情報が記載され
たウェブページを探すことができます．サーチエンジンには大きく分けてキーワード検索型とディ
レクトリ型の 2 種類があります．それぞれのおおまかな仕組みを知っておけば効率よく情報を検索
することができるようになりますので，それらの仕組みと特徴について解説します．

キーワード検索型サーチエンジン

　キーワード検索型サーチエンジンは，世界中のウェブページの内容をサーチエンジンのサイトの
コンピューターの外部記憶装置に保存し，その中からユーザーが検索した単語（キーワード）を探
して，その単語が含まれるウェブページをすべて一覧にして表示するという動作を行います．この
ように，コンピューターなどの中に集められ，検索や並べ替えなど，さまざまな形で利用すること
ができるようにしたデータのことを**データベース**（database）と呼びます[18]．

　世界中のウェブページを収集する方法はいくつかありますが，その中でよく行われているのが**検
索ロボット**というコンピューターのプログラムを使う方法です．検索ロボットはおおまかに以下の
ような手順で世界中のウェブページを集めます．

1. いくつか有名なウェブサイトのトップページを列挙しておく．
2. 列挙したトップページの中からウェブページを 1 つ選択する．
3. 選択したウェブページの内容を読み込み，データベースに保存する．
4. 読み込んだウェブページ内のリンク先のウェブページを順番に開き，3. の作業を繰り返す．

---

[17] WWW そのものには情報の分類，整理，検索を行うための仕組みはありません．
[18] 表計算ソフト Excel をデータベースとして利用することができます（→ p.242）．

　1. で列挙したウェブページのそれぞれについて 2. 以降の作業を繰り返すことで，リンクでつながっている世界中のウェブページを芋づる式にデータベースに収めることができます．具体的な数字はサーチエンジンによって異なりますが，多いものでは数百億以上のウェブページが収集されています．ただし，リンクでつながっていないページや，パスワードなどの認証が必要なウェブページを収集することはできませんので，世界中のウェブページを 100 ％収集しているわけではありません．コンピューターは人間と違い，このような単調作業を繰り返して行うのが非常に得意なので，世界中のウェブページのデータを保存することができるような巨大なハードディスクを用意し，時間をかけてウェブページのデータを集め，その中から文字を検索するプログラムを作れば，キーワード検索型サーチエンジンを作ることができます．

　ただし，収集した数百億ものウェブページの中からキーワードの入ったウェブページを検索するのはそれほど容易ではありません．検索が行われるたびに，数百億ものファイルを毎回開いて，中にキーワードが含まれているかどうかを調べるのは，コンピューターを使っても相当な時間がかかります．例えば 100 億個のファイルがあった場合，1 つのファイルを 1/10000 秒で検索したとしても 10 日以上かかります．そこで，サーチエンジンなどのデータベースでは，収集したデータを整理し，インデックス（index（索引））という索引のようなものをつけるという作業を行っています．例えば，国語の辞書の中に収録されている単語は五十音順に整理して収録されています．2 分法（辞書の真ん中のページを開いて目的の単語が入ったページを絞っていくということを繰り返す手法）を使えば，五十音順に単語が整理されて並んでいる 1000 ページの辞書から単語を探すには 10 回（$2^{10} = 1024$），100 万ページの辞書の場合は 20 回（$2^{20} =$ 約 100 万）ページを開けば必ず見つけることができます．また，辞書の本を開くところには「あ」，「か」，「さ」…のように帯が印刷されており，「情報」という単語を辞書で引く際には辞書全体のページ数の 1/10 程度の「さ」の帯のページの中だけを探すことで単語を見つけることができます．このように，データを整理し，適切な目次や見出しをつけることで，検索時間を大幅に短縮することができるのです．サーチエンジンの具体的な情報整理やインデックスの作成方法は企業秘密であるため公開されてはいませんが，それらの工夫があるからこそ，キーワードを入れるとすぐに検索結果を得ることができるようになっています．

　キーワード検索型サーチエンジンは，世界中のウェブページの大半をデータベースの中に保存しているので，キーワードを入力すると，そのキーワードが含まれているほとんどのウェブページを検索することができるという利点があります．しかし，その反面，ありふれた単語をキーワードとして入力してしまうと膨大なウェブページが検索されてしまい，その中からどうやって自分の欲しい情報が書かれたウェブページを探せばよいかがわからなくなるという欠点があります．このことを**情報の洪水**と呼びます．

　キーワード検索型サーチエンジンでは，検索したキーワードが含まれていれば，そのキーワードがウェブページの中でどのように使われているかに関係なく検索の対象となってしまうため [19]，自分の調べたい内容と全く関係のないウェブページも検索されてしまう可能性があります．例えば，明日の天気を知りたいと思って「明日の天気」を検索した場合，10 年前の個人のブログで「明日の天気は晴れだとニュースで言っていた」と書かれているウェブページも検索対象となってしまいます．最近のサーチエンジンでは，検索の処理の方法を工夫することで，有用性の高いと思われる順に検索結果を表示してくれるようになっていますが，必ずしも自分の知りたい内容が記述されてい

---

[19] 現在の技術ではコンピューターは人間のように文章の意味を理解することはできないので，サーチエンジンの検索時でも特定の単語が入っているかどうかというような単純な判断しかできません．

るウェブページが検索結果の先頭のほうに表示されるとは限りません.

　世界中のウェブページを収集してデータベース化するのにはコンピューターを使っても時間がかかるので[20]，ウェブページの内容が更新されたり，新しいウェブページが作られても，それがデータベースに反映されるまで時間がかかります.最近のサーチエンジンでは，多くの人がよく利用しているサイトは頻繁に（数分〜数十分おきに）収集し，あまり人気のないサイトはたまに（遅い場合は数週間〜数か月に 1 回）しか収集しないようです.したがって，キーワード検索型サーチエンジンでは最新の情報が得られない場合がある点に注意が必要です[21].

　キーワード検索型サーチエンジンはウェブページの全文の中からキーワードを検索するので，**全文検索型サーチエンジン**と呼んだり，検索ロボットを使って情報を収集することから**ロボット型サーチエンジン**と呼ぶことがあります.

ディレクトリ型サーチエンジン

　ディレクトリ型サーチエンジンは，残念ながら現在ではほとんどのサーチエンジンでサービスを終了しているため利用することは困難です.しかし，ディレクトリ型サーチエンジンがサーチエンジンの歴史において果たしてきた役割は非常に大きいので簡単に説明します.

　ディレクトリ型サーチエンジンは，一言で言えば巨大なリンク集です.サーチエンジンのウェブページを管理している人が，ウェブページの内容を分類整理し，それらを元に巨大なリンク集を作成しているので，ジャンルを頼りに見つけたいウェブページを検索することができます.ディレクトリ型サーチエンジンは，ウェブページをカテゴリ（category（種類））で分類するので，**カテゴリ検索**とも呼ばれていました.

　ディレクトリ型サーチエンジンは，検索ロボットのようなプログラムが自動的にウェブページを巡回して収集するのではなく，人が手動でウェブページを分類してデータベース化しているので，キーワード検索型サーチエンジンと比べてどうしても検索可能なウェブページの数が大幅に限られる（多くて数十万程度）という欠点があります.しかしその反面，人間が内容を理解し，精査した上で分類しているため，キーワード検索型サーチエンジンのような情報の洪水に遭いにくく，検索結果のウェブページに自分の知りたい情報が入っている可能性が高いという利点があります.

　初期のサーチエンジンは，キーワード型サーチエンジンの検索で得られた情報が，ユーザーにとって有用性の高い順にうまく並んでいなかったため，情報の洪水が起きやすく，実用にならなかったためディレクトリ型サーチエンジンが主流でした.しかし，時間の経過とともに，WWW の爆発的な規模の拡大に人手でウェブページを分類して登録するディレクトリ型サーチエンジンがついていけなくなった点と，キーワード型サーチエンジンの検索結果を有用性の高い順に並べ替える技術が発達したため，次第にキーワード型サーチエンジンが主流になっていきました.残念ながら現在ではディレクトリ型サーチエンジンはほぼ見かけなくなり，その歴史的な役割を終えました.

代表的なサーチエンジン

　代表的なキーワード検索型サーチエンジンの URL を一覧にします.

---

[20]　ウェブページの読み込みにかかる時間は，人間がブラウザーを使って行っても，検索ロボットというプログラムが行っても変わりません.そのため，数百億以上のウェブページを収集するには相当な時間がかかります.

[21]　10 年以上前のことなので今は改善されているかもしれませんが，筆者が当時作成したウェブページが Google のサーチエンジンに登録されるまで半年以上かかった記憶があります.

https://www.google.co.jp/　　https://www.yahoo.co.jp/　　https://www.bing.com/

https://www.ask.com/　　https://www.excite.co.jp/　　https://www.lycos.jp/

http://www.livedoor.com/　　https://www.goo.ne.jp/

　サーチエンジンはそれぞれ提供するサービスの質が微妙に異なります．あるサーチエンジンで見つけられなかった情報を他のサーチエンジンで見つけられるという場合がありますので，欲しい情報が見つからなかった場合は1つのサーチエンジンにこだわらずに，色々なサーチエンジンを使ってみるのがよいでしょう．

7.8　高度な検索方法

　キーワード検索型サーチエンジンを使った結果，大量の検索結果が表示されてしまい，どのウェブページに自分が知りたい情報が入っているのかを探しきれない場合があります（情報の洪水）．この解決策として，検索結果を絞り込む方法が用意されています．

　例えば，Googleのサイト（https://www.google.co.jp/）で，「地震」をキーワードに検索をしてみてください．ウェブページの上のほうに「約4億件」[22]というような表示がされます．これは「地震」という単語を含むウェブページが約4億件見つかったので，その中の最初の10個のウェブページのリンクを現在表示しているという意味を表します．残りの検索結果を表示するには，ウェブページの下に書かれている「次へ」と書かれたリンクをクリックします．

　このような場合は，知りたい情報に関するキーワードを複数指定することで，得られるウェブページの量を絞り込むことができます．例えば，地震の対策の状況が知りたい場合，キーワードの部分に「地震　対策」とそれぞれの単語の間を空白で区切って入力してください．これでウェブページの中に「地震」と「対策」の両方の単語が入ったウェブページが検索されるようになり，検索結果を約6000万件と約7分の1に絞り込むことができます．このような絞り込み検索のことを**AND検索**（and（なおかつ，および））と呼びます．絞り込みを行ってもなかなか見つかるウェブページが減らない場合や，絞り込みをやりすぎると自分の知りたい情報が入ったウェブページが排除されてしまう場合もあります．サーチエンジンには検索した情報が入っている可能性が高いウェブページをなるべく先頭に表示する機能があるので，ある程度絞り込みを行った後は，見つかったウェブページの先頭から順に調べていくとよいでしょう[23]．

　知りたいことを表すキーワードが複数ある場合には**OR検索**（or（または））という検索方法があります．例えば，プロ野球の「巨人」という球団は「ジャイアンツ」とも呼ばれます．この場合，検索の単語と単語の間に半角の空白とORを記述し，「巨人　OR　ジャイアンツ」と入力することで，「巨人」または「ジャイアンツ」のいずれかの単語が入ったウェブページが検索されます．AND検索とOR検索を組み合わせて「ファンサイト　巨人　OR　ジャイアンツ」とすれば，「ファンサイト」と『「巨人」または「ジャイアンツ」』の単語が入ったウェブページを検索できます．

　他にも「地震　−日本」のように−（半角のマイナス記号）を使って特定の単語（この場合は「日

---

[22] 何件見つかるかは検索した時期によって変化します．2014年8月では約7500万件，2019年8月では約4億件見つかりました．5年で地震に関するウェブページが約5倍に増えていることがわかります．

[23] AND検索で絞り込みをしたのにも関わらず検索結果が増える場合もあるようです．これは，Googleなどのサーチエンジンが検索方法の仕組みを公開していないため原因はわからないのですが，入力したキーワード以外の何らかの特殊な方法で絞り込みを行っているためだと推測されます．キーワードをさらに増やしていけば検索結果は減っていきますので，検索結果が増えた場合はキーワードを増やしてください．

本」）が入っていないウェブページを検索することができます．このような検索を**NOT 検索**（not（〜でない））と呼びます．NOT 検索では**マイナス記号は除きたい単語の直前に間に空白を入れず**に記述してください．ただし，NOT 検索は必ずしも思ったような検索結果が得られない場合があるので注意が必要です．例えば，日本以外の地震の情報が入っているウェブページを検索しようとして「－日本　地震」というキーワードで検索した場合，「このウェブページは日本以外の地震の情報をまとめたサイトです」という文章が書かれたウェブページは，「日本」という単語が記述されているため，検索の対象外となってしまいます．なお，サーチエンジンの種類によっては OR 検索やNOT 検索の記述方法が若干異なる場合があります．サーチエンジンのウェブページ上に必ず詳細な使い方やヘルプのリンクがあるので，詳しくはそちらを参照してください．

　多くのサーチエンジンでは，日付や言語など，さらに詳細な条件を使った検索サービスを提供しています．例えば Google の場合，画面上に表示される設定ボタンをクリックして表示されるメニューから「検索オプション」をクリックすると，より詳細な検索を行うためのウェブページが表示されます．検索オプションの中の「ライセンス」の項目で著作権に関する以下の表のような検索を行うことができます．ライセンス（→ p.187）には「変更してもよいかどうか」，「営利目的に利用してもよいかどうか」の組み合わせの4種類があります．インターネット上から自由に使用したい画像を探す場合は使用目的に合ったライセンスを設定して検索するとよいでしょう．また，Bing の場合はクリエイティブ コモンズ（→ p.188）というライセンスで検索を行うことができます．

	変更の可否	営利目的
自由に使用または共有できる	×	×
営利目的を含め自由に使用または共有できる	×	○
自由に使用，共有，または変更できる	○	×
営利目的を含め自由に使用，共有，または変更できる	○	○

　また，最近のサーチエンジンでは文字だけでなく，画像，動画，地図などを対象として検索を行うサービスを提供しています．Google の場合は，ウェブページの上に表示される一覧から検索したい対象をクリックして選ぶことで，文字以外の検索を行うことができます．

理解度チェックシート

Q1　WWW とは何か．また，ハイパーテキストとは何か．

Q2　ウェブページの URL はどのように記述するか．

Q3　DNS サーバー，ルーターとは何か．

Q4　パケットとは何か．

Q5　TCP/IP と HTTP はそれぞれ何を行うためのプロトコルであるか．

Q6　HTML とは何か．

Q7　一次情報とは何か．

Q8　BBS，CMS，SNS とは何か．これらを利用する上で注意すべきことは何か．

Q9　ディレクトリ型サーチエンジンとキーワード検索型サーチエンジンとは何か．

Q10　AND 検索，OR 検索，NOT 検索とは何か．

章末問題

任意のサーチエンジンを使って以下の設問について調べ，調べた内容についてそれぞれ以下の3つを記述すること．

- どのような方法でその情報を発見したか．例えば，どのサーチエンジンにどのような検索ワードを入力して探したかなど．
- その情報を発見したウェブページのURLとタイトルと調べた日付．
- 調べた結果．ただし，設問2，3のように単なる事実でまとめようのないもの以外はウェブページからコピーするのではなく，自分の言葉で簡単にまとめること．

設問

1. 放射能で使われるベクレルとシーベルトという単位は何を表す単位であるかについて調べてわかりやすくまとめよ．

2. 世界最初のコンピューターの名前，開発年，開発者は誰か．

3. 去年のプロ野球（セ・リーグ，パ・リーグのどちらでも可）または，Jリーグの上位3チームのチーム名と勝敗．

4. 東京駅を正午に出発し，札幌へ行き，札幌で1泊して翌日午後から東京に帰ってくる旅行の計画（使う路線，泊まるホテル，費用など）を立ててみよ．

5. 自宅から最も近い救急病院はどこか．

6. Nimda（ニムダ）というコンピューターウィルスについて調べ，その特徴を述べよ．

7. 5万円で今すぐコンピューターを買う場合，どんなコンピューターが買えるかを調べ，その中から自分が欲しいと思ったものを挙げよ．

8. インターネットでトラブルにあった場合，相談にのってくれるサイトがいくつか存在する．そのうちのいくつかを探すこと．

9. 興味のある企業のホームページを探し，その企業の本社の住所，社長の名前，企業の理念などを調べよ．

10. 仮に，自分に恋人がいて，今週末に恋人と食事に行くことになったとする．サーチエンジンを使って自分が最適だと思う店を探してみよ．

第8章 インターネットとメディアリテラシ

インターネットは非常に便利な道具である反面，ネット犯罪やコンピューターウィルスによる被害などが頻繁に発生する危険な道具でもあります．自己流でインターネットを利用すると，さまざまなトラブルが発生する可能性があるので注意が必要です．メディアリテラシとはインターネットなどの情報メディアで得られる情報を活用する能力のことです．この能力には，大量の情報の中から自分に必要な情報を得る能力，情報の真偽を見抜く能力，得た情報を活用する能力などが挙げられます．メディアリテラシを向上させるためには，インターネットに関する理解が必要不可欠です．本章ではメディアリテラシの理解につながるさまざまなインターネットの話題について紹介します．

8.1 インターネットと匿名性

インターネットはよく**匿名**なネットワークであると言われますが，実際には完全な匿名ではありません．インターネットを利用すると，さまざまな場所で利用した記録が残ります．ブラウザーでウェブページを見た場合，ブラウザー側に**履歴**という形でウェブページの閲覧記録が残ります．Edge の場合は ☆ マークの「お気に入り」ボタン→「履歴」をクリックすることで履歴の一覧が表示されます．履歴機能は昔見たが，お気に入りに入れ忘れたウェブページをもう一度見たいという場合に便利です．また，アドレスバーに過去に訪れたことのあるウェブページの URL を入力した場合や，よく訪れるウェブページにあるフォームのテキストボックスに文字を入力した場合，最初の数文字を入力しただけで自動的に残りの部分を補完してくれるオートフィル機能（→ p.114）も履歴機能の一種です．よく「家族が留守の間に内緒で家族に知られたくないようなウェブページを見たが，それが家族にばれる可能性があるか？」という質問がありますが，履歴機能を使えば簡単にばれてしまいます．ただし，ブラウザーの履歴はユーザーが削除することができます．Edge の場合，履歴の上でマウスのメニューボタンをクリックして表示されるメニューで個別に消去するか，右上にある「履歴のクリア」をクリックして表示されるウィンドウから削除することができます．

他の記録は閲覧したウェブページが保存されているウェブサーバーの**ログ**（log（航海日誌などの記録））に保存されます．ログには閲覧したウェブページのアドレスだけでなく，ウェブページを閲覧したコンピューターの IP アドレスや時間などが記録されます．ブラウザーの履歴と異なり，ウェブサーバーのログは他人のコンピューター上にあるため，勝手に個人が削除することは不可能です．このようなログはインターネットで通信した際に，自分のコンピューターから目的地のコンピューターの間にあるさまざまなコンピューターにも残る可能性があります．

次に，コンピューターの IP アドレスから，そのコンピューターの所有者の個人情報を知ることができるかどうかについて説明します．インターネットに接続されているコンピューターの IP アドレスは，IP アドレスを管理する機関（日本の場合は JPNIC という機関です）によって管理されており，会社や大学などのコンピューターをインターネットにつなぐ場合，そのコンピューターの住所である IP アドレスをその機関に申請して取得する必要があります．どの IP アドレスがどの会社に割り当てられているかは公開されているので，IP アドレスを調べれば簡単にどの会社や大学がコンピューターを所有しているかがわかります．ただし，会社名や大学名まではわかりますが，その中のどのコンピューターかまでは通常はわかりません．

┌───┐
── 企業のコンピューターと匿名性 ──

　ある調査によると，従業員が業務時間内に私用でインターネットを使ってさぼった時間を企業の損害として計上すると，損害額が相当な金額になっているようです．そのような損害を防ぐため，企業などのコンピューターでは，仕事の以外の用途でコンピューターが使われていないかどうか厳しく監視していたり，特定のサイトを企業のコンピューターから閲覧できないように設定している場合があります．企業では，社内のコンピューターがどのサイトにアクセスしたかを記録している場合が多く，その場合は誰がいつどのウェブページを見たかすべてわかるようになっていますので，企業のパソコンを利用した場合は，インターネットの利用は匿名ではないと考えたほうがよいでしょう．
└───┘

　一方，個人がプロバイダーと契約して家庭からインターネットに接続した場合，その個人のパソコンの IP アドレスは契約したプロバイダーが割り当てた IP アドレスになります．個人のパソコンは電源を消したり，ノートパソコンのように移動したりする場合が多く，常にインターネットにつながっているわけではありません．個人のパソコンの IP アドレスは，パソコンをプロバイダーを通じてインターネットに接続したときに **DHCP**（Dynamic（動的に）Host（ホストの）Configuration（環境設定を行う）Protocol）という仕組みを使ってプロバイダーが所有する IP アドレスの中からその時に使われていない IP アドレスを割り当て直すため，プロバイダーに接続し直すたびに変わります．そのため，個人のコンピューターの IP アドレスの場合は，どのプロバイダーから接続したかということまではわかりますが，そのプロバイダーに加入している誰が接続したかはわかりません．もちろんプロバイダーはその情報を持っていますが，個人情報の保護に関する法律があるため，一般公開はされません．ただし，インターネットが犯罪に使われた場合は，法律に基づいて警察などがプロバイダーに情報の公開を要求することができます．したがって，**プロバイダーを通じてインターネットを使用した場合は，通常は（自ら情報を明かさない限り）匿名ですが，犯罪などが関わると匿名でなくなります**．実際に掲示板，ブログ，Twitter などで誰かを殺害予告をしたり，何かを盗んだなどの犯罪行為を行ったことを書き込んだ人が，警察の捜査によって逮捕されるケースが最近頻発しています．たとえ事実でなく，冗談であっても，愉快犯として実際に逮捕された例もあるため，節度をわきまえた利用を心がける必要があります．

8.2　インターネットの盗聴，暗号，電子署名

　インターネットは誰もが利用できるコンピューターネットワークです．したがって，途中で誰かがデータの**盗聴**や**改ざん**をしている可能性があり，クレジットカード番号などの他人に知られたくない情報をやり取りする場合は危険が伴います．盗聴に対処するために，オンラインショッピングサイトなどではクレジットカードなどの情報を**暗号化**して送るようになっています．暗号化の仕組みについては本書では詳しく述べませんが，データを暗号化して送ることによって，途中でデータを盗聴されても内容が全くわからないようになり，盗聴による被害やデータの改ざんを防ぐことができるようになります．残念ながら，どんな暗号も解読される危険性があるため，暗号を使ったからといって 100 ％安心であるということはありませんが，クレジットカード番号などの大事なデータをウェブページや電子メールでやり取りする場合は暗号化して送るように心がけましょう（電子メールの暗号化の方法はメーラーによって異なります）．ウェブページの場合は，ウェブページのアドレスでデータが暗号化して送られているかどうかを確認することができ，URL の最初が **https://** ではじまる場合は，暗号通信が使われていることを表します．逆に言えば，ブラウザーのアドレスバーの URL が **http://** ではじまっている場合，そのブラウザーに表示されているウェブページはもし

かしたら改ざんされている可能性があるということです．また，ほとんどのブラウザーでは，暗号通信が行われている場合，ブラウザーのどこかに鍵の形をしたアイコン（🔒）（Edge のアドレスバーに表示されるアイコンです）が表示されます．なお，暗号通信が使われていることと，通信先のサイトが安全であることは全くの別問題です．例えば，暗号通信を使っているショッピングサイトの開設者が詐欺師であった場合，情報を暗号化して送っても全く安全ではありません．

　HTTPS には暗号化通信だけでなく，**電子署名**というウェブページの発信者が誰であるかを証明する仕組みがあります．電子署名は偽造ができないような仕組みで作られており，電子署名と同時に送信される SSL[1]証明書を見ることで誰がそのページを作っているかを確認することができます．SSL 証明書は Edge の場合，アドレスバーの鍵の形をしたアイコンをクリックして確認することができます．ただし，最近は詐欺の手口が巧妙化しており，電子署名がついているからといって 100 ％詐欺でないことは保証されません．電子署名の中身をチェックし，発行先，発行者，有効期限が正しいかどうかを確認する必要あります．電子署名が信頼できるかどうかはブラウザーがある程度判定してくれますが（鍵の色や形，鍵のボタンをクリックした時のメッセージで判断できます），怪しいと思った場合は自分で確認したほうがよいでしょう．少なくともブラウザーがこのウェブサイトは信頼できないと表示したページは危険なので見に行かないようにすることをお勧めします．また，本書では詳しく紹介しませんが，電子署名を電子メールで使うことで，なりすましを防ぐこともできます．

HTTPS の普及

　暗号を使えば盗聴や改ざんを防げるにも関わらず，昔はほとんどのウェブページは暗号通信が行われない HTTP を使って送られていました[2]．その理由の 1 つは，ほとんどのウェブページは一般公開することを目的に作られているので，盗聴されてもかまわないからです．もう 1 つの理由は電子署名の仕組みを利用するためには SSL 証明書を発行する必要があり，その発行にはウェブサイトの運営組織が実在することを確認する手続きと使用料金が必要だったからです．また，SSL 証明書には有効期限があり，更新を怠って SSL 証明書が失効するとそのウェブページを見たときに警告が表示されてしまいます．

　最近では改ざんの防止などのセキュリティの観点から，公開することが前提のウェブページも HTTPS を使った安全な暗号化通信を行うべきだという動きが高まっており，無料または低価格で SSL 証明書を個人でも取得でき，更新手続きも自動で行ってくれるようなサービスを提供する団体が設立されたため，多くのウェブサイトが HTTPS を利用するようになってきています．ただし，このタイプの SSL 証明書は，ウェブページの制作者がそのウェブページのドメイン名を所有していることまでしか証明してくれない（誰がドメイン名を所有しているかまでは証明されない）ので，第三者によって改ざんされていないことは保証されますが，なりすましを防ぐという効果は限定的です．

8.3　インターネットと詐欺

　インターネットがオープンなシステムである以上，インターネットは常に悪事を行う人からの危険にさらされていると考えるべきです．インターネットで行われる犯罪の 1 つが**詐欺**です．インターネットを使った詐欺は現実の詐欺と同様にその手口は人々の**無知**につけ込むものが大半です．詐欺に巻き込まれないようにするにはしっかりとした知識を身につける必要があります．特に危険なの

---

[1] SSL（Secure socket layer）は TCP/IP を使って暗号化通信を行うためのプロトコルです．SSL はセキュリティホールが見つかったため，現在は新しいバージョンの TSL（Transport layer security）に移行していますが，SSL の名称が幅広く定着しているため，用語の名称は現在でも SSL が引き続き使われている場合が多いようです．

[2] 本書の 1 つ前の版を執筆した 2014 年のころは，7.5 節（→ p.117）で紹介したほとんどのウェブページの URL は http://ではじまっていましたが，この版を執筆した 2019 年ではほとんどが https://に変更されていました．

が，自分はしっかりしているから大丈夫だという過信です．現実の世界のいわゆるオレオレ詐欺が発生してから十年以上たちますが，これだけ世間で騒がれ，ニュースなどでその手口が報道されていても，被害件数は減るどころか年々増加しています．また，詐欺の手口は日々進化しており，新しい手口がどんどん生まれてきているので，油断せずに普段からそういった情報に目を光らせておくことが重要です．ここではインターネットの代表的な詐欺とその対処法について紹介します．

ワンクリック詐欺

　ワンクリック詐欺はスマートフォンやパソコンのブラウザーで1回（最近では2回以上の場合も多いようです）リンクをクリック（one click）しただけで何らかの契約が成立したように見せかけ，そのことを元に料金を請求する詐欺のことです．ワンクリック詐欺の本質は**相手の無知を利用して不安をあおったり脅したりする点**にあります．ワンクリック詐欺では，あたかも契約が成立したかのような画面が表示されますが，実際にはほとんどの場合では法的な契約は成立していません．このような契約が成立するためには当事者の双方の意思の合致がなければなりませんし，特定商取引に関する法律に係るガイドラインに従った申し込み画面が提示されていない場合は法的な契約とは見なされません．このような架空の契約を元に料金を請求する詐欺のことを**架空請求**と呼びます．

　ワンクリック詐欺では，リンクをクリックした後に「あなたのパソコン（または携帯電話）の情報は○○です」などの表示がされ，クリックした人の個人情報を特定したかのような情報が記述されることが多いようです．ここで表示される情報としては「個体識別番号」（携帯電話やスマートフォンに割り当てられている番号のこと），「IP アドレス」，「プロバイダー」（IP アドレスからどのプロバイダーを使っているかまでは特定できますが，個人を特定することはできません），「現在地」（携帯電話やスマートフォンの GPS の機能を使って表示します），「ブラウザーの種類」（ブラウザーでウェブページを見る際には，どのブラウザーで見ているかという情報がウェブサーバー側に送られています）などが挙げられますが，いずれの情報からも個人情報を特定することはできません．これらの情報が何を意味しているかについて知らない人は，個人情報が相手にばれていると不安になるかもしれませんが，個人情報を流出させるようなコンピューターウィルスに感染していた場合や，自ら個人情報を公開した場合などを除いて，実際にはリンクをクリックしただけで住所，氏名などの個人情報が漏れることはありません．これらの情報は見た人の不安感をあおるためのこけおどしであり，気にする必要は全くありません．場合によってはクリック後にさも個人情報を取得しているかのようなアニメーションや，個人情報を特定するアプリケーションをインストールしているようなアニメーションを表示する場合もあるようですが，これらも何か高度なことをしているように見せかけるためのはったりです．本当に個人情報をつかんでいるのであれば，あなたの本名は○○，家の住所は△△，自宅の電話番号は××ですと書けばよいはずです．それをしないということは個人情報がわかっていないからです．あわてて，相手に電話や電子メールで連絡するのは相手に自分の個人情報を教えてしまうことになってしまうので絶対に連絡をしないようにしてください．

　このような情報に加え，料金を払わなかった場合は職場や家に電話する，弁護士を通じて裁判に訴えるなどの脅し文句が表示される場合もあり，気の弱い人は（特にアダルトサイトのリンクをクリックした場合などで，本人に後ろめたい気持ちがある場合は）面倒なことになるくらいなら従ったほうがましだと思ってお金を払う場合もあるようですが，それは詐欺師の思う壺です．一度，詐欺にひっかかってしまうとその人はだましやすい相手だと認定され，悪質業者のリストに載り，さらなる詐欺の対象となる可能性が高くなります．詐欺の脅し文句を見て不安になった場合は，一度深呼吸して**落ち着いて**，**決して相手にしない**ようにしてください．無視してもトラブルが続くよう

であれば，自分だけで判断せずに，詳しい知人や地元の警察や消費者センターに連絡してください．そもそも怪しいリンクをクリックしないのがワンクリック詐欺に限らず，多くのインターネットの詐欺にひっかからないようにするための有効な方法の 1 つです．

　ワンクリック詐欺に限ったことではありませんが，詐欺は対策されるとその対策にひっかからないような新しい手口を開発するという，永遠のイタチごっこが繰り返されています．そのため，それまでに有効だった対策が通用しないような手口も出てきています．例えば，これまでは架空請求は無視するというのが一番の対策でしたが，最近では無視してはいけない架空請求詐欺の手口が出てきています．もし，正式な少額訴訟の書類が裁判所から届いた場合は無視してはいけません．これは少額訴訟の民事裁判では指定された日時に簡易裁判所に出頭しなければ自動的に敗訴し，支払いの義務が生じるという法律を逆手に取った手口ですが，無視せずにちゃんと対処すればほぼ 100 ％勝訴できます．なお，書類が偽物の可能性もあるので，確認する際には書類に書かれている電話番号に問い合わせるのではなく，自分で裁判所の電話番号を調べて確認するとよいでしょう．

フィッシング詐欺

　フィッシング（phishing）詐欺とは，偽のウェブページを使った詐欺です．phishing は造語で，語源は魚釣りの fishing と洗練されているという意味の sophisticated を組み合わせてできたという説があります．詐欺の手口としては，魚釣りのように，銀行やクレジットカード会社を装った電子メールのエサを送りつけて，偽のウェブページへ誘導して詐欺を行うというものです．

　ウェブページは HTML という形式で記述されていますが，HTML はデジタルデータであるため，全く同じものを簡単にコピーでき，あるウェブページと全く同じ外見のウェブページを作ることは誰でも簡単にできてしまいます．誘導された偽のウェブページは外見が本物のウェブページと全く同じに見えるため，だまされた人は本物のウェブページだと思って，クレジットカード番号や個人情報などの情報を入力し，入力した情報が詐欺師に送られてしまうという手口です．また，偽のウェブページへ誘導するための電子メールはもっともらしい内容になっており，手口が巧妙化しています．例えば「セキュリティを強化するためにログインが必要です」という電子メールを見た場合，セキュリティのことを気にしているが詐欺の手口に疎い人はひっかかってしまうでしょう．

　フィッシング詐欺であるかどうかを見分ける 1 つの方法として，表示されているウェブページのアドレス（URL）を確認する方法があります．偽のウェブページの URL は，本物のウェブページと比べ，ドメイン名の部分の URL が異なっているので見分けることができます．ただし，本物の URL と見た目が似たような紛らわしいアドレスを使ったり，アドレスバーの真上に本物のウェブページのアドレスが表示されるような画像を貼り付けるという手口などがあり，URL をぱっと見るだけでは判断できないようなケースもあります．例えば www が vvww（w が v v になっている）となっていたり，「.」が「,」になっていた場合は，よほど注意深く URL を見なければ，その違いに気づくことは難しいでしょう．残念ながら，URL の確認は本物かどうかを見分けるための確実な方法とは言えませんが，見分ける方法の 1 つではあるので覚えておくとよいでしょう．

　他の方法として，電子メールのリンクをクリックしないというものがあります．フィッシングメールのリンクは偽のページへ誘導するためのものなので，それを信じなければ誘導されることはありません．リッチテキストメールの場合は，リンクに表示されているウェブページの URL が正しくても，クリックしたときに全く別のウェブページへ誘導するようなリンクを作ることができる[3]た

---

[3] 例えば HTML で <a href="https://www.google.co.jp">https://www.yahoo.co.jp</a> と記述することで，「https://www.yahoo.co.jp」と表示された，google のページへ移動するリンクを記述できます．

め，リンクを見た目で判断するのは危険です．どうしても気になる場合は，リンクをクリックするのではなく，そのウェブページの URL をサーチエンジンなどで調べて行くとよいでしょう．

　送られてきた電子メールに電子署名がついている場合や，ウェブページの URL が https ではじまっている場合は，SSL 証明書（→ p.130）を確認して，電子メールやウェブページが本物であるかどうかを確認するという方法もあります．この場合は，電子署名に書かれている内容をしっかりと見て，電子署名の発行先，発行元，有効期限が正しいかどうかを自分で判断する必要があります．

　最も確実な方法は別の手段で問い合わせることです．例えば，○○銀行からのお知らせの電子メールが来た場合は，実際にその銀行の窓口に行くか，その銀行に電話するなどの方法で問い合わせて確認するとよいでしょう．ただし，電子メールに書かれている電話番号は信用できませんので，電話で問い合わせる場合は，自分で電話番号を調べて電話する必要があります．

ネットショッピング・オークション詐欺

　インターネット上にはネットショッピングサイトやオークションサイトなどがあり，自宅に居ながらにしてさまざまな商品を購入することができるようになっていますが，それらを狙った詐欺が横行しています．よくある詐欺の手口としては，商品が届かない，写真と異なる商品が届く，入力したクレジットカード番号を悪用されるなどがあります．また，オークション詐欺の場合は，オークションで落札できなかった入札者に対して，出品者を騙り，入札が取り消されたので購入しないかという連絡を取ってだますという「次点（落札）詐欺」という詐欺など，さまざまな手口があります．この場合は，オークションの仕組みとは別に，個人で取引を行うため，オークション側にだまされたことを訴えても補償の対象外となります．これらの詐欺を 100 ％見分ける方法はありませんが，あまりに値段が安いなど，怪しい商品には手を出さないほうがよいでしょう．最近では，ネット上の取引を仲介してくれる**エスクロー**（escrow（第三者委託））**サービス**があり，利用できる場合は検討してみるのもよいでしょう．ただし，エスクローサービスを利用するには手数料が必要です．また，偽のエスクロー業者も存在するので，信用できる業者を選ぶ必要があります．

　ネットショッピングやオークションのサイトにも，フィッシング詐欺と同様に本物とそっくりの偽のサイトがあり，ウェブページのリンクや電子メールのリンクにこれらの偽のサイトへ誘導するためのリンクが仕掛けられている場合もあります．これらの偽サイトはフィッシング詐欺と同様に，電子メールやウェブページのリンクを信用しない，SSL 証明書を確認する，本物のサイトの連絡先を探して問い合わせるなどの方法で，自分で見分けて被害に遭わないようにする必要があります．

詐欺にあわないために

　最近では，詐欺の手口が巧妙化，多様化しており，それなりに事情を知っている人でも簡単にだまされてしまう可能性が高くなっています．また，ある程度知識を持った人を対象とするような詐欺もあるようです．インターネットは情報を発信する費用がほとんどかからないので，詐欺師にとっては少ない投資で大きな利益が得られる便利なツールとして，詐欺の温床となっているのが現状です．

　繰り返しますが，詐欺師の手口の多くは被害者の**無知につけ込む**というものです．特に専門用語や数字を根拠にした，もっともらしいが，ちゃんと調べないとわからないような話を聞いた場合は，まず疑ってかかることをお勧めします．現在では，インターネットを使えば専門用語であっても容易に調べることができる環境がととのっています．自分の知らない怪しい話が出てきた場合はその場で判断せずに，自分で調べたり，詳しい人に相談した上で判断することが重要です．

　自分の身は自分で守るしかありません．定期的に，詐欺について解説している本やウェブページなどを見て，どのような詐欺の手口があり，どのように対処すればよいかを学んでおくことをお勧め

します．また，地震などの避難訓練と同様に，詐欺にあった場合に落ち着いて行動できるように，普段から詐欺にあった場合を想定し，あらかじめとるべき行動の計画を立てておくとよいでしょう [4]．

詐欺にあってしまった場合

いくら気をつけても詐欺にひっかかる可能性をゼロにすることはできません．もし詐欺にあってしまった場合は，自分だけで解決しようとせず，警察や消費者センターなどに相談してください．

8.4　インターネットと情報の真偽

情報の真偽

インターネットには残念ながら間違っている情報が氾濫しています．間違った情報には，情報の提供者がわざと嘘をついている場合と，情報の提供者本人は正しいと思っているが実際には間違っている場合がありますが，いずれの場合も間違った情報であることに違いはありません．また，情報が書かれた当時は正しかったが，後に間違っていることが明らかになった情報もあります．例えば，鎌倉幕府の成立年は昔は 1192 年が定説とされていましたが，現在では 1185 年とされることが多いようです．そうした間違った情報を信じて行動してしまうとさまざまな被害に遭う可能性が高いので，**情報が正しいかどうかを見極める目を養うことは非常に重要です**．残念ながら情報が正しいかどうかを 100 ％判別する方法はありません．もしそのような方法があったら世の中に嘘や詐欺は存在しないはずです．ただし，間違った情報にだまされにくくなるコツはあります．

1 つは情報の裏づけを取るという方法です．1 か所で得た情報は，それだけでは正しいかどうかを判断することは困難ですが，その情報の真偽を他の情報源で確認すれば，その情報の信憑性は高まります．ただし，かつての天動説と同様に，多くの人が信じていることが必ずしも正しいとは限らないのが難しいところです．情報に根拠となる出典（ソース（source）とも呼ばれます）が載っていた場合は，その出展をあたって確かめてみるのもよいでしょう．

もう 1 つは情報源の信頼度です．たくさんの人の手を介した情報よりは一次情報（→ p.118）に近い情報のほうが一般的に信頼度は高いですし，どこの誰かもわからない人が作ったウェブページやブログに書かれていることよりも，新聞などに掲載されている情報のほうが信頼度は高いはずです．ただし，新聞やテレビなどのマスコミが言っていることが必ずしも正しいとは限りません．十数年前ですが，実際にテレビの健康番組で捏造が発覚したことがありましたし，数年前に日本の新聞社が報道した内容が誤報であったとこと認め，記者会見を開いたことがありました．このように，報道されたニュースの内容が間違っていることがしばしばあります．報道した内容に間違いがあることがわかった場合，後から訂正の報道を行いますが，最初の間違った報道を見た人全員がその訂正の報道を見ているとは限りません．いったん広まった情報は取り消すのが容易ではないため，広まっている情報が必ずしも正しいとは限らないのです．情報の真偽を判断するためには，**情報源を普段から多く持ち，得られた複数の情報を多角的に判断する**習慣をつけることが重要です．

> ── **マスコミの報道とインターネット** ──
>
> マスコミは慈善団体ではなく，れっきとした営利団体です．したがって，何かを報道する際に，ある程度自分達の利益や思惑にかなうような報道を行うことは当然あるでしょう．同じ事件に対してさまざまな新聞がどのように報道しているかを見れば，各社の記事や社説の論調や内容が大きく異なっていることがわかるはずです．日本には思想や表現の自由があるので，嘘や捏造でない限り，ある事柄に対し

---

[4] 参考情報：「警視庁情報セキュリティ広場」https://www.keishicho.metro.tokyo.jp/kurashi/cyber/

てどのように報道するかはマスコミの自由です．したがって，同じ事柄に対してマスコミによって報道内容が異なっていた場合でも，それは物の見方が違うだけで，どれが正しくてどれが間違っているかということは言えません．また，マスコミにとって都合の悪いことなどは，ほとんどのテレビや新聞などで報道されない場合がありますが（→ p.121），インターネットでは情報が発信される場合があります．インターネットには嘘の情報や不確かな情報が多いのは間違いのない事実ですが，マスコミがほとんど報道しないような情報を得る手段として活用することもできるのです．

印象操作

　たとえ情報の内容が間違っていなくとも，その情報をどのように表現するかによって印象が大きく変わります．**印象操作**は，人間が発信するありとあらゆる情報につきものです．ここでは，さまざまな印象操作の手法について紹介します．

- ●**写真**　同じ写真であっても，その写真を説明する文章や，周りの色や修飾を変えることによって家族団らんの楽しい写真から，後ろに霊のようなものが写っている心霊写真まで，さまざまな演出が可能です．例えば，笑っている人の写真を遺影や指名手配の写真のように飾ると，印象は大きく変わります．最近ではコンピューターを使ってデジタル画像を誰でも簡単に加工できるようになっており，背景や人物を入れ替えたりするような写真の中身の偽造もよく行われます．写真はある場所の風景のほんの一部を特定の方向から見て切り取ったものにすぎず，写真を撮った時の前後の時間の様子もうかがい知ることはできません．そのため，コンサートなど，大勢の人が集まっている写真や動画に会場の一部しか写っていないことを利用して，実際に来た人数よりも多くの人がいるという説明がされることもあり，実際に主催者の発表と主催者以外の発表で 10 倍以上も人数が異なることが頻繁にあります．また，写真に対して前後の文脈を無視した説明を行うことで，例えば暴漢に襲われた女性を助けるために暴漢に殴り掛かっている人の写真を暴漢だと説明するような，正反対の印象操作もよく使われます．

- ●**文章**　文章でも印象操作が可能です．例えば，同じ 100 人であっても「100 人もの大勢の人が来た」と表現する場合と「100 人しか来なかった」と表現する場合では全く印象が異なります．

- ●**音楽**　陽気な音楽や陰気な音楽を流すことで場の雰囲気を変えることがよく行われています．

- ●**情報の隠ぺい**　情報の隠ぺいとは，何かを主張する際に都合の悪い情報を隠すという印象操作です．すべての情報を公開するには時間が足りなかったり，情報の量が多くなりすぎてわかりにくくなることが多いため，必要でない情報を公開しないということはよくあります．このような場合は，わざと隠しているわけではないので隠ぺいとは呼びません．しかし，話の主題に関わる重要な情報を公開しないのは，虚偽とは言い切れませんが，不公正な情報の公開のやり方であることは間違いないでしょう．よくあるのが，インタビューなどで放映者にとって都合のよい部分だけを切り取って放映したり，インタビューの内容を切り貼りして，本人の意図とは異なることをしゃべったように見せかける印象操作です．ただし，実際にはわざわざ自分に不利なことを言う人はほとんどいませんので，人間が発信する情報には多かれ少なかれ何らかの情報の隠ぺいがあるということを理解した上で，情報と付き合っていく必要があります．

- ●**権威づけ**　専門家や識者の意見を交えて何かを報道することが頻繁に行われていますが，専門家や識者が言っていることが正しいという保証はありません．○○大学の教授，○○の専門家など，権威のある人の意見はいかにも正しいことを述べているように見えますが，実際には同じ事柄に対して正反対の意見を持つ専門家がいることのほうが多いのが現実です．時にはその分野の素人の有名人に意見を述べさせる場合もありますが，その場合は話半分に聞いておい

たほうがよいでしょう．専門家や識者の意見は，確かに素人の発言よりは信頼度が高いことは間違いありませんが，専門家の間で意見が分かれていることに対しては，片方側の意見だけでなく，別の立場の専門家や識者の意見を聞いた上で多角的に物事を判断する必要があります．

- **アンケート**　　同じ調査内容であっても，アンケートの質問の仕方や，調査対象を選ぶことによって，結果をある程度操作することができます．例えば「○○についてどう思うか」を調べるアンケートの質問に「○○は専門家の間では否定的な意見が述べられていますが，どう思いますか？」のような否定的な文面をつけ加えるだけで，結果は大きく異なってしまうでしょう．また，調査対象を特定の集団や年齢層に意図的に絞ることによっても結果をある程度操作することは可能です．実際に，政党の支持率についてマスコミの各社がアンケートを行った結果，統計学的に同じ質問を行ったとは考えられないほど結果の数値が異なることがよくあります．アンケートの調査結果を見る際には，結果の数字だけではなく，「どのような質問が行われたのか」と，「アンケートを行った対象は誰なのか」[5]についても注目する必要があります．

- **情報の集計のまとめ方**　　アンケートなどの結果は集計のまとめ方によって大きく印象を変えることができます．例えば「○○に対してよいと思いますか？」というアンケートの結果，「非常によい」，「よい」，「ふつう」，「悪い」，「非常に悪い」の回答がそれぞれ 20 ％であった場合，このアンケート結果を「よいと答えた人は 40 ％だった」と「悪くないと答えた人は 60 ％だった」のように，異なった方法でまとめることができます．いずれも間違ったことは言っていませんが，全体の印象はかなり違ってきます．他にも「○○に対して賛成ですか？」というアンケートに対して，下の左図のように「賛成」が 15 ％，「どちらとも言えない」が 5 ％，「反対」が 5 ％，「回答なし」が 75 ％という結果であった場合，「賛成した人は 15 ％であった」とまとめるのではなく，回答なしを排除して「60 ％が賛成であった」（下の右図）とまとめることもできてしまいます．後者のまとめ方は明らかに恣意的で都合のよいものですが，実際にこのようなまとめ方は，しばしばマスコミなどが発表する集計において見られるものです．

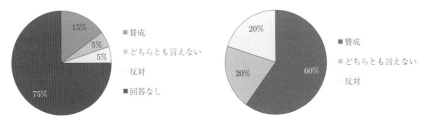

- **数字**　　数字でよくあるのが単位による印象操作です．例えば，100 トン，100,000 kg，100,000,000 g はいずれも同じ重さですが，ぱっと見た印象は大きく異なります．重さの単位のように日常生活でよく使う単位であればだまされないかもしれませんが，日常生活であまり使われない，よく知らない単位でこれをやられてしまうと，示された数字が大きいのか小さいのかを自分で判断するのは困難です．数字は具体的なデータであるため説得力がありますが，世の中には数字が苦手な人が多く，実はよくわかっていないのにも関わらず，何となくわかった気にさせられてしまいがちです．そのため，数字を使った印象操作にはさまざまなバリエーションがあり，頻繁に行われています．また，数字を自分の都合のよい値に捏造するということもよく行われます．数字が出てきたら印象操作に気をつけたほうがよいでしょう．

---

[5] 例えば電話による無作為調査は一見偏っていないように見えますが，電話をかけた時間帯に家にいる人，電話によるアンケートに答えるような人の意見しか得られないという意味で偏っています．

- **グラフ** 　　グラフは見た目がわかりやすいという利点がありますが，それを逆手にとって数字と同様に「よくわかってはいないのに，何となくわかった気にさせる」という印象操作がよく行われます．また，同じものを表すグラフでも，横軸や縦軸の付け方によって全く印象が変わります．下の2つのグラフは同じデータを棒グラフにしたものですが，縦軸の一番下の数字を変えることによって，印象がずいぶん変わります．他にも，縦軸の数字を省略したり，数字の単位を省略することで，印象を変えるようなひどいグラフが実際に頻繁に登場します．

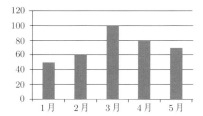 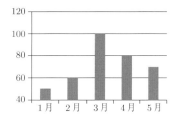

　下の左のグラフは，グラフの左半分と右半分で同じような割合で数字が降下しているように見えますが，横軸の目盛の幅が左半分と右半分で大きく違っており，横軸の幅を同じにすると右のようなグラフになります．このようなグラフはグラフの中でちゃんと説明されていない限り明らかに不公正なグラフですが，左のグラフと同様のグラフが実際のテレビで使われて放映されました．

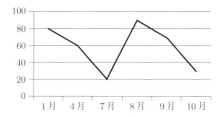 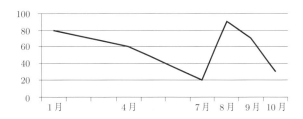

　ここまでで紹介した印象操作は，数ある印象操作のほんの一部でしかありません．世の中にある情報は人間が発信している以上，程度の差はあれ，何らかの印象操作がなされていると考えたほうがよいでしょう．印象操作に惑わされないようにするためには，普段から情報を得た際に，その情報の発信者が何を伝えようとしているかについて考える必要があります．また，情報の真偽の判断と同様に，さまざまな情報を集め，多角的に判断するのも非常に重要です．例えば，同じ情報に対する報道で，使われているグラフが違っていたり，特定の報道機関でのみ報道されている情報などがあれば，そこからある程度意図を読み取ることができます．

フェイクニュース

　最近マスコミなどでよく聞くフェイクニュースという言葉は文字どおり虚偽（fake）の報道（news）や情報のことで，もっともらしい虚偽の情報で印象操作を行い，他人の考えや行動を誘導しようとします．フェイクニュースでは，事実の中のほんの一部を捻じ曲げたり，捏造したりするような巧妙なものが多く，見極めるのは大変です．フェイクニュースにだまされないようにするためにはこれまで説明してきたように情報の真偽を見極める力を養うことが重要です．

　なお，マスコミではインターネットがフェイクニュースの発生源であるかのように報道されていますが，実際には虚偽の情報によって印象操作を行い，他人の考えや行動を誘導するという手口は文明が誕生してから常に行われてきたことです．フェイクニュースそのものは目新しい概念では決してなく，インターネットが誕生する前は主にマスコミや国家がたびたびフェイクニュースをばらま

いてきました[6]．このように，インターネットに限らず人間が発するありとあらゆる情報にフェイクニュースが潜んでいる可能性があるということを念頭に置く必要があります．ただし，インターネットほど安価で効率的にフェイクニュースを短期間に広範囲にばらまくことができるようなメディアがこれまで存在しなかったことや，インターネットが他のメディアと比べてフェイクニュースの割合が多いことは間違いのない事実でしょう．

Wikipedia

Wikipedia（ウィキペディア）[7]は不特定多数の人間が集まって作成した辞典のことで，何かを調べる際に便利なツールです．Wikipedia のように，大勢の人間によって発信された大量の情報を集めて活用できる形にまとめたもののことを**集合知**と呼びます．WWW そのものや，大規模なアンケート調査も集合知の一種です．昔あったクイズ番組で，大勢の観客からクイズの答えを聞いて集計し，解答者が答えの参考にするというものがありましたが，これも集合知の一例です．

　Wikipedia の大きな利点は，通常の辞書や辞典は専門家が内容を精査しながら作るため，でき上がるのに長い時間がかかるのに対して，短い時間で作ることができるという点です．また，Wikipedia の記事は誰でも簡単に作ることができるので，辞書や辞典に載らないような話題に対する記事が数多く作られています．一方，Wikipedia は専門家ではない不特定多数の素人が作っているので，内容が正しいかどうかの保障がないという欠点があり，Wikipedia は信用できないから一切使用するなという人から，便利だからどんどん使おうという人まで，人によって Wikipedia に対する評価は大きく異なっているのが現状です．確かに Wikipedia は誰でも内容を編集できるようになっているので，内容を編集した人の主観が大きく入った偏った情報が記述されていたり，事実でない情報や不正確な情報が記述されている可能性があることは間違いのない事実です．とはいえ，すべてが全く信用できないかというわけでもありませんし（中には質の悪い信用できない記事もあります），さまざまな情報を簡単に得ることができる便利なツールであることは間違いないでしょう．ただし，Wikipedia の記事中でも政治的な内容に関する項目に関してはあまり信用しないほうがよいでしょう．そのような内容については，相反する意見を持つ人たちの間で書き換え合戦のようなものが行われ，その結果，一方にとって都合のよい主張のみが書かれた非常に偏った内容になりがちです．

　Wikipedia を利用する際には，書いてあることが事実でないかもしれないことを念頭に置いて使うことをお勧めします．具体的には Wikipedia で調べた内容を鵜呑みにせず，調べた内容を他の文献や辞書などで調べて，裏づけを取る必要があります．記事によっては書いてある内容の裏づけとなる文献や，ウェブページの URL が記述されている場合もありますので，そういった文献を見て判断するとよいでしょう．大学のレポートや会社の報告書などで Wikipedia に書いてあることを裏づけを取らずにそのまま引用して書く人がいますが，それはお勧めできません．レポートの場合は，信用できない情報を元に書いたと見なして，減点や書き直しの対象となる可能性が高いですし，会社の報告書の場合は，いい加減な報告書と見なされて，書いた本人やその会社の信用を損なう危険性があります．Wikipedia を何かを調べる際に利用する時は，**きっかけとなる情報を得るために使**

---

[6] 著作権の関係で掲載できませんが，メディアによる印象操作を皮肉った風刺画を「It's media 風刺画」というキーワードでサーチエンジンで検索することができます．この風刺画では，写真のところで説明したような，一部を切り取り，前後の文脈を無視して正反対の状況を捏造するという印象操作が行われている様子を表しています．

[7] Wikipedia は，非営利の団体 Wikimedia 財団が，wiki（ウィキ）というシステムを使って作った百科事典 (encyclopedia) のことです．よく Wikipedia と wiki を混同する人がいますが，同じものではありません．wiki は誰でも利用することができるので，ある程度の知識があれば誰でも Wikipedia のような wiki を使ったサイトを作ることができます．例えば wiki を使ったゲームの攻略サイトなどが多数作られています．大変紛らわしいのですが，wiki を使って作られたサイトのことも wiki と呼ばれることが多いようです．

い，得られた情報は信頼できる別の情報源で裏づけを取ることを心がけてください．

8.5 フリーソフトと著作権

WWW 上には**フリーソフト**（free software）という，「作者が無料で利用してもかまわない」と宣言したアプリケーションがあり，無料で手に入れて利用することができます．また，**シェアウェア**（shareware）[8]という，一定期間は無料で使用できて気に入った場合はお金を払う，基本的な機能を使う分には無料だが高度な機能を使うためにはお金を払う，などといった一部が有料のアプリケーションも存在します．なお，フリーソフトやシェアウェアは，作者が著作権を放棄したわけではありません．フリーソフトを手に入れて，それを自分が作ったと偽って，他人に売りつけるなどの行為は犯罪ですので決して行わないでください．WWW 上にはフリーソフトを集めたサイトがあり[9]，そこでさまざまなフリーソフトやシェアウェアをダウンロードして手に入れることができます．

ダウンロードとアップロード

　インターネットを使ってファイルなどのデータを自分のコンピューターに転送することを「**ダウンロード**（download）」と呼びます．逆に，自分のコンピューターのファイルをインターネット上のコンピューターに転送することを「**アップロード**」（upload）と呼びます．これらの用語は，インターネットを川の流れにたとえ，サーバーを上流，サーバーを利用するクライアントを下流とたとえたことからアップ（up）とダウン（down）が使われています．

コンピューターのアプリケーションなどのデジタルデータはコピーが簡単なため，商用のアプリケーションや音楽データをインターネット上のウェブサイトにコピーしておいて，誰でもダウンロードできるようにしている人がいますが，それらを利用することは**お金を払わずに商品を手に入れる万引きと同じ犯罪**です．そのようなデータを置いた人も，ダウンロードして利用した人も共に犯罪行為を行ったことになりますので，決してそのような行為は行わないようにしてください．2012 年の法改正により，2 年以下の懲役または 200 万円以下の罰金，あるいはその両方が科せられます．

　著作権法では，以下の目的でアプリケーションや文章などの著作物をコピーすることは認められています．例えば，レポートや報告書などを書く際に，他人の著作物を引用することは認められていますが，以下の要件を満たさない場合は引用ではなく，剽窃となってしまうので注意してください．

個人利用のための複製

　自分で購入した音楽 CD などのデータを，バックアップや個人利用を目的に，コンピューターに**複製（コピー）**することは許されていますが，あくまで個人利用だけです．それを他人にコピーすることは著作権上認められていません．ただし，法律によりコピーできないような保護がかけられている DVD などを，バックアップや個人利用のためであっても，個人のパソコンにコピーすることは違法になっています（保護がかけられていない場合は個人利用であれば OK です）．

引用としての利用

　引用として他人の著作物の一部を利用することは認められています．人類の発展はそもそも過去の他人の成果を改良することで行われてきました．他人の成果を全く利用できないのであれば発展は望めませんし，他人の成果を全く利用しない完全なオリジナルなものは世の中にはほとんど存在しません．ただし，引用とは自分の主張を補強するために行うもので，あくまで**自分の主張の部分が**

---
[8] 語源は，開発者と利用者が開発などの費用を分担（share）することからきています．

[9] https://forest.watch.impress.co.jp/ や https://www.vector.co.jp/ などがあります．

主，引用部分が従の関係になければなりませんし，自分の主張に関係ない部分のコピーは引用とは認められません．また，引用した場合は引用部分を「」などの引用符で囲むなどの方法で引用部分であることを明確にし，さらに引用元を明記する必要があります．読書感想文でよくある例ですが，本のあるページの内容をそのままコピーし，最後に「このページの内容に感動しました」のような文章を付け加えた場合，明らかに自分の主張の部分が主であるとは言えないので，引用とは認められません．引用の書き方にはいくつかの流儀があり，文書の種類などによって使い分けます．Word での引用と参考文献の記述方法について p.194 で紹介しますが，その他の方法については書籍やインターネットのサーチエンジンなどで調べてください．

8.6　クラウドコンピューティング

　近年のインターネットの利用方法の 1 つにクラウドコンピューティング（cloud computing）というものがあります．クラウド（cloud）とは雲のことで，インターネットを図示する際に，雲のような画像で表現する場合が多いことから名づけられました．従来のコンピューター環境では，各自の所持するパソコンの外部記憶装置（主にハードディスク）の中にアプリケーションやデータを保存していたため，アプリケーションやデータはそのパソコンでしか使えませんでした．一方，近年では，通信速度の向上やウェブサーバーの高性能化など，インターネットの環境が充実してきたことで，アプリケーションやデータをインターネット上のどこかに保管し，それらをインターネットを通じて利用するという方法が行われるようになってきています．また，近年ではアプリケーションやデータだけでなく，コンピューターなどのハードウェアやネットワークの環境など，コンピューターに関連するさまざまなものをインターネットを通じて利用できるようになっています．このような利用方法のことをクラウドコンピューティング（またはクラウド）と呼びます．例えば，OneDrive（→ p.56）や Web メール（→ p.92）はクラウドの一種です．クラウドは比較的新しい概念なので，まだ用語の定義がはっきりと定まっていません．本書で紹介した以外にもさまざまな定義があるようです．クラウドのサービスは〇 aaS（〇にはさまざまなアルファベットが入る．aaS は as a service の略）と表記されます．代表的なものにソフトウェアのサービスをクラウドで提供する SaaS（software as a service），アプリケーションを動かすためのプラットフォーム（ハードウェア，OS，データベースなどのアプリケーションの開発環境）を提供する PaaS（platform），情報システムを稼働させるためのインフラ（基盤）を提供する IaaS（infrastructure）などがあります．また，クラウドのサービスの総称のことを aaS または XaaS と表記します．現在ではこれらのサービスを Google，Microsoft，Amazon などの会社が提供しており，個人から企業まで幅広い範囲で利用されるようになっています．個人でクラウドを利用する場合は，主に以下のような利点があります．

- インターネットに接続すれば，どこからでもアプリケーションやデータにアクセスできる．
- データを保存するための記憶装置を自分で用意したり，持ち運ぶ必要がない．
- 常に最新の状態に保つなどのアプリケーションの管理や，バックアップなどのデータの管理を個人が行わなくてもよい．
- アプリケーションの処理はパソコン側ではなく，インターネット上のサーバー側で行われるため，パソコンにアプリケーションをインストールする必要がない．ユーザーが用意するのはインターネットへの接続環境と最低限の機能を持つパソコンだけで済む．
- クラウドを利用するためには利用料金が発生するが，コンピューターの環境が安く済む，アプ

リケーションのバージョンアップにかかる費用が発生しない，短い期間のみ利用したい場合など，総合的に見ると安くつく場合がある（必ずしもそうならない場合もあります）．

一方で，クラウドには以下のような欠点もあります．「何だかよくわからないけれど便利そうだから利用してみよう」という考え方は危険です．クラウドに限らず新しいものを利用する際には，利点と欠点のことをしっかりと理解した上で利用する必要がある点に注意してください．

- サービスの提供者が倒産などの理由で突然サービスを続けられなくなってしまう場合がある [10]．また，突然提供されるサービスが変更されたり，無料だったサービスが有料になる場合がある．

- ユーザーのデータが特定の企業に握られてしまい，利用されてしまう可能性がある．クラウドのサービスを利用する際には利用規約をよく読み，自分の預けたデータがどのように利用される可能性があるかについて理解しておいたほうがよいでしょう．

- インターネットの障害や，クラウドのサービスを提供するサーバーに不具合が発生すると，すべてのサービスを受けられなくなってしまう [11]．

- クラウドに接続するためのパスワードが盗まれた場合，クラウドに保存したデータが盗まれてしまう可能性がある．実際にクラウドから有名人の写真のデータが大量に流出した事件がありました．

- サービスを提供する側のセキュリティやデータの管理が甘い場合，データの消失や個人情報の流出の危険性がある．実際に，大手企業の個人情報が流出する事例が発生しています．クラウドや電子メールなど，インターネットのサービスで本当に秘密にしておかなければならない情報を通信するのは危険が伴うということを忘れないでください．

- 預けたデータが検閲される場合がある．クラウドに預けたデータは，そのデータが保管されている国の法律などに従って検閲される場合があります．例えば多くのクラウドのサービスでは，クラウドに預けた画像や動画の中に児童ポルノなどの不適切な画像が入っていないかどうかを検閲しています．これらの検閲は人手ではなく，コンピューターのソフトを使って機械的に行われます．そのため，自分の子供や自分自身の子供のころの写真をクラウドにアップロードした結果，不適切な画像と判断されてアカウントが凍結されたという事例もあるようです．

8.7　コンピューターウィルス

インターネットの利用の際に特に注意が必要なのが**コンピューターウィルス**（computer virus）（以下**ウィルス**と表記）です．ウィルスは，持ち主の意図に反してパソコンに危害を与えるアプリケーションのことで，実際のウィルスのようにインターネットなどを経由して他のパソコンに感染する機能を持っています [12]．ウィルスにはさまざまな種類があり，感染したパソコンに被害を及ぼします．ウィルスの中で，個人情報の流出を目的としたものを**スパイウェア**（spyware）と呼びます．スパイウェアは一般的に直接コンピューターに被害を及ぼすような挙動はしませんがユーザーに知られないように，こっそりとパソコンの中のファイルやキー入力などの情報をインターネット

---

[10] 例えば，スマートフォンのゲームの多くはクラウドなゲームですが，突然サービスが終了し，それまでそのゲームで行った課金がすべて無駄になってしまうという事例などがあります．

[11] 例えば，2018 年に大手通信会社で日中に数時間ほど通信障害が発生した事例や，2019 年に大手のクラウドのサービスが障害で日中に数時間ほど使えなくなったなどの事例があります．

[12] ウィルスにはさまざまな定義があり，本書と異なる意味で使われる場合もあります．関連する用語として，マルウェア，ワームなどがありますが，本書では混乱を避けるため，感染能力を持ち，コンピューターに害を及ぼすアプリケーションのことをウィルスと呼びます．

で流出させます．なお，スパイウェアは他のパソコンに感染する能力がないので，ウィルスに分類されない場合もあります．以下にさまざまなウィルスの感染の原因と対策について説明します．

ファイルからの感染

インターネット上からダウンロードできるアプリケーションにはウィルスが混入されている可能性があり，ウィルスが入ったアプリケーションをダウンロードして実行すると，コンピューターがウィルスに感染してしまいます．これは，原理的には電子メールの添付ファイルを開くとウィルスに感染する可能性がある（→ p.103）というものと全く同じです．アプリケーションをダウンロードして実行する場合は，必ずセキュリティソフト（→ p.104）を使って，ウィルスに感染していないことを確認してから実行するように心がけてください．最近では手口が巧妙になっており，ウェブページの中にある広告の 1 つに，「あなたのコンピューターがウィルスに感染しています！　すぐにこのウィルス駆除ソフトをダウンロードして駆除してください」のようなもっともらしい警告のアニメーションつきの内容が表示されることがありますが，これはほぼ 100 ％ウィルス入りのファイルをダウンロードさせるための罠です．善意を装ったフリーソフトは特に危険なので，だまされてファイルをダウンロードして，インストールしないように気をつけてください．

Word（→ p.150）などの Microsoft Office のアプリケーションで作成されたファイルには、マクロウィルス（→ p.154）と呼ばれるウィルスが混入している場合があります．マクロウィルスが心配な場合は，保護ビューで開くことをお勧めします．

ファイルからの感染はパソコンだけでなく，スマートフォンやタブレット型パソコンにもあります．実際に Android のフリーソフトで，動画の再生アプリを装ったウィルスが報道されたことがありました．そのアプリケーションをインストールすると確かに動画を見ることができるのですが，裏でこっそりスマートフォンの個人情報を流出させたり，スマートフォンの機能を乗っ取る機能があったようです．スマートフォンにもセキュリティソフトがありますので必ずインストールするようにし，パソコンと同様にファイルからのウィルスの感染に気をつけてください．

Javascript からの感染

ウェブページを見たり，電子メールを読んだだけで，ウィルスに感染する例があります．ウェブページやリッチテキストメール（→ p.98）は HTML で記述されており，HTML には文字や画像だけでなく，プログラムを書くことができます．よくマウスカーソルを移動するとボタンの絵などの形状が変わるようなウェブページがありますが，それらは HTML 文章の内に埋め込まれた JavaScript というプログラムによって実現しています．本当は JavaScript にどんなプログラムを書いてもウィルスに感染しないようにするべきなのですが，ブラウザーやメールソフトにセキュリティホールと呼ばれるセキュリティに関わる欠陥が見つかった場合，その欠陥を利用して，ウェブページやリッチテキストメールを見ただけでユーザーが知らないうちに勝手にウィルス入りのファイルをダウンロードして実行し，ウィルスに感染させるようなプログラムを書くことが可能になります．

JavaScript やブラウザーにセキュリティホールが見つかった場合は，すみやかに修正パッチ（→ p.143）を当てるようにしてください．また，メールソフトの場合は，リッチテキストメールで書かれた電子メールを HTML としてではなく，テキストファイルとして開く（テキストファイルとして開いた場合は JavaScript は実行されません）ように設定するという方法があります[13]．

[13) メールソフトによっては，初期設定でそのように設定されている場合もあります．

セキュリティホール

アプリケーションは人間が作成するものなので，どうしても欠陥[14]が残ってしまう場合があります．また，最近のアプリケーションは規模が大きくて非常に複雑なものが多く，ある程度以上の規模のアプリケーションから欠陥をすべてなくすことは実質的に不可能です．そのため，製品を発売する場合は最大限欠陥が無いようにチェックしますが，発売後に不具合が見つかることはめずらしいことではありません[15]．アプリケーションの欠陥の中でも，それを利用するとそのコンピューターを勝手に操作きるようなものを**セキュリティホール**（セキュリティ（security）の穴（hole））と呼びます．アプリケーションにセキュリティホールなどの不具合が発見された場合は，アプリケーションを開発した会社がそれに対処し，**パッチ**（patch）[16]という修正ファイルを作成し，配布します．このパッチをアプリケーションに適用してセキュリティホールを修正することを「パッチを当てる」と呼びます．たいていの場合，パッチは，そのアプリケーションを更新する操作によって当てることができるようになっています．また，最近のアプリケーションの多くは，自動的にパッチの有無を調べて教えてくれるようになっています．パッチを当てずにアプリケーションを欠陥のあるまま放っておくとコンピューターがウィルスに感染する可能性が高くなりますので，不具合のあるアプリケーションはそのまま放置せずに必ずパッチを当てて，最新の状態に保つようにしてください．

OS もソフトウェアの一種なので，セキュリティホールが見つかる場合があります．Windows の場合，Microsoft 社が 1 か月に一度，定期的にセキュリティホールをふさぐためのパッチファイルを配布しており，**Windows Update** という仕組みを使って，自動的にパッチをインターネットからダウンロードして当ててくれます．OS やアプリケーションにパッチを当てた場合，コンピューターを再起動する必要がある場合があります．コンピューターが深夜のうちに勝手に再起動する現象がありますが，Windows Update を適用したために自動的に再起動された可能性があります．

USB 機器を介した感染

インターネット以外のウィルスの感染の手口の 1 つに USB 機器を介したものがあります．Windows には，CD や USB メモリなどの外部記憶装置をコンピューターに接続した際に，中に保存されている特定のファイルを自動的に実行する自動再生という機能があります．例えば，音楽 CD を入れると自動的に音楽再生ソフトが実行されたり，アプリケーションをインストールするための CD を入れると自動的にインストーラーが実行されるのは自動再生機能が原因です．この自動再生機能を悪用した，「**USB ワーム**」（worm）[17]というウィルスがあります．例えば，USB ワームに感染した USB メモリをコンピューターに挿し込むと，自動再生機能によって USB 内のウィルスに感染したファイルが実行され，コンピューターがウィルスに感染するという仕組みです．また，このウィルスに感染したコンピューターに USB メモリを挿し込むと，挿し込んだ USB メモリに自動的にウィルスがインストールされて感染するという形で増殖していきます．USB メモリは小型で持ち運びが便利ですが，このような危険性があるため注意が必要です．また，USB を電源に使った中国製の小型の扇風機などの機器の中にウィルスが入ったメモリが仕込まれており，挿し

---

[14] ソフトウェアの不具合のことをバグ（bug（虫））と呼びます．これは，初期のコンピューターの機械の中に虫が入ったことでコンピューターが動かなくなったことが由来です．

[15] このように，最大限の努力はするが，努力した結果何らかの不具合が出る可能性のあることをベストエフォート（best（最大限）effort（努力））と呼びます．ベストエフォートはコンピューターではよく使われる概念で，インターネットの通信速度やソフトウェアの反応速度などもベストエフォートです．

[16] パッチは服に穴が開いたときに当てる当て布のことです．コンピューターの欠陥を穴とみなし，その穴をふさぐための布に相当するというのが由来です．

[17] 虫，寄生虫の意味です．語源は SF 小説で，自分自身を複製して感染を広げていくウィルスのことです．

込んだだけでウィルスに感染するというニュースがありました．一見ウィルスと無関係のように見える機器の中にウィルスを仕込んで油断を誘うという手口です．このように，USB メモリだけでなく，USB 機器全般に気をつける必要があります．具体的な対策方法としては，以下のものが挙げられます．

- **セキュリティソフトを利用する**　　セキュリティソフトは USB ワームをチェックしてくれます．USB 機器が USB ワームに感染していないか，定期的にチェックすることをお勧めします．
- **自動再生を禁止する**　　Windows 10 の場合，「設定パネル」→「デバイス」→「自動再生」で表示されるパネルで自動再生の設定を行うことができます．
- **信頼できない USB 機器を使用しない**　　友人などからデータを受け取るために USB メモリを利用することがありますが，その友人のセキュリティに対する意識が低い場合はかなり危険な行為です．同様に，怪しいメーカーの USB 機器も危険です．
- **信頼できないコンピューターで USB 機器を使用しない**　　不特定多数の人が使うネットカフェなどのパソコンの中にはセキュリティ対策をしっかり行っていないものもあり，USB ワームやキーロガー（→ p.18）などのさまざまな仕掛けが施されている可能性があるので，USB メモリを使ったり，パスワードなどの秘密の情報を入力しないように注意してください．

ファイル交換ソフトによるウィルスの感染

　個人どうしのパソコン間でインターネットを使ってファイルを交換することができるアプリケーションのことを**ファイル交換ソフト**と呼びます．日本でよく使われているファイル交換ソフトには Winny があります．ファイル交換ソフトは違法なアプリケーション，音楽，動画などをダウンロードするために使われている場合が多く，それらのダウンロードそのものが違法行為であるだけでなく，交換されるファイルの中にはウィルスが高い確率で混入されています．また，それらのウィルスはセキュリティソフトで検出できない場合もあります．ファイル交換ソフトを使った結果，パソコンの中の個人情報や機密情報が流出するという事件が多発しています．機密情報の流出は，会社にとって損失であり，その責任を追求されることがあります．実際に，会社などを解雇された例もあり，ファイル交換ソフトは危険なので使わないほうがよいでしょう．

　コンピューターがウィルスに感染すると，さまざまな悪影響をコンピューターに及ぼします．例えば，電子メールの章で説明したような他人に勝手にウィルスの入った電子メールを送る（→ p.103），コンピューターのハードディスクの中身をすべて消去する，コンピューターを乗っ取って犯罪目的に利用する（→ p.147）などがあります．ウィルスは自分のコンピューターだけでなく他人のコンピューターにも被害を及ぼすものが多くあり，ウィルスに感染した結果，他人のコンピューターに被害を及ぼした場合，損害賠償などの責任が生じることがあります．ウィルスは常に新しいものが開発されており，本書で紹介した対策で防げないものも将来出てくる可能性があります．ウィルスに対処するにはウィルスの手口を知ることが一番です．日ごろから，書籍やインターネットでウィルスの情報に常に目を光らせておくことが，最もよいウィルスへの対処法です．以下にウィルスに感染しないための対策方法をいくつか挙げておきますので参考にしてください．

- OS やアプリケーションは常に最新の状態に保つ．
- セキュリティソフトを必ずインストールし，常に最新の状態に保つ[18]．

---

[18] 安全性を高める目的で複数のセキュリティソフトをインストールする人がいますが，セキュリティソフトどうしが干渉し合って，セキュリティがかえって低くなってしまいますので，必ず 1 つだけインストールするようにしてください．

- セキュリティホールのパッチが公開された場合は，必ず，すぐに適用する．
- 電子メールの添付ファイルを不用意に開かない．
- 怪しいファイルをインターネットからダウンロードして開かない．
- ファイルを開く前にセキュリティソフトでチェックする．
- 怪しい USB メモリや USB 機器を使用しない．
- 普段からウィルスの情報をチェックしておく．
- ウィルスに感染した場合に備えて重要なファイルはバックアップする．

8.8 インターネットと犯罪

クラッカーとハッカー

インターネットには詐欺やウィルス以外にもさまざまな犯罪があります．インターネットを使ってコンピューターなどに侵入し，貴重なデータを盗んだり悪用したりする人のことを**クラッカー**（cracker）と呼びます．crack は金庫などを破る，家などに押し入るという意味で，コンピューター用語ではコンピューターに不正侵入するという意味になります．日本ではそのような行為を行う人のことを**ハッカー**（hacker）と呼ぶことがありますが，ハッカーはコンピューターに精通した人のことを指し，もともとは悪いイメージはありません．日本にハッカーの用語が入ってきた時に，間違って，コンピューターを悪用する人という意味で紹介されたことが誤解の原因のようです．日本ではこの誤用は一般的に広まってしまいましたが，外国でこの誤用をすると誤解の元になる可能性があるので注意してください．クラッカーの犯罪は**外部犯**と**内部犯**に分けられます．

外部犯

外部からの犯行例としては，以下のような犯罪が実際に行われました．

- 政府のウェブサーバーに進入し，ウェブページの内容を勝手に書き換えてしまう．
- 企業のコンピューターに進入し，企業秘密などの重要なデータを盗む．
- ウィルスの入ったアプリケーションを何らかの方法で目的のコンピューターに侵入させ（電子メールの添付ファイルやインターネット上のフリーソフトに偽装してダウンロードさせるなど），そのアプリケーションが実行されると，勝手にそのコンピューターで悪事を働かせる．このようなウィルスのことを**トロイの木馬** [19]と呼ぶ．

外部からの犯罪を防ぐには，コンピューターに外部から侵入されないようにしっかりとしたセキュリティ対策を行う必要があります．家にたとえると，泥棒に入られないように戸締りをしっかりとするのに相当します．企業や大学のコンピューターのように，不特定多数の人間が使うコンピューターでは，ユーザー ID とパスワードを設定することで，そのコンピューターを使う資格のない外部の人間がコンピューターを勝手に使用することを防ぐのが一般的です．また，外部からの進入路としてインターネット経由の進入がありますが，それに対するセキュリティ対策としては，**ファイアウォール**（firewall（防火壁））というアプリケーションが使われます．ほとんどのセキュリティソフトはファイアウォールの機能を備えているのでそれを利用するとよいでしょう [20]．

一方，トロイの木馬に対しては，コンピューターの持ち主が自ら悪意のあるアプリケーションを

---

[19] ギリシャ神話に登場する逸話で，トロイという難攻不落の町を攻める際に，撤退したと見せかけて町の前に大きな木馬を残し，町の人が戦争に勝ったと勘違いしてその木馬を戦利品として町の中に入れたところ，夜中に木馬の中に潜んでいた兵士が町の門を開けて味方を導き入れて町を占領した，というものです．

[20] Windows 10 は OS の機能の 1 つとしてファイアウォールを備えています．

コンピューターの中に招き入れてしまっているため，ファイアウォールなどの対策は役に立ちません．トロイの木馬の被害に遭わないようにするには，電子メールやインターネットから入手したファイルを不用意に開かない（最低でもウィルスに感染しているかどうかをチェックしてから開く）ことや，USB ワームに気をつけることが重要です．現実にたとえて言うと，入り口に厳重なセキュリティ（ファイアウォールに相当）を完備したマンションは不審な人物の侵入を防ぐことはできるかもしれませんが，郵便物の中身までチェックしてはくれません．郵便受けに入っている郵便物の中に爆弾（ウィルスに相当）が入っていた場合，家に持ち帰って不用意に開けてしまうと爆発してしまいます．また，出前などを頼んで自分で家まで招き入れた人が実は強盗だった場合も，入り口のセキュリティは何の意味も持ちません．これはインターネットからウィルス入りのファイルをダウンロードしてチェックせずに実行するのに相当します．

　個人情報の流出もセキュリティの低下につながります．最近ではスマートフォン，タブレット型パソコン，USB メモリのように，大量の個人情報が入った機器を気軽に持ち運びできるようになっていますが，それらの紛失による個人情報の流出が増えています．スマートフォンやタブレット型パソコンの場合は必ずパスナンバーなどによるロックをかけ，USB メモリの場合は中身を暗号化して，パスワードがなければ中に入っているファイルを開けないようにする[21]などの対策をとるようにしてください．パスナンバーなどは類推されにくいものにし，入力時に他人に見られないように気をつけてください．また，同じパスワードを使いまわすと，そのパスワードが漏れてしまった場合，そのパスワードを使っているすべてのサービスが破られてしまうため，パスワードの使いまわしも行うべきではありません．最近では，さまざまなサービスやアンケートなどで個人情報を書く機会が多くなっていますが，そういったものの中には個人情報の収集や不正利用を目的に行っているものもあります．必要のないサービスやアンケートで個人情報を気軽に教えないように気をつけてください．

内部犯

　内部からの犯行の例としては，以下のような犯罪が実際に行われました．

- 顧客の情報を管理するコンピュータープログラムの作成を請け負って，そのプログラムに顧客の情報をこっそりと手に入れることができるように細工する．
- 銀行の口座を管理するプログラムの利子の計算部分に細工し，利子の計算の四捨五入を切り捨てに変更し，差額を自分の口座に振り込むようにする．大した額にはならないように思うかもしれませんが，四捨五入で切り捨てたお金が平均 0.5 円だとすると，1 千万人分の預金口座があれば，それだけで 500 万円のお金を盗むことができてしまいます．

　企業などの場合，内部からの犯行に対しては社員の管理体制や，雇う側の人を見る目が重要になります．また，内部犯は企業だけでなく，家庭においても起きる可能性があります．例えば，親のコンピューターを息子が勝手に使ったため，親が知らないうちにウィルスに感染してしまい，その結果，会社の機密情報が外部に漏れたために，会社を解雇されたという事例がありますが，これも内部犯の一種です．外部からの犯行を防ぐには，外部からそのコンピューターに侵入されないように気をつければよいのですが，内部犯はそのコンピューターを使用する権利がある人が犯行を行うので，外部犯に対する対策とは別の対策をとる必要があります．例えば，どれだけ家の戸締りを厳重にしても，家のタンスにしまっておいたお金を家族が盗むことを防ぐことはできません．セキュリティソフトはコンピューターの中にあるファイルがウィルスに感染しているかどうかをチェックする機能を持っていますので，定期的に実行して，内部に入り込んだウィルスがないかどうかをチェック

[21] そのような機能を持った USB メモリが売られているので購入するとよいでしょう．

することをお勧めします．コンピューターがウィルスに感染した結果，修復不能なほどコンピューターの機能を破壊されてしまう場合もあります．その場合はあきらめて，コンピューターの OS を再インストールするしかありません．そのようなことが起きないようにするためにも，しっかりとしたセキュリティ対策を普段から行うようにしてください．

クラッカーによるコンピューターの乗っ取り

　クラッカーがコンピューター犯罪を行う際に最も重要視するのは，犯罪の成功ではなく，捕まらないようにすることです．コンピューター犯罪が成功しても，その後に逮捕されてしまったのでは元も子もないからです．そこで，クラッカーが捕まらないようにする方法として，他人のコンピューターを乗っ取るという手法がよく使われます．何らかの方法で他人のコンピューターに侵入し，そのコンピューターを使って，持ち主にわからないようにこっそり犯罪を行えば，たとえ犯罪が露見しても，最初は犯人ではなく，侵入されたコンピューターの持ち主が犯行を行ったように見えます．そして，持ち主が追及を受けている間に，本当の犯人は手の届かないところに逃げてしまうという手口です．コンピューターに侵入する手口は大きく，「パスワードを盗む」場合と「悪意のあるプログラムを進入させる」の 2 つに分かれます．パスワードを盗まれないようにするにはパスワードの管理を徹底する必要があります（→ p.18）．悪意のあるプログラムはウィルスの一種なので，普段からウィルスに感染しないように注意してください（→ p.141）．

　昔のパソコンはインターネットの接続料金が定額ではなかったため，長い間インターネットに接続することはありませんでした．そこでクラッカーは一日中インターネットにつながっている企業や大学などのコンピューターを狙っていましたが，最近のインターネットの接続料金は定額料金があたりまえになったため，インターネットに何日も接続したままの家庭のパソコンが一般的になっています．家庭のパソコンはセキュリティ意識が低いものが多く，一度侵入してしまうと何日もの間そのコンピューターを好き放題に使えてしまうことから，現在クラッカーの攻撃の格好の的になっています．また，家庭の無線 LAN もクラッカーの標的の 1 つになっています．無線 LAN の電波は家の外まで届いている場合が多く，セキュリティの設定を正しく行わないと（→ p.87），盗聴や無線 LAN の無断使用などが行われる可能性があります．他にも，最近ではビデオデッキやエアコンなど，家の外からインターネットを使って遠隔操作できるようなインターネット家電[22]が登場してきていますが，これらもクラッカーの標的になっています．これらの製品を使用する場合は，パスワードをかけるなどのセキュリティ対策を行わないと他人に勝手に遠隔操作をされてしまったり，製品によっては家の中に人がいるかどうかが他人にわかってしまう可能性があります．例えば，家の中に遠隔操作ができる監視カメラを設置し，外出時にそのカメラを見て家に泥棒が入っていないかを確認できるという製品の場合，これが乗っ取られてしまうとそのカメラで家の中を覗かれたり，泥棒が入っているのに監視カメラに泥棒が映らないような細工をされてしまい，セキュリティが逆に大きく低下してしまうようなことが起こります．また，製品を購入した際に設定されている初期パスワードは，製品によっては共通していたり，製品を購入した店の店員などの不特定多数の人に知られたりしている可能性が高いため，初期パスワードのままインターネット家電を使うのも非常に危険です．実際にインターネットに接続された防犯カメラの約 3 割がパスワードを設定していないか，初期パスワードのまま使い続けていたせいで外部の人から丸見えになっていたという報道が

---

[22] IoT 家電とも呼ばれます．IoT（Internet of Things（モノのインターネット），昔はユビキタスとも呼ばれていました）とは身の周りのありとあらゆるモノをインターネットにつなげ，情報交換や制御を行うことにより生活を便利にするという概念で近年脚光を浴びています．

ありました．インターネット家電の中にはセキュリティホールがあるようないい加減な製品も報告されており，セキュリティのリスクを指摘する声も高まっているようです．インターネット家電は確かに便利ですが，セキュリティの危険性があるので，セキュリティの設定は必ずしっかりと行い，必要がない場合はインターネットに接続をしないようにすることをお勧めします．

　インターネットは治安の悪い無法地帯のようなものです．セキュリティ対策をせずにインターネットにコンピューターを接続するということは，無法地帯に家を建てて鍵をかけずに外出するようなもので，あっという間にコンピューターに侵入されて被害に遭ってしまいます．くれぐれもコンピューターのセキュリティを甘く考えず，セキュリティ対策をしっかりと行ってください．

ソーシャルエンジニアリング

　パスワードを盗み出す方法は，コンピューターを使うとは限りません．コンピューターを使わずに，人間の行動ミスや心理的な盲点をついてパスワードなどの秘密情報を盗み出すことを，**ソーシャルエンジニアリング**（社会的な（social）工作，策略（engineering））と呼びます．ソーシャルエンジニアリングの例としては，「他人になりすまし，パスワードを忘れてしまったと言ってパスワードの情報を入手する」，「関係者を装って鍵のかかった建物や部屋に侵入する」，「後ろからパスワードを入力しているのを盗み見る」，「捨てられたごみをあさって情報を探す」，「捨てられたハードディスクなどの外部記憶装置からデータを修復する」などがあります．情報の流出は思わぬところから起きる場合がありますので，ソーシャルエンジアリングにも気をつけてください．

理解度チェックシート

Q1　メディアリテラシとは何か．

Q2　インターネットの掲示板や電子メールを使って「匿名」で犯罪予告を行っても，ほとんどの場合に警察の捜査で逮捕されるのはなぜか．

Q3　HTTPSとは何か．

Q4　インターネットを使った詐欺を3種類挙げ，それぞれについて説明せよ．

Q5　情報の真偽の見分け方について説明せよ．

Q6　情報の印象操作とはどういうものか．

Q7　Wikipediaの問題点を挙げ，どのように利用するべきであるかについて説明せよ．

Q8　セキュリティホールとは何か．USBワームとは何か．

Q9　コンピューターがウィルスに感染しないようにするための注意点は何か．

Q10　コンピューター犯罪で内部犯と外部犯の違いと，対策方法を述べよ．

章末問題

1. インターネットの詐欺について解説したウェブページを3つ以上探し，そのURLを述べよ．また，調べたサイトで「次点落札者詐欺」について調べ，その手口と詐欺にあわないための対策について詳しく説明せよ．

2. 著作権法上認められている引用とはどのようなものかを詳しく調べ，説明せよ．

3. 犯罪に対処する方法の1つに，犯罪を行う側の立場に立って考え，それに対して対処を行うというものがある．そこで，自分がクラッカーになったと仮定して，他人のパスワードを気づかれないように盗む方法を2つ以上考えて述べよ．また，その考えた方法に対処するためには普段からどのようなことに気をつけなければならないかを考え，その方法について説明せよ．

第9章　ワードプロセッサー

9.1　ワードプロセッサーとテキストエディター

　文字を編集するためのアプリケーションは「テキストエディター」（text（文書）edit（編集））と「ワードプロセッサー」（word（言葉）process（処理），processor は調理道具のフードプロセッサと同じ意味です）の2つに分類することができます.

　テキストエディターは文字しか扱えず，機能もそれほど多くはありませんが，文字の編集以外の機能が全くついていないので動作が軽快です. また，テキストエディターは文字の大きさや色を変えることはできませんが，そのような文字修飾を必要としない文章や，修飾情報がかえって邪魔になってしまうコンピューターのプログラムを作成する場合に使用されます. Windows のテキストエディターには最初から必ずインストールされている「メモ帳」がありますが，メモ帳は最小限の機能しかもっていません. 他にもメモ帳より機能が豊富なフリーソフトや，有料のさまざまなテキストエディターがありますので（サーチエンジンで「テキストエディター　フリーソフト」をキーワードに検索するとよい），メモ帳の機能に不満がある場合は，そういったアプリケーションをインストールして使うとよいでしょう.

　一方，ワードプロセッサー（以下ワープロと表記）は，主に印刷して他人に配布することを目的としたり，見栄えやレイアウトを重視するような文章を作る時に使われます. ワープロでは，文字に対して大きさやフォントや色などのさまざまな修飾を行ったり，文章の中に表や画像を埋め込むことができます. ワープロはただ単に文章を入力するためのアプリケーションではありません. ワープロを使って頭で考えたアイディアを書いていき，試行錯誤しながらまとめていくことができます. 手書きの文章では，いったん文章を書いてしまうと新しく文章を追加したり，レイアウトを変更することは非常に困難ですが，ワープロでは好きな場所にいつでも文章を追加することができるため，文章のレイアウトを後から簡単に変更することができます. また，ワープロには文章の作成を助けてくれるためのさまざまな機能がついています. 例えば，文章校正機能（→ p.169）を使えば自動的に英語や日本語のチェックを行ってくれますし，検索，置換の機能（→ p.168）を使えば文章内の間違った部分を簡単な操作でまとめて訂正することが可能です.

　このように，ワープロの出現によって，これまで紙の文章で書く際に気をつけなければなかったさまざまなことをコンピューターが代わりに行ってくれるようになり，文章の内容に対する気配りに集中することができるようになりました.

> ### ─ テキストエディターとワープロの使い分け ─
>
> 　テキストエディターとワープロの特徴の違いを表にまとめると次ページのようになります. ワープロはテキストエディターと比べて機能が豊富ですが，その分アプリケーションを実行した時の動作が重かったり，作成した文章ファイルのサイズが大きくなるという欠点があります. ちょっとしたメモ程度の短い文章や，レイアウトを工夫する必要がない文章を作成するときは，動作が軽快なテキストエディターを，印刷して他人に見せるような，レイアウトを工夫する必要がある文章は，ワープロを使って作成するとよいでしょう. また，HTML を直接記述してウェブページを作成する場合や，コンピューターのプログラムを記述する場合もテキストエディターを使う必要があります.

	テキストエディター	ワープロ
文字の修飾	不可能	可能
図形，表，グラフなどの挿入	不可能	可能
アプリケーションの動作	軽快	重い
作成したファイルのサイズ	小さい	大きい

文字の修飾の仕組み

　テキストエディターで作られた文章データは，コンピューターの中では画面に表示されている文字の文字コードの数字がそのまま並んだ形で扱われますが，ワープロで作られた文章データは，画面に表示された文字以外の情報を含んでいます．例えば，ワープロで「あい**うえお**」のような修飾つきの文章を記述すると，ワープロの内部では次のようなデータが作られます．

　　　（通常のサイズの文字）あ（大きな文字）い（太字）う（斜体）え（斜体終了）（下線）お

　この中で（　）の中に書かれている部分は，文字を修飾するための情報です．これらの情報はワープロの画面には表示されませんが，文章データの中に埋め込まれており，それらの情報を元にワープロは文字に修飾を施して画面に表示を行います．また，修飾情報には他にも用紙のサイズやページの余白など，さまざまな情報が含まれます．同じ文字の文章をテキストエディターで作成した時とワープロで作成した時のファイルのサイズを比較するとワープロのほうが大きくなるのは，このような修飾データが入っているからです．例えば「abcde」の 5 文字をメモ帳などのテキストエディターで入力し，適当な名前で保存し，ファイルのプロパティでファイルのサイズを見ると，「5 バイト」と表示されるはずです．一方，同じ 5 文字を Word などのワープロで入力して保存すると，入力した文字はたったの 5 文字なのに，作成されたファイルのサイズは 1 万バイト以上（実際のファイルサイズは Word の設定によって異なる場合があります）になってしまいます．また，Word に 1 文字の半角のアルファベットを増やした場合，ファイルのサイズは 2 バイト以上増えますし，文字を増やさずにフォントや色などの修飾だけを行った場合でも，ファイルのサイズは増えてしまいます．

9.2　Word の画面構成

　Windows で動作するワープロには Microsoft 社の **Word**（正式名称は Microsoft Word ですが，本書では Word と表記します．後の章で説明する Excel や PowerPoint も同様に表記します）や，日本の会社であるジャストシステム社の一太郎など，さまざまなものがありますが，本書では現在最も普及している Word の使い方を説明します．Word に限ったことではありませんが，最近のワープロにはとにかく多くの機能がついています．しかし，その中で実際によく使われる機能はそれほど多くありません．実際に Word の機能をすべて理解している人はほとんどいないといってよいでしょう．本書では，Word の機能のうち，よく使われる基本的な機能について解説します．それ以外の機能については，ヘルプや Word の解説書などを見て，各自勉強してください．

Microsoft Office と Word

　Microsoft 社は，ワープロ（Word），表計算ソフト（Excel）（第 10 章で解説），プレゼンテーションソフト（PowerPoint）（第 11 章で解説）など，会社（office）でよく使われるアプリケーションを，**Microsoft Office** というスイート（suite）として販売しています．スイートとは「一揃い」という意味で，Microsoft 社のビジネスアプリを集めてセットにしたもののことです．Microsoft Office のアプリケーションは，リボンなど，共通のユーザーインターフェース（→ p.30）を備えており，お互いのアプリケーションで作成したデータを共有することができます（→ p.248）．

Word の種類とバージョン

Word にはいくつかのバージョンがあり，本書では Word 2019 を扱います．Word 2019 以前のバージョンとしては Word 2010, 2013, 2016 などがありますが，基本的な機能は本書が扱う Word 2019 とほとんど変わりません[1]．Word 2019 以外をご利用の方も本書の内容で問題なく Word を学ぶことができます．Word のバージョンは Microsoft Office のバージョンと連動しており，Word 2019 は Microsoft Office 2019 の製品の 1 つです．

Microsoft Office にはクラウド（→ p.140）版の Office 365 という製品もあります．一度購入したらずっと使い続けることができる従来の製品とは異なり，期間ごとの使用料金が必要となりますが，常に最新バージョンの Office 製品を利用することができるなどのメリットがあります[2]．

Word 2019 の実行と画面構成

Word 2019（以下 Word と表記）を実行するにはスタート画面から「Word 2019」を探してクリックします．頻繁に Word を使用する場合は，デスクトップにファイルのショートカットを作成するか，タスクバーに Word のアイコンをピン留めしておくとよいでしょう．

Word の画面構成は以下のようになっています．

- **編集ウィンドウ**　編集ウィンドウには文字カーソルが表示され，キーボードから文字を入力すると，文字カーソルの位置に文字が入力されます．文字カーソルは，文章の上でマウスをクリックしたり，矢印のカーソルキーで移動することができます．また，文章が全く書かれていない行（ページの余白部分は除く）でマウスをダブルクリックすることで，その場所に文字カーソルを移動し，文字を書くことができるようになる，**クリックアンドタイプ**（click and type）という機能があります．

- **自動保存**　この機能は，Office 365 の Word でのみ使用できる機能です．文書を Microsoft 社のクラウドのファイル保存サービスである One Drive に保存している場合のみ使える機能で，オンにすることで編集中の文書が自動的に保存されるようになります．

- **クイックアクセスツールバー**　エクスプローラーと同様に**クイックアクセスツールバー**（→ p.56）があり，初期設定では「保存」，「元に戻す」，「繰り返し入力」の 3 つのボタンが登録されています．「リボンのボタンの上でマウスのメニューボタン」→「クイックアクセスツールバーに追加」で，好きなリボンのボタンをクイックアクセスツールバーに登録できます．

- **リボン**　リボン（→ p.54）の使い方もエクスプローラーと同様です．リボンのグループの右

---

[1]　Word のバージョンによって，ボタンなどの種類，配置，色，形状などが若干異なる場合がありますが，基本的な使い方に大きな違いはありません．

[2]　大学では，在学中に限り，Office 365 製品を無料で利用できるような契約を行っているところもあるようです．

下に小さなボタン（▧）が表示される場合があり，クリックするとそのグループに関する詳細な設定を行うことができるパネルが表示されます．Word のリボンタブに表示される主な分類と意味は以下のとおりです．

　　○ファイル　　ファイルの新規作成，保存，印刷など，作成した文書ファイルに関連する操作を行うことができます．それ以外にもクイックアクセスツールバーのボタンやリボンに表示する内容など，さまざまな Word の設定を行うことができます．ファイルタブのみ，他のタブと異なり，クリックすることで Word の画面全体がバックステージビュー（backstage（舞台裏）view）という画面に切り替わります．通常の編集画面に戻るには，バックステージビューの左上にある矢印のボタン（⬅）をクリックしてください．

　　○ホーム（→ p.158）　　クリップボードによる移動やコピー，文字のフォントや大きさなどの編集，文字の揃えや段落の設定，文字の検索や置換など，Word で最もよく使われる基本的な機能が集められています．

　　○挿入（→ p.169）　　表，図形，グラフなど，文字以外のさまざまなものを挿入するための機能が集められています．

　　○描画　　マウスでドラッグすることで色のついた線を挿入できます．また，挿入した線を文字や図形や数式に変換することもできます．本書ではこの機能は扱いません．

　　○デザイン（→ p.157）　　文字の配色やページの色など，文書全体のデザインに関する機能が集められています．

　　○レイアウト（→ p.157）　　原稿用紙のサイズや余白，文字の方向など，文書のレイアウトに関する機能が集められています．

　　○参考資料（→ p.193）　　目次，脚注，引用文献，索引などの参考資料を作成するための機能が集められています．

　　○差し込み文書　　年賀状など，同じ文面で宛先だけが異なるような文書を作成するための機能が集められています．本書ではこの機能は扱いません．

　　○校閲（→ p.169）　　文書のスペル（綴りの）チェックや文法のチェックなどを行う機能が集められています．また，同じ文書を複数の人が編集する場合，コメント（→ p.197）を入れたり，誰がいつどの部分を変更したかがわかるようにする変更履歴機能があります．

　　○表示　　画面の表示のレイアウトなどを変更するための機能が集められています．例えば，「分割」という機能を使えばウィンドウを 2 つに分割し，それぞれの部分に同じ文書の別々の部分を表示しながら編集することができます．

　　○ヘルプ　　ヘルプ，トレーニングなどの機能を呼び出すことができます．「ヘルプ」をクリックして表示されるヘルプウィンドウの上部にあるテキストボックスにキーワードを入力して検索ボタン（🔍）をクリックすることで Word の使い方の検索を行うことができます．また，ヘルプタブの右にある検索のテキストボックスからヘルプを検索することもできます．Word の操作でわからないことがあった場合に利用するとよいでしょう．

　　○その他のタブ　　Word のリボンには上記以外のタブが表示される場合もあります．例えば，図形を作成して編集する際には，図形を編集するための「図形の書式」というタブが画面に表示されます（→ p.180）．

● ルーラー　　ルーラー（ruler（定規））には定規のように目盛りがついており，インデント（各行の文字の先頭および末尾の位置のこと）（→ p.163）やタブの位置（→ p.166）やページの余白の設定（→ p.168）などを行うことができます．ルーラーが表示されていない場合は，「表示」

タブ→「表示」グループ→「ルーラー」のチェックを ON にすることで表示できます.

- **ステータスバー**　現在編集中の文書のさまざまな状態（status）を表示する部分です. 主に, ページ数, 文字数, 編集中の言語（英語/日本語）などの情報が表示されます.

  Word 2010 までステータスバーに表示されていた「挿入（上書き）モード」（→ p.39）を表示するには,「ステータスバーの上でマウスのメニューボタン」→「上書き入力」をクリックします. このメニューで他にもさまざまな情報をステータスバーに表示することができます.

- **表示モード切り替えボタン**　文書の表示モードを切り替えるためのボタンです. 本書では, 画面に印刷した場合と同じ内容が表示される「印刷レイアウト」モードのみを取り扱います.

- **ズーム**　画面に表示する文書の表示の倍率を変更するための部分です. %で表示されている部分をクリックするか, ズームバーの部分をドラッグすることで表示する倍率を変更できます. 表示倍率は, Ctrl キーを押しながらマウスのホイールボタンの回転することで変更することもできます. 図形などの細かい作業を行う場合は拡大して作業を行うとよいでしょう.

- **サインインボタン**　本書では詳しく扱いませんが, Office のアプリケーションは Microsoft 社のクラウド（→ p.140）サービスである OneDrive（→ p.56）と連携するように作られています. このボタンをクリックすることで, OneDrive を利用するためのサインイン（ログイン）の操作を行うことができます. サインイン後はここに Microsoft アカウントのアカウント名と写真が表示されるようになります.

9.3　文書の作成, 読み込み, 保存, 印刷

文書の作成とテンプレート

Word で新しく文書を作成するには,「ファイル」タブ→「新規」をクリックします. 何も書かれていない, まっさらの文書を作成する場合は「白紙の文書」をクリックします. Word には「テンプレート」（template（ひな形））という,「案内状」や「チラシ」など, ワープロでよく作成される文書のひな形が用意されています. 画面に表示されるテンプレートの一覧から選んでクリックすると, そのテンプレートの文書が新規作成されます. また, 上部にあるテキストボックスを使って, インターネットからさまざまなテンプレートを検索することもできます.

Word のバージョンと互換性

一般的に, 同じアプリケーションであっても, 新しいバージョンで作成されたデータは古いアプリケーションで読み込むことはできません. 逆に, 古いバージョンのアプリケーションで作成されたデータを新しいバージョンのアプリケーションで読み込むことができるかどうかは, アプリケーションによって異なります. このように, バージョンの違いによってデータを共有できるかどうかをアプリケーションの**互換性**と呼びます. Word は互換性に優れたアプリケーションであり, 古いバージョンの Word で新しいバージョンの Word の文章を読み込み, 編集することができます[3]. ただし, その場合は新しい Word のバージョンにしかない機能で作られた部分は正しく表示されません. なお, Excel や PowerPoint などの Microsoft Office のアプリケーションの互換性も Word と同様の性質を持ちます.

---

[3] Microsoft Office のアプリケーションは Microsoft Office 2007 のバージョンから製品の仕様が大きく変わりました. Word の場合, Word 2003 以前のバージョンで作られた文書の拡張子は .doc, Word 2007 以降のバージョンで作られた文章の拡張子は .docx となります. また, 拡張子が .docx のファイルを Word 2003 以前のバージョンで編集することはできません. Excel や PowerPoint など, 他の Microsoft Office のアプリケーションも同様の性質を持ちます.

文書の読み込みと互換モードの解除

　Word で作成し，保存したファイルを開くには，Word のファイルのアイコンをダブルクリックするか，Word の「ファイル」タブ→「開く」で表示される画面で行います．この画面の右にはファイルの検索ボックスと最近編集したファイルの一覧が表示されます．画面の左の「この PC」をクリックすると，画面の右側がエクスプローラーのような操作方法でファイルを選択できるようになります．画面の左の「参照」ボタンをクリックするとファイルを開くためのパネルが表示されます．

　古いバージョンで作られた Word のファイルを読み込んだ場合は，タイトルバーの内部に下図のように**互換モード**と表示されます．互換モードでは，読み込んだ文章を作成した Word のバージョンと同じ機能しか使えなくなります．互換モードを解除して Word の機能をフルに使って編集できるようにするには，「ファイル」タブ→「情報」→「互換モード」をクリックしてください．

文書1.docx － 互換モード

マクロウィルスと保護ビュー

　Word では，マクロというプログラムを作成した文書の中に埋め込んで文書の機能を高めることができます[4]．マクロは，ウェブページ（HTML 文章）の中に JavaScript を埋め込んでウェブページの機能を高めることができるのに似ています．マクロは正しく使えば便利なのですが，**マクロウィルス**というコンピューターウィルスを Word の文章に埋め込んで悪用することができます．電子メールの添付ファイルや，ウェブページからダウンロードしたファイルなど，インターネットから入手した Word のファイルにはマクロウィルスが混入している可能性があります．そこで，そういった安全でない可能性が高い Word のファイルを開いた場合，**保護ビュー**という特殊な状態で文書が開かれます．保護ビューでは，タイトルバーに以下の図のように保護ビューと表示され，マクロの機能や文章を編集する機能が制限された安全な状態で文章が開かれます．

　保護ビューで開かれた文章を編集したり，マクロ機能を有効にしたい場合は，保護ビューを解除する必要があります．保護ビューを解除するには，上図の「編集を有効にする」をクリックするか，「ファイル」タブ→「情報」→「編集を有効にする」をクリックします．

文書の保存と暗号化

　作成した文書をファイルに**保存**するには，「ファイル」タブ→「上書き保存」または「名前を付けて保存」をクリックします[5]．「上書き保存」をクリックした場合は，編集中のファイルがもともと保存されていたファイルに上書きされます．ただし，新規で作成した文書で，まだ一度もファイルに保存していない場合は，「名前を付けて保存」の場合と同じ画面が表示されます．

　「名前を付けて保存」をクリックした場合は，「ファイル」タブ→「開く」と同様の画面が表示されるので，ファイルを保存するフォルダーと新しいファイルのファイル名を指定して保存します．編集中の文書がファイルに保存されている場合は，上図のようにタイトルバーに「この PC に保存済み」と表示されます．

---

[4] Excel や PowerPoint でも使えます．本書ではマクロ機能の使い方については説明しません．

[5] 自動保存がオンになっている場合は「上書き保存」は表示されず，「名前を付けて保存」は「コピーを保存」と表示されます．

　保存画面のファイル名を入力するテキストボックスの下にあるメニューを選択することで，保存するファイルの種類を設定することができます．以下に主なファイルの種類とその意味を表にまとめます．

ファイルの種類	意味
Word 文書	使用している Word のバージョンの機能をフルに活用した文書を保存します．通常はこの形式で保存するとよいでしょう．
Word テンプレート	作成したファイルをテンプレート（→ p.153）として保存します．
PDF	Adobe 社の文書フォーマットである PDF 形式で保存します．保存したファイルを Word で開いて編集することはできますが，画像などのレイアウトが変化する可能性があります．
Web ページ	ウェブページを記述するための言語である HTML 形式で文書を保存します．Word と HTML では文書の表現力が違うため，元の Word の文書とレイアウトが異なる場合があります．PDF と同様に，保存したファイルを Word で開いて編集できますが，レイアウトが変化する可能性があります．

　Word などの Microsoft Office のアプリケーションでは，「ファイル」タブ→「情報」→「文書の保護」→「パスワードを使用して暗号化」をクリックしてパスワードを設定することで，ファイルを暗号化してパスワード（→ p.16）をかけることができます．電子メールなど，盗聴の危険性があるインターネットで他人に知られたくない Word のファイルを送る場合に利用するとよいでしょう．ただし，パスワードを忘れてしまうとそのファイルを二度と開くことができなくなってしまうので，この機能はその点にくれぐれも注意した上で使用してください．

Word の文書ファイルのプロパティと個人情報の削除

　Word で作成した文書ファイルには，ファイルのプロパティに作者名などの情報が保存されます．このプロパティはファイルのプロパティ（→ p.61）で編集できますが，Word の「ファイル」タブ→「情報」の右で編集することもできます．右下の「プロパティをすべて表示」をクリックすることで，すべてのプロパティを表示し，編集することができます．また，「ファイル」タブ→「情報」→「文書の検査」→「ドキュメント検査」で，プロパティに個人情報が含まれていないかをチェックすることができます．検査項目を設定するためのパネルが表示されるので，検査したい項目をチェックして「検査」ボタンをクリックすると検査が開始され，結果の中に削除したい項目があれば「すべて削除」ボタンをクリックして削除することができます．電子メールなどで Word の文章を他人に公開する場合は，余計な個人情報がプロパティに含まれていないか確認してから送ることをお勧めします．

自動バックアップ機能

　コンピューターでは，アプリケーションが何らかの原因によって突然動かなくなってしまうことが時々あります．そのような場合，一般的なアプリケーションでは，編集中のデータは外部記憶装置に保存されていないので消えてしまいます．Word では，アプリケーションが動かなくなった際に，できるだけ最新の状態で復帰できるように定期的（初期設定では 10 分おき）に編集した内容を自動的にバックアップする機能が用意されています．この機能があるため，Word が何らかの理由で正常に終了しなかった場合でも，バックアップした情報を元に，可能な限り最新の状態で復元してくれるようになっています．自動バックアップは一定期間保存され，その間であれば，編集中の文章を過去の状態に戻すことができる可能性があります．過去のバージョンに戻したい場合は，「ファイル」タブ→「情報」→「バージョンの管理」の右に表示されるバージョンの下の一覧をクリックしてください．また，バージョンをクリックした後に表示される「比較」ボタンをクリックするこ

とで，現在のバージョンとクリックしたバージョンの文章の違いを比較することもできます．しかし，残念ながら，たまに自動バックアップ機能が正常に働かない場合があるようです．安全のため，本当に大事なファイルについては自動バックアップ機能を過信せずに，定期的に上書き保存したり，バックアップのコピーを手動で取っておくとよいでしょう．

　Office 365 を使用している場合で，ファイルを OneDrive に保存し，自動保存をオンにしている場合は，数秒おきに自動的にファイルが保存されるようになります．また，One Drive に定期的にバックアップが保存され，「ファイル」タブ→「情報」→「バージョン履歴」をクリックして表示される画面から過去のバージョンを別ウィンドウで開くことができます．こうして開いたウィンドウに表示される「比較」ボタンをクリックすることで，現在のバージョンとの違いを比較することもできます．

文書の印刷

　作成した文書を印刷するには「ファイル」タブ→「印刷」をクリックします．画面中央部に印刷に関する設定を行うための項目，画面右部にどのように印刷されるかを表すプレビュー（印刷する前（pre）に確認するための表示（view））が表示されます．プレビューの部分は「ズーム」を使って表示倍率を変更することができます．縮小して表示した場合，文書が並べて表示されるようになるので，ページの一覧を確認することができます．プリンターが複数ある場合は，「プリンター」の部分をクリックして，使用するプリンターを選択してください．「設定」より下に表示される項目はすべてのプリンターに共通する設定項目です．設定の下に表示されないプリンター独自の設定を行う場合は「プリンターのプロパティ」をクリックして表示されるパネルで設定してください．

　特定のページのみを印刷したい場合は「ページ」の右のテキストボックスで設定することができます．例えば，1P〜3P だけを印刷したい場合は，「1-3」のように「-」記号でつないで指定します．5P 以降をすべて印刷したい場合は，「5-」のように「-」の後ろを省略します．1P と 10P のように離れたページを印刷したい場合は，「1,10」のように「,」で指定します．ページの右の ⓘ ボタンの上にマウスを移動すると説明が表示されるので，そちらも参考にしてください．1 枚の用紙に複数のページを印刷したい場合は，一番下の「1 ページ/枚」の部分で設定します．印刷の枚数を減らしたい時に設定するとよいでしょう．すべての設定を確認の上，画面上部の「印刷」ボタンをクリックすると，印刷が開始されます．印刷ミスは紙とインクの無駄遣いになりますので，印刷する前に右のプレビューで間違いがないか確認してから印刷ボタンをクリックすることをお勧めします．

Word の不具合

　Word を使っていると，たまに取り消し操作（Ctrl キー＋ Z）や，自動バックアップ機能が動作しなくなったりパネルなどのテキストボックスに日本語が入力できなくなったりする場合があります．おそらく Word の不具合だと思われますが，そのような症状が出た場合は，Word のウィンドウをすべて閉じてから Word を実行すると不具合が直ることが多いようです．

9.4　ページの設定

　文書のページのデザインやレイアウトの設定は「デザイン」タブと「レイアウト」タブで行います．以下，主なページの設定について説明します．なお，ページの設定は後から変更することもできます．文字列[6]の方向や用紙のサイズなど，作成する文書に大きく影響する設定を行う必要がな

[6) コンピューターでは，複数の文字のことを「文字列」と呼びます．

い場合は，ページの設定は後回しにして，先に文書を作成してもかまわないでしょう．また，すべてのページの設定に共通して言えることですが，初期設定のままで問題がない場合，無理に設定を変更する必要はありません．

「デザイン」タブ→「ドキュメントの書式設定」グループ

Word には「テーマ」(theme) という，文書の文字のフォントや，文書に挿入したグラフの配色などの設定を集めたものがいくつか用意されています．「テーマ」ボタンをクリックすることで，一覧の中から文書に適用するテーマを選ぶことができます．また，「配色」や「フォント」ボタンによって，選択したテーマの配色やフォントを自由に変更することもできます．

Word には「スタイル」(style) という，箇条書きや段落などの表示の仕方の設定を集めたものがいくつか用意されています．スタイルは，「テーマ」ボタンの右に表示される「スタイルセット」の中から選ぶことができます．「スタイルセット」に表示されているスタイルは全体の一部にすぎません．すべてのスタイルを表示して選択したい場合は，右の「その他」ボタンをクリックしてください．他にも，右にあるボタンで段落と段落の間隔などを設定することができます．

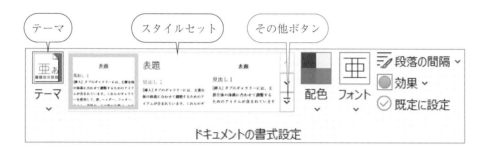

「デザイン」タブ→「ページの背景」グループ

ページに色をつけたり，罫線を引いたり，透かしを入れたりすることができます．

「レイアウト」タブ→「ページ設定」グループ

文字列の方向や用紙のサイズなど，作成する文書の用紙（ページ）に関する設定を行うことができます．必要に応じて適切な設定を行ってください．

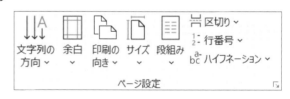

「レイアウト」タブ→「原稿用紙」グループ

マス目のついた原稿用紙タイプの文書を作成する際に使用します．本書では扱いません．

「レイアウト」タブ→「段落」グループ

文書全体の段落の左右のインデント（→ p.163）や段落と段落の間隔を設定します．これらはルーラー（→ p.166）や「ホーム」タブ→「段落」グループ（→ p.161）で設定することもできます．

「レイアウト」タブ→「配置」グループ

文書内に図形や画像を配置した際に，どのように配置されるかを設定します．これらのボタンは図形などを選択した時に表示される「図形の書式」タブの中にもあります．「配置」グループのボタンは文書を新規作成した直後に使うことはほとんどなく，文書内に図形や画像を実際に配置した後に使うのが一般的です．詳しくは p.182 の「配置」グループを参照してください．

9.5　文章の入力と書式の編集

Word では，一般的に以下の手順で入力した文章の書式（文字の大きさや色などの修飾情報のこと）やレイアウトの編集を行います．

1. 編集したい部分をマウスやキーボードで選択状態にする．
2. リボンのボタンやメニューを使って選択した部分を編集する．

「ホーム」タブには主に文字に関する書式の編集を行うためのボタンが配置されています．

9.5.1　文字の修飾

フォント，大きさ，色などの文字の書式の設定は「ホーム」タブ→「フォント」グループで行います．ボタンの中で右に ⌄ マークが表示されているものは，その部分をクリックすることで詳細な設定を行うためのメニューが表示されます．以下の表にそれぞれのボタンの説明をまとめます．

	名前	意味
①	フォント	文字のフォント（書体）を設定します[7]．なお，フォントの一覧のうち，後半部分にある英語名のフォントは半角文字にしか適用されません．
②	フォントサイズ	文字の大きさを設定します．
③	フォントサイズの拡大	文字の大きさを 1 段階大きくします．
④	フォントサイズの縮小	文字の大きさを 1 段階小さくします．
⑤	文字種の変換	文字の種類（大文字，小文字，全角，半角など）を変換します．
⑥	すべての書式をクリア	選択中の文字に設定された文字の書式をすべてクリアします．ただし，ルビと囲い文字は解除されません．また，後述の段落の設定（→ p.161）も解除されます．
⑦	ルビ	文字のルビ（ふりがな）を設定するためのパネルが表示されます．
⑧	囲み線	文字を枠で囲みます．
⑨	太字	文字を太字（bold）にします．
⑩	斜体	文字を斜め（italic）にします．
⑪	下線	文字に下線（underline）を引きます． ⌄ ボタンで下線の種類を選択できます．
⑫	取り消し線	文字の中央を横切る線を引きます．
⑬	下付き	x_2 のように文字を小さくしてその行の下部に表示します．
⑭	上付き	x^2 のように文字を小さくしてその行の上部に表示します．
⑮	文字の効果と体裁	選択した文字をワードアート（→ p.191）と同様の凝った修飾が可能な文字にします． ⌄ ボタンで修飾の種類を設定できます．
⑯	蛍光ペンの色	文字の背景を蛍光ペンでマークをつけたように塗りつぶします．
⑰	フォントの色	文字の色を設定します． ⌄ ボタンで色を設定できます．
⑱	文字の網かけ	文字の背景を網かけにします．
⑲	囲い文字	文字を丸や四角で囲むためのパネルが表示されます．
⑳	フォントの設定	フォントに関する詳細な設定を行うためのパネルを表示します．

文字の修飾は（下付きと上付きのように矛盾しなければ）同時に複数設定することができ，現在設定中の項目はボタンの色が灰色で表示されます．文字の修飾はミニツールバー（次図）を使って行うこともできます．ミニツールバーは，文字の上でマウスのメニューボタンをクリックするか，文字

---

[7] Word 2016 から初期設定のフォントが MS 明朝から游明朝に変わりました．

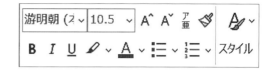

を選択すると表示され，その中には「ホーム」タブの中でよく使われるボタンが配置されています．ミニツールバーは，マウスをミニツールバーから離れるように移動すると消えます．

9.5.2　クリップボードを使った移動とコピー

Word に入力した文章は，他の Windows のアプリケーションと同様に，クリップボード（→ p.31）を使った移動やコピーを行うことができます．移動やコピーは「ホーム」タブ→「クリップボード」グループで行います．他のアプリケーションと同様に，クリップボードの操作はショートカットキー操作（→ p.32）を使って行うこともできます．移動やコピーは文字だけでなく，図形や画像など Word で入力できるほぼすべてのデータに対して行うことができます．

以下の表にそれぞれのボタンの説明をまとめます．

名前	意味
切り取り	選択した内容をクリップボードに切り取ります．
コピー	選択した内容をクリップボードにコピーします．
貼り付け	クリップボードの中身を貼り付けます．
書式のコピー/貼り付け	選択した書式の情報だけをコピー/貼り付けします．
クリップボード	クリップボードの作業ウィンドウを開きます．

それぞれのボタンの細かい操作方法について説明します．

● 貼り付け　　「貼り付けの ∨ 」をクリックすると，貼り付け時のオプションを選択できます．文字を貼り付けた場合は，以下の表のようなオプションが表示されます．

ボタン	意味
元の書式を保持	コピー元の書式を保持したまま貼り付けます．
書式を結合	貼り付け先の書式に合わせて貼り付けます．
図	文字を図（画像）（→ p.176）として貼り付けます．
テキストのみ保持	書式情報を無視して文字だけを貼り付けます．

貼り付けのオプションに表示されるボタンは，コピーしたものの種類によって変わります．上記の表以外のボタンについては，それぞれのボタンの上にマウスカーソルを移動すると説明が表示されるので，そちらを参考にしてください．また，この貼り付けのオプションのメニューは，貼り付け操作を行った後，貼り付けたデータのすぐ右下に表示される 🗐(Ctrl)▾ ボタンをクリックして表示することもできます．

● 書式のコピー/貼り付け　　以下の手順で文字の書式だけをコピーし，他の部分に貼り付けることができます．

　1.　書式をコピーしたい部分を選択状態にする．

　2.　「書式のコピー/貼り付け」をクリックする．

　3.　コピーした書式を貼り付けたい部分をマウスでドラッグする．

● クリップボード　　Word のウィンドウの左にクリップボードの作業ウィンドウを開きます．Word には複数（24 個まで）のデータを保存することができる特別なクリップボードが用意されており，その内容がクリップボードの作業ウィンドウに表示されます．なお，クリップボードのウィンドウで表示されるこの特別なクリップボードは Microsoft Office のアプリケーショ

ンの間だけで使える機能です．表示されたデータをクリックすることで，そのデータを Word
にコピーすることができます．また，クリップボードの作業ウィンドウと編集ウィンドウの間
の枠をドラッグすることで，編集ウィンドウの幅を変更することができます．クリップボード
の作業ウィンドウを消すには作業ウィンドウの右上にある×ボタンをクリックしてください．

練習問題 1　　以下の文章を入力しなさい．

お楽しみ福引抽選会のお知らせ↵

↵

　　この度、常春商店街では毎年恒例の、お楽しみ福引抽選会を開催することになりました。
1 等に *2 泊 3 日の海外フランス旅行*、2 等に *最新型 40 インチ液晶テレビ*、3 等に *商店街の
商品券 2 万円分*と<u>豪華な景品</u>を取り揃えております。商店街でのお買い上げ <u>500 円ごとに
1 枚</u>の福引券を引き換えますので奮ってご参加ください。↵

手順 1　文章を入力する．3 行目の「この度」の前の空白（1 行目のインデント→ p.168）は，文章を入力後に全角
の空白を 1 つ入力する．エンターキーを入力すると表示される ↵ は改段落を表す編集記号（→ p.164）
を表す．

　　お楽しみ福引抽選会のお知らせ↵

　　↵

　　　　この度、常春商店街では毎年恒例の、お楽しみ福引抽選会を開催することになりました。
　　1 等に 2 泊 3 日の海外フランス旅行、2 等に最新型 40 インチ液晶テレビ、3 等に商店街の
　　商品券 2 万円分と豪華な景品を取り揃えております。商店街でのお買い上げ 500 円ごとに
　　1 枚の福引券を引き換えますので奮ってご参加ください。↵

手順 2　1 行目の文字をすべて選択し，「フォントサイズ」を「24」にし，「太字」を設定する．
手順 3　「2 泊 3 日の海外フランス旅行」を選択し，「太字」と「斜体」と「文字の網かけ」を設定する．
手順 4　「2 泊 3 日の海外フランス旅行」を選択してから「クリップボード」グループ→「書式のコピー/貼り
付け」をクリックし，その後「最新型 40 インチ液晶テレビ」の上でドラッグする．この操作で手順 3
で設定した書式がコピーされる．

手順 5　手順 4 と同じ操作を「商店街の商品券 2 万円分」に対して行う．
手順 6　「豪華な景品」と「500 円ごとに 1 枚」に「下線」と「太字」を設定する．「500 円ごとに 1 枚」に対し
ては「下線の ∨ 」をクリックしてメニューから「波線の下線」を選ぶ[8]．

---

8) メニューの項目の名前は，項目の上にマウスを移動して少し待つと表示されます．

手順 7 「常春」を選択し,「ルビ」をクリックして表示されるパネルの「ルビ」に「とこはる」を,「オフセット」に「2」を設定する.オフセットは文字とルビの間隔を指定するもので,初期設定の 0 では文字とルビがくっついてしまうので 2 を設定する.

9.5.3 段落の設定

Word を使っていて勘違いされやすい文字に「改段落」と「改行」があります(コンピューターでは改段落や改行も文字の一種です).一般的な文章では,文章を適度に段落にわけることによって文章を読みやすくします.Word の「改段落」は**段落と段落を区切る**ための文字のことを表します.一方,Word の「改行」を表す文字は「**次の文字を次の行から表示する**」という意味を持ちますが,**段落を区切る**という意味は持ちません.以下の表に Word の改段落と改行の違いについてまとめます.なお,編集記号については p.164 を参照してください.

	改段落	改行
意味	段落と段落を区切る	次の文字を次の行から表示する
入力方法	エンターキー	シフトキー＋エンターキー
編集記号	↵	↓

Word では段落ごとに文章の位置を左右に揃えたり,箇条書きの記号や番号をつけたりすることができます.これらは「ホーム」タブ→「段落」グループのボタンで設定を行います.以下の表に「段落」グループのボタンについてまとめます.

	名前	意味
①	箇条書き	段落の先頭に記号の付いた箇条書きを記述します.
②	段落番号	段落の先頭に数字などの番号が付いた箇条書きを記述します.
③	アウトライン	段落番号に対してインデントを行った場合(→ p.163)の番号のつけ方を一覧から選ぶことができます.
④	インデントを減らす	段落のインデントを左にずらします.
⑤	インデントを増やす	段落のインデントを右にずらします.
⑥	拡張書式	日本語のレイアウトを設定します.本書では扱いません.
⑦	並べ替え	選択した段落を並べ替えます.本書では扱いません.
⑧	編集記号の表示/非表示	編集記号(→ p.164)の表示の有無を設定します.
⑨	左揃え	段落の文章を左に揃えて表示します.
⑩	中央揃え	段落の文章を中央に揃えて表示します.
⑪	右揃え	段落の文章を右に揃えて表示します.
⑫	両端揃え	段落の文章を左右の余白に合わせて揃えて表示します.
⑬	均等割り付け	段落の文字を行ごとに均等な間隔で揃えて表示します.また,選択した文字を指定した文字の幅で均等に揃えることもできます(→ p.166).
⑭	行と段落の間隔	行や段落の前後の間隔を設定できます.
⑮	塗りつぶし	選択した文字の背景を指定した色で塗りつぶします.
⑯	罫線	選択した文字の周りの罫線を設定します.
⑰	段落の設定	段落に関する詳細な設定を行うことができるパネルを表示します.

　「段落」グループ内のボタンは，現在，文字カーソルが存在する段落（文章が選択されている場合は，選択中の段落すべて）に対して設定を行います[9]．また，段落に対して行った設定は，改段落を行うと自動的に次の段落にも受け継がれます．例えば，箇条書きは段落の先頭に箇条書きの記号を付けるための機能です．そのため，ある段落に箇条書きを設定し，改段落を行うと，次の段落にも同じ箇条書きの記号がつきます．しかし，改段落でなく，改行を行った場合は段落が変化しないため，次の行の先頭には箇条書きの記号はつきません．例えば，下図の文章で 1 行目に文字カーソルがあるときに「中央揃え」をクリックすると，第一段落の内容である 1 行目だけが中央揃えになりますが，2 行目（または 3 行目）に文字カーソルがあるときに同じ操作を行うと，第二段落である 2 行目と 3 行目の両方が中央揃えになります．このように，**Word では改段落と改行は明確に違う意味を持ち**，使い方を間違えると，Word の文章を思ったように記述できなくなる場合がありますので，しっかりとその違いについては理解しておいてください[10]．

● → ここは**第一段落の内容**です．↵　　改段落しているので次の行は新しい段落となり，
● → ここは**第二段落の内容**です．↵　　箇条書きのマークがつく
　　 ここも**第二段落の内容**です．↵
● → ここは**第三段落の内容**です．　　改行しているので次の行は新しい段落とはならず，
　　　　　　　　　　　　　　　　　　　　次の行に箇条書きのマークはつかない

　次に，それぞれの機能の細かい操作方法について説明します．

●箇条書き　　「箇条書き」ボタンをクリックすることで箇条書きモードになり，段落の先頭に箇条書きを表す記号（**行頭文字**）が表示されるようになります．行頭文字の種類は「箇条書きの ▾ 」のメニューから選択することができます．また，メニューの「新しい行頭文字の定義」をクリックすることで，文字，記号，画像などを行頭文字に設定するためのパネルが表示されます．箇条書きモードを終了するには，もう一度「箇条書き」ボタンをクリックします．

　既に入力した行頭文字を変更するには，変更したい行頭文字のある段落に文字カーソルを移動し，「箇条書きの ▾ 」のメニューで変更します．また，段落の上でマウスのメニューボタンをクリックして表示されるミニツールバー（→ p.158）の「箇条書き」から変更することもできます．

●段落番号　　「段落番号」ボタンをクリックすることで，段落の先頭に数字や文字などの番号（**段落番号**）がついた箇条書きを表示することができます．段落番号の管理は Word が自動的に行ってくれるので，段落番号の順番の管理に気を遣うことなく文章を作成することができます．基本的な編集方法は前述の「箇条書き」とほぼ同じですが，以下の操作で段落番号を詳細に設定することができます．

---

[9]　「塗りつぶし」や「罫線」など，一部のボタンは，段落ではなく選択中の文字のみに対して設定を行います．また，「編集記号の表示/非表示」は文章全体に対して設定を行います．

[10]　ワープロ以外のアプリケーションでは段落の概念がないものが多く，一般的にエンターキーは改行を入力するために使います．

　「段落番号の ∨ 」→「番号の設定」で表示されるパネルの「開始番号」の部分で，段落番号の番号や文字を変更することができます（例えば１ではなく５から段落番号をはじめることができます）．「段落番号の ∨ 」→「新しい書式番号の定義」で表示されるパネル（前ページの図）で，段落番号の書式を自由に設定することができます．「番号の種類」の部分で番号を表す数字や文字の種類を選ぶことができます．「番号書式」の部分では，灰色で表示されている部分（この部分には「番号の種類」で設定した内容が反映されます）が変化する数字や文字の部分，白色の部分がすべての段落番号に共通する部分を表すので，白色の部分を設定します．また，設定した内容が実際にどのように反映されるかをプレビューの部分で確認することができます．前ページの図は「番号の種類に」に「A,B,C…」を，番号書式に「1-A」を設定した場合です．具体的な例については練習問題２（→ p.164）を参照してください．

- **インデントと箇条書き**　文章の行頭の位置のことを**インデント**（indent（くぼみ））と呼びます．インデントの位置は「インデントを減らす」ボタンと「インデントを増やす」ボタンで左右にずらすことができます．箇条書きモード中にインデントを増やすことにより，箇条書きの中

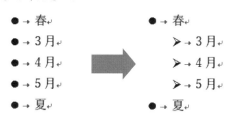

に別の箇条書きを入れるという，箇条書きの入れ子を表現することができます．入れ子になった箇条書きの行頭文字や段落記号や数字は，Word が新しいものを自動的に設定するので，変更する必要があればふさわしいものに変更してください．上図右は，上図左の箇条書きで，３月，４月，５月の行を選択して「インデントを増やす」をクリックした場合の図です．また，「アウトライン」ボタンで，インデントされた箇条書きの行頭記号や段落番号の種類をまとめて変更することもできます．箇条書きの入れ子を解除するにはインデントを減らします．

　インデントには段落の先頭を右にずらす「１行目のインデント」や，段落の右端の位置をずらす「右インデント」があり（→ p.168），ルーラー（→ p.166）を操作することで編集することができます．

- **揃え**　文章では，チラシの見出しのように中央に文字を配置したり，署名のように文字を右に配置することがあります．このような段落の中の文字の左右の配置のことを**揃え**と呼び，「段落」グループの⑨～⑬のボタンで設定することができます．左揃えと両端揃えは似ていますが，両端揃えは行の余白を考慮した配置を行ってくれるため，左揃えよりバランスよく文字が配置されることが多いようです．また，均等割り付けは他の揃えと異なり，段落ではなく，文字に対して使うこともでき，選択した部分の文字を指定した文字数の幅で均等に配置することができます．詳しくは練習問題２（→ p.164）の手順７を参照してください．

- **行間**　行と行の間の間隔を変更できます．「段落前に間隔を追加」や「段落後に間隔を追加」をクリックすることで，段落の前や後の間隔だけを変更することもできます．また，「行間のオプション」をクリックすることで，より詳細な設定を行うことができるパネルが表示されます．

- **塗りつぶし**　選択した文字の背景を指定した色で塗りつぶします．色は ∨ ボタンで表示されるメニューで指定できます．他のボタンと異なり，段落ではなく，選択中の範囲の文字に対してのみ設定を行います．

- **罫線**　指定した段落に**罫線**を引くことができます．罫線を引きたい段落（改段落の編集記号を含める必要があります）を選択し，どこに罫線を引くかを ∨ ボタンで表示されるメニュー

から選択してください．なお，改段落を含めなかった場合は「フォント」グループ→「囲み線」
と同じ設定が行われます．

　メニューの一番下の「線種とページ罫線と網かけの設定」で表示されるパネルの「網かけ」の
タブをクリックし，「背景の色」や「網かけ」を設定することで，選択した文字の背景を塗りつ
ぶしたり，網かけにすることができます．また，同じパネルの「設定対象」に「段落」を設定
することで，段落全体に「背景の色」や「網かけの色」を設定することができます．

- 編集記号の表示/非表示　　コンピューターでは，文章を印刷した時に印刷されない，「空白」や
「改行」なども文字として扱われます．これらの文字を編集時に Word の画面に表示しなかった
場合，入力した空白や改行がどこに存在しているかがわからなくなります．そこで，Word で
は，それらの文字を**編集記号**という薄い灰色の記号で表示する機能を持ち，「編集記号の表示/
非表示」ボタンによって編集記号の表示の有無を変更することができます．なお，編集記号の
表示を ON にしても編集記号は印刷されませんので，特に理由がない限り，編集記号は ON に
しておくことをお勧めします（Word の初期設定では OFF になっています）．本書の図はすべ
て編集記号の表示を ON にした状態の図です．以下に主な編集記号を表にまとめます．

編集記号	意味
・	半角の空白を表します（小さな点が表示されます）．
□	全角の空白を表します．
↵	段落の区切りを表します．なお，この編集記号は必ず表示されます．
↓	改行を表します．この編集記号も必ず表示されます．
→	タブを表します（→ p.166）．タブの編集記号は Tab キーを入力した場合や，箇条書きや段落番号の行頭文字の後に表示されます．
……改ページ……	ページの区切りを表します（→ p.170）

- 段落の設定　　段落に関する詳細な設定を行うことができるパネルが表示されます．本書では
紹介しませんが，「段落」グループの他のボタンでは行えないような詳細な設定を行うこともで
きるので，興味がある方は色々と試してみるとよいでしょう．

練習問題 2　　以下の文章を入力しなさい．

オリエンテーリング部↵
新入生歓迎ピクニックのお知らせ↵

↵
　今年も新入生を迎える季節となりました．下記の要領で新入生歓迎ピクニックを行いま
すので奮ってご参加ください．↵
↵
記↵
↵
↓→日　　時：4 月 28 日（火）9：00↵
↓→行　　先：八幡自然公園↵
　　　➤→自然公園散策↵
　　　➤→昼食↵
　　　➤→オリエンテーリング↵
↓→集合場所：八幡町駅□東口↵
↓→持 ち 物：昼食、飲み物、雨具↵
↵
以上↵

手順 1　文章を入力する．「記」を入力してエンターキーを押すと自動的に中央揃えになり，次の行に「以上」が右揃えで入力される．このような定型文の先頭を入力すると，残りの部分が自動的に整形されて入力される機能を**オートコレクト機能**（自動的（auto）に直す（correct））と呼ぶ．

> オリエンテーリング部↵
> 新入生歓迎ピクニックのお知らせ↵
>
> 　今年も新入生を迎える季節となりました。下記の要領で新入生歓迎ピクニックを行いますので奮ってご参加ください。↵
> ↵
> 　　　　　　　　　　　　　　記↵
> ↵
> 日時：4 月 28 日（火）9：00↵
> 行先：八幡自然公園↵
> 自然公園散策↵
> 昼食↵
> オリエンテーリング↵
> 集合場所：八幡町駅□東口↵
> 持ち物：昼食、飲み物、雨具↵
> ↵
> 　　　　　　　　　　　　　　　　　　　　　　　　　　以上↵

手順 2　「新入生歓迎ピクニックのお知らせ」をドラッグして選択し，「フォントサイズ」を「22」に指定し，「中央揃え」を設定する．

手順 3　「罫線ボタンの ✓ 」→「線種とページ罫線と網かけの設定」→「網かけ」をクリックし，「背景の色」に「薄い緑」[11]を，「設定対象」に「段落」を設定する [12]．

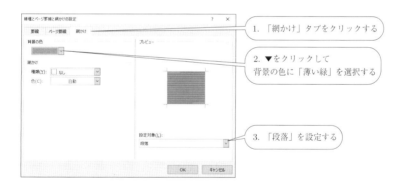

手順 4　「段落」グループの右下にある「段落の設定」をクリックし，「1 ページの行数を指定時に文字をグリッド線に合わせる」のチェックが ON になっている場合は OFF にする．グリッド線とは用紙に等間隔に横方向に引かれた罫線のことで [13]，「表示」タブ→「表示」グループの「グリッド線」を ON にすることで表示することができる．この操作を行うことで，網かけの中の文字の上下の位置が中央になる．

手順 5　「日時」から「持ち物」の行を選択し，「箇条書きボタンの ✓ 」→「✦」をクリックする．次に，「インデントを増やす」を数回クリックし，箇条書きをずらして中央付近に移動する [14]．

---

[11]　色の名前は色の上にマウスカーソルを移動すると表示されます．

[12]　「設定対象」に「文字」を設定すると，選択した文字の部分だけに背景の色などが設定されますが，その場合は「フォント」タブの「蛍光ペンの色」などを使ったほうが楽に設定できます．

[13]　同じ名前ですが後述の表のグリッド線（→ p.174）とは違うものです．

[14]　箇条書きを右にずらす方法として，**「中央揃え」ボタンをクリックして行う方法ではうまくいきません**．試しに「中央揃え」ボタンをクリックしてどうなるか確かめてみてください．

手順 6　「自然公園散策」の行から「オリエンテーリング」までの行を選択し,「インデントを増やす」ボタンをクリックすると,その 3 行が右にインデントされ行頭文字が変化する. 行頭文字が完成図のようにならなかった場合は,「箇条書きの ∨」のメニューから➤をクリックして設定すること.

手順 7　「日時」を選択し,「均等割り付け」をクリックして表示されるパネルの「新しい文字列の幅」に「4」を設定する.「行先」,「持ち物」に対しても同じ操作を行う.

9.5.4　タブと文字位置の揃え

文章を入力する際に,入力した文字の位置を上下で揃えたい場合があります. そのような入力を行いたい場合は,「タブ」と「タブマーカー」という機能を使います.

タブマーカーの機能は「ルーラー」(ruler(定規))(下図)を使って行います. ルーラーが画面に表示されていない場合は,「表示」タブ→「表示」グループ→「ルーラー」のチェックを ON にしてください. ルーラーは定規のように目盛りのついた帯状のもので,編集ウィンドウの上と左に表示されます. 本書ではそのうち,編集ウィンドウ上部に表示されているルーラーについて扱います. ルーラーの左には「タブセレクター」というボタンが表示されます.

「タブ」は Tab キーを押すことで入力できる文字で,一定の間隔ごとに文字を揃えたい場合に使います. 初期設定では,Tab キーを押すと,ルーラーの目盛りが 4 の倍数で,文字カーソルの現在の位置から最も右に近い位置に移動します. タブを入力すると,タブを表す編集記号 → が表示されます. Tab キーを押したときに文字カーソルが移動する位置を自分で設定したい場合は,タブマーカーの機能を使います. タブマーカーは以下の手順で設定することができます.

1.　「タブセレクター」ボタンをクリックして,タブマーカーの揃えの種類を設定する. タブマーカーには以下の種類がある.

	名称	意味
∟	左揃えタブ	タブマーカーの位置で文字を左揃えで揃える.
⊥	中央揃えタブ	タブマーカーの位置で文字を中央揃えで揃える.
⌐	右揃えタブ	タブマーカーの位置で文字を右揃えで揃える.
⊥	小数点揃えタブ	タブマーカーの位置で数字の小数点の位置を揃える.
❙	縦棒タブ	その位置に縦棒を表示する. このタブマーカーは他のタブマーカーと異なり,文字の揃えとは無関係である.

2.　ルーラーの上でマウスをクリックすると,タブセレクターで設定したタブマーカーがルーラーの上に配置される. ルーラーの上に配置したタブマーカーはドラッグして移動し,ルーラーの外にドラッグすることで削除することができる. また,タブマーカーの上でダブルクリックすることで,タブマーカーを編集するためのパネルが表示される.

タブマーカーの設定は,現在編集中の段落にのみ適用されます. 複数の段落に対してタブマーカーを設定したい場合は,設定したい段落をすべて選択状態にしてから上記の操作を行ってください. タブマーカーの具体的な使い方の例については,次の練習問題 3 を参照してください.

練習問題 3　練習問題 2 で作成した文章の後に以下の文章を追加しなさい.

ピクニックの予定表

移動	→	9:00	→	八幡公園まで徒歩で移動
公園散策	→	10:00	→	オリエンテーリングに備えて下見をすること
昼食	→	12:00	→	12:50 までに集合場所に集合すること
オリエンテーリング	→	13:00	→	3 人 1 組で行動すること
解散	→	15:00	→	現地で解散

手順 1　以下の文章を入力する. 文字の間は空白ではなく, Tab キーを 1 回だけ入力して間を開けること.

> ピクニックの予定表
>
> 移動　→　9:00　→　八幡公園まで徒歩で移動
>
> 公園散策　　　→　　　10:00　→　オリエンテーリングに備えて下見をすること
>
> 昼食　→　12:00　→　12:50 までに集合場所に集合すること
>
> オリエンテーリング　　→　　13:00　→　3 人 1 組で行動すること
>
> 解散　→　15:00　→　現地で解散

手順 2　2 行目から 6 行目までを選択する. 以降の作業では必ず **2 行目から 6 行目**を選択した状態で行うこと. タブセレクターをクリックして ┛ (右揃えタブ) のマークにし, ルーラーの 16 の目盛りの付近でクリックする. タブマーカーの位置がずれた場合はドラッグして調整すること. また, 間違って余分なタブマーカーを挿入した場合は, ルーラーの外にドラッグして削除すること.

手順 3　タブセレクターを ┗ (左揃えタブ) のマークにし, ルーラーの 20 の目盛りの付近でクリックする.

タブセレクターをクリックしてタブマーカーを選択する

図の位置にタブマーカーをクリックして配置する

手順 4　「ホーム」タブ→「段落」グループ→「罫線の ∨ 」→「⊞ 格子」をクリックし, 選択した 5 行を枠で囲む.

手順 5　タブセレクターを ▮ (縦棒タブ) のマークにし, ルーラーの 12 と 18 の目盛りの付近でクリックする.

手順 6　ルーラーに設定したタブマーカーをドラッグして位置を調整する [15].

　なお, 練習問題 3 は後述の表 (→ p.171) を使って同様のものを作成することもできます. 練習問題 3 の場合は表を使ったほうが簡単に作成できますが, 枠で囲わずに文字の位置だけを揃えたい場合はタブマーカーを使ったほうが便利です. 状況に応じて表の機能と使い分けるとよいでしょう.

9.5.5　ルーラーとインデントマーカー

　インデントの位置は, ルーラーの**インデントマーカー**を使って変更することができます. インデントマーカーは次ページの図のように 4 種類あり, ドラッグすることで移動することができます.

---

[15] 設定がうまくいかなかった場合は 2 行目から 6 行目までを選択し,「ホーム」タブ→「フォント」グループ→「すべての書式をクリア」をクリックしてから作業をやり直すとよい.

また，Alt キーを押しながらドラッグすることでインデントマーカーの位置を微調整することができます．インデントマーカーの上でダブルクリックすることでインデントを含めた段落に関する詳細設定を行うパネルを表示することもできます．

それぞれのインデントマーカーの意味は以下のとおりです．

- **1 行目のインデント**　　一般的に，段落の先頭の文字は約 1 文字分右にずらして表示します．1 行目のインデントは段落の 1 行目の文字の先頭の位置を指定します．

  　1 行目のインデントは 2 文字以上の文字が入力されている段落の先頭に文字カーソルを移動し，空白を入力することでずらすこともできます[16]．他の段落の修飾と同様に，1 行目のインデントの設定も，改段落をした場合に次の段落に受け継がれます．そのため，新しい文章を入力する際には，最初の段落を入力した後にその段落の先頭に全角の空白を 1 文字入力して，1 行目のインデントを設定しておくとよいでしょう．

- **ぶら下げインデント**　　段落の 2 行目以降の行の先頭の位置を指定します．また，箇条書き（または段落番号）モードの場合，行頭文字と本文の間隔を指定します．

- **左インデント**　　段落の左端の位置を設定します．「ホーム」タブのインデントを移動するボタンでも移動できます．左インデントを移動すると，上記の 2 つのインデントも同時に同じだけ移動します．

- **右インデント**　　段落の右端の位置を指定します．

- **ページの余白の境目**　　これはインデントマーカーではありませんが，ルーラーの灰色と白色の境目は，ページの余白の境目の位置を表します．この部分をドラッグして，ページの余白の幅を調整することができます．また，左にある縦向きのルーラーでも同様の操作を行えます．

9.5.6　文書の検索と置換

　文章の中から特定の文字を**検索**するには，「ホーム」タブ→「編集」グループ→「検索」をクリックします．Word のウィンドウの左にナビゲーションウィンドウが表示されるので，テキストボックスに検索したい文字を入力すると検索結果の一覧がナビゲーションウィンドウに表示され，編集ウィンドウの中で検索した文字が黄色く表示されます．また，左のナビゲーションウィンドウの検索結果をクリックすると，編集ウィンドウに該当する場所が表示されます．

　ナビゲーションウィンドウのテキストボックスの ∨ ボタンをクリックすると，画像や表など，文字以外のものを検索することができるメニューが表示されます．ナビゲーションウィンドウは×ボタンをクリックすることで閉じることができます．

　より高度な検索を行いたい場合は，「編集」グループ→「検索の ∨ 」→「高度な検索」をクリックします．表示されたパネルのテキストボックスに検索したい文字を入力し，「次を検索」ボタンを

---

16)　文字が 1 文字も入力されていない段落の場合は，空白文字が入力されてしまいます．**段落の先頭に空白の編集記号が表示された場合は，その段落に 1 行目のインデントが設定されていないことを表します．**また，理由は不明ですが，段落に文字が 1 文字しか入っていない場合に段落の先頭に全角の空白を入力した場合も空白文字が入力されるようです．

クリックすると，入力した文字を検索して編集ウィンドウに表示します．また，このパネルの下にある「オプション」をクリックすることで，より詳細な検索条件を設定することができます．

　文章の中の特定の文字を別の文字に置き換える（**置換**する）には，「編集」グループ→「置換」をクリックします．文字の置換は以下の手順で行います．

1. 「検索する文字列」に置換する前の文字を，「置換後の文字列」に置換後の文字を入力する．
2. 該当するすべての文字を一度に置換したい場合は「すべて置換」をクリックする．ただし，この方法では意図しない文字を置換してしまう場合がある点に注意が必要である．
3. 1つずつチェックしながら置換する場合は，「次を検索」ボタンをクリックして置換する文字を検索し，その文字を置換してもよい場合は「置換」ボタンをクリックする．置換したくない場合は「次を検索」ボタンをクリックする．

9.5.7　文書の校正

　Word には入力した文章の文字の綴りや文法をチェックしてくれる**校正機能**があります．Word に文章を入力すると，入力した文章の一部に赤の波線や青の二重線の下線が引かれる場合があります．赤い波線はスペルチェック機能による綴りの誤り，青の二重線は文章校正機能による文法や文字の揺らぎ（「コンピューター」と「コンピュータ」のように，同じ意味の単語に対して異なる表記を行うこと）などの誤りを表しています．これらの下線が表示された場合は，入力した文書に誤りがある可能性があります．

　下線の上でマウスのメニューボタンをクリックすると訂正の候補がメニューで表示されるので，その中から選んで訂正することができます．スペルチェック機能は Word に搭載された辞書を使って行われているので，人名や地名など，その辞書に載っていない単語を入力した場合にも赤い下線が引かれる場合があります．また，青の下線が引かれた場合でも必ずしも文法の誤りがあるとは限りませんので，これらの下線は間違いのチェックの目安だと思って利用してください．これらの下線は印刷時には印刷されませんので，気にならなければそのまま放置しても大丈夫です．

　訂正する必要がない部分に下線が引かれた場合は，「その下線の上でマウスのメニューボタン」→「無視」（同じ単語が複数あった場合は「すべて無視」という項目になります）または「辞書に追加」をクリックしてください．「辞書に追加」を選んだ場合はその単語が辞書に登録され，それ以降，スペルチェック機能の対象とならなくなります．文章の校正は**「校閲」タブ**→「文章校正」グループ→「スペルチェックと文章校正」をクリックして，ウィンドウの右に表示される部分で行うこともできます．

9.6　さまざまなデータの挿入

　Word には，文字以外に表，図形，画像など，さまざまなものを**挿入**することができます．これらを文章に挿入するには**「挿入」タブ**を使って行います．

9.6.1　表紙とページ区切りの挿入

表紙や，ページの区切りを挿入できます．

- 表紙の挿入　　文書に**表紙**を付けるには，「ページ」グループ→「表紙」をクリックします．さまざまな表紙のレイアウトがメニューで表示されるので，その中から選ぶことで表紙を挿入することができます．挿入された表紙のページには「タイトル」，「日付」などを入力するための

プレースホルダー（placeholder）というテキストボックスが用意されているので，その部分をクリックして入力してください．プレースホルダーとは，実際の内容を後から入力できるように仮の内容が表示されたテキストボックスなどのことです．表紙を削除するには表紙のメニューの下にある「現在の表紙の削除」をクリックします．

● 空白のページとページ区切り　　そのページの入力を終了し，次のページから文書を入力したい場合は，「ページ」グループ→「空白のページ」または「ページ区切り」をクリックしてください．改ページと表示された編集記号（→ p.164）が挿入され，文字カーソルが次のページの先頭へ移動します．「改ページ」は文字の一種なので，Back Space キーなどで削除することができます．なお，ページの先頭の位置がずれやすいのでエンターキーを連打して改ページすることはあまりおすすめしません．

　「ページ区切り」は文字カーソルの位置に「改ページ」の編集記号を挿入するだけですが，「空白のページ」は新しい空白の 1 ページを挿入するという意味を持ち，「改ページ」を挿入した後，次のページの最後にさらに「改ページ」が挿入されます．

9.6.2　ヘッダーとフッターとページ番号

Word では，ページの上部と下部の余白のことをそれぞれヘッダー（header），フッター（footer）（→ p.93）と呼び，この部分に文書のタイトルや日付などを記述することができます．ヘッダーを挿入するには「ヘッダーとフッター」グループ→「ヘッダー」をクリックします（フッターの操作はヘッダーの操作と同様です）．ヘッダーの種類の一覧がメニューで表示されるので，選択するとヘッダーが挿入され，編集を行うことができるようになります．挿入したヘッダーは下図のように編集可能な場所がプレースホルダーになっており，その部分をクリックして文字を入力することができます．

　ヘッダーと本文は互いに独立しており，ヘッダーを編集中は本文を編集できなくなります．ヘッダーの編集を終了するには本文の部分をダブルクリックしてください．また，再びヘッダーを編集するにはヘッダーの部分をダブルクリックします．ヘッダーを削除するには「ヘッダーとフッター」グループ→「ヘッダーの削除」をクリックします．ヘッダーは基本的には表紙を除くすべてのページに同じものが表示されますが，奇数ページと偶数ページで異なる内容が表示されるヘッダーもあります．これらはヘッダーを挿入する際のメニューの名前の最後に「（偶数ページ）」または「（奇数ページ）」と記述されています．また，それら以外のヘッダーもヘッダーの編集時のみ表示される「ヘッダーとフッター」タブ→「オプション」グループ→「奇数/偶数ページ別指定」のチェックをON にすることで，奇数ページと偶数ページのヘッダーを別の内容にすることができます．

　ヘッダーやフッターにはページの番号を表示することができます．ページ番号を表示するには，「ヘッダーとフッター」グループ→「ページ番号」で表示されるメニューから，どこにページ番号を表示するかを選択します．ページ番号はヘッダー（またはフッター）の一種なので，ヘッダーの部

分にページ番号を表示した場合，それまでに設定したヘッダーはページ番号で置き換えられます．

9.6.3　表の挿入

表を挿入するには，「挿入」グループ→「表」をクリックします．表の大きさを設定するメニュー
が表示されるので，マウスを移動して，作成したい表の大きさ（オレンジ色の枠で表示されます）を
指定してクリックすると表が挿入されます．この表の大きさは後から変更できるので，具体的に表
の大きさがいくつになるかわからない場合は，取りあえず少し大きめに作るとよいでしょう．

上記の方法では行や列の数が10を超えるような大きな表は作成できません．そのような表は，「挿
入」グループ→「表」→「表の挿入」で表示されるパネルで表の大きさを指定して作成することが
できます．

Word の表の各部には下図のような名前がついています．表の中の1つひとつの長方形の部分を
セル（cell）と呼びます．cell とは（ハチの巣や細胞などの）小部屋の意味で，表のセルはハチの巣
の小部屋のように境界（枠）で囲まれているところから名前がつけられたようです．なお，「移動ハ
ンドル」と「変形ハンドル」は表を編集中か，マウスを表の上に移動した場合のみ表示されます．

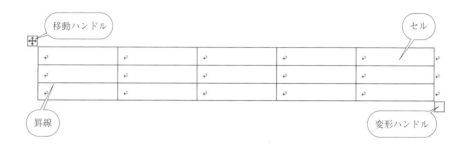

「テーブル デザイン」タブと「レイアウト」タブ

作成した表をクリックすると Word のリボンに「テーブル デザイン」タブと「レイアウト」タブ
（同名のタブが左にもあるので以後は『表の「レイアウト」タブ』と表記します）の2つのタブが追
加されます．これらの追加されたタブは（表の外でマウスをクリックするなどで）表の編集を終了
した時点で消去されます．

表の移動，サイズの変更，削除

移動ハンドルをドラッグすることで，表の位置を移動することができます．また，右下の変形ハ
ンドルをドラッグすることによって表の全体のサイズを変更することができます．表を削除するに
は表の「レイアウト」タブ→「行と列」グループ→「削除」→「表の削除」をクリックします．移動
ハンドルをクリックしてから「ホーム」タブ→「クリップボード」グループ→「切り取り」（または
Ctrl キー + X）で表を削除することもできます．

セルの選択

セルを選択するには，セルの左の罫線のすぐ右（改行の編集記号より左）にマウスカーソルを移
動し，マウスカーソルの形が黒い矢印（➚）になったところでクリックします．選択されたセルは
中の背景色が灰色になります．また，以下の操作で複数のセルを選択することもできます．

- セルの中でドラッグ操作を行うことで，ドラッグした範囲のセルが選択される．
- マウスカーソルの形が黒い矢印（➚）になったところでダブルクリックすることで，そのセル
  がある行全体が選択される．

- 一番上の罫線の上でマウスカーソルの形が↓の形になったところでクリックすると，その列全体が選択される．
- 移動ハンドルをクリックすることで，表全体が選択される．
- 表の「レイアウト」タブ→「表」グループ→「選択」で表示されるメニューで選択する．
- Ctrl キーを押しながらセルをクリック（またはドラッグ）することで，そのセルが追加して選択される．

文字の入力と文字の修飾

　表のセルの中に文字を入力するには，入力したいセルをクリックして表の中に文字カーソルを移動し，キーボードで文字を入力します．セルの中に文章を入力する方法は，表の外で文章を入力する場合と全く同じで，文字に修飾をしたり，箇条書きを行うこともできます．また，セルを複数選択し，「ホーム」タブ→「フォント」グループのボタンで文字の色などを変更することで，選択されたセルの中のすべての文字の色などを同時に変更することができます．

　表の「レイアウト」タブ→「配置」グループで，表に入力する文字の揃えや文字の方向などを設定することができます．表の中の文字は，左右方向だけでなく，上下方向にも揃えを指定することができ，左右方向の「両端」，「中央」，「右」の 3 通り，上下方向の「上」，「中央」，「下」の 3 通りで，合計 3 × 3 ＝ 9 通りの揃えを指定できます．「配置」グループの左の 9 つのボタンが揃えを指定するためのボタンで（右図），揃えを指定したいセルを選択してからこれらのボタンをクリックすることで，揃えを指定することができます．また，何も入力されていないセルの中でダブルクリックすることで，そのセルの左右方向の揃えを変えることができます．例えば，セルの右でダブルクリックすると右揃えに，中央でダブルクリックすると中央揃えになります．

　「文字列の方向」ボタンをクリックすることで，表の中の文字を横方向に記述するか，縦方向に記述するかを切り替えることができます．「セルの配置」ボタンをクリックして表示されるパネルで，セルの中のどの位置に文字を配置するかを設定することができます．

セルのサイズの変更

　表のセルの横幅を変更するには，縦枠の上にマウスカーソルを移動し，マウスカーソルの形が縦棒の両側に矢印が表示された形（←‖→）になった状態でドラッグ操作を行います．縦幅の変更も同様です．通常は枠がすべて同時に移動しますが，縦枠に限り，セルを選択状態にしてから枠を移動すると下図のように選択状態のセルの隣の枠だけが移動します．

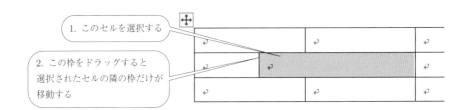

1. このセルを選択する

2. この枠をドラッグすると選択されたセルの隣の枠だけが移動する

　表の「レイアウト」タブ→「セルのサイズ」グループ（次ページの図）を使ってセルのサイズを調整することもできます．高さと幅の右のテキストボックスに具体的な数値を入力することで，現在選択（または編集）中のセルの幅や高さを設定することができます．また，複数のセルを選択し，「高さを揃える」や「幅を揃える」ボタンをクリックすることで，選択したセルの幅や高さを均等に

揃えることができます.

自動調整ボタンで表示されるメニューで，表の列の幅をセルの中に入力した文字に合わせて自動的に調整するかどうかを設定することができます．設定できるメニューの項目の意味は以下のとおりです．なお，新しく作成した表には「ウィンドウサイズに合わせる」が設定されます．

- **文字列の幅に自動調整**　列の幅が各列に入力された文字の最大長に合わせて自動的に調整されるようになります．
- **ウィンドウ幅に自動調整**　表の幅を用紙の左右の余白を除いた幅に合わせたサイズにし [17]，列の幅を各列に入力された文字の最大長に合わせて調整します．調整後は列の幅は固定されます．
- **列の幅を固定する**　列の幅を固定し，自動的に列の幅が変化しないようになります．

練習問題 4　以下の表を入力しなさい.

	国語	算数	理科	社会	合計	判定
情報□太郎	90	70	80	60	300	合格
日本□次郎	30	60	20	30	140	不合格

手順 1　3 行 × 7 列の表を作成する.
手順 2　表の中身を埋める.
手順 3　一番左の列の右の枠をドラッグして，名前が 1 行に収まるようにする.
手順 4　国語から右の列をすべて選択し，「セルのサイズ」グループ→「幅を揃える」をクリックして右の列の幅を揃える.
手順 5　国語から合計までの列をすべて選択し，「配置」グループ→「上揃え（右）」をクリックして右揃えにする．判定の列を選択し，「上揃え（中央）」をクリックして中央揃えにする [18].

セル，行，列の挿入と削除

表に新しく行や列やセルを挿入したり，削除するには，表の「レイアウト」タブ→「行と列」グループで行います．行を挿入するには，挿入したい行の隣のセルをクリックし，「上に行を挿入」（または「下に行を挿入」）をクリックします．列も同様の方法で挿入することができます.

列や行の挿入は，表の上でのマウスの操作で行うこともできます．列を挿入したい場合は，挿入したい列と列の間の罫線の一番上の部分にマウスカーソルを移動し，表示される＋マークのボタンをクリックします（右図）．行の場合は行と行の間の罫線の一番左の部分にマウスカーソルを移動して同様の操作を行います.

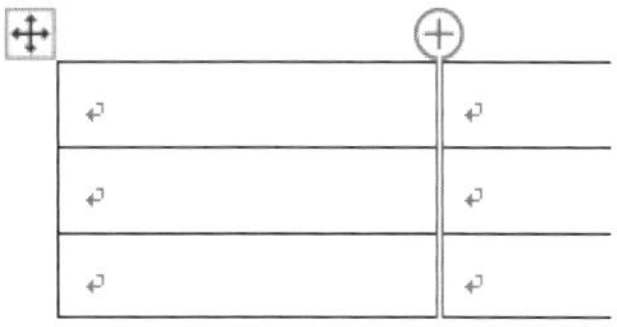

---

17) メニューの項目名は「ウィンドウ幅に」となっていますが，実際にはウィンドウの幅ではなく用紙の大きさに合わされます.
18) この例題のように，上下の揃えを指定する必要がない場合は，「ホーム」タブ→「段落」グループの揃えのボタンを使うこともできます.

　行や列を削除する場合は，削除したい行または列のセルをクリックし，「削除」→「列の削除」または「行の削除」をクリックします．メニューの中の「セルの削除」を選択した場合，表示されるパネルから選択することで，指定したセルだけを削除することもできます．また，「表の削除」を選択することで，表そのものを削除することもできます．挿入や削除の操作は「セルの上でマウスのメニューボタン」で表示されるメニューから行うこともできます．

セルの結合と分割

　2 つ以上のセルをくっつけて 1 つのセルにすることをセルの結合と呼びます．セルを結合するには，結合したいセルをすべて選択し，表の「レイアウト」タブ→「結合」グループ→「セルの結合」をクリックします．なお，Word の表では，セルの形は必ず長方形でなければならないという決まりがあり，長方形にならないようなセルを選択して結合することはできません．

　逆に 1 つのセルを複数のセルに分割することもできます．セルの分割を行うには，分割したいセルをクリックし，「結合」グループ→「セルの分割」で表示されるパネルでどのように分割したいかを設定してください．なお，セルの結合と分割は次で説明する「罫線の作成」グループを使って行うこともできます．「結合」グループ→「表の分割」をクリックすることで，現在選択（または編集）中のセルの上の罫線で表を上下に 2 つに分割することができます．

罫線の作成と削除

　表の「レイアウト」タブ→「罫線の作成」グループを使って新しく罫線を引いたり，罫線を削除することができます．罫線を引くには「罫線を引く」をクリックします．マウスカーソルの形が鉛筆の形（✐）になるので，表の上でマウスをドラッグすると，ドラッグした位置に罫線が引かれます．罫線を引くことでセルを分割することができます．

　「罫線の削除」をクリックすると，マウスカーソルの形が消しゴムの形（⌫）になります．この状態で削除したい罫線の上でマウスをドラッグすると，ドラッグした範囲にある罫線を削除することができます．罫線を削除することでセルを結合することができます．

　「罫線を引く」ボタンや「罫線の削除」ボタンを選択すると，マウスをクリックしてもセルを選択することができなくなります．このモードを解除するには，もう一度「罫線の選択（または罫線の削除）」をクリックするか，表の外でマウスをクリックしてください．

　Word の表のセルは長方形でなければならないという決まりがあるため，罫線を削除した結果，削除した罫線に隣り合ったセルをくっつけた時の形が長方形でない場合は，その 2 つのセルは結合されません．例えば次のページの左の図のような表で，吹き出しが指す罫線を削除した場合，削除した罫線の上の 1 行目の細長いセルと，下の 2 行目の右のセルをくっつけても長方形にはならないため，この 2 つのセルは結合されません（次ページの右の図）．そのため，上のセルと下のセルには「1」と「3」という別々の文字が入ったままになっています．この場合，削除した罫線があった場所には，セルの境界が残っていることを表す「グリッド線」という薄い点線が表示されます．グリッド線は，編集記号のように境界線がそこに残っていることを表すために表示される線であり，印刷時にはグリッド線は印刷されません．表の「レイアウト」タブ→「表」グループ→「グリッド線の表示」のチェックを OFF にすることで，グリッド線を表示しないようにすることもできます．

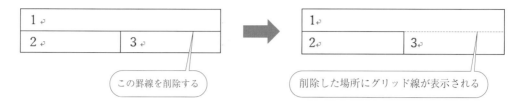

セルの中に罫線を斜めに引くこともできますが，Word では三角形のセルは存在できませんので，セルの中に線が斜めに表示されるだけで，セルを分割したことにはなりません．

罫線の修飾

「テーブルデザイン」タブ→「飾り枠」グループのボタンを使って，罫線の太さや形状や色を変更することができます．「ペンのスタイル」ボタンで罫線のスタイル（形のこと）を，「ペンの太さ」ボタンで罫線の太

さを，「ペンの色」ボタンで罫線の色を設定することができ，この3つの組み合わせで罫線の修飾を設定します．また，この3つの修飾の組み合わせのパターンがあらかじめいくつか用意されており，「罫線のスタイル」ボタンから選択することができます．

罫線の修飾を設定するか，「罫線の書式設定」をクリックするとマウスカーソルの形が筆の形（🖌）になり，この状態で表の罫線をなぞると，その罫線が設定した修飾に変更されます．また，表の「レイアウト」タブ→「罫線の作成」グループ→「罫線の作成」を使って[19]罫線を新しく引いた場合は，「飾り枠」グループで設定した修飾で新しい罫線が引かれます．

「罫線の書式設定」を使って多くの罫線を修飾するのは大変です．「罫線」ボタンをクリックして表示されるメニューを使って，以下の手順で特定の範囲の罫線を一度に修飾することができます．

1. 修飾したい罫線があるセルをすべて選択する．
2. 罫線の修飾を設定する[20]．
3. 「罫線」ボタンのメニューから修飾したい範囲を表す項目をクリックする[21]．例えば，「外枠」をクリックすることで選択したセルの外枠だけを修飾することができる．

セルの塗りつぶし

「テーブルデザイン」タブ→「表のスタイル」グループ→「塗りつぶし」で表示されるメニューから色を選択することで，選択したセルを塗りつぶすことができます．

練習問題 5 次の表を作成しなさい．

手順1 3 × 3 の表を作成し，変形ハンドルをドラッグして表をおおまかに正方形の形にする．完全な正方形にしたい場合は，移動ハンドルをクリックして表全体を選択した後に表の「レイアウト」タブ→「セルのサイズ」グループの「高さ」と「幅」に同じ数値を設定すればよい（右図は 22mm を設定したものです）．

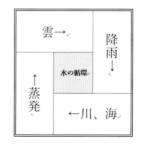

手順2 1行目の1列目と2列目を選択し，「セルの結合」ボタンをクリックして結合する．同様の手順を繰り返し，完成図のようなセルの形をした表を作成する．

---

[19] 「テーブルデザイン」タブ→「飾り枠」グループ→「罫線」→「罫線を引く」をクリックしても，罫線を引くことができるようになります．

[20] セルを選択する前に罫線の修飾を設定すると，マウスカーソルの形が筆の形になってしまうため，その後でセルを選択するには「罫線の書式設定」をクリックする手間が生じます．

[21] 一番下の「線種とページ罫線と網かけの設定」で表示されるパネルで，より詳細な設定を行うことも可能です．

手順 3　セルの中に完成図と同じ文字を入力する．ただし，降雨と蒸発の中の矢印の向きは，この後文字列の方向を変えたときに変化するのでそれぞれ「降雨→」，「←蒸発」と入力すること．次に，表の移動ハンドルをクリックして表全体を選択し，「ホーム」タブ→「フォント」グループで「フォントサイズ」を「20」に設定し，表の「レイアウト」タブ→「配置」グループで「中央揃え」をクリックする．

手順 4　水の循環のセルをクリックし，「フォントサイズ」を「12」にし，「太字」に設定する．

手順 5　「降雨→」のセルをクリックし，表の「レイアウト」タブ→「配置」グループ→「文字列の方向」をクリックして文字を縦方向にする．「←蒸発」のセルに対しても同様の操作を行う．

手順 6　「テーブルデザイン」タブ→「飾り枠」→「ペンのスタイル」を二重線に，「ペンの太さ」を「1.5pt」に設定する．次に，表の移動ハンドルをクリックして表全体を選択し，「テーブルデザイン」タブ→「飾り枠」グループ→「罫線」→「外枠」をクリックする．

手順 7　真ん中の「水の循環」のセルをクリックし，「テーブルデザイン」タブ→「表のスタイル」グループ→「塗りつぶし」をクリックし，色の一覧から「青，アクセント 1，白＋基本色 80 ％」の色をクリックする．

表のスタイル

　Word の表には，あらかじめ「スタイル」というさまざまな表の罫線や塗りつぶしの色を組み合わせたデザインが用意されています．スタイルを利用するには，「テーブルデザイン」タブ→「表のスタイル」グループの一覧から選びます（下図）．また，「テーブルデザイン」タブ→「表スタイルのオプション」グループのボタンを使って，表のスタイルに関するオプションの設定を行うことができます．

表のスタイル　　　　　　　　　　　　　　表スタイルのオプション

表のプロパティと文字列の折り返し

　表の「レイアウト」タブ→「表」グループ→「プロパティ」をクリックすることで，表に関する詳細な設定を行うためのパネルが表示されます．このパネルの「表」のタブの「文字列の折り返し」の部分を設定することで，表の周囲の文字をどのように表示するかを設定することができます．「なし」を設定すると表の左右に余白があってもその部分には文字は配置されません．一方，「する」を設定すると，表の左右に余白があった場合，その部分に文字が折り返して表示されます．

9.6.4　図形の挿入

　Word では，画像や図形などの図を文書内に挿入することができます．これらを挿入するには，「挿入」タブ→「図」グループのボタン（下図）を使います．Word では次ページの表の 8 種類の図を扱うことができます．Word では，これらの図のことを**オブジェクト**と呼びます．

　まず，図形の挿入方法について説明します．

名前	図の種類
画像	ファイルに保存された画像（→ p.187）.
オンライン画像	オンライン（インターネット上）の画像（→ p.191）.
図形	四角形や三角形などのさまざまな形の図形.
アイコン	機能，用途，分類などを表す小さな画像.
3D モデル	オンラインの 3D（dimension（次元））画像. 本書では扱いません.
SmartArt	ピラミッド型の図など，複数の図形を組み合わせた高機能な図（→ p.190）.
グラフ	棒グラフ，折れ線グラフなどのさまざまな種類のグラフ. グラフについては表計算ソフトの章（→ p.232）で紹介します.
スクリーンショット	ディスプレイやウィンドウの表示内容を画像にしたもの（→ p.190）.

図形の挿入

図形を挿入するには以下の手順で行います.

- 「図」グループ→「図形」をクリックする.
- Word で挿入可能な図形を集めたメニューが表示されるので，挿入したい図形を表すボタンをクリックする.
- マウスが十字の形（＋）になるので，図形を挿入したい場所でマウスをクリックまたはドラッグする. クリックした場合は指定した図形があらかじめ決められた大きさで挿入され，ドラッグした場合はドラッグした範囲に図形が挿入されます. ドラッグ中に**シフトキーを押す**ことで，正方形，円，水平な線などの特殊な形の図形を挿入することができます. また，線以外の図形はドラッグ中に **Ctrl キーを押す**ことで，マウスを最初にプレスした場所を中心とする図形を挿入することができます.

同じ図形を連続して挿入したい場合は，「図形を選択するメニューの中の図形のボタンの上でマウスのメニューボタン」→「描画モードのロック」をクリックします. 図形の連続挿入を終了するにはマウスのメニューボタンをクリックしてください（このとき，表示されるメニューから何かを選択する必要はありません）.

図形の選択

挿入した図形は，図形の上でクリックすることで選択することができます. ただし，図形の塗りつぶし（→ p.181）を「塗りつぶしなし」にした図形を選択するには，図形の枠の上でクリックする必要があります. 複数の図形を選択するには図形をシフトキーを押しながらクリックする必要がありますが [22]，「ホー

ム」タブ→「編集」グループ→「選択」→「オブジェクトの選択」をクリックすることで，ドラッグ操作で図形を選択することができるようになります [23]. ただし，この状態ではマウスの操作で文字カーソルを移動したり，文字を選択できなくなります [24]. 元に戻すには，もう一度「オブジェクトの選択」をクリックするか，編集ウィンドウの好きな場所でマウスをダブルクリックしてください.

図形を選択した時に表示される「図形の書式」タブ→「配置」グループ→「**オブジェクトの選択**

---

[22] 描画キャンバス（→ p.179）の中にある図形は常にドラッグ操作で選択可能です. また，描画キャンバスの中の図形と描画キャンバスの外の図形を同時に選択することはできません.

[23] この状態では，画像の「文字列の折り返し」（→ p.182）を「背面」に設定し，画像が文章の後ろに隠れてしまった場合でも画像を選択できるようになります.

[24] 文字だけでなく，「文字列の折り返し」（→ p.182）で「行内」を設定した図形は文字と扱いが同じになるため，この状態ではドラッグして選択できなくなります.

と表示」[25]をクリックすると前ページの図のように編集ウィンドウの右に，現在表示しているページの中にあるオブジェクトの一覧を表示するウィンドウが表示され[26]，一覧の中をクリックすることで対応する編集ウィンドウのオブジェクトを選択状態にすることができます．また， マークをクリックすることで，そのオブジェクトを一時的に表示しないようにすることもできます．この機能は，多数の小さな図形を配置した際に，特定の図形を選択したいときなどで使うと便利です．

図形の編集

　図形の編集を行うには図形を選択する必要があります．選択した図形には右の図のように枠やボタン[27]が表示され，以下の操作によって編集を行うことができます．移動，変形，回転の操作中にシフトキーを押すことで，正方形などの特定の図形への変形，上下左右方向のみへの移動，特定の角度のみの回転などの操作を行うことができます．

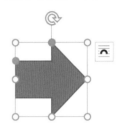

操作の種類	操作の方法
図形の移動	選択した図形をマウスでドラッグします．図形を一定以上小さく変形すると，図形の下に図形を移動するための✚が表示されるようになります．また，カーソルキーで選択した図形を上下左右に1ドット単位で動かすこともできます．
図形の変形	白い○の上でマウスをドラッグします．
図形の内部の変形	オレンジ色の●の上でマウスをドラッグすることで，図形の全体の大きさは変更せずに，図形の内部の形状だけを変形します．
図形の回転	白い◉の上でマウスをドラッグします．
図形のコピー	Ctrl キーを押しながら図形をドラッグします．
図形の削除	Delete キーで図形を削除します．
文字列の折り返し	⬆ のメニューで図形の文字列の折り返し（→ p.182）を設定できます．ただし，描画キャンバス内に配置した図形には表示されません．

　ほとんどの図形はドラッグ操作によってメニューに表示されているとおりの図形が挿入されますが，下図で示す図形のメニューの「線」の欄の右端にある3つの図形は以下の手順で図形を挿入する必要があります．

- **曲線**　　曲線を挿入するには，曲線の開始地点でクリックした後で，曲げたいところでクリックします．曲線の挿入を終了するには，曲線の終わりの部分でダブルクリックしてください．この時，曲線の始点と終点と同じ場所にした場合は，始点と終点がくっついて図形が閉じられます（マウスカーソルを図形が閉じられる位置の上に移動すると，図形の内部が塗りつぶされて表示されます）．また，図形を閉じる方法はフリーフォームやフリーハンドも同様です．
- **フリーフォーム**　　フリーフォームは折れ線と自由（free）な曲線（form（形））の2種類の線を挿入することができます．折れ線の挿入は上記の曲線と同様の方法で行います．マウスをド

---

25) 「ホーム」タブ→「編集」グループ→「選択」→「オブジェクトの選択と表示」でも表示できます．

26) 描画キャンバス（→ p.179）には左に▲マークが表示され，その下に描画キャンバスの中の図形の一覧が図のように右にずれて表示されます．このマークをクリックすることで，描画キャンバスの中の図形を一覧で表示しないようにすることができます．

27) これらのボタンの形状や色は Word のバージョンによって若干異なりますが，操作方法は同じです．

ラッグすると，マウスカーソルが移動したとおりの自由な曲線を挿入することができます．フリーフォームの挿入を終了するには，終わりの部分でマウスをダブルクリックしてください.

- ●フリーハンド　　フリーハンドは，マウスをドラッグしている間だけマウスカーソルが移動したとおりの自由な曲線を挿入することができ，マウスをリリースすると終了します.

描画キャンバスとコネクタ

　描画キャンバス（canvas（絵を描くための画布））は，その中に図形だけを配置することができる特殊な領域で，主に図形だけを扱いたい場合や，文書と図形を混ぜたくない場合に使用します．描画キャンバスは「図」グループ→「図形」→「新しい描画キャンバス」をクリックすることで，文字カーソルの位置に挿入され，枠をドラッグして移動し，○マークをドラッグすることで変形することができます．描画キャンバスの「文字列の折り返し」（→ p.182）の初期設定は図形と異なり「行内」になっています．描画キャンバスを好きな位置に移動したい場合は「四角」や「前面」などに設定するとよいでしょう．選択状態でない描画キャンバスは枠が表示されないので，中に図形が1つも配置されていない描画キャンバスは見えなくなりますが，なくなったわけではありません．描画キャンバスのある場所をクリックすると，枠が見えるようになります.

　描画キャンバスの中に図形を配置するには，描画キャンバスの上で図形を挿入するか，描画キャンバスを選択した状態で，クリップボードを使って図形を貼り付けます．描画キャンバスの外にある図形を描画キャンバスの上にドラッグしても描画キャンバスの中に図形を配置したことにならない点に注意が必要です.

　描画キャンバス内に配置された図形は以下のような特徴を持つようになります.

- ●マウスをドラッグすることで，ドラッグした範囲内の図形を選択状態にすることができる.
- ●コネクタの機能を使うことができる.
- ●ドラッグ操作で図形を描画キャンバスの外に移動できなくなる．描画キャンバスの中に配置された図形を描画キャンバスの外に移動するには，クリップボードの機能を使って行う.
- ●描画キャンバスを移動（削除）すると，描画キャンバス内の図形もすべて移動（削除）する.

　描画キャンバスの中に配置した図形を線に分類される図形（「曲線」，「フリーフォーム」，「フリーハンド」を除く）で結ぶことで，結ばれた図形を接続（connect）することができます．この接続に使われる線のことを**コネクタ**（connecter）と呼びます．描画キャンバスの中で，線の端をドラッグして図形の中に移動した場合，下図左のように図形の枠に灰色の丸印が表示されます（図の楕円の内部に表示される十字マークは，線の端をドラッグして変形している際に表示されるマウスカーソルの形です）．この灰色の丸印は，その部分に線を接続することができるということを表しており，この灰色の丸印の上に線の端をドラッグして移動することで線と図形を接続することができます.

　図形に接続された線を選択すると，上図右のように接続した線の端が緑の丸（●）で表示されるようになり，接続された図形を移動すると線も一緒に移動するようになります．上図右の線の右端の白い丸印（○）は右の長方形に接続されていません．図形と線の接続を解除するには，接続され

ている線の緑の丸をドラッグして図形の外に移動するか，線そのものをドラッグして移動します．

「図形の書式」タブによる図形の編集

挿入した図形は「図形の書式」タブのボタンを使ってさまざまな編集を行うことができます．

● **「図形の挿入」グループとテキストボックスの操作**

「図形の挿入」グループの左の部分は，「挿入」タ
ブ→「図」グループ→「図形」と同様の機能を持ち，
この中から図形をクリックして選択した図形を挿入
することができます（右図）．図形を選択し，「図形
の挿入」グループ→「図形の編集」→「図形の変更」をクリックして表示されるメニューを使っ
て，選択中の図形を同じ大きさの別の図形に変更することができます．また，「図形の編集」→
「頂点の編集」をクリックすることで，選択中の図形の頂点を編集することができるようになり
ます．下図左は「曲線」に対して，下図中央は「楕円」[28] に対して「頂点の編集」をクリック
した場合の図です．図のように，図形の枠が赤色で，編集可能な頂点が黒い四角形（■）で表
示され，頂点に対して以下のような操作を行うことができます．

- 黒い四角形をドラッグすることで，頂点の位置を変更することができる．
- 黒い四角形をクリックすると下図右のように頂点に黒い線が表示され，この黒い線の端の
  白い四角形をドラッグすることで，その頂点での曲り方を編集することができる．
- 赤い枠線の上の黒い四角形が表示されていない場所をドラッグすることで，その部分に新
  しい頂点を作ることができる．
- 「黒い四角形の上でマウスのメニューボタン」→「頂点の削除」で，頂点を削除すること
  ができる．

中に文字を入力することができる図形を「**テキストボックス**」（文字（text）を中にいれるこ
とができる箱（box））と呼びます．テキストボックスは「挿入」タブ→「図」グループ→「図
形」→基本図形の欄の「テキストボックス」（または「縦書きテキストボックス」）
（右図）で挿入することができますが，頻繁に使われるため，「図形の挿入」グ
ループ→「テキストボックス」のメニューからも挿入することができるように
なっています．また，閉じた図形であれば，図形を選択し，キーボードから文
字を入力することで任意の図形をテキストボックスにすることができます．

テキストボックスに対する操作方法は以下のとおりです．移動やコピーなどの操作が通常の
図形と異なる場合がある点に注意してください．

- テキストボックスの内部をクリックすると，文字カーソルが表示されて文字を編集できる
  ようになる．テキストボックスの中の文字をドラッグして選択し，「ホーム」タブ→「フォ
  ント」グループや「段落」グループのボタンで文字に修飾を行うことができる．
- テキストボックスは内部をドラッグすると中の文字が選択されてしまうため，**図形の枠を**

---

[28] 図の楕円のように，Word の図形は曲線や折れ線の頂点を編集することによって作られています．

ドラッグしないと移動できなくなる．テキストボックスの枠に「線なし」を設定して枠を表示しないようした場合も，（透明な）本来は枠のある場所でドラッグして移動する．テキストボックスに限らず，図形をドラッグ操作で移動できるかは，マウスカーソルの形が ✥ になっているかどうかで判断できる．

○ テキストボックスの図形をクリップボードに移動，コピーする場合は，テキストボックスの枠をクリックして，**テキストボックスの中に文字カーソルが表示されていない状態に**してから操作を行う必要がある．これは，テキストボックスの中に文字カーソルが表示されている状態でクリップボードの操作を行うと，中の文字に対してクリップボードの操作が行われるためである．

● 「図形のスタイル」グループ 図形の塗りつぶしや枠の色を「図形のスタイル」グループで編集することができます（右図）．また，図形の上でマウスのメニューボタン

をクリックした際に図形の隣に表示されるミニツールバーを使って，下記で説明する中の一部の編集を行うこともできます．

図形の塗りつぶしは，以下の「図形の塗りつぶし」で表示されるメニューで設定します．

○ **上部にある色の一覧** 塗りつぶしの色を設定します．色の上にマウスカーソルを移動すると，その色の名前が表示されます．「テーマの色」の下に表示される色は，編集中の文書に設定されているテーマ（→ p.157）によって設定される色の集まりです．

○ **塗りつぶしなし** 図形の内部が透明になります．「塗りつぶしなし」を設定した（テキストボックスも同様）図形は，**枠をクリックしなければ選択できなくなります．**

○ **塗りつぶしの色** 表示されるパネルで，色を赤，緑，青の明るさの組み合わせ（→ p.76）で設定したり，下にある「透過性」で半透明な色を設定することができます．

○ **図，グラデーション，テクスチャ** 図形の内部を図（画像のこと．→ p.188）やグラデーションやテクスチャで塗りつぶすことができます．グラデーション（gradation）は絵画の明暗の移行のことで，コンピューターでは徐々に色が変わっていくような画像のことを表します．テクスチャ（texture）とは織物の表面の質感や手触りのことで，コンピューターでは（主に3次元コンピューターグラフィックス（3D（dimension）CG）の）物体や図形などの表面に表示される画像のことを表します．

図形の枠線の修飾は，以下の「図形の枠線」のメニューで設定します．

○ **上部にある色の一覧，その他の線の色** 枠の色を設定します．塗りつぶしと同様です．

○ **枠線なし** 図形の枠が表示されなくなります．

○ **その他の枠線の色** 「塗りつぶしの色」と同じパネルで枠の色を設定することができます．

○ **太さ，スケッチ，実線/点線** 枠の太さや形を設定することができます．

○ **矢印** 線の場合のみ設定できる項目で，矢印の向きや矢印の形を設定することができます．

「図形の効果」のメニューで図形に影をつけたり，3Dのように立体的に表示することができます．図形にも表と同様に「**スタイル**」という，さまざまな「図形の塗りつぶし」，「図形の枠線」，「図形の効果」の組み合わせが用意されており，「図形のスタイル」グループの左の一覧から選択中の図形にスタイルを設定することができます．

「ワードアートのスタイル」グループ

テキストボックス化した図形の中の文字（ワードアー
ト（→ p.191）と呼びます）は、「ホーム」タブ→「フォン
ト」グループを使って通常の文字と同様の方法で修飾す
ることができますが、「図形の書式」タブ→「ワードアー
トのスタイル」グループを使って、より複雑な修飾を設定することができます[29]．ワードアートの
スタイルでは、テキストボックスの中の文字を図形とみなして設定を行うことができ、設定できる項
目の意味は「図形のスタイル」グループとほぼ同様です．ワードアートのスタイル独自の設定項目と
して、「文字の効果」→「変形」で、文字を波打たせたりするような効果をつけることができます．

「テキスト」グループ

「テキスト」グループ内のボタンで、テキストボックスの中の文字列の方向
や、上下方向の文字の配置を設定することができます．なお、本書ではリンク
の作成は扱いません．

「配置」グループ

「配置」グループのボタンで、図形を文書内にどのように配置するかを設定することができます．

特に、「文字列の折り返し」は文章の中で
図形を思い通りの位置に配置するために欠
かせない機能なので、しっかりと理解して
ください．

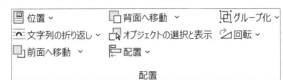

- 位置　　「位置」で表示されるメニューのうち、「文字列の折り返し」の下にある 9 つの項目
  を使って、図形をページの上下左右、四隅、中央の 9 か所から選んで配置することができます．
  図形を素早くそれらの位置に配置したい場合に使うとよいでしょう．この場合、次に説明する
  「文字列の折り返し」は「四角」に設定されます．メニューの「行内」は、次の「文字列の折り
  返し」の「行内」と同じ意味を持ちます．

- 文字列の折り返し　　「文字列の折り返し」で表示されるメニューによって、図形と本文の文章
  の関係を以下の表の中から選択することができます．図形を選択した時に図形の右に表示され
  る ◪ のボタンのメニューから選択することもできます．なお、描画キャンバスの中の図形は、
  本文の文章と完全に独立しているので、文字列の折り返しを設定することはできません．

項目	意味
行内	図形を文字の一種とみなして行の中に文字と一緒に配置します．
四角形	図形の周りに四角形の形で文字を配置します．
狭く	図形の形に合わせて、周りに文字を配置します．
内部	狭くとほぼ同じですが、ドーナツのように図形の内部に空白がある場合、その部分にも文字を配置します．
上下	図形の左右に文字を配置しません．
背面	図形と文字を重ねて配置します．図形は文字の後ろに表示されます．
前面	図形と文字を重ねて配置します．図形は文字の手前に表示されます．新しく作成した図形の「文字列の折り返し」には「前面」が設定されます．

---

[29]　「ホーム」タブ→「フォント」グループ→「文字の効果と体裁」を使ってもほぼ同様（文字の変形以外）の設定
　　を行うことができます．こちらは図形の中の文字だけでなく、通常の文章にも適用可能です．

　下図は上から順に三角形の図形を「行内」,「上下」,「四角形」,「狭く」,「前面」,「背面」に設定した場合,「あああ…」という文章の中でどのように配置されるかを表したものです.

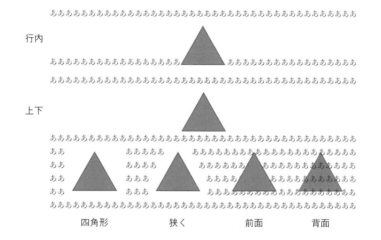

　「行内」以外を設定した場合,「文字列の折り返し」のメニューの下にある「文字列と一緒に移動する」または「ページ上で位置を固定する」のいずれかを選択することができます.「文字列と一緒に移動する」を選択すると,図形の前にある本文の文章を追加,削除した場合に図形も一緒に移動しますが,「ページ上で位置を固定する」を選んだ場合は,本文の文章を追加,削除しても図形が移動しなくなります.

　「行内」を設定した場合,図形は文字の一種として扱われるようになり,文字と全く同じルールで文章の中に図形が配置されるため,ドラッグして移動できる位置に大きな制限がかかります.例えば,文章がない場所に図形を移動することはできません.

　「前面」と「背面」を設定した場合,図形は文書と完全に独立するため,図形をどこに移動しても本文の文章の配置には一切影響を及ぼさなくなります.「背面」を設定した場合に,図形を上図のように本文の文章に完全に重なるように配置すると,その図形をクリック操作で選択できなくなります.そのような場合は,「ホーム」タブ→「編集」グループ→「選択」→「オブジェクトの選択」をクリックすると,図形をクリックして選択できるようになります.

- **前面へ移動,背面へ移動**　図形には前後関係があり,後から作成した図形のほうが手前に配置されます.図形の前後関係を変更するには,「前面へ移動」または「背面へ移動」をクリックします.また,「前面へ移動の ∨ 」→「最前面へ移動」をクリックすることで図形を一番手前に,「テキストの前面へ移動」をクリックすることで図形を本文の文章の手前に移動することもできます(背面へ移動についても同様です).

- **オブジェクトの選択と表示**　「オブジェクトの選択と表示」(→ p.178)で右に表示されるウィンドウにはそのページの図形の一覧が表示されます.表示される図形の一覧は,上にある図形のほうが手前に表示されることを表します.図形の名前をクリックし,右上にある ∧ ∨ のボタンで図形の前後関係をずらすことができます.

- **配置**　「配置」で表示されるメニューを使って,複数の図形の位置を上に揃えたり等間隔に並べるなどの配置を行うことができます.「配置ガイドを使用」のチェックを ON にすると,図形をドラッグして移動した際に,文章と位置を揃えるための緑色のガイド線が表示されるよう

になり，図形を文章に対してきれいに配置しやすくなります．ただし，配置ガイドが邪魔になる場合もあるので，必要がなければ OFF にするとよいでしょう．

- **オブジェクトのグループ化**　　　Word では，複数の図形をまとめて**グループ化**することで，1 つの図形として扱うことができます．グループ化は，グループ化したい図形をすべて選択し，「オブジェクトのグループ化」→「グループ化」をクリックします．右図の家の図形は三角形を 1 つ，長方形を 2 つ，円を 1 つ組み合わせて作ったものです．このままでは，例えば，屋根の三角形だけをドラッグして移動すると家が簡単にバラバラになってしまいますが，この図形全体を選択し，グループ化することで 1 つの図形として選択されるようになり，この家の図形が簡単にはバラバラにならないようになります．

　グループ化された図形をクリックするとグループ化された図形全体が 1 つの図形として選択されますが，その状態でグループ化された図形の 1 つをクリックすることで，グループ化された図形の中の個別の図形を選択し，編集することができるようになります．グループを解除せずに個別の図形を編集したい場合に便利です．グループ化を解除するには，「オブジェクトのグループ化」→「グループ解除」をクリックします．

- **オブジェクトの回転**　　　選択した図形を回転したり，上下や左右を反転することができます．

「サイズ」グループ

　「サイズ」グループには右図のように選択中の図形のサイズが表示されます．テキストボックスの中の数字を編集することで，図形のサイズを設定することができます．図形のサイズを正確に設定したい場合や，正方形などのように縦横のサイズを同じに設定したい場合に使うとよいでしょう．

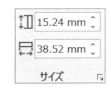

図形の書式設定

　図形を選択し，「図形のスタイル」グループ→右下の ⤢ ボタンをクリックするか，「図形の上でマウスのメニューボタン」→「図形の書式設定」をクリックすることで，ウィンドウの右に「図形の書式設定」ウィンドウを表示します．図形の詳細な設定はこのウィンドウを使って行うこともできます．具体例は次の練習問題 6 を参照してください．

練習問題 6　　次の図を作成しなさい．

　まず，「挿入」タブ→「図」グループ→「図形」→「新しい描画キャンバス」をクリックして**描画キャンバスを挿入**してください．複数の図形を扱う場合は描画キャンバス上で作業を行うと便利です．以下の作業はすべて描画キャンバスの上で行います．また，本書では以下は「挿入」タブ→「図」グループ→「図形」のメニューから図形を挿入する作業を『「楕円」を挿入する』のように記述します．

左の図形の作成手順

手順 1　描画キャンバスにシフトキーを押しながら「楕円」を挿入して円を描画する．

手順2 「図形のスタイル」グループ→「図形の塗りつぶし」→「赤」をクリックする．以下，この作業を『「図形の塗りつぶし」を「赤」に設定する』と表記する．

手順3 「図形のスタイル」グループ→「図形の枠線」→「赤」をクリックする．以下，この作業を『「図形の枠線」を「赤」に設定する』と表記する．

手順4 「図形のスタイル」グループ→「図形の枠線」→「太さ」→「その他の線」をクリックして下図の図形の書式設定のウィンドウを表示する．図形の書式設定のウィンドウの「幅」に「12pt」,「一重線/多重線」に「二重線」を設定すると下図右のような円ができる．

手順5 「正方形／長方形」で長方形を挿入し，作成した円の上に移動し，大きさと位置を完成図のように設定する．位置の調整は，円と長方形の両方を選択し，「配置」グループ→「オブジェクトの配置」→「左右中央揃え」と「上下中央揃え」の両方を行えばよい．

手順6 長方形の「図形の塗りつぶし」と「図形の枠線」を白に設定する．

手順7 円と長方形を選択し，「配置」グループ→「オブジェクトのグループ化」→「グループ化」で図形をグループ化する．以下，この作業を「グループ化」と表記する．

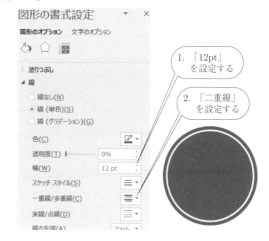

真ん中の図形の作成手順

手順1 シフトキーを押しながら「正方形/長方形」を挿入して正方形を描画する．

手順2 正方形の上にある丸い白い矢印をシフトキーを押しながらドラッグして45度回転させる．

手順3 「図形の塗りつぶし」を「オレンジ」に，「図形の枠線」を「黒」に設定する．

手順4 左の図形の手順と同じ手順で，枠の「幅」を「6pt」,「一重線/多重線」を「二重線」に設定すると右図のような図形ができる．

手順5 「曲線」を次ページの図の手順で挿入する．後で微調整するので，図形の上でクリックする位置は大まかな位置でよい

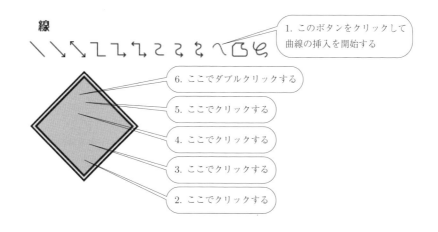

手順 6　作成した曲線の「図形の枠線」の色を「黒」，「太さ」を「4.5pt」，「矢印」を「 ⟶ 」に設定する．

手順 7　作成した曲線の形はおそらく練習問題の完成図ものとは若干異なっているはずなので，次の手順で頂点を編集する．「図形の挿入」グループ→「図形の編集」→「頂点の編集」をクリックすると右図のように曲線の頂点に■のボタンが表示されるので，ドラッグして形を整える．間違って余分な頂点を作成してしまった場合は，「頂点の上でマウスのメニューボタン」→「頂点の削除」で削除するか「Ctrl キー＋Z」で操作を取り消すとよい．

頂点の位置を微調整する
それほど厳密に行わなくてもよい

手順 8　作成した図形をすべて選択してグループ化する．

補足：図形を他の図形の中に入れてしまうと，中に入った図形をクリックして選択することが困難になる場合があります．そのような場合は，図形のない場所からスタートして，選択したい図形だけを含む範囲でドラッグすると，選択することができます．それでも選択しにくい場合は，「配置」グループ→「オブジェクトの選択と表示」（→ p.178）の機能を使うとよいでしょう．

ここからここまでドラッグすると曲線だけを選択できる

右の図形の作成手順

手順 1　描画キャンバスに「正方形/長方形」で長方形を挿入し，「図形の塗りつぶし」を「緑」に，「図形の枠線」を「枠線なし」に設定する．

手順 2　「矢印：折線」を作成した長方形の上に図のように挿入し，「図形の塗りつぶし」を「白」に，「図形の枠線」を「線なし」に設定する．

手順 3　矢印：折線を選択し，右上のオレンジ色の四角形のボタンをドラッグして矢印の三角形の大きさを調整し，練習問題の完成図のような右向きの矢印を作成する．細かい作業がやりにくい場合は，ウィンドウの右下のズームを使って，画面を拡大して作業するとよい．

このボタンをドラッグして矢印の三角形を少し長くする

手順 4　矢印：折線をコピーし，描画キャンバスの中にコピーした矢印：折線を「図形の書式」タブ→「配置」グループ→「オブジェクトの回転」→「左右反転」で左右に反転し，左向きの矢印：折線を作成する．作成した矢印：折線をドラッグして移動し，図の位置に移動する．図の位置にぴったりと重ねるための微調整は，カーソルキーを使って行うとよい．

手順 5　「テキストボックス」を長方形の上に挿入し，「図形の塗りつぶし」を「塗りつぶしなし」に，「図形の枠線」を「線なし」に設定し，「東京」という文字を入力して「フォントサイズ」を「16」，「フォントの色」を「白」，「太字」に設定する．作成したテキストボックスをドラッグし，練習問題の位置に移動する．東京のテキストボックスをコピーし，中の文字を「横浜」に書き直して位置を調整する．

手順 6　作成した図形の位置を微調整し，すべて選択してグループ化する．

9.6.5 画像の挿入

ワープロに画像を挿入するには，挿入するための画像を用意する必要があります．ワープロで使う画像を用意する主な方法としては以下のものがあります．

自分で画像を作成する

自分で画像を作成する方法としては，絵を描くための画像エディターというアプリケーションを使う場合と，スマートフォンやデジタルカメラのカメラを使って写真を撮るなどの方法があります．Windows にはペイントやペイント 3D などの画像エディターが標準でインストールされていますが，あまり高度な機能は持っていないので，凝った絵を描こうと思った場合はどうしてもより高機能なフリーまたは市販の画像エディターを入手する必要があります．また，たとえ高機能な画像エディターがあったとしても，絵を描くには絵心とある程度の慣れが必要です．したがって，絵を描くのが苦手な人がコンピューターを使ったからといって，いきなりきれいな絵をかけるようになるわけではありません．自分で撮影した写真を使う場合も，人物が映った写真を利用する際は肖像権の侵害や，個人情報の流出などの問題に気をつける必要があります．人物だけでなく，車のナンバーが映った写真もそこから個人情報などが特定される可能性があるため，ナンバーをぼかすなどの処理をせずに使用するのは危険です．最近では写真の瞳に写った景色から自宅を特定された事例もあります．たとえ悪気がなくても，被害が生じた場合は損害賠償の対象となる場合があります．個人情報や個人を特定できるようなものが映った写真を不特定多数の人に見せるようなもので利用したい場合は，必ずその人物や物が特定できないような（モザイクやぼかしなどの）処理を行うか，その人物や持ち主に許可を取った上で使用するようにしてください．文書ファイルだけでなく，インターネットなどで不特定多数の人に画像や動画を公開する場合も，同様の注意が必要です．

他人が作成した画像を利用する

他人が作成した画像を利用する場合は，著作権に気をつける必要があります．他人の著作物にライセンス（licence（免許，許可，使用許諾））という，その著作物を利用する際の条件が設定されている場合は必ず従う必要があります[30]．ライセンスにはさまざまな種類がありますが，いずれの場合も「無料で利用できるかどうか」，「クレジット（著作者の氏名や作品名など）を表示する必要があるか」，「商用目的に使用してよいか」，「改変してもよいか」などの条件が定められているので，利用する際は著作物のライセンスを必ず確認し，違反しないように注意してください．なお，パブリックドメイン（public（公有の））と呼ばれるライセンスのみ，何の条件もつけずに自由に著作物を利用できます．

画像の挿入方法

ファイルに保存された画像を挿入するには，「挿入」タブ→「図」グループ→「画像」で表示されるパネルで，挿入したい画像の入ったファイルを開きます．

インターネット上の画像を検索して挿入するには，「挿入」タブ→「図」グループ→「オンライン画像」をクリックして表示されるパネルの上部のテキストボックスで，Microsoft 社のサーチエンジンである Bing を使って画像をインターネットから検索します．テキストボックスの下にはさまざまな画像の分類を表すボタンが用意されており，これらのボタンをクリックすることで検索することもできます．また，OneDrive（→ p.56）にサインインしていた場合は，この下に OneDrive にアクセスするためのボタンなどが表示されます．

---

[30] ラインセンスの指定がない場合は無断で使用してはいけないと考えてください．

検索を行うと，検索された画像の一覧が表示されるので，挿入したい画像をクリックして選択し（選択された画像にはチェックマークがつきます），下にある「挿入」ボタンをクリックすることで，選択された画像を挿入することができます．なお，図形と異なり，挿入された画像の文字列の折り返しは「行内」が設定されます．Bing イメージ検索では，「クリエイティブ コモンズ」というライセンスが付与された画像が検索されます[31]．クリエイティブコモンズのライセンスにはさまざまな種類がありますが，原則として著作物を使用する際には原作者のクレジット（氏名，作品タイトルなど）を表示する必要があります．Word に挿入したオンライン画像の下に下図のような表示がされることがありますが，この中の「CC-BY-SA」の部分がこの画像のクリエイティブコモンズライセンスの種類を表しています[32]．検索した画像に具体的にどのような形態のライセンスが付与されているかについては，画像の上にマウスを移動した際に表示されるリンクをクリックして表示されるページを見て判断する必要があります．

この写真 の作成者 不明な作成者 は CC BY-SA のライセンスを許諾されています

　Word で画像を利用する場合，Google などの他のサーチエンジンから検索した画像をコピーして貼り付けるという方法もあります．Google のサーチエンジンでライセンスを考慮に入れた検索を行う方法については p.125 を参照してください．また，パブリックドメインの画像を集めたサイトがありますので，そのようなサイトから画像をダウンロードして利用することもできます．

　他のアプリケーションの画像を，クリップボードで Word にコピーすることもできます．例えば，ブラウザーの画像は「画像の上でマウスのメニューボタン」→「コピー」でコピーできます．

画像の編集

　挿入した画像は，図形と全く同じ方法で，ドラッグ操作で移動，変形することができます．また，「図形の書式」タブのボタンで図形とほぼ同様の編集を行うことができます．なお，画像の

「図形の書式」タブには図形にはない「調整」グループがあり，以下の表のような編集を行うことができます．

名称	意味
背景の削除	画像から，背景部分を削除することができます．
修整	画像の明るさやコントラストを調整できます．
色	画像の色を変更できます．
アート効果	画像にさまざまな効果を設定できます．
透明度	画像を半透明にすることができます．
図の圧縮	画像を圧縮し（→ p.79），データのサイズを減らします．
図の変更	画像の書式とサイズを保持したまま別の図に入れ替えます．
図のリセット	画像に設定した書式をリセットします．

---

[31] 検索結果の一覧の上部に表示される「Creative Commons のみ」というチェックボックスが ON になっている必要があります．

[32] クリエイティブコモンズライセンスの詳細は https://creativecommons.jp/licenses を参照してください．CC-BY-SA はクリエイティブコモンズライセンスの中の「表示－継承」という種類のライセンスを表します．

練習問題 7　練習問題 3 にオンライン画像を追加して，以下のような文書を作成しなさい．

オリエンテーリング部

新入生歓迎ピクニックのお知らせ

今年も新入生を迎える季節となりました。下記の要領で新入生歓迎ピクニックを行いますので奮ってご参加ください。

記

　日　　時：4 月 28 日（火）9:00
　行　　先：八幡自然公園
　　　➢　自然公園散策
　　　➢　昼食
　　　➢　オリエンテーリング
　集合場所：八幡町駅　東口
　持　ち　物：昼食、飲み物、雨具

以上

ピクニックの予定表

移動	9:00	八幡公園まで徒歩で移動
公園散策	10:00	オリエンテーリングに備えて下見をすること
昼食	12:00	12:50 までに集合場所に集合すること
オリエンテーリング	13:00	3 人一組で行動すること
解散	15:00	現地で解散

手順 1　「挿入」タブ→「図」グループ→「オンライン画像」をクリックし，パネルのテキストボックスに「ピクニック」を入力して画像を検索する．

手順 2　練習問題の完成図の 2 つの画像のように，ピクニックの雰囲気を表現した画像を 2 つ選択し，「挿入」ボタンをクリックして文章に挿入する．なお，インターネットにアップロードされている画像は日々変化しているので，完成図の画像と同じ画像が検索できない場合がある．

手順 3　挿入した 2 つの画像をドラッグして適切な大きさに調整する．

手順 4　上から 2 行目の「～ご参加ください。」と「記」との間の行に上の画像をドラッグして移動し（ドラッグの移動が大変な場合はカットアンドペーストして移動するとよい），「ホーム」タブ→「段落」グループ→「右揃え」をクリックする．新しく挿入された画像の「文字列の折り返し」は「行内」に設定されているので，文字と同じように右揃えを設定して右に揃えることができる．

手順 5　「以上」の後でエンターキーを 5 回ほど入力し，「ピクニックの予定表」の間に行をあける．

手順 6　下の画像を選択し，「図形の書式」タブ→「配置」グループ→「文字列の折り返し」→「前面」をクリックして文字列の折り返しを前面に設定し，完成図の位置に画像を移動する[33]．

9.6.6　アイコンの挿入

　Word には機能，用途，分類などを表すアイコンと呼ばれる小さな画像が用意されています．アイコンを Word に挿入するには「挿入」タブ→「図」グループ→「アイコン」をクリックして表示されるパネルからアイコンを選択し，「挿入」ボタンをクリックします．挿入されたアイコンは画像とほぼ同様の方法で編集することができます．

---

[33] 手順 5，6 では文字列の折り返しに「前面」を設定する方法を紹介しましたが，手順 4 のように文字列の折り返しを「行内」のまま中央揃えにして挿入することもできます．

9.6.7 SmartArt の挿入

Word には，複数の図形を組み合わせて作られた，**SmartArt**（スマートアート（かしこい（smart）な図形（art）））というピラミッド図や循環図などの図形が用意されています．SmartArt を挿入するには，「挿入」タブ→「図」グループ→「SmartArt」をクリックします．パネルが表示されるので，挿入したいスマートアートの種類を選び，OK ボタンをクリックして挿入します．

挿入した SmartArt は下図のように描画キャンバスの中に配置され，描画キャンバスの左に SmartArt 内にある図形の中の文字を編集するためのサブウィンドウが表示されます．このサブウィンドウの箇条書きと，SmartArt の図形は対応しており，［テキスト］部分に文字を入力することで右の図形の中に文字を入れたり，箇条書きの数を増やしたり減らしたりすることで右の図形の数を増やしたり減らしたりすることができます．左のサブウィンドウは SmartArt を選択して編集している間のみ表示されます．また，描画キャンバスの左にある ［<］ ボタンをクリックすることで，サブウィンドウの表示の ON/OFF を切り替えることができます．

SmartArt の図形の種類を変更したり，新しい図形を追加するには，「図形の上でマウスのメニューボタン」→「図形の変更」または「図形の追加」のメニューで行います．SmartArt は描画キャンバスの中に複数の図形が配置されたものなので，通常の図形と同様の方法で移動，変形，色の変更などの編集を行うことができます．SmartArt の具体例については章末問題 4（→ p.201）を参照してください．

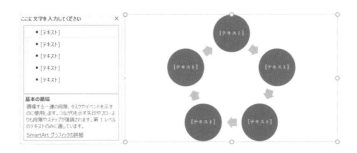

9.6.8 グラフの挿入

Word の文章には**グラフ**を挿入することができます．グラフの作成方法は表計算ソフト Excel と密接に関係していますので，第 10 章で説明します（→ p.232）．Word でグラフの作成する方法は，Excel でグラフを作成する方法と少し異なっています．Word でのグラフの作成方法は PowerPoint でのグラフの作成方法と全く同じなので，PowerPoint でのグラフの作成方法も合わせて参照してください（→ p.266）．

9.6.9 スクリーンショットの挿入

ディスプレイに表示されている内容を画像にしたものを**スクリーンショット**（画面（screen）に表示されている内容を写真に撮る（shot））と呼びます．スクリーンショットを Word に挿入するには，「挿入」タブ→「図」グループ→「スクリーンショット」をクリックします．現在，Windows に存在するウィンドウの一覧がメニューで表示されるので，その中から選ぶことでそのウィンドウ内の画像が挿入されます．また，メニューの「画面の領域」を選ぶと，Word のウィンドウを除いた画面が白っぽい色で表示されるので，その中から切り取りたい部分をマウスでドラッグして選択す

ることで，ディスプレイの好きな場所を画像にして Word に挿入することもできます．挿入したスクリーンショットは画像と同じ方法で編集することができますが，ウェブページなどのスクリーンショットを利用する際には著作権を侵害しないように気をつけてください．Microsoft Office のアプリケーション以外でスクリーンショットを撮りたい場合は，Print Screen キーを押すことで，ディスプレイに表示されている内容を画像にしてクリップボードにコピーすることができます．

9.6.10　ワードアートの挿入

ワードアートはテキストボックスの中の文字に凝った修飾をほどこしたものです．ワードアートを挿入するには，「挿入」タブ→「テキスト」グループ→「ワードアートの挿入」をクリックし，ワードアートで使いたい文字の形をメニューから選びます．文字の入ったテキストボックスが挿入されるので，中の文字を編集してください．ワードアートの正体は，あらかじめ文字のスタイルが設定されたテキストボックスです．したがって，ワードアートは図形と全く同じ方法で編集を行うことができます．ワードアートの文字の修飾を変更するには，「図形の書式」タブ→「ワードアートのスタイル」グループのボタンを使って行います（→ p.182）．

9.7　レポート作成ツールとしての Word

大学や企業などでは，レポートを作成するためのアプリケーションとして Word がよく使われます．ここでは，大学や企業のレポートを書くための Word の機能について解説します．なお，大学や企業のレポートの書き方は，提出先によって細かく指定される場合があります．ここで紹介するやり方と指定されたやり方が異なっている場合は，必ず指定されたやり方に従ってください．

9.7.1　表紙の作成

レポートには通常，表紙をつけるのが一般的です．大学のレポートの場合は表紙には提出日，科目の名前，開講曜日・時限，レポートのタイトル，学部，学年，クラス，学生証番号などを書きます．表紙は自分で 1 から作ってもかまいませんし，「挿入」タブ→「ページ」グループ→「表紙」から表紙を選んで作ってもよいでしょう．また，表紙を作らなくてよい場合でも，レポートの先頭に必ず上記の内容を記述してください．レポートのタイトルは一般的に他より少し大きな文字で中央揃えで書きます．その他の名前や提出日などは通常と同じフォントサイズで右揃えで書きます．

9.7.2　ヘッダーとフッター

レポートの枚数が少ない場合にはあまり必要ありませんが，レポートがある程度の枚数を超える場合は，レポートのヘッダーにレポートのタイトル，提出者の名前，提出日などを書いてもよいでしょう．ただし，レポートのタイトルをヘッダーに書いた場合でも，表紙（表紙がない場合は最初のページの先頭）に必ずタイトルを書く必要があります．レポートの枚数が 2 枚以上になる場合は，レポートのフッターにページ番号を表示するようにしましょう．特に，印刷して提出する場合は，紙がばらばらになってしまった時にページ番号がないと順番がわからなくなってしまいます．

9.7.3　章の見出し

レポートを章や節に分けて書く場合で，章や節に番号を付ける場合は，章の見出しは「段落番号」の機能を使って書きましょう．また，章の見出しは文字を少し大きくしたり，太字にする場合もあります．段落番号の機能を使わずに，章の番号を直接入力する人がいますが，直接入力した番号は自

分で管理する必要があり，後から章と章の間に新しい章を挿入した場合などで，章の番号がずれてしまうと直すのに手間がかかったり，うっかり直し忘れて章の番号がずれたりしまいがちです．段落番号の機能を使えば，章の番号の管理は Word が行ってくれるので安心です．章の中に節を作る場合も段落番号の機能を使うとよいでしょう．節は段落番号に対して「ホーム」タブ→「段落」グループ→「インデントを増やす」をクリックして作ります．また，章と節の段落番号の書式は自分で設定してもかまいませんが，「ホーム」タブ→「段落」グループ→「アウトライン」の中にレポートに求められる書式があればそちらから選ぶとよいでしょう．

練習問題 8　以下のような文章を入力しなさい．

```
1 → 第一章のタイトル↵
    1.1 → 第一章第一節のタイトル↵
            段落番号が設定されている段落の先頭で Backspace キーを押すことで、その段
            落の段落番号のモードを解除することができます。↵
            第二段落の文章・・・↵
    1.2 → 第一章第二節のタイトル↵
            段落の文章・・・↵
2 → 第二章のタイトル↵
    段落の文章・・・↵
```

手順 1　「ホーム」タブ→「段落」グループ→「アウトライン」をクリックし，右図の項目を選ぶ[34]．

手順 2　1 行目の文章を入力し，エンターキーを押して改段落する．2 行目の文章を入力し，「ホーム」タブ→「段落」グループ→「インデントを増やす」をクリックする（下図）．

```
1    第一章のタイトル↵
    1.1    第一章第一節のタイトル↵
```

手順 3　エンターキーを押して，改段落した後（下図）に，Back Space キーを押す．この操作によって段落番号のモードが解除され，新しく作られた「1.2」の段落番号が消える．

```
1 → 第一章のタイトル↵
    1.1 → 第一章第一節のタイトル↵
    1.2 → ↵
```
Back Space キーを押すことで「1.2」の段落記号を消す

手順 4　少し文章を入力してから，行の先頭をクリックして全角の空白を入力して段落の字下げの設定を行い，残りの段落の文章を入力する．文章を入力する前に全角の空白を入力した場合，字下げが行われたように見えるが，実際には字下げは設定されない点に注意が必要である．字下げが行われたかどうかは次ページの図のようにルーラー（→ p.166）の 1 行目のインデントが左インデントより右にずれているかどうかを確認すればよい．また，字下げが行われていない場合で，「ホーム」タブ→「段落」グループの「編集記号の表示/非表示」が ON になっている場合は，段落の先頭に全角の空白の編集記号が表示される．

---

[34]　この文章を入力する前に，既に段落番号を使った文章を入力していた場合，段落番号が「1」にならない場合があります．その場合は，「ホーム」タブ→「段落」グループ→「段落番号の ∨ 」→「番号の設定」をクリックし，「開始番号」のところに「1」を設定してください．

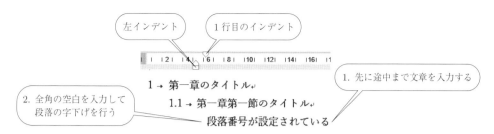

補足：手順 3 の最初でシフトキーを押しながらエンターキーを押して「改行」することで，「1.2」の段落番号をつけずに改行することもできますが，そうした場合，新しい行は前の段落の続きになってしまうため，字下げを行うことができなくなってしまいます．なお，レポートの本文の文章の段落の先頭では通常は字下げを行いますが，箇条書きの項目に対する短い説明文などの場合は，以下の例のように字下げを行わなくてもよい場合があります．そのような場合は下図のように「改行」してもよいでしょう．状況に応じて使い分けてください．

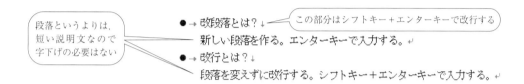

手順 5　エンターキーを押して改段落して「第二段落の文章 …」を入力する．この時，前の段落で字下げを行っているので，新しい段落には字下げが自動的に設定される．

手順 6　エンターキーを押して改段落し，「ホーム」タブ→「段落」グループ→「段落番号」をクリックすると再び段落番号モードになる．この後，「ホーム」タブ→「段落」グループ→「インデントを減らす」を 2 回クリックすると段落番号の先頭に「1.2」が表示される．

手順 7　同様の手順で残りの文章を入力する．多少面倒だが，Backspace キーを押して段落番号モードを解除した後は，手順 4 と同様の方法で段落の字下げを毎回設定する必要がある．また，「第二章のタイトル」の部分は，手順 6 と同様の操作を行えばよい．

9.7.4　目次

　レポートの長さがある程度長くなった場合，**目次**を付けるように指示されることがあります．目次は自分で作ることもできますが，自分で作った目次は，後からレポートの内容を増やしたりした場合，ページ番号の対応を自分で管理する必要があるため大変です．

　Word には目次を自動的に作る機能があります．目次を作るには目次に登録したい部分をクリックして文字カーソルを移動し，以下のいずれかの操作を行います．

● 「ホーム」タブ→「スタイル」グループで表示される一覧から，「見出し○」（○には数字が入ります）と書かれているスタイルをクリックして適用する．スタイルを適用すると，その部分の表示の書式が適用したスタイルの種類によって変更されてしまいます．表示の書式を変えたくない場合は次の操作を行ってください．

● 「参考資料」タブ→「目次」グループ→「テキストの追加」→「レベル○」をクリックする．レベル○については次ページの練習問題 9 を参照してください．間違って目次にしたくない場所を登録した場合は，このメニューの「目次に表示しない」をクリックしてください．

　次に，目次を挿入したい部分をクリックし（通常は表紙があれば表紙の次のページに，表紙がなければタイトルの直後に目次を挿入します），「参考資料」タブ→「目次」グループ→「目次」のメニューから目次の種類を選択します．なお，一般的に，目次と本文の間で改ページを行います．

　作成された目次の文字の上でクリックすると文字カーソルが表示され，キーボードから内容を編集することができます．また，「参考資料」タブ→「目次」グループ→「目次」→「ユーザー設定の目次」で表示されるパネルで，作成した目次の詳細設定を行うこともできます．

　目次を作成した後に，本文の文章を編集した場合や，新しい目次の項目を設定した場合，目次は自動的に更新されません．目次を更新するには，目次をクリックした時に目次の上に表示される「目次の更新」ボタン（右図）をクリックしてください[35]．パネルが表示されるので，目次の項目が変更されている場合は「目次をすべて更新する」，そうでない場合は「ページ番号だけを更新する」を選択して「OK」ボタンをクリックすると目次の内容が更新されます．

練習問題 9　練習問題 8 の文章に対して目次を設定しなさい．

手順 1　「第一章のタイトル」の行をクリックし，「参考資料」タブ→「目次」グループ→「テキストの追加」→「レベル 1」をクリックする．「第二章のタイトル」の行にも同様の作業を行う．

手順 2　「第一章第一節のタイトル」の行をクリックし，「参考資料」タブ→「目次」グループ→「テキストの追加」→「レベル 2」をクリックする．「第一章第二節のタイトル」にも同様の作業を行う．

手順 3　「第一章のタイトル」の前の行をクリックし（前の行がなければエンターキーを押して作ること），「参考資料」タブ→「目次」グループ→「目次」→一番上の項目をクリックすると，以下の図のような目次が作られる．

手順 4　目次の「内容」の部分をクリックし，キーボードで「目次」に変更する．

> ■内容↵
>
> 1 → 第一章のタイトル..1↵
> 　1.1 → 第一章第一節のタイトル ....1↵
> 　1.2 → 第一章第二節のタイトル ....1↵
> 2 → 第二章のタイトル..1↵

　「テキストの追加」のメニューで選択するレベルは目次に反映され，レベルの数字が大きいほど，図のように右にインデントされて表示されます．なお，「内容」の左上に表示される小さな黒い四角は編集記号の一種で，印刷されません．

9.7.5　参考文献の記述

　レポートなどで，他人の著作物を引用したり，内容を利用した場合は，その場所に必ず**参考文献**を明記する必要があります（→ p.139）．また，参考文献を基にレポートを作成した場合は，**レポートの最後に使用した参考文献の一覧を必ず記述する必要があります**．レポートに参考文献を記述する方法にはさまざまなものがありますが，大事なことは提出先で**指示されたルールに従って記述する**ことです．また，参考文献を記述するルールが指示されていない場合でも，**一貫した方法で記述する必要があります**．よく，参考文献をいい加減に記述する人がいますが，そのようなレポートは大

---

[35]　「参考資料」タブ→「目次」グループ→「目次の更新」をクリックしてもよいでしょう．

きな減点の対象となる可能性が高いので注意してください.

　参考文献を自分で 1 つひとつ記述してもかまわないのですが,Word には参考文献の情報を管理する機能があり,それを使えば参考文献の記述や参考文献の一覧を簡単に作成できるようになります.参考文献に関する機能は「参考資料」グループ→「引用文献と文献目録」グループにまとめられています.以下,このグループのボタンの使い方について練習問題 10 で説明します.

練習問題 10　　以下のような文章を作成しなさい.

> 　「メロスは激怒した」.[太宰□治,2007].これは昭和の初期に発表された太宰治の有名な小説の「走れメロス」の冒頭の文章である.日本では,こういった著者の没後 70 年を経た作品は著作権が消滅しており.[総務省,.2019],明治から昭和期の作品は自由に利用することができる.こういった著作権が消滅した文学作品を集めたウェブページに青空文庫.[青空文庫,.2019]がある.
>
> ▪参照文献
>
> 青空文庫..(2019 年 9 月 8 日)..青空文庫..参照先:.青空文庫:.https://www.aozora.gr.jp/
> 総務省..(2019 年 9 月 8 日)..著作権法..参照先:.電子政府の総合窓口(e-Gov):.https://elaws.e-gov.go.jp/search/elawsSearch/elaws_search/lsg0500/detail?lawId=345AC0000000048.
> 太宰□治..(2007)..「走れメロス□新装版」..角川書店.

手順 1　以下の文章を入力する.

> 　「メロスは激怒した」.これは昭和の初期に発表された太宰治の有名な小説の「走れメロス」の冒頭の文章である.日本では,こういった著者の没後 70 年を経た作品は著作権が消滅しており,明治から昭和初期の作品は自由に利用することができる.こういった著作権が消滅した文学作品を集めたウェブページに青空文庫がある.

手順 2　「メロスは激怒した」[36]の後ろをクリックして文字カーソルを移動し,「参考資料」タブ→「引用文献と文献目録」グループ→「引用文献の挿入の ∨ 」→「新しい資料文献の追加」をクリックする.

手順 3　右図のようなパネルが表示されるので,図のように文献に関する情報を入力して「OK」ボタンをクリックすると,文字カーソルの位置に参考文献を表すプレースホルダーが挿入される.

補足:書籍のタイトルを参考文献の一覧に書く際に,タイトルに「 」を付けるように指定される場合があります.Word の参考文献の機能は「 」をつけてくれないので,「 」をつけたい場合は,上記のようにタイトルに「 」つきで書籍のタイトルを書くとよいでしょう.

手順 4　「消滅しており」の後ろをクリックし,手順 2 の操作を行って表示されるパネルの中身を次ページの表のように埋めて「OK」ボタンをクリックする.

手順 5　「青空文庫」の後ろをクリックし,手順 2 の操作を行って表示されるパネルの中身を次ページの表のように埋めて「OK」ボタンをクリックする.

---

[36] このように,引用した文章は必ず「 」などの引用符で囲む必要があります.

	手順 4 の中身	手順 5 の中身
資料文献の種類	Web サイト上の文書	Web サイト
執筆者（組織/団体）	総務省	青空文庫
Web ページの名前	著作権法	青空文庫
Web サイトの名前	電子政府の総合窓口（e-Gov）	青空文庫
年，月，日	2019，9，8（アクセスした日付を入力します）	2019，9，8
URL	https://elaws.e-gov.go.jp/search/elawsSearch/elaws_search/lsg0500/detail?lawId=345AC0000000048	https://www.aozora.gr.jp/

手順 6　参考文献の一覧を挿入したい場所（入力した文章の 2 つ次の行）をクリックし，「参考資料」タブ→「引用文献と文献目録」グループ→「文献目録」→「参照文献」をクリックすると参考文献の一覧が挿入される．挿入された参考文献の一覧のうち「参照文献」と書かれているところをクリックし，「参考文献」に書き換える．

　上記の手順 3〜5 のように，参考文献の種類によって「資料文献の種類」を正しく選ぶ必要があります．練習問題では取り上げませんでしたが，書籍そのものではなく，書籍の特定のページを参照したい場合は「書籍のセクション」を選び，パネルに参照した書籍のページ数を記述してください．

　参考文献の書き方にはさまざまなスタイルがあります．Word では「参考資料」タブ→「引用文献と文献目録」グループ→「スタイル」で，スタイルを選ぶことができます．参考文献を挿入した後でこの「スタイル」を選択すると，選んだスタイルに従って参考文献の一覧を作り直してくれます．レポートを書く場合に参考文献の書き方を具体的に指定された場合は，その書き方にあったスタイルを探してください．もし指定された参考文献の書き方に合うスタイルがなかった場合は，多少面倒ですが，でき上がった参考文献の一覧を指定された書き方に合うように自分で編集してください．

　参考文献のデータを後から編集し直したい場合は，「参考資料」タブ→「引用文献と文献目録」グループ→「資料文献の管理」をクリックします．登録された参考文献の一覧が左に表示されるので，編集したい参考文献をクリックして，真ん中の「編集」ボタンをクリックすると，編集のためのパネルが表示されます．この編集のパネルは，参考文献の「スタイル」を変えた場合，中の項目が変化する場合があります．スタイルを変えた場合は，一度この操作を行って必要な項目が新しくできていないかを確認するとよいでしょう．

　目次の場合と同様に，参考文献のデータを編集しても参考文献の一覧の内容は更新されません．参考文献の一覧の内容を更新するには，参考文献の一覧をクリックして表示される「引用文献と文献目録の更新」ボタンをクリックしてください．

9.7.6　脚注の記述

　文章に注（補足説明のことです）を入れたい場合は**脚注**の機能を使うとよいでしょう．脚注は，脚注を入れたい場所をクリックし，「参考資料」タブ→「脚注」グループ→「脚注の挿入」をクリックします．クリックした場所に脚注を表す小さな番号が挿入され，そのページの下に脚注の内容を書く場所が挿入されるので，そこに脚注の内容を入力してください（次ページの図）．脚注を削除するには，本文に挿入された脚注の番号を Backspace キーなどを使って削除してください．脚注をページの下ではなく，文章の最後に挿入したい場合は，「参考資料」タブ→「脚注」グループ→「文末脚注の挿入」をクリックします．

9.7.7 コメントの記述

　提出したレポートは添削されて戻ってくる場合があります．また，1つのレポートを複数の人が共同で作成する場合もあります．そのような場合は，**コメント**機能を使うことによって，文章の内容を変更せずに文章の好きな場所にコメントを挿入することができます．文章にコメントを挿入するには，コメントを挿入したい場所をクリックするか，挿入したい範囲を選択し，「校閲」タブ→「コメント」グループ→「新しいコメント」をクリックするか（右図），リボンの右上にある「コメント」ボタン→「新しいコメント」をクリックします．下図は「自身」の部分をドラッグしてコメントを挿入した場合の図です．コメントを挿入すると，図のように吹き出しのマークがページの右に表示されます（「自身」の部分には何も表示されません）．

　吹き出しのマークの上にマウスカーソルを移動すると，下図のように文章の中でそのコメントが書かれている部分が赤い色で表示されます．また，吹き出しのマークをクリックすると，下図のようにコメントの内容と，コメントを誰がいつ書いたかが吹き出しの右に表示されます．

<img> 日本は世界有数の 自身 大国であるため、日ごろから対策を立てておく必要がある。
コメント
情報 太郎 2019年8月24日
地震の間違い？
返信　解決

　コメントの下にある「返信」をクリックすることでコメントに返事を書くことができます．コメントの表示を消すにはコメントの右にある×ボタンをクリックするか，コメントのパネルの外でクリックしてください．コメントを削除するにはコメントの吹き出しをクリックして選択し，「校閲」タブ→「コメント」グループ→「削除」をクリックします．また，コメントの内容を常に表示しておきたい場合は，「校閲」タブ→「コメント」グループ→「コメントの表示」をクリックしてください．ページの右端にコメントの内容が一覧で常に表示されるようになります．印刷時にコメントを印刷するかどうかは，「ファイル」タブ→「印刷」→「設定のすぐ下のボタン」をクリックして表示されるメニューの「変更履歴/コメントの印刷」で設定することができます．

9.7.8 文字数のカウント

　レポートによっては「2000文字以上」などの**文字数**の指定がある場合があります．文書の文字数はウィンドウの下部のステータスバーに表示されますが，文字数をより詳細に正確に数えるには「校閲」タブ→「文章校正」グループ→「文字カウント」をクリックしてください．

章末問題

1.　以下の文章を作成しなさい.

銀河鉄道の夜

宮沢□賢治

一.午后の授業

　「ではみなさんは、そういうふうに川だと云われたり、乳の流れたあとだと云われたりしていたこのぼんやりと白いものがほんとうは何かご承知ですか。」先生は、黒板に帛した大きな黒い星座の図の、上から下へ白くけぶった銀河帯のようなところを指しながら、みんなに問をかけました。

　カムパネルラが手をあげました。それから四五人手をあげました。ジョバンニも手をあげようとして、急いでそのままやめました。たしかにあれがみんな星だと、いつか雑誌で読んだのでしたが、このごろはジョバンニはまるで毎日教室でもねむく、本を読むひまも読む本もないので、なんだかどんなこともよくわからないという気持ちがするのでした。

　ところが先生は早くもそれを見附けたのでした。

　「ジョバンニさん、あなたはわかっているのでしょう。」

　ジョバンニは勢よく立ちあがりましたが、立って見るともうはっきりとそれを答えることができないのでした。ザネリが前の席からふりかえって、ジョバンニを見てくすっとわらいました。ジョバンニはもうどぎまぎして真っ赤になってしまいました。

　先生がまた云いました。

　「大きな望遠鏡で銀河をよっく調べると銀河は大体何でしょう。」

　やっぱり星だとジョバンニは思いましたがこんどもすぐに答えることができませんでした。

　先生はしばらく困ったようすでしたが、眼をカムパネルラのほうへ向けて、

　「ではカムパネルラさん。」と名指しました。するとあんなに元気に手をあげたカムパネルラが、やはりもじもじ立ち上ったままやはり答えができませんでした。

　先生は意外なようにしばらくじっとカムパネルラを見ていましたが、急いで「では。よし。」と云いながら、自分で星座を指しました。

ヒント

　○上のタイトルが入っている帯の部分と下のページ番号の部分は, それぞれ「挿入」タブ→「ヘッダーとフッター」の「ヘッダー」と「ページ番号」を使って入力する.

　○「午后の授業」の段落番号は,「ホーム」タブ→「段落」グループ→「段落番号の ∨ 」→「新しい番号書式の定義」→「番号の種類」で設定できる.

　○段落番号を設定後に「午後の授業」の文字を大きくすれば, 段落番号も大きくなる.

　○最初の段落を入力後,「段落」グループの右下にある「段落の設定」をクリックし,「1ページの行数を指定時に文字をグリッド線に合わせる」のチェックがON になっている場合はOFF にする.

2. 表などを用いて次のような履歴書の表を作成しなさい. 履歴書の内容は入力しなくてよい.

	履歴書・自己紹介書			写□□真 縦 4cm×横 3cm. 写真の裏に, 大学名と氏名を, 記入すること.
	令和□□年□□月□□日現在			
ふりがな		性別	生年月日	
氏名	印□		平成□□年□月□日生 (満□□歳)	
ふりがな			郵便番号	
住所			電話番号 (□□□) □□□－□□□	
Eメール				
ふりがな			郵便番号	
帰省先			電話番号 (□□□) □□□－□□□	

年号	年	月	学□歴□・□職□歴

興味のある科目

学業以外で力を注いだ事項 (例えばスポーツ・サークル・ボランティア活動など)

免許・資格・特技

自己 PR

志望動機

ヒント

○ 表の上部にある薄い点線の罫線 (グリッド線) は, 印刷時に印刷されないように, 枠に「罫線なし」を設定する.

○ ふりがなと氏名の間のなどにある点線の罫線は「罫線なし」ではなく「点線」にする.

○ 写真の部分はテキストボックスを使う.

3. 下記のような案内書を作成しなさい.

ヒント

○「新年会のご案内」の文字は, ワードアート(「挿入」タブ→「テキスト」グループ→「ワードアート」)を使う.

○富士山の画像はオンライン画像を使うこと. また, 画像を完成図の位置に配置できるようにするために, 画像の「文字列の折り返し」を「四角形」に設定する.

○地図は描画キャンバスを作成し, その上で作成する. 描画キャンバスは, 最初に大きめのサイズにしたまま地図を作成し, 地図の完成後に完成図の大きさにすると作業がしやすい. 地図の完成後に, 描画キャンバスのサイズを小さくし, 文字列の折りかえしを「四角形」に設定して完成図の位置に移動する.

○地図の線路は横方向に線を書き,「図形の書式」タブ→「図形のスタイル」グループ→「図形の枠線」で「太さ」を6に,「実線/点線」を「破線」にする. その後, 横線の上部と下部にちょうど重なるように横線を2本引く. 他にも, 同じ大きさの白い長方形 ▭ と黒い長方形 ▬ を作り, それを交互に並べて(並べたものを1つ作って次々にコピーするとよい)作るという方法もある.

○切り取り線は「…」(「てん」をかな漢字変換して入力する)を使う.

○「新年会出席票」は「ホーム」タブ→「フォント」グループ→「囲み線」を使う.「新年会出席票」の前後に半角の空白を入れると見栄えがよくなる.

4.　SmartArt を使って下記のような電話連絡網を作成しなさい.

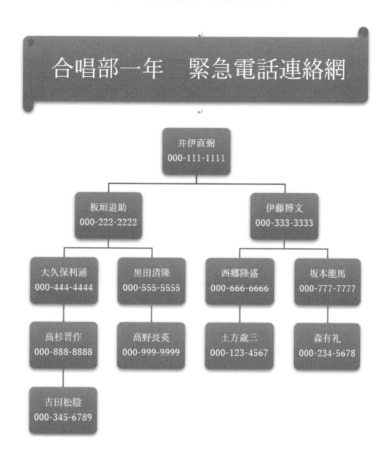

ヒント

○ 表題は「挿入」タブ→「図」グループ→「図形」→星とリボンの「スクロール：横」を選び, 「図形の書式」タブ→「図形のグループ」→「光沢 - 青, アクセント 1」を選ぶ.

○ 連絡網の部分は,「挿入」タブ→「図」グループ→「SmartArt」→「階層構造」→「ラベル付き階層」（間違って, 左にある「階層」を選ばないこと）を選び, SmartArt の中にあるラベルの部分（灰色の細長いテキストボックス）を削除する.

○ テキストボックスを下に増やしたい場合は,「テキストボックスの上でマウスのメニューボタン」→「図形の追加」→「下に図形を追加」をクリックする.

○ テキストボックスを右に増やしたい場合は,「テキストボックスの上でマウスのメニューボタン」→「図形の追加」→「後に図形を追加」をクリックする.

○ 名前と電話番号を入力中に中の文章が 3 行以上になってしまう場合は, そのままにして最後まで入力すること. すべてを入力後に, SmartArt の中のテキストボックスをドラッグしてすべて選択し（Ctrl キー＋A でも全選択できる）,「ホーム」タブ→「フォント」グループ→「フォントサイズの縮小」をクリックしてテキストボックスの中の文字が 2 行で収まるようにする. また, 文字が小さすぎると思った場合は, SmartArt の描画キャンバスの大きさを大きくすると中の文字も大きくなる.

○「SmartArt のデザイン」タブ→「SmartArt のスタイル」→「光沢」をクリックする.

5. 以下のようなレポートを作成しなさい.

　　○テーマは自由に選んでよい. 特に思いつかない場合は以下の中からテーマを選ぶこと.

　　　　＊インターネットの詐欺と対策

　　　　＊再生可能エネルギーの長所と短所

　　　　＊インターネットでの情報検索について

　　○用紙の設定は初期設定のままでよい（文字を大きくしたり, 行間を広げたりしないこと）.

　　○表紙を作ること.

　　○レポートは章に分けて記述すること. また, 必ず最初の章のタイトルは「はじめに」, 最後の章のタイトルは「まとめ」とすること. 章の中に節を作ってもよい.

　　○Word の目次の機能を使って, 表紙の次のページに章の目次を作ること.

　　○本文は目次の次のページから書きはじめること.

　　○章の中は段落に分け, 段落の先頭は字下げを行うこと.

　　○Word の参考文献の機能を使って, 文献を参照した部分に参考文献を, レポートの最後に参考文献の一覧を必ず書くこと.

　　○ヘッダーとページ番号の機能を使っていずれかのヘッダーとページの下にページ番号を付けること.

　　○表, 図形, 画像, SmartArt のうち, 2 つ以上を必ず使うこと.

　　○レポートの枚数は, 表紙 1 枚, 目次 1 枚, 本文 2 枚以上（2 枚目は 80 ％以上埋めること）のものを作ること.

第10章 表計算

10.1 表計算の概要

10.1.1 表計算ソフトとは？

コンピューターが一般に広まるまでは，計算は主に紙の上で行っていました．例えば，家計簿を付ける場合，収入と支出の計算を人間が紙の上で作業していました．しかし，人間には計算間違いがつきものですし，データの一部を変更しただけですべての計算をやり直す必要があります．これらの問題を解決するために生まれたアプリケーションが**表計算ソフト**です．表計算ソフトを使えば，コンピューターが自動的に収支の計算をしてくれる家計簿を作ることができます．コンピューターが計算を行うので，計算ミスはありませんし，計算量が多くてもすぐに計算してくれます．また，データを訂正した場合でも，自動的にすべての計算をやり直してくれます．このように表計算ソフトを用いることで，人間が行うと手間のかかるさまざまな計算を簡単に行うことができます．

歴史的には，表計算ソフトは，パソコンが売れるきっかけとなった重要なアプリケーションの1つです．パソコンが生まれたばかりの1970年代のころは，パソコンの性能が非常に低く（速度やメモリなどは現在のパソコンの1万分の1以下の性能でした），ゲームなどのホビー用としては使われていましたが，とても仕事で使うためのコンピューターとは認識されていませんでした．仕事で使う高性能なコンピューターは，企業や大学などにある数千万円以上するような高価なものが使われており，一般の人が利用することは困難な時代だったのです．そこで登場したのが，当時発売されていたパソコンで動作するVisiCalcという表計算ソフトでした．VisiCalcは大ヒットし，それに伴い，パソコンがビジネスで使える道具として認識され，パソコンの売り上げが爆発的に上昇しました．パソコンが売れるきっかけとなった他のアプリケーションとしてはワープロが挙げられます．パソコンの世界の栄枯盛衰は非常に激しく，VisiCalcはすぐにLotus1-2-3という表計算ソフトに取ってかわられました．Lotus1-2-3は世界中で大ヒットし，表計算ソフトの代名詞として知られていましたが，Microsoft社の**Excel**に取ってかわられ，現在ではその名前を聞いたことがない人も多いでしょう．本書ではこのExcelという表計算ソフトについて説明します．

10.1.2 Excelの実行と画面構成

ExcelはWordと同様に，Microsoft Officeという製品に含まれるアプリケーションです．そのため，リボンなど，Excelのユーザーインタフェースの多くはWordと共通しています．また，ExcelのバージョンもWordと同様の性質を持ちますので，Excelのバージョンと互換性については第9章（→ p.153）を参照してください．本書では2019年の時点での最新のバージョンであるExcel 2019（以下Excelと表記）について解説します．Excelを実行するには，スタート画面から「Excel 2019」を探してクリックします．頻繁にExcelを使用する場合は，デスクトップにファイルのショートカットを作成するか，タスクバーにExcelのアイコンをピン留めしておくとよいでしょう．

Excelの画面構成は次ページの図のようになっており，多くの部分はWordと共通しています．

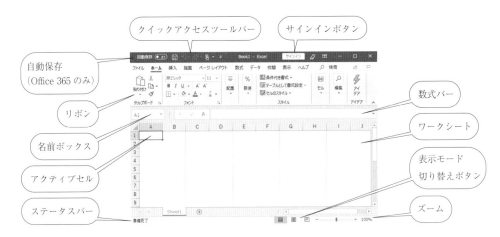

- **ワークシート**　　計算を行う表のことを**ワークシート**（計算という仕事（work）を行う用紙（sheet））と呼びます．ワークシートの中の長方形のマスのことを**セル**と呼びます．
- **アクティブセルと名前ボックス**　　アクティブセル（→ p.205）の名前が表示されます．また，セルに名前を付けた場合（→ p.221）は，その名前が表示されます．
- **数式バー**　　アクティブセルの中のデータが表示されます．セルに計算を行うための式を入力した場合（→ p.208），セルにはその式の計算結果が表示されますが，数式バーには常に計算結果ではなく式が表示され，式の編集を行うことができます．

10.1.3　データの保存と新規作成と印刷

　Excel で作成したデータをファイルに**保存**する方法は，Word の場合と同じで，「ファイル」タブ→「上書き保存」または「名前を付けて保存」をクリックします．保存したファイルの拡張子は xlsx となり，保存したファイルのアイコンをダブルクリックすることで，そのファイルを Excel で開くことができます．Excel のバージョンと互換性や，自動バックアップ機能などに関しては Word と同じなので，Word の説明（→ p.153）を参照してください．

　新しい白紙の Excel のファイルを作成するには「ファイル」タブ→「新規」をクリックし，右の一覧から「空白のブック」を選択します．本書では扱いませんが，Word と同様にさまざまな Excel のテンプレートが用意されているので，必要に応じて利用するとよいでしょう．

　Excel のワークシートの印刷は，基本的に Word と同様の方法で行います．設定画面の一番上のメニューで，どの部分を印刷するか，一番下のメニューでページの拡大，縮小印刷の設定を行うことができます．ワークシートの内容がうまく 1 枚に収まり切らない場合は，ワークシート上で印刷に必要な部分だけを選択して，一番上のメニューで「選択した部分を印刷」選んだり，一番下のメニューで「シートを 1 ページに印刷」を選ぶとよいでしょう．

10.1.4　アクティブセルとセルの範囲選択

　ワークシートの中のセルには 1 つひとつに名前がついています．**セルの名前**は，ワークシートの一番上の行と一番左の列にそれぞれ表示されているアルファベット（A，B，C，…）と数字（1，2，3，…）を使って表現します[1]．例えば，一番左上のセルは A1，その右のセルは A2 です．なお，列

---

1) 列の名前にアルファベットが使われているのはセルの表記を単純化するためです．例えば行と列の両方の名前にアラビア数字を使った場合，セルの名前は 1,1 のように列と行の名前の間を「, 」などで区切って表記する必要があります．同様の工夫に将棋や囲碁のマスを表記する際に 2 四のように行を漢数字で表記するというものがあります．

はアルファベット順に名前がつけられますが，Z の次は AA，AB，AC，…，AZ，BA，BB，… のように 2 文字のアルファベットで表されます．2 文字を超えた場合は ZZ，AAA，AAB，… のように 3 文字で表示されます．この法則は 10 進数の数字がアルファベットの 26 文字に置き換わったと考えることができるので，この部分は 26 進数の数字と言ってよいでしょう．ワークシートには横の列が 16384，縦の行が 1048576[2] の大きさが用意されているので，普通に使っている分にはセルが足りなくなって困ることはないでしょう．また，ワークシートを追加することもできます（→ p.247）．

　ワークシートには，太い枠で囲まれた**アクティブセル**（active（活動中の）cell）という名前のセルが必ず 1 つだけ存在します．アクティブセルは現在の入力などの操作の対象になっているセルのことを表し，キーボードからの文字の入力を行うと，アクティブセルに文字が入力されます．セルをアクティブセルにするには以下の方法があります．

- セルの上でマウスをクリックする．
- キーボードのカーソルキーを使ってアクティブセルを上下左右に移動する．
- Ctrl キーを押しながらカーソルキーを押すと，データが入力されている範囲の端に移動する[3]．
- 名前ボックスに，アクティブセルにしたいセルの名前を入力してエンターキーを押す．
- Home キーを押すことでアクティブセルがある行の先頭に，Ctrl キー + Home キーで A1 のセルをアクティブセルにすることができる．

　複数の範囲のセルを選択することができます．長方形の範囲の複数のセルは，左上のセルの名前と右下のセルの名前を半角の :（コロン）でつなげて表記します．例えば，下図の場合は A1:C3 と表記します．複数のセルが選択状態になっている場合でも，**アクティブセルは常に 1 つだけ**（選択状態のセルの中で灰色で表示されていないセル）存在します．

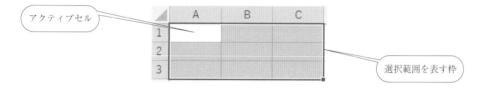

以下の方法で複数のセルを選択状態にすることができます．

- 選択したい範囲のセルをマウスでドラッグする．
- 名前ボックスに選択したい範囲のセルの名前を，例えば A1:C3 のように入力する．
- シフトキーを押しながらセルをマウスでクリックすると，アクティブセルとクリックしたセルを対角線とした長方形の範囲のセルが選択状態になる．
- Ctrl キーを押しながらクリックまたはドラッグすると，それまでの選択状態を残したまま，新しいセルを選択状態に追加する．この方法で長方形でない範囲を選択することができる．
- ワークシートの一番上のアルファベットまたは一番左の数字の部分をクリックまたはドラッグすると，その列または行をすべて選択状態にできる．
- 一番左上の長方形のボタン（◢）をクリックすると，ワークシート全体を選択状態にできる．Ctrl キー + A を 2 回押しても全選択できる．
- シフトキーを押しながらカーソルキーを押すことで，選択された範囲の右下のセルを上下左右

---

[2] 一見，きりのよくない数字に見えますが，$16384 = 2^{14}$，$1048576 = 2^{20}$ となっており，コンピューターが扱う 2 進数でこれらの数字を表すと，きりのよい数字になっています．

[3] データが入力されていなければワークシートの端に移動します．セルの行の数が 1048576 であることは，何も入力されていないワークシートで Ctrl キーを押しながら ↓ キーを押すことで確認できます．

に 1 つ分移動することができる.

- Ctrl キー + A で，アクティブセルとその周りのいずれかのセルにデータが入力されていた場合，データの入っている範囲を選択状態にする．例えば，次の練習問題 1 の表で数字の入っているどれかのセルをクリックしてアクティブにしてから Ctrl キー + A を押すと，A1:C3 の範囲のセルが選択状態になる．周りにデータが入力されていない場合は，表全体が選択される．

複数のセルが選択されている時にカーソルキーを押したり他のセルをクリックしたりすると，アクティブセルが移動してセルの範囲選択が解除されますが，以下のキーを押すことで範囲選択を解除せずに**アクティブセルだけを移動**できます．

- **Tab キー** 右へ移動する．右端のセルの場合，その下の行の一番左のセルへ移動する．
- **エンターキー** 下へ移動する．下端のセルの場合，その右の列の一番上のセルへ移動する．
- **シフトキー + Tab キー** 左へ移動する．Tab キーの逆．
- **シフトキー + エンターキー** 上へ移動する．エンターキーの逆．

特定の範囲にデータを入力するには，その範囲を選択状態にしてから上記のキーを使って入力するとよいでしょう．例えば右図のような表を入力する場合は，図のように A1:C3 の範囲を選択してから，「1」,「エンターキー」,「2」,「エンターキー」,「3」,「エンターキー」, …のように入力する[4]ことで，マウスやカーソルキーを一切使わずにテンキーだけでデータを効率よく入力することができます．

練習問題 1 A1:C3 を選択し，Tab キーを使って次のような表を作成しなさい．

10.1.5 データの入力と入力モード

キーボードから入力したデータはアクティブセルに入力されます．Excel には「コマンドモード」,「入力モード」,「編集モード」の 3 種類の入力モードがあり，入力の際の動作が以下のように異なるので注意してください．

コマンドモード

アクティブセルをマウスやカーソルキーで選択した直後は**コマンドモード**（command（命令））になっています．コマンドモードでは，ウィンドウの下部のステータスバーに「準備完了」と表示され[5]，セルに式（→ p.208）が入力されていた場合はセルに式の計算結果が表示されます[6]．また，コマンドモード時に Delete キーを入力すると，現在選択中のセルの内容を削除することができます．入力モードや編集モード時に「他のセルをクリックする」,「エンターキーや Tab キーを押す」,「カーソルキーを押す（入力モード時のみ）」などの操作で**アクティブセルを別のセルに変更にする**か「数式バーの左の ✔ ボタンをクリックする」とコマンドモードになります．

---

[4] 日本語入力モードを ON にした場合，数字を入力後にエンターキーを押して確定する必要があるので，2 回エンターキーを押す必要があります．表に数字を連続して入力する場合は，英語入力モードで行ったほうがよいでしょう．また，テンキー（→ p.39）を使うと数字を効率よく入力することができます．

[5] Excel 2010 までは「コマンド」と表示されていました．Excel 2019 でも，「準備完了」の上にマウスカーソルを移動すると，「コマンド モード」という文字が表示されます．

[6] 「式を計算しろ」という命令（command）を実行するモードと考えればよいでしょう

入力モード

　入力モードはアクティブセルにデータを入力するためのモードです．コマンドモード時にキーボードからデータを入力すると入力モードになり，ステータスバーに「入力」と表示されます．入力モードでは，キーボードから新しくデータを入力すると，そのセルにそれまで入力されていたデータが消えて新しく入力されたデータで上書きされてしまいます．また，入力モード時にカーソルキーを押すと，ワープロのように文字カーソルが移動するのではなく，アクティブセルが移動します．例えば，セルに「abcde」を入力した後に「abfde」に訂正したくなった場合，入力モードでは Back Space キーを3回押して「cde」を削除してから「fde」を入力する必要があります．

編集モード

　編集モードはアクティブセルに既に入力されているデータを編集するためのモードです．編集モードにするには「コマンドモード時にセルをダブルクリックする」，「コマンドモードまたは入力モード時に F2 キーを押す」，「入力モード時にアクティブセルをクリックする」，「数式バーを編集する」のいずれかの操作を行います．編集モードでは，ステータスバーに「編集」と表示され，ワープロと同じように，カーソルキーでセルの中の文字カーソルを左右に移動したり，セルの中の文字を選択してクリップボードによる移動やコピーなどの操作を行うことができます．**数式バー**にはアクティブセルの内容が表示され，数式バーの中身を編集することでセルの内容を編集することができます．数式バーのほうが横幅に余裕があるため，長い文章や式を編集する場合は数式バーを使うとよいでしょう．

　以下に3つのモードの関係を図にします．

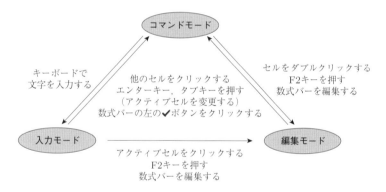

改行の入力

　セルの中で改行したい場合は，Alt キーを押しながらエンターキーを入力します．なお，Excel は文章を編集するソフトではないので，Word のような改段落の概念はありません．

入力，編集データの確定と取り消し

　入力モードや編集モードで入力したデータは，入力しただけでは実際に Excel のセルの中に格納されません．文字の入力後に，エンターキーを押したり他のセルをクリックしてコマンドモードになった時点で，はじめてデータが Excel のセルの中に格納されたことになります．このことを**データの確定**と呼びます[7]．データを確定する前であれば，数式バーの左の✖ボタンをクリックするか ESC（エスケープ）キーを押すことで，入力を取り消して，入力前のデータに戻すことができます．また，データの確定後であってもクイックアクセスツールバーの「元に戻す」ボタンや Ctrl + Z キーで1つ前の操作を取り消すことができます．

---

[7] かな漢字変換でエンターキーを押して変換した文字を確定する作業に似ています．

10.1.6　データの種類と数式

セルに入力できるデータは以下の 3 種類に分類されます.

数値

Excel で計算[8]することができる数字です. 数値を入力した場合, セルの書式（→ p.210）を設定していなければセルの中に**右揃え**で表示されます. Excel では**アラビア数字のみを数値として扱います**[9]. 例えば,「十」や「ten」などの漢字や英語は数値ではなく文字列とみなされるため, 四則演算などの計算を行うことはできません.

文字列

日本語や英語などの文字です[10]. 文字列は, セルの書式を設定していなければセルの中に**左揃え**で表示されます. 例えば,「001」のように数値として解釈できる文字列をセルに入力すると, Excel はそれを数値と認識するため, セルに「1」が右揃えで表示されてしまいます.「001」を数値ではなく, 文字列として Excel に認識させたい場合は, 先頭に「'」（シングルクオート. シフトキー ＋ 7 で入力する）をつけて「'001」と入力することで Excel に「001」を文字列として認識させ, 左揃えで表示することができます. この時, コマンドモードではセルに「'」は表示されません. また, セルの左上に警告を表す▼マークと◆ボタン（→ p.249）が表示されますが, エラーではないので無視しても構いません.

数式

数値などを計算するための手順を表した数式です. 以下, 本書では「**式**」と記述します. 式は必ず先頭に「＝」を記述します. セルに式を記述して確定すると, そのセルには**入力した式ではなく, その式の計算結果**が表示されます. ただし, 計算結果が表示されてもセルに入力した式が電卓で計算した場合のようになくなるわけではありません. セルを編集モードにすると, そのセルに入力した式が表示され, 式を編集できるようになります. また, 数式バーには常にそのセルに入力した式が表示されます. 式には以下の表のような**演算子**（計算するための記号のこと）を使うことができます. 表の上にある演算子のほうが優先度が高く, 同時に記述された場合は優先度が高い演算子が先に計算されます. 四則演算の演算子はテンキーにありますので, 数字や四則演算の記号を入力するときは, テンキーを使うと便利です.

演算子	意味
( )	( ) の中の計算を優先させます.
−	−1 などの負の値. 減算と同じ記号ですが意味は違います.
%	百分率.「50 ％」は 0.5 を表します.
^	べき乗.「2^3」は 2 の 3 乗を表します.
*　/	乗算（×）と除算（÷）
＋　−	加算（＋）と減算（−）

式の中には数値や文字列だけでなく, A1 のようにセルの名前を記述することができます. セルの名前を式に記述した場合は, そのセルの中身を使って計算を行います. このように, セルの名前を指定してそのセルの中身を使って計算を行うことを「**参照**」と呼びます. また, **セルの中身を変更**

---

[8] 本書では扱いませんが, Excel では文字列の計算（例えば文字列を大文字にする）を行うこともできます. そのため, 数字の計算のことを文字列の計算と区別して数値計算と呼ぶ場合があります.

[9] セルの表示形式（→ p.212）に「日付」を設定した場合など, 一見数値に見えないような形式で数値がセルの中に表示される場合があります.

[10] 通常は複数の文字から構成されるので, コンピューター用語では「文字列」と呼びます.

した場合は，ワークシートの中の関係するすべての式に対して即座に新しい値で計算しなおしてくれます．A1 に「10」，B1 に「20」，C1 に「=A1+B1」という式を入力し，A1 や B1 の中身を変更した時に C1 の中身が計算しなおされることを確認してください．

式にセルの名前を記述する際に，記述したいセルをクリックして入力することができます．画面外にあるセルの名前を入力するなどの特別な場合でない限りは，セルの名前はセルをクリックして入力したほうがミスを減らすことができます．また，入力モードや編集モードでは，式にセルの名前を記述した場合に式の中のセルの名前に色がつき，そのセルの枠に同じ色がつけられるので，式の中のセルの名前が具体的にどのセルであるかを目で確認しやすいようになっています．

ワークシートの分析

「数式」タブ→「ワークシート分析」グループのボタンを使うことで，式の分析を行うことができます．以下の表にそれぞれのボタンの意味をまとめます．

ボタン	意味
参照元のトレース	アクティブセルの式が参照するセルを青い矢印で表示します．
参照先のトレース	アクティブセルの中身を参照する式がある場合，参照先のセルを青い矢印で表示します．
トレース矢印の削除	上記で表示した矢印の表示をすべて削除します．
数式の表示	セルの中に式が入力されている場合，コマンドモードでも計算結果ではなく式を表示します．もう一度このボタンをクリックすると元の表示に戻ります．
エラーチェック	ワークシートの中の式のエラー（→ p.249）をすべてチェックします．エラーがあった場合は，パネルが表示され，エラーの原因のチェックや訂正を行うことができます．
数式の検証	アクティブセルの式の計算の過程を辿ることができるパネルが表示されます．パネルの「検証」ボタンで式の下線の内容が計算されます．下線がセルの名前の場合は「ステップイン」ボタンでセルの内容が表示されます．式が正しいかどうかを確認したい時や，意図しないような計算結果がセルに出力された時など，式を検証したい場合に利用するとよいでしょう．
ウォッチウィンドウ	指定したセルの内容（値と式の両方）を表示するウィンドウを開きます．セルは「ウォッチ式の追加」ボタンをクリックして表示されるパネルで指定します．特定のセルの値を監視したい場合に利用するとよいでしょう．

練習問題 2 次のような表を作成しなさい．なお，エンゲル係数とは家計の支出における食費の割合のことで，生活水準の指標として使われる数字であり，一般的にエンゲル係数が高いほど生活水準が低いとされるものである．

	A	B
1	食費	35000
2	交通費	5000
3	住居費	50000
4	書籍費	10000
5	娯楽費	20000
6	合計	120000
7	エンゲル係数	29%

手順 1 A1:B7 を選択状態にし，右図のデータを入力する（B6 と B7 は入力しないこと）．A の列が狭いので，A と B の間の枠をドラッグ（またはダブルクリック）して A の列を広げる．

手順 2 B6 をクリックし，生活費の合計を求める次の式を入力する．

$$=B1+B2+B3+B4+B5$$

この時，セルの名前を手で入力してもかまわないが，「=」を入力した後に，「（右手で）B1 をクリック」，「（左手でテンキーの）+ を入力」，「B2 をクリック」，「+ を入力」，…のように入力すると楽に入力できる．

手順 3 B7 をクリックし，エンゲル係数を求める次の式を入力する．

$$=B1/B6$$

手順 4 B7 をクリックし,「ホーム」タブ→「数値」グループ→「%」をクリックすると, B7 の計算結果が%で表示されるようになる（表示形式については p.212 を参照）.

表計算ソフトでは, 練習問題の B7 のように, 式が書いてあるセルの計算結果を別のセルの式の中で使うことができます. この場合, Excel はまず B6 の式を計算し, その結果を使って B7 の式を計算します. このことは「数式」タブ→「ワークシート分析」グループ→「数式の検証」ボタンで確認できます. 表が完成したら, 食費や交通費などの数値を別の数値に書き直した時に, 合計やエンゲル係数が即座に計算され直すことを確認してください.

式が記述されているセルを参照する際には, 参照が無限に繰り返されてしまう**循環参照**にならないように気をつける必要があります. 例えば A1 のセルに =B1+1, B1 のセルに =A1+1 という式を記述した場合, A1 と B1 の値を使った計算が無限に必要となります. 循環参照を記述すると警告のパネルが表示されるので, 循環参照にならないように式を修正する必要があります.

10.1.7 セルの修飾と挿入, 削除

セルに関するさまざまな操作について説明します. セルの修飾のことを**書式**と呼びます.

セルの幅（高さ）の変更

一番上のアルファベットが書かれている行の枠の部分をドラッグすると, セルの幅を変更することができます[11]. また, この枠をダブルクリックすることで, 枠の左の列の中にある最も長いデータに合わせて左の列の幅を自動的に調整してくれます.

複数の列を選択してその中の枠をドラッグすると, 選択したすべての列の幅を同じ幅に変更することができ, ダブルクリックすると選択したすべての列について, その列の中にある最も長いデータに合わせて列の幅を自動的に調整することができます.

一番左の数字が書かれている列の枠の部分についても同様の操作を行えます.

セルの中の文字の修飾

「ホーム」タブ→「フォント」グループや「配置」グループのボタンを使い, Word と同様の方法で, 選択中のセルの中の文字を修飾することができます. 複数のセルを選択して修飾を行うと, 選択されたすべてのセルに対して修飾が行われます.

行（列, セル）の挿入と削除

行や列の挿入や削除は,「ホーム」タブ→「セル」グループ→「挿入」または「削除」を使って, Word の表と同様の方法（→ p.174）で行います.「ワークシート」のメニュー→「挿入」（または「削除」）をクリックして行うこともできます.

セルの結合と解除

Word の表と同様に, 複数のセルを**結合**して大きなセルを作ることができます. 結合したいセルをすべて選択し, 右図の「ホーム」タブ→「配置」グループ→「セルを結合して中央揃え」をクリックしてください. なお, Excel でも Word の表のように長方

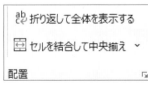

形以外のセルを作ることはできません. 結合するセルに複数のデータが入っていた場合は, 一番左上のセルの中身だけが残ります. セルの結合を解除するには, 結合されたセルをクリックして, もう一度「セルを結合して中央揃え」ボタンをクリックします. なお, Word の表のように, 1 つのセルを複数のセルに分割することはできません.

---

[11] Word の表のように, 縦枠の一部分だけをずらす（→ p.172）ことはできません.

折り返して全体を表示する

　セルに入力したデータは，Alt キー＋エンターキーを押さない限り，セルの中で改行されません．セルの幅を超える量のデータをセルに入力した場合，その右のセルの中身が空の場合は空のセルにはみだして中身が表示されますが，右のセルの中身が空でない場合は，セルの幅で表示できる分しか表示してくれません．セルの中身をセルの幅を変えずにすべて表示したい場合は，そのセルを選択してから，前ページの図の「ホーム」タブ→「配置」グループ→「折り返して全体を表示する」をクリックしてください．表示しきれない部分をセルの幅で折り返して全体を表示するようになります．もう一度「折り返して全体を表示する」をクリックすると元に戻ります．

罫線の修飾

　Excel のワークシートのセルには薄い灰色の罫線があるように見えますが，これはセルの境界を表すために表示されているもので，このままではセルの罫線は印刷されません．印刷時に罫線が印刷されるようするには，罫線を修飾する必要があります．罫線の修飾は「ホーム」タブ→「フォント」グループ→「罫線の ∨ 」のメニューで行います．罫線の修飾の方法は Word の表（→ p.175）と似ていますが，多少違うところもあります．メニューの「罫線の作成」の中にある「線の色」と「線のスタイル」で線の色や形 [12)] を指定し，「罫線の作成」，「罫線の削除」でマウスを使って罫線を修飾したり削除したりできます．また，罫線の下にある「格子」などのメニューを使って，Word の表と同じように選択した範囲の罫線をまとめて修飾することができます．

セルの塗りつぶし

　セルを選択し，「ホーム」タブ→「フォント」グループ→「塗りつぶしの色の ∨ 」のメニューでセルの塗りつぶしの色を設定できます．

凝ったセルの修飾

　セルを選択し，「ホーム」タブ→「フォント」グループの右下の小さな四角のボタン（ ↘ ）をクリックすることで，さらに凝ったセルの修飾を行うための「セルの書式設定」というパネルが表示されます．例えば，パネル上部の「配置」タブをクリックし，右に表示される「方向」の下にある「文字列」の右の赤い点（右図）をドラッグすることで，文字列の方向を斜めにすることができます．他にもさまざまな修飾を行えるので，興味がある方は試してみるとよいでしょう．

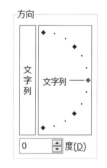

書式のクリア

　セルに設定した書式をクリアするには，「ホーム」タブ→「編集」グループ→「クリア」で表示されるメニューで行います．その中でよく使うメニューの項目の意味は以下のとおりです．なお，**書式をクリアする場合，次に説明するセルの表示形式も一緒にクリアされます**．ただし，セルの幅と高さは書式をクリアしても変化しません．

メニュー項目	意味
すべてクリア	セルの中身と書式をすべてクリアします．
書式のみクリア	セルの中身は残したまま，書式だけをクリアします．
数式と値のクリア	セルの中身をクリアしますが，書式は残ります．

[12)] Word の表の罫線と異なり，罫線の太さの設定を行うことはできません．

10.1.8　セルの表示形式

　セルに入力した数値や文字列を，さまざまな表示形式で表示することができます．例えば，数値の場合，単に「1000」と入力した場合は単位が表示されていないので，1000 がどういう意味の数値なのかがぱっと見ただけではわかりません．表示形式の機能を使えば，Excel が「¥1,000」のように数値に関するさまざまな修飾を行ってくれるので，数値の意味がわかりやすくなります．また，数値に表示形式を付けた場合でも Excel にとって数値であることは変わらないため，四則演算などの計算やオートフィル機能を使ったコピー（→ p.214）を行うことができます．

　セルの表示形式は「ホーム」タブ→「数値」グループのボタンによって設定します（下図）．下にある 5 つのボタンは，よく使われる表示形式のボタンです．この中で小数点以下の表示桁数の増減を行うボタンは，数字の小数点以下の桁数を揃えるためによく使われます．セルに数字を入力し，それぞれのボタンをクリックして，どのように表示形式が変わるか確認してください．

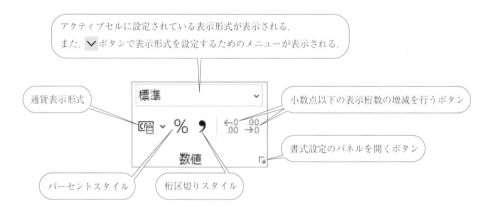

　上の部分には，アクティブセルに設定されている表示形式の種類が表示され，その右の ∨ ボタンをクリックして表示されるメニューの一覧から表示形式を選択することができます．**表示形式の設定をクリアしたい場合は** ∨ **ボタンのメニュー→「標準」をクリックします**．右下の小さな四角のボタン（⤵）をクリックすると，さらに詳細な表示形式を設定するためのパネルが表示されます．パネルの左の分類から表示形式の分類をクリックして選び，右の種類から表示形式を選びます．例えば，「日付」をクリックした場合，種類の所からさまざまな日付の表示形式を選ぶことができます．

　Excel では日付と時間は数値で表現されています[13]．そのため，日付や時間の表示形式で表示されたデータを計算することができます．Excel では 1 日の長さを数値の 1 で表現します．例えば，図のように，A1 に「1 月 1 日」と入力し，B1 に「=A1+100」という式を入力すると，B1 に 1 月 1 日の 100 日後の「4 月 11 日」が計算されて表示されます．時間の場合は，例えば，0.5 が 1 日の半分の 12 時間を表します．

	A	B
1	1月1日	=A1+100

10.1.9　セルのスタイル

　Excel には，あらかじめさまざまなセルの中の文字の修飾，枠，塗りつぶし，表示形式などの設定を組み合わせた「スタイル」が用意されています．セルにスタイルを適用するには「ホーム」タブ→「スタイル」→「セルのスタイル」で表示されるメニューで行います．

---

[13]　Excel では日付を 1900 年 1 月 1 日からの日数に 1 を足した数値で表します．セルに 1 や 1.5 を入力してそのセルの表示形式を「短い日付」にして**数式バー**をみてください．また，逆に「2020 年 9 月 14 日」のような日付や時間が表示されているセルの表示形式を「標準」にすると，その日付や時間を表す数値が表示されます．

練習問題 3　練習問題 2 に手を加え，以下の表を作成しなさい.

手順 1　練習問題 2 の表の A1 をクリックし，「ホーム」タブ→「セル」グループ→「挿入の ∨ 」→「シートの行を挿入」をクリックし，1 行目に新しい行を挿入する.

手順 2　A1 に「2020 年 8 月の出費」を入力する.

手順 3　A1:B1 を選択し，「ホーム」タブ→「配置」グループ→「セルを結合して中央揃え」をクリックして，2 つのセルを結合する.

手順 4　「ホーム」タブ→「フォント」グループのボタンを使って，結合したセルの「フォントサイズ」を「12」にして「太字」にする.

手順 5　「ホーム」タブ→「配置」グループ→「中央揃え」をクリックして中央揃えにする.

手順 6　左の 1 行目と 2 行目の間の枠をドラッグして 1 行目の高さを図のように増やす.

手順 7　B2:B7 を選択し，「ホーム」タブ→「数値」グループ→「通貨表示形式の ∨ 」→「¥ 日本語」をクリックする. 続けて「小数点以下の表示桁数を減らす」を 2 回クリックする.

手順 8　B8 をクリックし，「ホーム」タブ→「数値」グループ→「小数点以下の表示桁数を増やす」をクリックする.

手順 9　A2:B8 を選択し，「ホーム」タブ→「フォント」グループ→「罫線の ∨ 」→「線の色」→「黒, テキスト 1 」をクリックし，「罫線の ∨ 」→「線のスタイル」→「二重線（ ＝＝＝＝＝ ）」をクリックし，「罫線の ∨ 」→「外枠」をクリックして二重線の罫線を周りに引く.

手順 10　「罫線の ∨ 」→「線のスタイル」→「一重線」をクリックし，マウスで 6 行目と 7 行目の間の罫線と 7 行目と 8 行目の間の罫線をマウスでドラッグして罫線を引く.

手順 11　「罫線の ∨ 」→「線のスタイル」→「点線」をクリックし，マウスで A 列と B 列の間に点線の罫線を引く.「罫線の ∨ 」→「罫線の作成」をクリックして罫線を引くモードを解除する. 任意のセルをダブルクリックすることで罫線を引くモードを解除することもできる.

手順 12　A2:A8 を選択し，「ホーム」タブ→「フォント」グループ→「塗りつぶしの色」→「青色, アクセント 1. 白 + 基本色 80 %」をクリックしてセルを塗りつぶす.

10.2　データの移動とコピー

　データの移動とコピーは，コンピューターのほぼすべてのアプリケーションで使われる基本的な操作です. Excel においてもデータの移動とコピーは頻繁に使われる操作であり，この操作に習熟することは Excel の操作の効率に大きく影響します. 基本的な操作だと思っておろそかにせず，しっかりと操作方法を学んでください.

10.2.1　クリップボードを使った移動とコピー

　Excel のセルの中身は，Windows の他のアプリケーションと同様に，**クリップボードを使った移動やコピー**を行うことができます. Excel でのクリップボードを使った操作は，基本的には Word と同様に，「ホーム」タブ→「クリップボード」グループのボタンを使って行います.「クリップボード」グループのボタンの意味については第 9 章を参照してください（→ p.159）. Excel では，移動やコピーしたいセルを選択してからコピー（または切り取り）操作を行い，貼り付けたいセルを選択してから貼り付け操作を行います.

　Excel では，Word などの他のアプリケーションと違い，クリップボードの操作中に，セルに文字を入力するなどの**クリップボード以外の編集操作を行ってしまうと，クリップボードの中身が消えてしまいます**.「コピー」や「切り取り」操作によってクリップボードに格納されたデータがクリッ

プボードに残っているかどうかは，コピーした
セルの枠が点滅する点線（右図）で囲まれてい
るかどうかで判別できます．

クリップボードにデータが
入っていることを表す点線

Word での貼り付け操作（→ p.159）と同様に「貼り付けボタンの ∨ 」をクリックするか，貼り
付けたセルの右下に表示されるボタンをクリックして表示されるメニューで，貼り付け時の細かい
設定を行うことができます．貼り付け時の主な設定は「フォント」，「式をコピーするかどうか」，「表
示形式」の 3 つに関する設定です．表示されるボタンの種類と意味を以下の表にまとめます．表の
それぞれの列の意味は以下のとおりです．

- フ：コピー元のセルのフォントの書式がコピーされる場合は○
- 式：コピー元のセルに式が記述されていた場合，式がコピーされる場合は○．式ではなく，式
  の計算結果の値だけがコピーされる場合は×
- 表：コピー元のセルの表示形式がコピーされる場合は○
- 説明：上記の 3 つに当てはまらないコピーのされ方を説明する．
- コピー後のセル：「フォント」に「太字」，「枠」に「二重線」，「表示形式」に「通貨（日本語）」
  を設定したセル（ ¥300.00 ）を何の設定も行われていないセルにコピーした時のセルの表示．

名称	フ	式	表	説明	コピー後のセル
📋 貼り付け	○	○	○		¥300.00
数式	×	○	×		300
数式と数値の書式	×	○	○		¥300.00
元の書式を保持	○	○	○	貼り付けと同じ	¥300.00
罫線なし	○	○	○	罫線以外をすべてコピー	¥300.00
元の列幅を保持	○	○	○	列の幅が元と同じになる	¥300.00
行と列を入れ替える	○	○	○	行と列を入れ替えてコピーする	¥300.00
値	×	×	×	「値の貼り付け」に分類されるコ	300
値と数式の書式	×	×	○	ピーは，式がコピーされないので，	¥300.00
値と元の書式	○	×	○	計算能力はなくなってしまう．	¥300.00

複数のセルをクリップボードを使って一度に移動（コピー）するには，セルをすべて選択状態にし
てから行います．貼り付け操作は，貼り付けたいセルの範囲の左上のセルだけを選択して行います．

10.2.2　マウスのドラッグ操作による移動とコピー

ワークシートの画面に表示されている範囲内でデータを移動またはコピーする場合は，クリップ
ボードを使うよりも，マウスのドラッグ操作によって移動やコピーを行ったほうが効率的な場合が
あります．ドラッグ操作によるセルの移動は，選択状態のセルの枠の上にマウスカーソルを移動し，
マウスカーソルの形が十字の形（✛）になったところでマウスをドラッグし，移動したいセルの上
でマウスをリリースします．このとき，Ctrl キーを押しながらマウスをリリースするとセルの内容
がコピーされます．

10.2.3　オートフィルによるデータのコピー

Excel には，データを特定の範囲のセルの中に自動的（auto）に埋めながら（fill）コピーする，
オートフィルという機能があります．オートフィルによるデータのコピーは Excel 独特の操作です
が，非常に便利な方法なので必ずマスターしてください．

セルが長方形の形で選択されている場合，選択枠の右下に小さな緑色のフィルハンドル（handle（取っ手，つまみ））という正方形のボタンが表示されます（右図）．

フィルハンドルを使うと，選択されているセルの内容を縦または横方向に簡単にコピーすることができます．この操作をオートフィルと呼びます．オートフィル操作は，マウスカーソルをフィルハンドルの上に移動し，マウスカーソルの形が黒い十字の形（✚）になった所で，左右または上下方向にドラッグして行います．

選択されているセルが1つの場合，オートフィル操作によって指定した範囲のセルに元のセルの内容がそのままコピーされます．オートフィル操作は一度の操作では縦または横方向にしか行えませんが，縦，横と2回に操作を分けて行うことで，1つのセルの内容を長方形の範囲のセルすべてにコピーすることができます．1つのセルの内容をコピーするオートフィル操作は，**式をコピーする際によく使われます**（→ p.217）．なお，オートフィル操作で**既にデータが入っているセルの上にデータをコピーした場合は，それまで入っていたデータの上に新しいデータが上書きされます．**

練習問題 4　オートフィル操作を行って B2 の内容を B2:F4 にコピーしなさい．
手順 1　B2 に「1」を入力する．
手順 2　フィルハンドルをドラッグし，F2 の上でリリースする．B2:F2 に「1」がコピーされる．
手順 3　フィルハンドルをドラッグして，F4 の上でリリースする．

オートフィルによるコピーは左や上方向にも行うことができます．練習問題 4 を行った後にフィルハンドルをドラッグし，F1 の上でリリースすると B1:F1 の範囲に 1 がコピーされます．さらに同様の操作を行い，A1:F4 の範囲すべてに 1 をコピーすることができます．

オートフィルによるコピーは，選択されているセルの中身がすべて数値で，隣り合うセルの数値の差が規則正しく増えている（または減っている）場合，その規則を保った状態でコピーを行います．

練習問題 5　以下の作業を行いなさい．
手順 1　A1:C2 に右図のデータを入力し，A1:C2 を選択状態にする．
手順 2　フィルハンドルをドラッグし，F2 の上でリリースする．1 行目は 1 ずつ，2 行目は 2 ずつ規則正しく数値が増えてコピーされる．
手順 3　フィルハンドルをドラッグし，F4 の上でリリースする．右図のようにそれぞれの列は，1 行目と 2 行目の数値の差の分だけ規則正しく数値が増えてコピーされる．このように，**行や列ごとに数値の増え方が異なっていても規則正しくコピーされる．**

	A	B	C
1	1	2	3
2	3	5	7

	A	B	C	D	E	F
1	1	2	3	4	5	6
2	3	5	7	9	11	13
3	5	8	11	14	17	20
4	7	11	15	19	23	27

数値が，例えば 1，2，4 のように加算（または減算）で規則正しく増えていない場合にオートフィル操作を行った場合は，複雑な計算方法を使って数値がコピーされます [14]．そのような場合にはオートフィルのコピーはあまり使われないので，本書では具体的な計算方法については説明しません．

セルの中身が文字列の場合や，Ctrl キーを押しながらオートフィル操作を行った場合は，新しい範囲に元の内容が繰り返してコピーされます．例えば，次ページの図左のような，Excel が数値とみなさない文字列のデータを A1:C3 に入力し，オートフィルで右方向にコピーした場合，次ページの図右のように同じパターンが繰り返してコピーされます．

---

[14] 8，16 のように倍々になると思う人もいるかもしれませんが，そのようにはなりません．

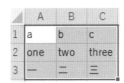

　オートフィルは数値と文字列が混じったデータにも使うことができます．例えば，コピーするセルの文字列の部分が共通している場合，数値の部分だけを規則正しくコピーします．オートフィルの機能は，練習問題 6 で示すように，表に規則正しく数値を入力したい時に非常に便利です．

　フィルハンドルをドラッグしてコピーする操作のことを，以後は「A1 をオートフィル操作で A2:A10 にコピーする」のように表記します．

(練習問題) 6　　オートフィルを使って以下のデータを入力せよ．
　「1950 から 2005 までの数値を 5 刻みで入力する」，「1 月から 12 月まで入力する」，「第 1 日目から第 12 日目まで入力する．」
手順 1　A1:C2 に右図のデータを入力する．
手順 2　A1:C2 を選択し，オートフィル操作で A3:C12 にコピーする．

	A	B	C
1	1950	1 月	第 1 日目
2	1955	2 月	第 2 日目

　オートフィルも，クリップボードを使ったコピーと同様に，コピー後に右下にボタンが表示され，そのボタンをクリックして表示されるメニューからコピーに関する設定を行うことができます．詳しくは下記の練習問題 7 を参照してください．

(練習問題) 7　　以下の手順を行いなさい．
手順 1　A1:A5 に右図のデータを入力する．A1 をクリックして，文字のフォントのサイズを 16，太字に設定する．
手順 2　A1 をオートフィル操作で A2:A5 にコピーする．A1 の「東京」が右奥図のように太字などの書式も合わせて A1:A5 にコピーされる．
手順 3　右下の ⊞ ボタンをクリックして表示されるメニューから「書式のみコピー」をクリックすると，文字の書式のみがコピーされる（右図）．
手順 4　同じメニューで「書式なしコピー」をクリックすると，「東京」が A1:A5 にコピーされるが書式はコピーされない[15]（右奥図）．

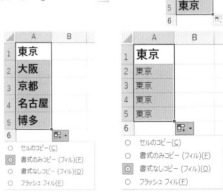

10.2.4　時系列データ

　日付や時間などの一定の間隔のデータのことを**時系列データ**と呼びます．時系列データには日付や時間以外にも「日，月，…」などの曜日や，「Sunday, Monday, …」，「January, February, …」のような英語の曜日や月の表現も含まれます．Excel では時系列データはオートフィル操作によって数値のように規則正しく変化してコピーされます．また，時系列データは，数値と異なり，1 つだけデータを入力してオートフィルでコピーしても，連続した次の値がコピーされます．

---

[15]　本書では扱いませんが，フラッシュフィルをクリックすることにより，左右のセルの中身を考慮したコピーを行うことができます．

練習問題 8 オートフィルを使って以下のデータを入力せよ.

「日から土までの曜日」,「睦月から師走までの月」,「子, 丑, 寅, … の十二支」,「Sunday から Saturday までの英語の曜日」,「January から December までの英語の曜日」

手順 1 A1:E1 に右図のデータを入力する.

手順 2 A1:E1 を選択し, オートフィル操作で A2:E12 にコピーする.

時系列データは自分で新しいものを登録することができます. 例えば, 占いなどで使われる 12 星座は Excel には時系列データとして登録されていませんが, 以下の手順で登録することができます.

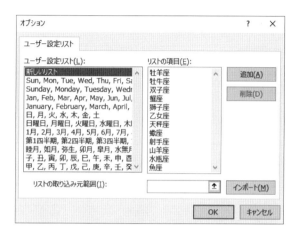

1. 「ファイル」タブ→「オプション」をクリックして表示されるパネルの「詳細設定」→「ユーザー設定リストの編集」（下のほうにあるのでスクロールする必要があります）をクリックして右図のパネルを表示する.

2. 表示されるパネルの「追加」ボタンをクリックし,「リストの項目」に図のように 12 星座の名前を入力し,「OK」ボタンをクリックする.

どこかのセルに「牡羊座」を入力し, オートフィル操作を行って 12 星座が時系列データとして登録されたことを確認してみてください. なお, Excel ではこのパネルの左の「ユーザー設定リスト」に登録されているものと日付や時間の表示形式の数値のみが, 時系列データとして利用できます.

10.2.5 式のコピーと相対参照, 絶対参照

セルの中身が式で, 式の中に「A1」のようにセルの名前を使ってセルの中のデータを参照した場合, そのセルを別のセルにコピーすると, コピー先の式ではセルの名前がコピー元のセルとコピー先のセルの距離だけずれてコピーされます.

練習問題 9 以下の手順を行いなさい.

手順 1 A1:C3 に右図のデータを入力し, E1 に「=A1」という式を入力する. E1 には式が計算され, A1 の中身である「1」が表示される.

	A	B	C	D	E
1	1	2	3		1
2	4	5	6		
3	7	8	9		

手順 2 E1 をオートフィル操作で E2 にコピーする. 数式バーを見て E2 の中身を確認すること. 直観的には E1 の内容が E2 にコピーされるので, E2 には「=A1」という式がコピーされるように思うかもしれないが, 実際には「=A2」という式がコピーされる. これは, E1 を 1 つ下の E2 にコピーしたため, 式の中でセルを参照する A1 も同様に 1 つ下のセルである A2 に変換されてコピーされるためである.

手順 3 E1 をクリップボードまたは Ctrl キーを押しながらドラッグ操作によって F3 にコピーする [16]. F3 はコピー元の E1 から 1 つ右, 2 つ下のセルなので, コピーされた F3 の式の中の A1 も 1 つ右, 2 つ下の B3 に変換され, F3 には右図の数式バーが示すように,「=B3」という式がコピーされる.

F3		×	√	f_x	=B3	
	A	B	C	D	E	F	G
1	1	2	3				
2	4	5	6		4		
3	7	8	9			8	

---

[16] オートフィルによるコピーは, 隣り合うセルにコピーする場合は非常に便利ですが, このように離れた位置にあるセルにコピーする場合には使えません.

手順 4　E1 をオートフィル操作で E2:E3 にコピーし，さらにオートフィル操作で F1:G3 にコピーする．この操作によって E1 の式が E1:G3 の範囲にコピーされる．それぞれのセルの中の式の A1 の部分はずれてコピーされるため，E1:G3 には A1:C3 と同じ数字が表示されるようになる．E1:G3 のセルをそれぞれクリックし，数式バーの中を見て E1 の「=A1」の式がどのようにコピーされたかを確認すること．

　Excel では表の中にある数字の合計などの計算を式を使って頻繁に行います．その際に，式をコピーするという作業を行いますが，上記のように式の中のセルの名前がずれたほうが便利です[17]．具体的な例を練習問題 10 で紹介します．

練習問題 10　次の手順に従って野球の勝敗表を作成しなさい．
手順 1　勝敗などのデータを以下のように入力する[18]．

	A	B	C	D	E	F
1	チーム	試合数	勝	負	分	勝率
2	巨人		65	48	2	
3	広島		60	56	3	
4	DeNA		59	56	3	
5	阪神		55	57	6	
6	中日		51	63	2	
7	ヤクルト		47	69	2	

手順 2　まず，首位の巨人のデータについて計算する．巨人の試合数は「勝ち数（C2）」と「負け数（D2）」と「引き分け数（E2）」の合計なので，巨人の試合数の B2 に「=C2+D2+E2」という式を入力すると，B2 に 65+48+2 の合計である 115 が計算されて表示される．
手順 3　B2 をオートフィル操作で B3:B7 にコピーする．この操作で B2 の式が B3:B7 にコピーされ，残りの 5 チームの試合数が計算されて表示される．
手順 4　次に，首位の巨人の勝率について計算する．巨人の勝率は「勝ち数（C2）」を「勝ち数（C2）」と「負け数（D2）」の合計で割ったものである（引き分けは含まないことに注意すること）ので，F2 に「=C2/(C2+D2)」という式を入力すると，巨人の勝率が計算されて F2 に表示される．
手順 5　F2 をオートフィル操作で F3:F7 にコピーすると，残りの 5 チームの勝率が計算されて表示される．
手順 6　F2:F7 を選択し，「ホーム」タブ→「数値」グループ→「小数点以下の桁数を減らす」を数回クリックして，小数点以下 3 桁までの数字が表示されるように調整する（下図）．

B3	▼	：	×	✓	fx	=C3+D3+E3

	A	B	C	D	E	F
1	チーム	試合数	勝	負	分	勝率
2	巨人	115	65	48	2	0.575
3	広島	119	60	56	3	0.517
4	DeNA	118	59	56	3	0.513
5	阪神	118	55	57	6	0.491
6	中日	116	51	63	2	0.447
7	ヤクルト	118	47	69	2	0.405

　手順 2 で巨人の試合数を計算した後に，残りの 5 チームの試合数を計算する必要がありますが，同じような式を 5 回も入力するのは手間がかかってしまいます．この表であれば 5 チーム分なので

---

[17]　ずれなければ，表計算ソフトは全く使い物にならなくなるといっても過言ではありません．
[18]　図のデータは 2019 年 9 月ごろのデータです．サーチエンジンなどで最新のデータを調べた結果を表にしてもかまいません．

それほどの手間ではないかもしれませんが，例えばチーム数が 100 チームあった場合は入力に手間がかかりすぎてしまいます．それぞれのチームの試合数の計算式は「右にある 3 つのセルの合計を計算する」というものであり，**計算の方法は 6 チームすべてで共通しています**．コンピューターの操作に慣れた方は，同じ方法で計算を行うのだから式をコピーすればよいと思われるかもしれません．手順 3 で式をコピーした時に式の中のセルの名前がずれなかった場合は，B2 の式を広島の試合数の B3 にコピーした場合に「=C2+D2+E2」という巨人の試合数を計算する式がコピーされてしまうためうまくいきません．しかし，実際には上の図の数式バーが示すように，B3 には B2 の式の中のセルの名前が 1 つずつずれた「=C3+D3+E3」という広島の試合数を計算する式がコピーされるため，式をコピーするだけで残りのチームの試合数を計算する式を入力することができるのです．

このように，コピーすると参照するセルの名前が相対的に変化するセルの参照のことを相対参照と呼びます．相対参照では，式を入力した時にセルの名前を入力しますが，Excel の中にはセルの名前ではなく，**式を入力したセルを基準として相対的にどれだけ離れているセルであるか**という情報が入力されます．例えば，上記の例で巨人の試合数を計算する式に「=C2+D2+E2」と入力しましたが，この式は Excel の中では「=『1 つ右のセルの中身』+『2 つ右のセルの中身』+『3 つ右のセルの中身』」という式が格納されているのです．この式を 1 つ下の B3 にコピーすると，全く同じ内容の「=『1 つ右のセルの中身』+『2 つ右のセルの中身』+『3 つ右のセルの中身』」という式がコピーされます．これは，B3 を基準にして考えると「=C3+D3+E3」という意味になり，広島の試合数を計算することができます．練習問題 10 の表のように，世の中の表の多くは表の中のデータを「この行は巨人の試合のデータを記述する」，「この列は勝ち数のデータを記述する」といったように**相対的に記述します**．そのため，相対参照を使えば表の中のデータを使って合計などの計算を行う場合，**1 つのセルだけに計算式を入力して，残りのセルにその式をコピーする**という方法で，簡単にすべてのデータについての計算を行うことができます．

一方，コピーした場合に参照するセルが変化して欲しくない場合もあります．このような場合は，**絶対参照**という方法でセル参照します．絶対参照を行うには，セルの名前の列と行の前に半角の「$」記号を記述します．例えば，「=$A$1」という式を記述して他のセルにコピーした場合，どのセルにコピーしても「=$A$1」という式がコピーされます．絶対参照を入力する際に，$記号を手で入力する必要はありません．式を入力する際に，**セルをクリックしてセルの名前を入力した後に F4 キーを押す**と入力したセルの名前が絶対参照に変化します．

本書では具体的な使い方については紹介しませんが，列または行だけを絶対参照にするという**複合参照**を記述することもできます．複合参照では，列または行の片方だけに$記号を記述し，$記号が記述された列または行のみが式をコピーしても変化しなくなります．以下の表は相対参照，絶対参照，複合参照で書かれた式を **1 つ右，2 つ下のセルにコピーした場合**にどのような式がコピーされるかを表しています．絶対参照を使った具体的な例については練習問題 11 を参照してください．

	相対参照	複合参照		絶対参照
元のセルの内容	=A1	=$A1	=A$1	=$A$1
コピー先の内容	=B3	=$A3	=B$1	=$A$1

練習問題 11 次の手順で，毎年 x ％（x には任意の数字を入れることができる）の利子がつく銀行にお金を預けた場合，10 年後までの毎年の預金額と，最初の預金額との差がいくらになるかを計算する表を作りなさい．

手順 1 左下の図のようなデータを入力する．

手順 2 B4 に「=B3+B3*$B$1」という式を入力する．

手順 3 B4 をオートフィル操作で B5:B13 にコピーすると，10 年後までの預金額が B4:B13 に計算されて表示される．

手順 4 C4 に「=B4—$B$3」という式を入力する．

手順 5 C4 をオートフィル操作で C5:C13 にコピーすると 10 年後までの差額が C4:C13 に計算されて表示される．

手順 6 B3:C13 を選択し，「ホーム」タブ→「数値」グループ→「小数点以下の桁数を減らす」を数回クリックして，小数点以下 1 桁までの数字が表示されるように調整する．

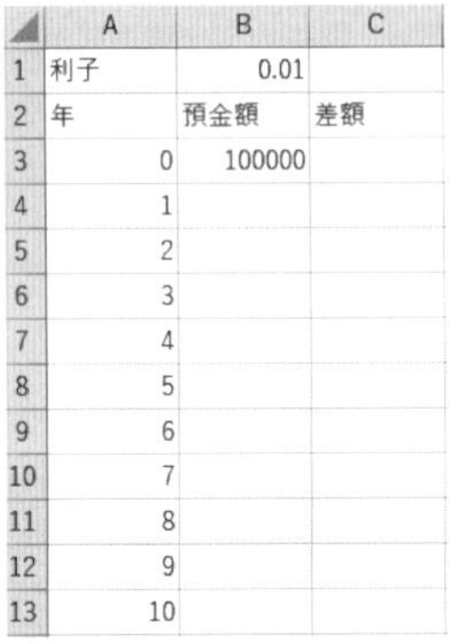

	A	B	C
1	利子	0.01	
2	年	預金額	差額
3		0	100000
4		1	
5		2	
6		3	
7		4	
8		5	
9		6	
10		7	
11		8	
12		9	
13		10	

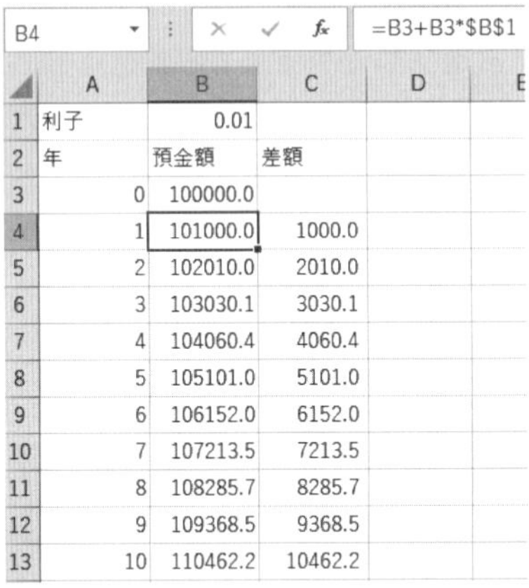

B4 | | × ✓ f_x | =B3+B3*$B$1

	A	B	C	D	E
1	利子	0.01			
2	年	預金額	差額		
3		0	100000.0		
4		1	101000.0	1000.0	
5		2	102010.0	2010.0	
6		3	103030.1	3030.1	
7		4	104060.4	4060.4	
8		5	105101.0	5101.0	
9		6	106152.0	6152.0	
10		7	107213.5	7213.5	
11		8	108285.7	8285.7	
12		9	109368.5	9368.5	
13		10	110462.2	10462.2	

この表では，B1 に利子を入力し，B3 に最初の預金額を入力すると，毎年の預金額と最初の預金額の差額を計算することにします．毎年利子がつくということは，ある年の預金額は，前の年の預金額が利子の分だけ増えるということです．これを式で表すと以下のようになります．

$$\text{ある年の預金額} = \text{前の年の預金額} + \text{前の年の預金額} \times \text{利子} \qquad \cdots ①$$

1 年後の預金額にこの式を当てはめると，1 年後の預金額は B4，前の年の預金額は B3，利子は B1 に記述されているので，B4 に「=B3+B3*B1」という式を入力すればよいことがわかります．実際にこの式を B4 に入力すると，「101000」という正しい答えが B4 に表示されます．

2 年後から 10 年後も同じ方法で計算できるので，この式を B5:B13 にコピーすればよいと思うかもしれませんが，実際にコピーすると右図のようにうまくいきません．

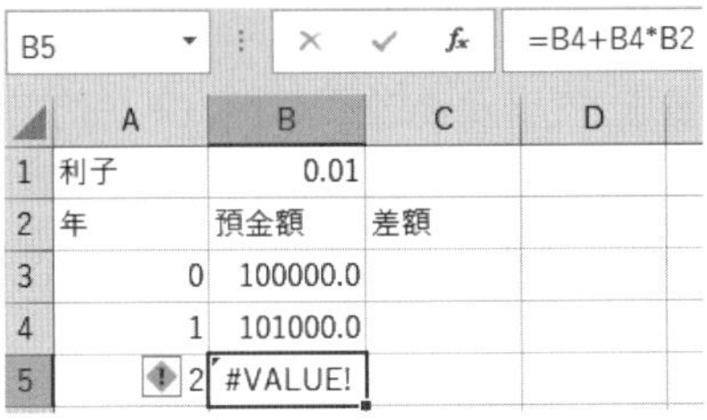

B5 に表示された「#VALUE!」はエラー（error（間違い））が発生して計算が行えなかったことを表します

B5 | | × ✓ f_x | =B4+B4*B2

	A	B	C	D
1	利子	0.01		
2	年	預金額	差額	
3		0	100000.0	
4		1	101000.0	
5		2	#VALUE!	

（エラー表記については p.249 を参照してください）．上の図の数式バーが示すように，B5 には「=B4+B4*B2」という式がコピーされています．このうち B4 は 2 年後の 1 年前である「1 年後の預金額」を表すので正しいのですが，B2 は利子ではなく「預金額」という文字が入ったセルを表しています．B4 の「101000」という数字と B2 の「預金額」という文字を掛け算することはできませんので「#VALUE!」というエラーが表示されます．

これは，預金額を計算するの式の中で，「前の年の預金額」は相対的であるのに対し，「利子」はどんな場合でも B1 に記述される**絶対的**なセルを指していることが原因です．絶対的とは，わかりやすく言うと，どんな場合でも場所が変化しないという意味です．そのため，B4 の式の利子の部分は相対参照である B1 ではなく，絶対参照である$B$1 を使って「=B3+B3*$B$1」と記述する必要があります．このように記述しておけば，この式を B4:B13 にコピーしても$B$1 の部分は変化しないため，正しく預金額を計算できるようになります．差額の計算の場合も「初期預金額」は常に B3 なので，「=B4 −$B$3」のように絶対参照を使ってセルの名前を参照する必要があります．練習問題 11 の例のように，**表の中の特定の部分に記述されたデータを使って計算を行う場合は，絶対参照を使ってそのセルを参照する必要があります**．

> ── 日常の世界での相対参照と絶対参照 ──
>
> 　相対参照と絶対参照は日常世界でもよく使われています．例えば，道を尋ねられた時に，「ここから交差点を 3 つ渡って右に曲がった先」のように説明するのは，今自分がいる場所を基準として目的地を**相対的**に説明しているので，相対参照であると言えます．相対参照では，自分の位置が変化すると，説明の内容も変化します．一方，「東京都○○区…」のように住所を使って目的地を指定することもできます．住所は自分が地球上のどこにいても同じ方法で場所を指定できるので，絶対参照であると言えます．現実の世界では近くの場所を指定する場合に相対参照，遠くの場所を指定する場合に絶対参照をよく使いますが，表計算ソフトの場合はセルとセルの距離で使い分けたりすることはありませんので，自分で考えて使い分ける必要があります．

$記号を使った絶対参照は，式の見た目の意味がわかりにくいという欠点があります．Excel ではセルに自分で好きな名前を付けることができ，その名前を式の中に書くと，そのセルを絶対参照したことになります．自分でつけた**セルの名前**を使ってセルを絶対参照することで，式の見た目をわかりやすくできます．セルに名前を付けるには，名前を付けたいセルをアクティブセルにし，「数式」タブ→「定義された名前」グループ→「名前の定義」で表示される

右図のパネルの「名前」のテキストボックスに名前を入力して「OK」ボタンをクリックします．
　セルに名前をつけると，そのセルをアクティブセルにした時に**名前ボックス**にその名前が表示されるようになります．また，式を入力する際に，名前をつけたセルをクリックすると，式の中にその名前が入力されるようになります．

練習問題 12　練習問題 11 の式を以下の手順でセルに名前をつけてわかりやすくすること．

手順 1　B1 をクリックし，「数式」タブ→「定義された名前」グループ→「名前の定義」で表示されるパネルの「名前」のテキストボックスに「利子」を入力し，「OK」ボタンをクリックする．図のように B1 をアクティブセルにした場合に名前ボックスに「B1」ではなく，「利子」が表示されるようになる．

手順 2　B4 をクリックし，「=B3+B3*利子」という式を入力する．利子の部分は B1 をクリックして入力することができる．

手順 3　B4 をオートフィル操作で B5:B13 にコピーすることで，B5:B13 に新しい式を上書きする．B5:B13

をクリックしてどのような式がコピーされたかを確認すること.

手順 4　手順 1 と同様の方法で「B3」に「初期預金額」という名前をつける.

手順 5　C4 をクリックし,「＝ B4 － 初期預金額」という式を入力する.

手順 6　C4 をオートフィル操作で C5:C13 にコピーして新しい式を上書きする.

　このように, 絶対参照を使う場合, **絶対参照を行うセルに適切な名前をつけて式の中でその名前を使うことで式の見た目がわかりやすくなります**. ただし, 変な名前をつけると, かえってわかりにくくなる場合があるため, そのセルの内容を表す名前をつけるとよいでしょう. 練習問題 11 の式と練習問題 12 の B4 と C4 の式を表にしますので, どちらがわかりやすいか見比べてみてください.

	B4 の式	C4 の式
練習問題 11 の式	＝B3+B3*$B$1	＝B4－$B$3
練習問題 12 の式	＝B3+B3*利子	＝B4－初期預金額

　セルにつけた名前を変更したり, 名前を削除したい場合は,「数式」タブ→「定義された名前」グループ→「名前の管理」で表示されるパネルで行ってください. なお, Excel ではセルを名前で区別できなくなるため, 複数のセルに同じ名前や, A1 のような名前を付けることはできません.

10.3　関数

10.3.1　関数

　本章のここまでの作業では, 式の中のセルの参照や演算子はすべて人間の手で入力していました. 小さな表の場合はこれでもかまわないのですが, 大きな表になると単純な足し算でも式を書くのが大変な作業になってしまいます. 例えば, 100 人分の点数のデータが入った表の点数の合計を計算するためには, 式の中に 100 のセルの名前と 99 の「＋」記号を手で書く必要があります.

　そこで, 表計算ソフトでは, 合計や平均などの, 表計算ソフトでよく使われる計算を簡単に行うための「**関数**」と呼ばれる機能が用意されています. 関数とは, 何らかのデータを入力すると, 与えられたデータを使って何らかの計算を行い, その計算結果を出力してくれるようなもののことです. 関数に与えるデータのことを**引数**（ひきすう）と呼び, 関数が出力した計算結果のことを**返り値**（かえりち）または戻り値（もどりち）と呼びます. Excel にはさまざまな関数が用意されており, それぞれの関数には英語の名前が付けられています. 関数は以下のように記述します.

関数名 (引数 1, 引数 2, …)

　関数の種類によって必要な引数の数は異なり, 関数名の後の ( ) の中に, 必要な数だけ引数を「,」で区切って記述します. 例えば, 数字の合計を求める **SUM** 関数は合計を計算したい数を引数の部分に記述し, SUM(1, 2, 3) のように

記述すると 1 と 2 と 3 の合計を計算します. 関数の引数を入力する際には, その関数にどのような引数を入力するかのヒントが図のようにすぐ下に表示されます.

　式の中に関数を記述すると, **関数の部分はその関数が行った計算結果（返り値）に置き換わります**. 例えば「=SUM(1, 2, 3)*4」という式をセルに記述すると, SUM(1, 2, 3) の部分が 1 と 2 と 3 の合計の 6 に置き換わり,「6*4」の答えである 24 という数字がセルに表示されます. このことは「数式タブ」→「ワークシート分析」グループ→「**数式の検証**」を使って確認できます（→ p.209）.

　関数の引数の中にセルの名前や範囲を記述することができます．例えば，「SUM(A1:A10)」と記述すると，A1:A10 の範囲の 10 個のセルの中の合計を計算してくれます．この時，A1:A10 の範囲の部分は，セルの名前と同じように，マウスで A1:A10 をドラッグして入力することができます．**関数とセルの範囲を使えば，長方形の範囲のセルの中身の合計を非常に簡単に記述することができます**．長方形でない範囲の合計は，長方形の範囲を組み合わせて計算できます．例えば，SUM(A1:A3, B1:B2, C1) のように記述することで，三角形の形の 6 つのセルの合計を計算できます．セルの範囲にも相対参照と絶対参照の区別があります．セルの範囲を絶対参照で記述するには $A$1:$B$3 のように記述します．また，セルの範囲に対しても「数式」タブ→「定義された名前」グループ→「名前の定義」を使って名前をつけることができます．関数の中に相対参照でセルの名前やセルの範囲を記述した場合，その関数が記述されたセルを他のセルにコピーすると通常の場合と同様にセルの名前やセルの範囲がずれてコピーされます．関数の中に自分でつけたセルの範囲の名前を記述した場合は絶対参照とみなされます．

　関数の引数には，数値だけでなく，式や他の関数を書くこともできます．例えば，次の式は A1:C3 の範囲のセルの合計の 2 倍と，D4:F6 の範囲のセルの合計のうち，大きいほうの数字を計算します（MAX 関数（→ p.224）は最大値を計算する関数です）．

$$\text{MAX(SUM(A1:C3)*2, SUM(D4:F6))}$$

― 身の周りにある関数 ―

　我々の身の周りには，いたるところに関数があふれています．例えば，自動販売機は「お金」と「ボタンを押して商品を選ぶ」という入力を行うと，「商品」という結果を出力する関数です．他にも車は「ハンドル」，「ブレーキ」，「アクセル」という入力を行うと「車を運転する」という結果を出力する関数です．パソコンの OS やアプリケーション，そして，人間そのものも非常に複雑な関数と言ってよいでしょう．関数の便利なところは，関数の中で何が行われているかを全く知らなくても，関数の使い方を知っていれば誰でも利用できるという点にあります．例えば，運転免許を持っている人は車が動く仕組みのことを知らなくても車を運転できます．このような，中身の仕組みがわからない道具のことをブラックボックス（black box（中身が見えない黒い箱のこと））と呼びます．

Excel では関数は頻繁に使われるので，関数を簡単に入力するための方法が用意されています．合計を計算する SUM 関数を入力するには右図の「ホーム」タブ→「編集」グループ→「オートSUM」ボタン[19]を使います．「オート SUM」ボタンをクリック

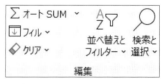

した時に入力される式はアクティブセルの周りの状況によって以下のように変化します．

- 右図の D1 のように，アクティブセルの左に数字が入力されている場合[20]に「オート SUM」ボタンをクリックすると，アクティブセルの左にある数字の合計を計算する SUM 関数の式が入力されます．同様に，アクティブセルの上に数字が入力されている場合はアクティブセルより上にある数字の合計を計算する SUM 関数の式が入力されます．

---

[19] 「オート SUM」ボタンの左に表示される Σ（シグマ）記号は合計を表す数学の記号です．
[20] すぐ左でなくても（間が空いていても）かまいません．

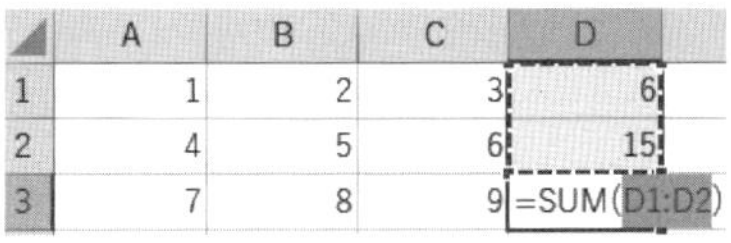

- 右図の C3 のように，アクティブセルの上と左の両方に数字が入力されている場合，上にある数字の合計を計算する SUM 関数の式が入力されます.

	A	B	C	D
1	1	2	3	6
2	4	5	6	15
3	7	8	9	=SUM(D1:D2)

- アクティブセルの上にも左にも数字が入力されていない場合は，( ) の中が空白の SUM 関数の式が入力されます. このままエンターキーを押すとエラーになるので，計算したい範囲をドラッグして選択してからエンターキーを押してください.

- A1:C1 のように合計を計算したい範囲を選択してから「オート SUM」ボタンをクリックした場合は，選択した範囲の近く（右上図の場合は D1）に選択した範囲の合計を計算する SUM 関数の式（この場合は =SUM(A1:C1)）が入力されます. A1:C3 のように複数の行と列を選択した場合，選択したセルの全体の合計ではなく，選択した各列の合計を計算する SUM 関数が選択した部分の下のセルにそれぞれ入力されます.

　上記の最後の場合を除き，SUM 関数の式が入力された後にマウスのドラッグ操作で SUM 関数が計算を行う範囲を変更することができます.「オート SUM」ボタンで SUM 関数の式を入力した際に，合計を計算したい範囲が選択されていなかった場合は，ドラッグして選択し直してください.

　合計以外の計算を行いたい場合は，「オート SUM ボタンの ∨ 」で表示されるメニューからよく使われる以下の関数を SUM 関数と同じように入力することができます.

メニューの名前	関数名	意味
平均	AVERAGE	平均を計算する
数値の個数	COUNT	データが入力されているセルの個数を数える
最大値	MAX	最大値を計算する
最小値	MIN	最小値を計算する

　また，このメニューの一番下の「その他の関数」をクリックするか，数式バーの左の *fx* ボタンをクリックすることで，Excel が提供する関数を検索して入力することができるパネルが表示されます. パネルの上部の「関数の検索」で関数を検索することができます. また，Excel の関数は分類されており，「関数の分類」のメニューから分類名を選択することで，その分類の関数の一覧を検索することができます. 検索結果は「関数名」の下に一覧で表示され，クリックすることで下に簡単な説明が表示されます. より詳細な説明を見たい場合は，下にある「この関数のヘルプ」をクリックしてください. 入力したい関数を選択し，「OK」ボタンをクリックすると，その関数を入力するためのパネルが表示されます. 他にも「数式」タブ→「関数ライブラリ」グループに関数を分類したボタンがあり，そこから関数を選んで入力することもできます.

　Excel には非常に多くの関数が用意されており，そのすべてを覚える必要は全くありません. まず，よく使う関数について覚え，それ以外の関数については必要に応じて覚えていけばよいでしょう. 本書では，よく使われるいくつかの関数のみを紹介します（詳しくは索引の Excel の項（→ p.285）を参照してください）. また，章末問題でもいくつかの便利な関数を紹介することにしますので参考にしてください.

練習問題 13　以下の表を入力し，関数を使って，各生徒の合計点を E2:E6 に計算し，「出席点」，「レポート」，「試験」のそれぞれについて，平均点，最高点，最低点，人数を B7:D10 に計算しなさい. なお，D4 が空白になっているのは，黄村さんが試験を受けなかったことを表している.

手順1 右図のようにデータを入力する．この時，D4 は空白のまま空けておくこと．

手順2 E2 をクリックし，「ホーム」タブ→「編集」グループ→「オート SUM」をクリックして，E2 に「赤木　太郎」の合計を計算する SUM 関数の式を入力する．

手順3 E2 をオートフィル操作で E3:E6 にコピーし，5 人の成績の合計点を計算する．

手順4 B7 をクリックし，「ホーム」タブ→「編集」グループ→「オート SUM の ∨ 」→「平均」をクリックして，B7 に出席点の平均を計算する AVERAGE 関数の式を入力する．

	A	B	C	D	E
1	名前	出席点	レポート	試験	合計
2	赤木　太郎	80	30	50	
3	青田　花子	70	50	70	
4	黄村　次郎	20	10		
5	白井　三郎	90	80	90	
6	黒沢　学	60	60	100	
7	平均点				
8	最高点				
9	最低点				
10	人数				

手順5 B8 をクリックし，手順 4 と同様の手順でメニューの「最大値」をクリックして，B8 に出席点の最高点を計算する MAX 関数の式を入力する．この時，MAX 関数の引数には B8 の上にある B2:B7 が選択されているが，B7 は生徒の点数ではないのでエンターキーを押す前に B2:B6 をドラッグして 5 人の生徒の最高点を計算するように範囲を選び直してからエンターキーを押す．

手順6 B9 をクリックし，手順 5 と同様の手順でメニューの「最小値」をクリックして，B9 に B2:B6 の最小値を計算する MIN 関数の式を入力する．

手順7 B10 をクリックし，手順 5 と同様の手順でメニューの「数値の個数」をクリックして，B10 に B2:B6 の中でデータが入力されたセルの数を計算する COUNT 関数の式を入力する．

手順8 B7:B10 をオートフィル操作で C7:D10 にコピーし，レポートと試験に対して平均点などを計算するための式をまとめてコピーする．

	A	B	C	D	E
1	名前	出席点	レポート	試験	合計
2	赤木　太郎	80	30	50	160
3	青田　花子	70	50	70	190
4	黄村　次郎	20	10		30
5	白井　三郎	90	80	90	260
6	黒沢　学	60	60	100	220
7	平均点	64	46	77.5	
8	最高点	90	80	100	
9	最低点	20	10	50	
10	人数	5	5	4	

　関数を使用する際には，空白のセルの扱いに注意する必要があります．Excel の多くの関数では，計算の範囲に D4 のような空白のセルが入っていた場合，そのセルを無視して計算を行います．例えば，D7 では試験の平均点が 77.5 点になっていますが，これは D2:D6 の合計の 310 を 5 ではなく，空白の D4 を無視した 4 で割った答えが表示されています．D4 を計算に入れたい場合は，D4 に「0」を入力してください．0 を入力すると，D4 は無視されなくなり，平均点が 310 ÷ 5 の答えである 62 と表示されるようになります．また，同時に MIN 関数が記述されている D9 も 50 ではなく 0 が，COUNT 関数が記述されている D10 も 4 ではなく 5 が表示されるようになります．

10.3.2　条件分岐を使った応用例　〜成績表を作ってみる〜

　次は，表計算ソフトの実用的な応用例として，成績表を作ってみましょう．練習問題 13 で，すでに 5 人の生徒の点数について，平均点などのデータを計算しましたが，ここでは生徒の点数のデータから，自動的に成績評価（A,B,C,D）を計算する表を作成することにします．

　練習問題 13 の表では，合計の列のデータが 3 つの 100 点満点の点数の合計の 300 点満点になっているので，3 で割って 100 点満点に直す必要があります．そこで次の作業を行ってください．

1. F1 に「点数」の文字を，G1 に「成績」の文字を入力する．
2. F2 に「=E2/3」を入力し，オートフィル機能を使って F3:F6 にコピーする．
3. F2:F6 を選択し，「ホーム」タブ→「数値」グループ→「小数点以下の桁数を減らす」を数回クリックして，小数点以下 1 桁までの数字が表示されるように調整する．

　次に，成績評価の基準を決める必要があります．次ページの表のように成績をつけることにします．

成績	A	B	C	D
点数	80 点以上	70 点以上 80 点未満	50 点以上 70 点未満	50 点未満

　成績表のように，特定の条件によって行う計算を変えることを**条件分岐**と呼びます．Excel では，条件分岐は **IF 関数**を使って行います．IF 関数は以下のように 3 つの引数を使って記述します．

IF（論理式，論理式が真の場合に計算する式，論理式が偽の場合に計算する式）

　論理式には条件を表す式を記述します[21]．論理式で数値に関する条件を記述するには次の表の**比較演算子**を使います．論理式が正しい場合のことを「**真**（true）」，論理式が正しくない場合のことを「**偽**（false）」と呼びます．比較演算子の優先度は他の演算子より低いので，「1+2 ＜ 3+4」という論理式は先に「+」の演算子の計算が行われ，「3 ＜ 7」という式になり，答えは「真」となります．

演算子	意味	演算子	意味
＞	左の式が右の式より**大きければ**真	＜	左の式が右の式より**小さければ**真
＞＝	左の式が右の式**以上**であれば真	＜＝	左の式が右の式**以下**であれば真
＝	左の式が右の式と**等しければ**真	＜＞	左の式が右の式と**等しくなければ**真

　例えば，赤木さんの点数が入力されている F2 の中身が 80 以上であれば「A」，そうでなければ「B」と表示する式は，以下のように記述します．

=IF(F2>=80, ”A”, ”B”)

　「A」や「B」のように計算結果として**文字列**をセルに表示したい場合は，上記の式のように，文字列の前後を”（ダブルクオーテーション記号．シフトキーを押しながら **2** を押して入力）で囲む必要があります[22]．この式を G2 に入力し，オートフィル操作で G3:G6 にコピーし，5 人の成績が 80 点以上なら「A」，80 点未満なら「B」と表示されることを確認してください．

人間の行動と条件分岐

　条件分岐は人間の生活のありとあらゆる場面で頻繁に出てきます．例えば，交差点では「信号が青」という条件が真であれば「渡る」，偽であれば「渡らない」という条件分岐を行っています．人によっては「車が走っていない」という条件が真であれば「渡る」という人もいるでしょう．朝起きた時に時計を見て「今日は日曜日でまだ 9 時より前だから二度寝をする」というような行動も，その人の頭の中で複雑な条件分岐が行われた結果，起こる行動です．我々人間は，ありとあらゆる場面で次に何をするかを自分なりのルールに従った条件分岐によって判断しているのです．

　次に，IF 関数を利用して A，B，C，D の成績を自動的に計算する表を作る方法について説明します．残念ながら，IF 関数はある条件が真（正しい）か偽（間違っている）かの 2 通りの判定しかできず，A，B，C，D のような 4 つの条件を一度に判定することはできません[23]．条件分岐を表す式を記述する場合は，条件分岐の流れを表す**フローチャート**（流れ（flow）図（chart））と呼ばれる図を使うとわかりやすくなります．フローチャートは日常生活でも，性格診断などでよく使わ

---

[21] このような，条件を判定するための式を**条件式**と呼ぶ場合もあります．

[22] ”” で囲まない場合は，絶対参照のところで説明したセルの名前（→ p.221）とみなされます．

[23] Excel 2016 から後述の IFS（→ p.228）という関数で複数の条件分岐の判定を一度に行うことができるようになりました．

れます[24]．A，B，C，D を判定するフローチャートは右図のようになります[25]．フローチャートでは，ひし形の部分が条件分岐を表します．このフローチャートから 4 つの成績を判定するためには，3 回条件分岐を行う，すなわち 3 つの IF 関数を記述する必要があることがわかります．

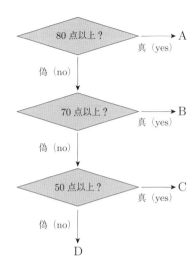

次に，このフローチャートをもとに，IF 関数を使って赤木さんの成績を計算する式を記述する方法を説明します．3 つの IF 関数を一度に書こうとすると混乱する可能性が高いので，フローチャートの上の条件分岐から順に 1 つずつ式を書いていくことにします．一番上の論理式が偽だった場合に仮に成績が「B」になるとすると，先ほど説明したように以下の式で記述できます．

$$\text{=IF(F2>=80, "A", "B")}$$

真ん中の条件分岐の部分は，論理式が偽だった場合に仮に成績が「C」になるとすると上の式と同様に以下の式で記述できます．

$$\text{=IF(F2>=70, "B", "C")}$$

一番下の条件分岐の部分も同様に以下の式で記述できます．

$$\text{=IF(F2>=50, "C", "D")}$$

一番上の式の中の網かけになっている"B"の部分は，実際にはフローチャートからわかるとおり，2 番目の条件分岐が入ります．したがって，一番上の式は正しくは以下のようになります．

$$\text{=IF(F2>=80, "A", IF(F2>=70, "B", "C"))}$$

また，この式の中の網かけになっている"C"の部分には 3 番目の式が入ります．しがたって，4 つの成績を判定するための式は以下のようになります．

$$\text{=IF(F2>=80, "A", IF(F2>=70, "B", IF(F2>=50, "C", "D")))}$$

この式を G2 に入力し，オートフィル機能を使って G3:G6 にコピーし，下図のように 5 人の成績が正しく A，B，C，D の 4 段階で判定されることを確認してください．

IF の中に IF が入れ子で入っているため，見た目は非常にわかりにくい式になっていますが，ピンと来ない方はフローチャートと見比べながら，落ち着いて，なぜこうなるかじっくりと考えてみてください．このように関数の中に別の関数を入れ子にした場合，括弧の対応を間違えるとエラーになったり，正しい計算が行われなくなります．式を記述する際は，**括弧の対応がきちんととれているように気をつけながら**，慎重に行ってください．

	A	B	C	D	E	F	G
1	名前	出席点	レポート	試験	合計	点数	成績
2	赤木　太郎	80	30	50	160	53.3	C
3	青田　花子	70	50	70	190	63.3	C
4	黄村　次郎	20	10		30	10.0	D
5	白井　三郎	90	80	90	260	86.7	A
6	黒沢　学	60	60	100	220	73.3	B
7	平均点	64	46	77.5			
8	最高点	90	80	100			
9	最低点	20	10	50			
10	人数	5	5	4			

---

[24] 性格診断など使われる yes，no で分岐する図は yes no チャートとも呼ばれます．
[25] 同じ判定を行う別のフローチャートを作ることもできます（→練習問題 14）．

練習問題 14　以下のようなフローチャートで成績を判定する場合，G2 のセルに記述する式を述べよ.

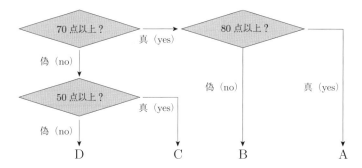

　練習問題 14 からわかるように，成績判定を行う正しいフローチャートは複数あります. 例えば，最初のフローチャートとは逆に，D，C，B，A の順番で成績を判定するフローチャートを作ることもできます. ただし，フローチャートでは**判定の順番が非常に重要**です. 例えば，最初のフローチャートの条件分岐の順番を入れ替えて最初に「50 点以上だった場合は "C"」，そうでなければ「70 点だった場合は "B"」，そうでなければ「80 点以上だった場合は "A"」，そうでなければ「"D"」という順番で判定した場合，80 点の成績は最初の条件分岐で "C" と判定されてしまいます. 複雑な条件分岐の式を記述する場合は，慣れないうちはフローチャートを作り，いくつかのデータを作ったフローチャートに当てはめてみて正しいかどうか確認してから式を記述するとよいでしょう.

10.3.3　IFS

　Excel 2016 から，複数の条件分岐を 1 つの関数でまとめて記述することができる **IFS 関数**が使えるようになりました. IFS 関数は以下のように記述します [26].

$$IFS(1 つ目の論理式，1 つ目の論理式が真の場合に計算する式，$$
$$2 つ目の論理式，2 つ目の論理式が真の場合に計算する式，\cdots)$$

　IFS 関数には論理式をいくつでも記述でき，記述した論理式を最初から順番にチェックしていき，最初に真であった論理式の次の引数に記述されている式が計算されます. すべての論理式が偽だった場合に計算する式を記述する場合は，最後の論理式に TRUE（Excel で真を表す値）を記述します [27]. 先ほどの成績評価の式は IFS 関数を使って以下のように記述できます.

$$=IFS(F2>=80, "A", F2>=70, "B", F2>=50, "C", TRUE, "D")$$

　このように，IFS 関数は複数の条件分岐を 1 つの関数で記述できるため非常に便利ですが，Excel 2013 以前のバージョンの Excel では IFS 関数は使用できません（エラーになる）ので注意してください. IFS 関数があれば，IF 関数はもはや必要がないように思えるかもしれませんが，条件分岐が 1 つしかない場合は IF 関数を使ったほうが最後の TRUE を記述しなくてもよいため楽に記述できるなどの利点があるため，IF 関数を覚えておくことは依然として重要です. そのため，本書ではまず基本となる IF 関数から紹介しています. 以後はわかりやすさを重視して IFS 関数を使ったほうが楽に式を記述できる場合は IFS 関数を使って記述することにします. 成績表の G2:G6 の式を，IFS 関数を使って成績を計算するように修正しておいてください.

---

[26]　IFS 関数では，論理式と，その論理式が真だった時に計算する式は必ずペアで記述する必要があります. そのため，IFS 関数の引数が奇数個の場合はエラーのパネルが表示されます.

[27]　最後の論理式に TRUE を記述しなかった場合で，すべての論理式が偽であった場合は，#N/A!というエラーになります.

10.3.4 AND と OR

AND 関数や **OR** 関数を使って 10 以上 20 以下といった複数の条件を組み合わせた論理式を書くことができます.

AND（and（なおかつ））関数はすべての引数の論理式が真の場合のみ「真」となる関数で，例えば，「A1 の中身が 10 以上 20 以下」かどうかを判定する論理式は以下のように記述します[28].

$$\text{AND(A1>=10, A1<=20)}$$

AND 関数と IF 関数を組み合わせて，「A1 の中身が 10 以上 20 以下」の場合に○を，そうでない場合に×をセルに表示する式は以下のように記述します.

$$\text{=IF(AND(A1>=10, A1<=20), ”○”, ”×”)}$$

なお，AND 関数を使わずに以下のような 1 つの論理式を書けばよいのではないかと思う人がいるかもしれませんが，残念ながら，下記のように記述しても「A1 の中身が 10 以上 20 以下」を正しく判定できないので注意してください.

$$\text{10<=A1<=20} \quad ←この書き方はエラーにはなりませんがうまくいきません！$$

OR（or（または））関数は引数の論理式のどれか 1 つでも真の場合は「真」となる関数で，すべてが偽の場合にのみ「偽」となります. 例えば，「A1 の中身が 50 以下」または，「A2 の中身が 30 以下」または，「A3 の中身が 70 以下」であることを判定するには以下のように記述します.

$$\text{OR(A1<=50, A2<=30, A3<=70)}$$

AND 関数と OR 関数を組み合わせることもできます. 例えば「A1 が 50 以上」なおかつ「A2 が 30 以上または A3 が 50 以下」であることを判定するには以下のように記述します.

$$\text{AND(A1>=50, OR(A2>=30, A3<=50))}$$

AND 関数と OR 関数を使った具体例については章末問題 2 を参照してください.

10.3.5 絶対参照を使った応用例 〜より柔軟な成績表を作ってみる〜

練習問題 13 の成績表の例の場合，100 点満点として計算された G 列の「点数」の数字は，「出席点」と「レポート」と「試験」の点数が同じ割合で計算されたものでしたが，一般的には，出席点よりはレポートのほうが，レポートよりは試験のほうが重視されることが多いようです. また，A,B，C，D の成績の境目がそれぞれ 80 点，70 点，50 点となっていましたが，これらの点数の境目をもっと柔軟に変えたくなることもあるでしょう. このように，後から計算の方法を変えたいと思った場合に，変化させたい数字を式の中に書くのではなく，**表のどこか決まったところに記述し，それを絶対参照で式の中に記述する**という方法を使えば，セルの中身を書き換えるだけで表全体の計算方法を簡単に変更できるようになります.

まず，点数の割合を変化させる方法について説明します. 例えば，出席点とレポートと試験の点数の重み（重要度）を 1:2:4 の割合（レポートの点数を出席点の 2 倍，試験の点数を出席点の 4 倍として計算する）には，E2 に以下のような式を入力します.

$$\text{=B2*1+C2*2+D2*4}$$

---

[28] AND(10<=A1, A1<=20) と書いてもよいでしょう.

　この式をオートフィル操作で E3:E6 にコピーすれば，重みつきの点数で全員分の点数を計算し直すことができます．しかし，この方法では，重みの割合を後から変えようと思った時に毎回「E2 をクリックして新しい重みで式を書き直す」，「E2 を E3:E6」にコピーするという手間のかかる作業が必要になってしまいます．そこで，重みに使う数字を以下の手順で特定のセルの中に記述し，その数字を絶対参照で参照して式を書き直すことにします．

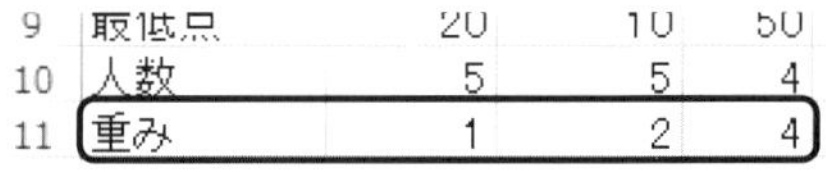

1.　A11：D11 に右図のデータを入力する．

9	取低点	2U	1U	5U
10	人数	5	5	4
11	重み	1	2	4

2.　B11 をクリックし，「数式」タブ→「定義された名前」グループ→「名前の定義」をクリックして表示されるパネルの「名前」のテキストボックスに「出席点重み」を入力し，「OK」ボタンをクリックして B11 に「出席点重み」という名前をつける．

3.　同様の操作で C11 に「レポート重み」，D11 に「試験重み」という名前をつける．

4.　E2 の式を以下のように書き換える．出席点重みの部分を書き換えるには，=B2*1+… の 1 の部分をドラッグし，B11 をクリックして入力するとよい．

$$\text{=B2*出席点重み+C2*レポート重み +D2*試験重み}$$

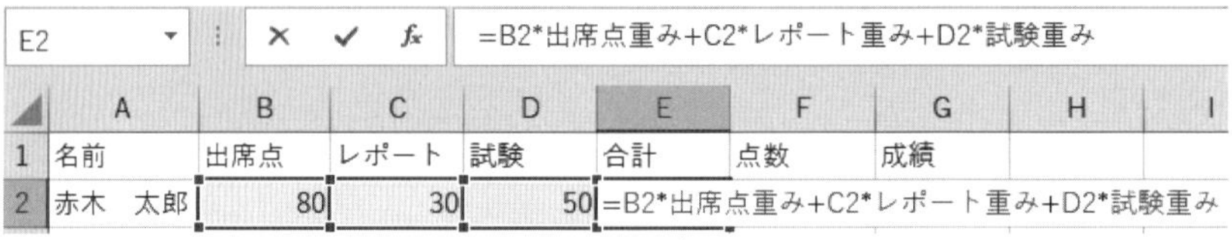

E2	▼	⋮	✕ ✓ fx	=B2*出席点重み+C2*レポート重み+D2*試験重み				
	A	B	C	D	E	F	G	H	I
1	名前	出席点	レポート	試験	合計	点数	成績		
2	赤木　太郎	80	30	50	=B2*出席点重み+C2*レポート重み+D2*試験重み				

5.　E2 をオートフィル操作で E3:E6 にコピーする．

　上記の操作によって，E2:E6 の合計の部分が，B11:D11 に記述されている重みの数字を使って計算されるようになりました．B11:D11 の重みの数字を変えた場合に，E2:E6 の合計の数字が即座に計算され直すことを確認してください．なお，この表の B11:D11 のように後から値を修正してよい部分と，そうでない部分を明確に区別するために，修正してよい部分のセルの周囲に罫線を引いたり，セルを薄い色で塗りつぶすという手法があります．以降の成績表の図では，後から値を修正してよい部分の周囲を太線で囲み，薄い色で塗りつぶして表示することにします．

　ここまでの作業を行うと，F 列の点数のほとんどが 100 点を超えてしまうため，黄村さん以外の成績が全員 A になってしまいます．これは，新しい合計の点数が出席点が 100 点満点，レポートが 200 点満点，試験が 400 点満点の合計 700 点満点に変わったにもかかわらず，点数の計算が合計の点数を 3 で割ったままになっているためです．合計の点数の最大値は以下の式で計算できます．

$$100 * 出席点重み + 100 * レポート重み + 100 * 試験重み$$
$$= 100 * (出席点重み + レポート重み + 試験重み)$$

この式から，合計点を 100 点満点に直すには 3 つの重みの合計で割り算すればよいことがわかります．そこで，以下の手順で F2:F6 の点数を 100 点満点に直してください．

1.　E11 をクリックし，「ホーム」タブ→「編集」グループ→「オート SUM」をクリックして E11 に重みの合計を計算する．

2.　E11 に「重み合計」という名前を付ける．

3.　F2 をクリックし，「=E2/重み合計」という式を入力する．

4. F2 をオートフィル操作で F3:F6 にコピーする.

5. F2:F6 を選択し,「ホーム」タブ→「数値」グループ→「小数点以下の桁数を減らす」を数回クリックして, 小数点以下 1 桁までの数字が表示されるように調整する.

これで, 全員分の点数が 100 点満点に換算され, 点数の重みを自由に変更できる成績表を作ることができました. B11:D11 の重みの数字を変えた場合に, F2:F6 の合計点と G2:G6 の成績が即座に計算され直すことを確認してください.

次に, 成績の点数の境目を柔軟に編集できるようにする方法について説明します. 成績の点数の境目は, 成績を計算する下記の式の網かけの部分を変更することで行えます.

=IFS(F2>=80, "A", F2>=70, "B", F2>=50, "C", TRUE, "D")

しかし, 成績の境目の数字を変化させたくなった時に, 式の中の数字を直接編集するのは大変です. そこで, 重みの場合と同様に, 以下の手順で成績の境目の点数を表の中に記述し, それを使って成績を計算するようにしてみましょう.

1. A12:B14 に右図のデータを入力する.

2. B12:B14 を選択し,「ホーム」タブ→「フォント」グループの「罫線」と「塗りつぶしの色」のメニューを使って周囲に太い枠線を引き, セルを好きな色で塗りつぶす.

12	Aの最低点	85
13	Bの最低点	70
14	Cの最低点	45

3. B12 に「A の最低点」, B13 に「B の最低点」, B14 に「C の最低点」という名前をつける.

4. G2 の式を以下のように書き換える.

=IFS(F2>=A の最低点, "A", F2>=B の最低点, "B", F2>=C の最低点, "C", TRUE, "D")

5. G2 をオートフィル操作で G3:G6 にコピーする.

	A	B	C	D	E	F	G
1	名前	出席点	レポート	試験	合計	点数	成績
2	赤木　太郎	80	30	50	340	48.6	C
3	青田　花子	70	50	70	450	64.3	C
4	黄村　次郎	20	10		40	5.7	D
5	白井　三郎	90	80	90	610	87.1	A
6	黒沢　学	60	60	100	580	82.9	B
7	平均点	64	46	77.5			
8	最高点	90	80	100			
9	最低点	20	10	50			
10	人数	5	5	4			
11	重み	1	2	4	7		
12	Aの最低点	85					
13	Bの最低点	70					
14	Cの最低点	45					

以上で上図のような成績表が完成しました. B11:D11 の重みの数字や B12:B14 の成績の境目の点数を変えた場合に, G2:G6 の成績が即座に計算され直すことを確認してください.

練習問題 15 成績表の D～G の列を 1 つ右にずらして D の列に小テストの列を挿入し, 小テストも含めた成績表を作成しなさい. なお, 小テストの点数は上から順に 50, 80, 20, 70, 90 とし, 小テストの重みは 3 とすること.

10.4　グラフ

10.4.1　グラフの種類

　表計算ソフトの重要な機能の 1 つに，入力したデータの**グラフ化**があります．グラフ化をすることで，データを視覚的にわかりやすく表現することが可能になります．

　Excel ではさまざまな種類のグラフを作ることができます．**視覚化するデータのどのような点を強調したいかによって，適切なグラフを選択すること**が非常に重要です．以下に，よく使われるグラフの種類と特徴を説明します．なお，**系列**とは，棒グラフの中の同じ色の棒や，折れ線グラフの線など，グラフの中で同じ種類のデータを集めたもののことを表します．

棒グラフ

　棒グラフは 3 種類あり，それぞれ同じデータに対して**作られる棒グラフの形が大きく異なります**ので，混同しないように気をつけてください．棒グラフは棒の長さによって割合を比較する目的で使われることが多いので，**横軸と交わる部分の数値を 0 にすること**を強くお勧めします．

- **棒グラフ**　　普通の棒グラフです．**数値の大小と割合を比較する**のに向いています．
- **積み上げ棒グラフ**　　新しい系列の棒を書く際に，それまでに書かれた棒の上に積み上げて書きます．全体の合計と，それぞれの系列の割合を比較するのに向いています．
- **100 ％積み上げ棒グラフ**　　他の棒グラフと異なり，縦軸は 0 ％から 100 ％までの割合を表します．棒グラフのすべての棒は同じ高さで書かれ，その中にそれぞれの系列が割合の長さで書かれます．すべての棒グラフの高さが同じなので，積み上げ棒グラフよりも，それぞれの系列の割合を比較するのに向いています．

折れ線グラフ（面グラフ）

　折れ線グラフも棒グラフと同様に 3 種類あります．積み上げ折れ線グラフの下の部分を塗りつぶしたものを**面グラフ**と呼びます．

- **折れ線グラフ**　　普通の折れ線グラフです．**時系列データ**[29]**の推移や変動を表す**のに向いています．
- **積み上げ折れ線グラフ**　　新しい系列の折れ線を書く際に，それまでに書かれた一番上の折れ線の上に積み上げて書きます．全体の合計の推移や変動と，それぞれの系列の割合を比較するのに向いています．
- **100 ％積み上げ折れ線グラフ**　　他の折れ線グラフと異なり，縦軸は 0 ％から 100 ％までの割合を表します．一番上の折れ線はすべて同じ高さで書かれ，その下にそれぞれの系列の折れ線が割合で書かれます．積み上げ折れ線グラフよりも，それぞれの系列の割合を比較するのに向いています．

円グラフ

　割合を表すのに向いています．他のグラフと異なり，**1 つの系列のみの割合を表します**．

レーダーチャート

　中心を基準とした相対的な値を表します．複数の項目の大きさを全体的に比較できます．

グラフの具体例

　次ページの表のデータに対する，上記で紹介したグラフをそれぞれ紹介します．円グラフは 1 月の系列のデータをグラフ化しています．また，参考までに，積み上げ面グラフも紹介します．

---

29) 時系列データ（→ p.216）とは，ある現象について一定の間隔で計測されたデータのことです．

	1月	2月	3月
A社	30	50	30
B社	40	30	70
C社	50	40	30

レーダーチャートのデータ

	Aチーム	Bチーム
打力	4	2
走力	3	4
投手力	3	5
守備力	5	3
総合力	4	3

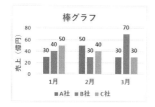
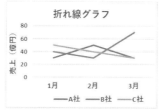
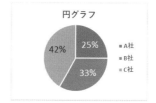

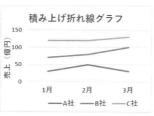
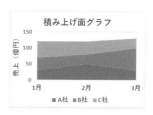

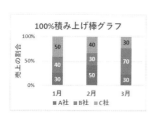
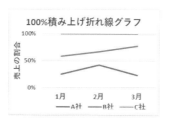
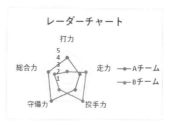

グラフの作成

Excelでグラフを作成する手順は以下のとおりです．それぞれの手順について具体例を挙げながら紹介します．

1. グラフにするデータを Excel の表に入力する．
2. グラフの種類を選ぶ．
3. グラフのデータの調整を行う．
4. グラフの表示の調整を行う．

	A	B	C	D
1	年月	D社	A社	S社
2	2014年12月	6527	4238	3740
3	2015年6月	6753	4407	3989
4	2015年12月	6960	4524	3958
5	2016年6月	7161	4659	3936
6	2016年12月	7359	4783	3927
7	2017年6月	7511	4911	3889
8	2017年12月	7568	5064	3951
9	2018年6月	7674	5289	3991
10	2018年12月	7752	5426	4084
11	2019年6月	7890	5637	4194

グラフにするデータを Excel の表に入力する

右図のデータを Excel に入力してください．年月の部分は A2 に「2014年12月」，A3 に「2015年6月」を入力して，オートフィル操作で A4:A11 にコピーするとよいでしょう．

グラフの種類を選ぶ

グラフの種類を選ぶ前に，グラフにしたい部分を選択状態にしておくと，後の作業の手間が省けます．ここでは，S社の系列を後から加えることにしたいので，S社の D 列を含まないように，A1:C11 の範囲を選択してください．次に，「挿入」タブ→「グラフ」グループの中から挿入したいグラフを選びます．左にある「おすすめのグラフ」をクリックすると，選択されているデータに対するおすすめのグラフの候補をパネルで表示してくれます．パネルの左に表示されるグラフの候補をクリッ

クすると，右側に作成されるグラフのプレビューとグラフの説明が表示されます．また，そのパネルの「すべてのグラフ」タブをクリックすることで，Excel で作成できるグラフをパネルから選んで挿入することができます．グラフの種類は後から変更できますので，迷ったら「おすすめのグラフ」中からグラフを選んでもよいでしょう．

　ここではデータの推移を強調したいので折れ線グラフを作成することにします．「挿入」タブ→「グラフ」グループ→「折れ線」→ 2-D 折れ線の「折れ線」をクリックしてください．グラフのメニューをクリックする前に，マウスカーソルの下にある種類のグラフがどのように作成されるかがワークシートに表示されるので，参考にするとよいでしょう．グラフを作成すると下の図のようなグラフが作成され，ワークシートの上に配置されます．作成したグラフは Word の図形のようにクリックして選択し，外側の枠をドラッグして移動や変形を行うことができます．

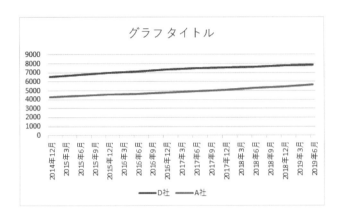

グラフのデータの調整を行う

　作成されたグラフは思ったようなグラフになっていない場合があります．そのような場合はデータの調整や表示の調整を行う必要があります．グラフのデータを変更したい場合は，ワークシートのデータを編集してください．セルの数値を編集すると，グラフの内容が自動的に更新されます．

　グラフの数値以外のグラフのデータの調整は，グラフを選択した時に表示される「グラフのデザイン」タブ→「データ」グループで行います．

　グラフを作成する際に，表の行のデータを系列にするか，列のデータを系列にするかで作成されるグラフが大きく変わります．「行/列の切り替え」ボタンは，行と列のどちらを系列にするかを切り替えるためのボタンです．

　「データの選択」をクリックすると右図のようなパネルが表示され，このパネルを使ってグラフのデータの調整を行うことができます．

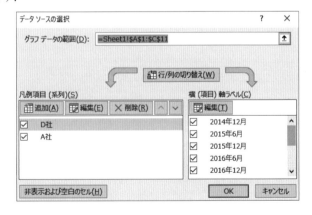

- **グラフデータの範囲**　　表の中のどの範囲のデータをグラフにするかを編集することができます．右の ⬆ ボタンをクリックすると範囲を選択できるようになるので，グラフにしたい範囲をマウスでドラッグして選択して ⬇ ボタンをクリックすると，新しい選択範囲でグラフが作り直されます．この時，エラーのパネルが表示された場合は，一度テキストボックスの中のデータをすべて消してから範囲選択をやり直してください．

　⬆ ボタンをクリックし，A1:D11 を選択し，S 社を含むようにグラフが作り直されたことを確認してください．

- **行/列の切り替え**　　「グラフのデザイン」タブ→「データ」グループの「行/列の切り替え」と同じ機能を持つボタンです．

- **凡例項目（系列）**　　グラフの系列に関する編集を行うことができます．下にグラフの系列の一覧が表示され，クリックして選択することができます．また，系列名の左に表示されるチェックボックス（☑）のチェックを OFF にすると，グラフにその系列が表示されなくなります．ただし，その系列はグラフに表示されなくなっただけで，グラフから削除されたわけではありません．チェックを ON にすると，再びその系列がグラフに表示されるようになります．

　「追加」，「編集」，「削除」ボタンで系列を追加，編集，削除することができます．まず，A 社をクリックして選択し，「削除」ボタンをクリックしてください．グラフから A 社の系列が削除されます．次に，「追加」ボタンをクリックするとパネルが表示されます．

　このパネルの「系列名」の部分で追加する系列の名前を設定することができます．通常はグラフにする表のデータの一番上の列（または左の行）に系列名が入力されており，表のセルのデータを系列名に設定します．「系列名」の右の ⬆ ボタンをクリックし，表の C1 をクリックし，⬇ ボタンをクリックしてください．これで，新しく追加するグラフの系列名が「C1」の中身である「A 社」に設定されました．系列名の下のテキストボックスにキーボードで名前を入力することで「系列名」に好きな文字を設定することもできます．

　「系列値」の部分で，表のどの部分のデータを追加する系列のデータにするかを設定できます．「系列値」の右の ⬆ ボタンをクリックし，表の C2:C10（C2:C11 ではない点に注意）を選択し，⬇ ボタンをクリックすると，C11 の 2019 年 6 月を除いた A 社のデータが新しい系列として追加されます．このように，表の中の一部のデータを使って系列を作ることもできます．

　凡例項目で系列を選択し，「編集」ボタンをクリックすることで，「追加」ボタンをクリックした時と同じパネルが表示され，選択した系列の系列名や系列値を編集することができます．

- **横（項目）軸ラベル**　　横軸の下に表示される文字や数字のことを「横軸ラベル」[30]と呼びます．たいていの場合は，先ほど作成したグラフのように適切なデータが自動的に横軸ラベルに設定されますが，次の例のようにうまく横軸ラベルが設定されないこともあります．

　まず，表の A2:A11 を選択し，「ホーム」タブ→「編集」グループ→「クリア」→「すべてクリア」をクリックして，セルの中身のデータと表示形式をクリアしてください．次に，A2:A11 に次ページの左の表のような数字を入力し，A1:D11 を選択して，「挿入」タブ→「グラフ」グループ→「折れ線」→ 2D-折れ線の「折れ線」をクリックして，新しい折れ線グラフを作成すると，次のページの右のようなグラフが作成されます．

---

[30] ラベル（label）とは，何かについての説明が書かれたもののことを表します．現実世界では，ペットボトルや瓶など，さまざまなものにラベルが貼られています．

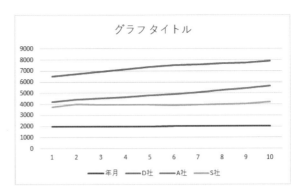

このグラフでは，Excel が A 列の横軸ラベルに使うためのデータを系列の 1 つと勘違いしてしまったため，グラフの中に「年月」という系列が作成され，横軸ラベルの部分には「1, 2, 3, …」という不適切なデータが表示されています．このように，グラフにする表の一番左の列のデータが表示形式を設定せずに数値で表現されていた場合は，Excel はその列のデータを系列の 1 つと見なしてしまいます．上記のグラフを訂正する手順は以下のとおりです．

1. 「グラフのデザイン」タブ→「データ」グループ→「データの選択」でパネルを表示する．
2. 凡例項目（系列）の下の「年月」をクリックして選択し，「削除」ボタンをクリックして「年月」の系列を削除する．
3. 横（項目）軸ラベルの「編集」ボタンをクリックすると，表の中のどの部分を横軸ラベルにするかを設定するパネルが表示されるので，表の A2:A11 をドラッグして「OK」ボタンをクリックする．

なお，円グラフの横（項目）軸ラベルは，他のグラフと異なり，「凡例」に表示される内容を設定するという特別な意味を持ちます．

グラフの表示の調整を行う

グラフの表示に関してさまざまな調整を行うことができます．先ほどのグラフデータの A2:A11 の内容を元に戻し，A1:D11 をドラッグして選択し，改めて折れ線グラフを作り直してください．

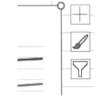

グラフの表示の調整はグラフを選択した際に表示される「グラフのデザイン」タブと「書式」タブのボタンで行います．また，グラフを選択した時にグラフの右に表示されるボタン（右図）で調整を行うこともできます．本書では，まずグラフの右のボタンについて説明します．

● 「グラフ要素」ボタン　緑の十字の形のボタン（＋）をクリックすると，グラフ要素の表示の ON/OFF などに関するメニューが表示されます．この操作は「グラフのデザイン」タブ→「グラフのレイアウト」グループ→「グラフ要素を追加」のメニューで行うこともできます．
グラフ要素名の左のチェックマークはその要素がグラフに表示されるかどうかを表しており，グラフ要素名をクリックすることで表示の ON/OFF を切り替えることができます．また，グラフ要素名の上にマウスカーソルを移動すると，要素名の右に▶ボタンが表示され，このボタンをクリックすると，そのグラフ要素に関する細かい設定を行うためのサブメニューが表示されます．また，サブメニューの中の「その他のオプション」をクリックすると，ウィンドウの右に，より詳細な設定を行うことができる書式設定のウィンドウ（→ p.239）が表示されます．

以下の表に，主なグラフ要素をまとめます．推奨の列が○のグラフ要素は，特に理由がない限り，**ON** にしたほうがよい要素を表します．

グラフ要素	推奨	意味
軸	○	グラフの縦軸と横軸を表示する．
軸ラベル	○	グラフの縦軸と横軸の横に軸の説明を表示する．「2019 年 6 月」のように意味が明らかでない場合を除いて，必ず軸ラベルを付けるべきである．また，数字の場合は説明の後の（ ）の中に必ず単位を書く必要がある．
グラフタイトル	○	グラフのタイトルを表示する．
データラベル		グラフの上に具体的なデータを表示する．円グラフ以外で表示するとグラフがかえって読みにくくなる場合があるので，どうしても必要な時だけ使えばよい．
データテーブル		グラフの外に表を表示する．その分グラフ全体の表示が大きくなってしまうので必要に応じて使えばよい．
目盛り線	△	一般的に目盛りはあったほうがよいが，補助線などの目盛りが多すぎてグラフが見づらくなるのは望ましくない．
凡例	○	グラフに表示される系列の色や形と名前の対応を表示する．

軸ラベルやグラフタイトルなどはテキストボックスになっており，マウスでクリックすることにより文字カーソルが表示され，キーボードで編集できるようになります．

Excel にはグラフ要素の表示の ON/OFF の組み合わせの設定が用意されており，「グラフのデザイン」タブ→「グラフのレイアウト」グループ→「クイックレイアウト」から設定することができます．

それでは先ほど作成したグラフを以下のように編集してください．

1. グラフタイトルに「商品 X の事業者別契約者数」を入力する．
2. 軸ラベルを ON にし，縦軸に「契約者数（1 万人）」を入力する．横軸ラベルは誰が見ても年月であることは明らかなので，「グラフ要素」ボタン→「軸ラベルの右の▶」→「第 1 横軸」をクリックして横軸ラベルだけを消去する．

- 「グラフスタイル」ボタン　Excel ではグラフの色など，さまざまな修飾を組み合わせたグラフのスタイルが用意されています．グラフの右にある筆の形をしたボタン（✎）をクリックすると，グラフに適用するスタイルを設定するためのメニューが表示されます．また，上にある「色」をクリックするとグラフの配色を設定するメニューが表示されます．グラフの修飾を手っ取り早く行いたい場合に使うとよいでしょう．また，グラフのスタイルや配色は「グラフのデザイン」タブ→「グラフスタイル」グループから設定することもできます．

- 「グラフフィルター」ボタン　グラフの中の系列などの表示の ON/OFF を切り替えることができるメニューを表示します．チェックボックスが ON になっている項目がグラフに表示されます．項目を設定後，下にある「適用」ボタンをクリックすることで，設定した内容がグラフの表示に反映されます．特定の系列の表示を一時的に消したい場合などで使うとよいでしょう．

- グラフの種類の変更　「グラフのデザイン」タブ→「種類」グループ→「グラフの種類の変更」をクリックすることで，グラフの種類を変更するためのパネルが表示されます．

- グラフの移動　「グラフのデザイン」タブ→「場所」グループ→「グラフの移動」をクリックすることで，グラフを移動するためのパネルが表示されます．「新しいシート」を選択して，「OK」ボタンをクリックするとグラフ専用のワークシートが作られ，そこにグラフが移動しま

す.「オブジェクト」を選択して,右のメニューからワークシートを選択して,「OK」ボタンを
クリックすると,グラフが指定したワークシートに移動します.

● 図形や画像の挿入と編集 「書式」タブの「図形の挿入」より右にあるグループを使って,グ
ラフの上に図形を挿入し,編集することができます.図形の挿入や編集の方法は Word と同じ
です.ただし,Excel には本文の文章がないため,文字列の折り返しの設定はありません.画像
を挿入したい場合は,Word と同様に,「挿入」タブ→「図」グループ→「画像」で行います.

● グラフ要素と書式設定 Excel のグラフはさまざまな**グラフ要**
素(パーツ)から構成されています(グラフ要素の表示の ON/OFF
は,前述の「グラフ要素」ボタンで行います).「書式」タブ→「現
在の選択範囲」グループの一番上には現在選択されているグラフ
要素の名前が表示されます(右上図の「グラフタイトル」の部分).
この部分の右の ∨ をクリックすることで,グラフを構成するグラ
フ要素の一覧がメニューで表示されます.例えば,これまで作成し
てきたグラフを構成するグラフ要素は右下図のようになっていま
す.グラフ要素は,グラフの上でグラフ要素をクリックするか,こ
のメニューのグラフ要素をクリックすることで選択できます.な
お,データ要素(データ系列の中の 1 つのデータのことです.デー
タ要素は右図下のメニューには表示されません)はデータ系列を
選択してからグラフの上でデータ要素をクリックして選択する必
要があります(練習問題 17 の手順 7,8,9 を参照(→ p.240)).

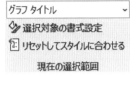

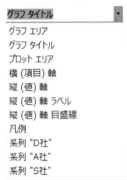

　選択されたグラフ要素の多くは,Word の図形のように枠をドラッグして移動したり,変形
することができます(移動や変形ができないものもあります).また,グラフ要素の上でマウス
をダブルクリックするか,「書式」タブ→「現在の選択範囲」グループ→「選択対象の書式設定」
をクリックすることで,Excel のウィンドウの右にそのグラフ要素の詳細な設定を行うための
書式設定のウィンドウが開かれます.ただし,データ系列の書式設定を行いたい場合に,その系
列を選択してからダブルクリック操作を行うと,データ要素の書式設定になってしまう点に注
意が必要です(選択していない状態でダブルクリックすればよい).書式設定のウィンドウが表
示されている間は,グラフ要素をクリックするだけで,書式設定ウィンドウの内容がクリック
したグラフ要素のものに切り替わります.書式設定のウィンドウが必要なくなった場合は,書
式設定ウィンドウの右上の×ボタンをクリックしてください.また,グラフ要素の書式を初期
設定に戻したい場合は,「リセットしてスタイルに合わせる」をクリックしてください.

　書式設定のウィンドウに表示される項目は,グラフ要素の種類によって異なっており,設定
できる項目は多岐にわたっています.本書では,グラフ要素の書式設定のうち,よく使われる
ものについて例題などで紹介します.それ以外のグラフ要素の設定項目について,興味がある
方は色々と自分で試してみて確認するとよいでしょう.

　ここでは,先ほど作ったグラフの横軸の下に表示される数値の間隔を調整する方法について
説明します.グラフの横軸に表示される日付などの数字の間隔は,通常はグラフの横幅の長さ
によって自動的に調整されます.例えば,作成したグラフをドラッグして横幅を狭めてくださ
い.横軸の長さが狭くなったため,横軸ラベルに表示される日付の数字の値の間隔が広がるは
ずです.表の A 列のデータでは日付の間隔は 6 か月おきになっており,それ以外の間隔で表示

されては困ります．日付の間隔を調整するには，以下の手順で作業を行ってください．

1. グラフの上で横軸をダブルクリックして[31] 軸の書式設定ウィンドウを表示する．

2. 軸の書式設定の「軸のオプション」ボタン（ 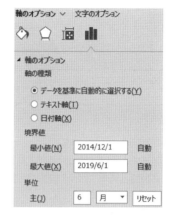 ）→「軸のオプション」→「単位」→「主」を「6」に設定する（右図）．この時，軸のオプションの中身が表示されていない場合は，左の ▷ ボタンをクリックすると表示されるようになる．

縦軸の部分に線を引きたい場合は，以下の手順で作業を行ってください．

1. グラフの上で縦軸をダブルクリックして軸の書式設定ウィンドウを表示する．

2. 「塗りつぶしと線」ボタン（ ◇ ）→「線」→「線（単色）」をクリックし，「色」をクリックして表示されるメニューから「白，背景 1，黒＋基本色 5 ％」をクリックする．

完成したグラフの図を表示します[32]．

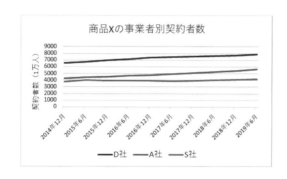

練習問題 16 「商品 X の事業者別契約数」のデータに対して次の A) と B) のグラフを作成しなさい．

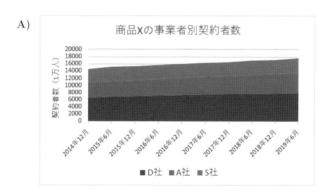

A)

---

[31] 「書式」タブ→「現在の選択範囲」グループの上のメニューから「横（項目）軸」を選び，「書式」タブ→「現在の選択範囲」グループ→「選択対象の書式設定」をクリックしでもよいでしょう．

[32] 凡例のフォントサイズは 14 に設定しています．

B)

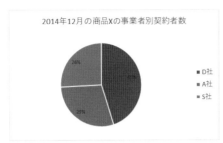

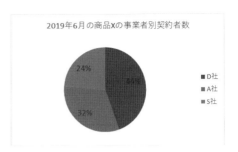

A)

手順 1　グラフの範囲を A1:D11 に，グラフの種類を「積み上げ面」にする．

手順 2　縦軸ラベルのなどの設定を行う．なお，縦軸の部分には線を引かなくてもよい．

B)

手順 1　左の円グラフの範囲は B1:D2 に（間違えて A1:D2 を選択しないように！），右の円グラフの範囲は
B1:D1 と B11:D11 にする（B1:D1 を選択した後，Ctrl キーを押しながら B11:D11 を選択する）．

手順 2　グラフタイトルのラベルを，図のようにそれぞれ設定する．

手順 3　グラフの右の「グラフ要素」ボタン（ ➕ ）→「凡例の ▶ 」→「右」をクリックし，凡例を右に移動
する．

手順 4　グラフの右の「グラフ要素」ボタン（ ➕ ）→「データラベル」をクリックして，円グラフの中にデー
タラベルを表示する．

手順 5　円グラフの中のデータラベルをダブルクリックして，「データラベルの書式設定」を表示し，「ラベルオ
プション」ボタン（ ▮▮ ）→「ラベルオプション」の「値」のチェックを OFF に，「パーセンテージ」
のチェックを ON にする[33]．

手順 6　右図の円グラフのように，円グラフの中のすきまをなくしたい場合は，円グラフの円の上（データラベ
ルがない場所）でダブルクリックしてデータ系列の書式設定を表示し，「塗りつぶしと線」ボタン（ ◇ ）
→「枠線」→「線なし」をクリックする．

手順 7　右図の円グラフのようにデータラベルの文字を大きくしたい場合は，円グラフの上でデータラベルをク
リックして選択し，「ホーム」タブ→「フォント」グループ→「フォントサイズ」で文字を大きくするこ
とができる．

　なお，手順 1 で右の円グラフを作成する際に，「B11:D11」だけを選択して円グラフを作ると，凡
例が正しく設定されないグラフが作成されます．その場合は，「グラフのデザイン」タブ→「データ」
グループ→「データの選択」→横（項目）軸ラベルの「編集」をクリックし，B1:D1 をドラッグす
ることで，凡例を設定することができます．

（練習問題）17　右図のような表を作成し，次ページの図のような
日本を強調するグラフを作成しなさい．なお，下記の手順の最中
に，思ったような操作が行えなかった場合は，Ctrl キー + Z を押
して操作を取り消してやり直すとよい．

手順 1　順位の列と「国名」と「排出量」以外のセル（枠で囲ま
れた部分）を選択し，円グラフを作成する．

手順 2　グラフタイトルのラベルを次ページの図のように設定す
る．

手順 3　グラフの右のグラフ要素ボタン（ ➕ ）→「凡例」をク

世界の二酸化炭素排出量		
（単位：百万トン、2018年、炭素換算）		
順位	国名	排出量
1	中国	9420
2	アメリカ	5018
3	インド	2481
4	ロシア	1551
5	日本	1150
6	ドイツ	717
7	韓国	696
	その他	12652

---

[33]　手順 3～手順 6 は，「グラフのデザイン」タブ→「グラフのレイアウト」→「クイックレイアウト」→「レイアウ
ト 6」で設定することもできます．

リックして，凡例を消す．

手順 4 グラフの右のグラフ要素ボタン（⊞）→「データラベル」をクリックして，データラベルを表示する．

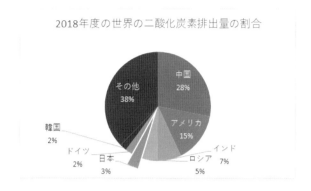

2018年度の世界の二酸化炭素排出量の割合

手順 5 円グラフの中のデータラベルをダブルクリックして「データラベルの書式設定」を表示し，「ラベルオプション」ボタン（▮▮▮）→「ラベルオプション」の「分類名」のチェックを ON に，「値」のチェックを OFF に，「パーセンテージ」のチェックを ON にする．「ホーム」タブ→「フォント」グループでデータラベルの文字の大きさを 10.5 にする．

手順 6 円グラフの円の上（データラベルがない場所）でクリックして「データ系列の書式設定」を表示し，「塗りつぶしと線」ボタン（🖌）→「枠線」→「線なし」をクリックする．

手順 7 円グラフの「その他」の文字がおそらく見えにくくなっているので，その他の文字を何度かクリックして [34]「その他」の文字だけが選択されるようになってから，「ホーム」タブ→「フォント」グループ→「フォントの色」→「白」をクリックする．「中国」,「アメリカ」の文字が見にくいと感じた場合は同様の手順で文字の色を見やすい色に変える．

手順 8 円グラフの日本の部分を何度かクリックして日本の部分だけが選択されるようになってから，下にドラッグして移動する．

手順 9 国の名前と引き出し線が重なって読みにくい場合は，その国の名前のデータラベルを何度かクリックしてその国のデータラベルだけが選択されるようになってから，ドラッグして見やすい場所に移動すればよい．

練習問題 18 次の表とグラフを作成しなさい．

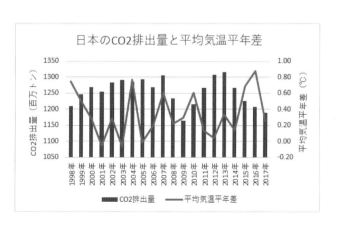

---

[34]「その他」の上で 1 度だけクリックすると，データラベル全体が選択されます．

手順 1　枠で囲まれた部分を選択し，「挿入」タブ→「グラフ」グループ→「複合グラフの挿入」→「集合縦棒—第 2 軸の折れ線」をクリックして，グラフを挿入する．複合グラフは，前ページの図のように縦軸がグラフの左（第 1 縦軸）とグラフの右（第 2 縦軸）の 2 つに分かれたグラフのことである．複合グラフで使う 2 つのグラフの種類は，「グラフのデザイン」タブ→「種類」グループ→「グラフの種類の変更」をクリックして表示されるパネルで設定することができる．

手順 2　グラフタイトルを前ページの図のように設定する．

手順 3　グラフの右の「グラフ要素」ボタン（＋）→「軸ラベル」をクリックして軸ラベルを表示し，縦軸の第 1 軸，縦軸の第 2 軸を前ページの図のように設定する．

手順 4　横軸は明らかに年であることがわかるので，グラフの右のグラフ要素ボタン（＋）→「軸ラベルの▶」→「第 1 横軸」をクリックして横軸ラベルを消す．

10.5　データベース機能

10.5.1　データベースシステムとしての表計算ソフト

　表計算ソフトは数値を計算するだけでなく，**データベースシステム**として使うこともできます[35]．データベースとは多数のデータを整理して，検索や並べ替えなどを行えるようにしたデータの集合体のことです．また，データの集合体としてのデータベースを扱うシステムやアプリケーションのこともデータベース（またはデータベースシステム）と呼びます．世界中のウェブページを集め，キーワードを使って検索することができるサーチエンジンは，最もよく使われている大規模なデータベースシステムの 1 つです．

　例えば，練習問題 15（→ p.231）で作成した成績表の 5 人の生徒の成績の部分（右図）は，データベースの典型的な例として扱うことができます．

	A	B	C	D	E	F	G	H
1	名前	出席点	レポート	小テスト	試験	合計	点数	成績
2	赤木　太郎	80	30	50	50	490	49.0	C
3	青田　花子	70	50	80	70	690	69.0	C
4	黄村　次郎	20	10	20		100	10.0	D
5	白井　三郎	90	80	70	90	820	82.0	B
6	黒沢　学	60	60	90	100	850	85.0	A

　主なデータベースシステムの機能には「データの保存」，「データの並べ替え」，「データの検索」，があります．Excel をデータベースシステムとして利用する場合は，データの保存はワークシートに表の形でデータを入力します．

　本書では Excel を使ったデータの並べ替えと検索について説明します．

10.5.2　並べ替え（ソート）

　特定の順番でデータを並べ替えることを**ソート**（sort（並べ替え））と呼びます．Excel で並べ替えを行うには，まず，並べ替えたい部分をすべて選択状態（先ほどの成績表の場合は A1:H6 を選択する）にします．例えば，成績表で A1:C6 のように中途半端に選択してから並べ替えを行うと，A1:C6 の中だけで並べ替えが行われますが，D1:H6 の部分は並べ替えが行われないため表の内容がおかしくなってしまうので，**必ず並べ替えたい部分をすべて選択状態にしてください**．なお，実際には並べ替えの対象とならない見出しの行（上記の例では 1 行目）は選択してもかまいません．

　次に，アクティブセルを（Tab キーやエンターキーを使って）並べ替えたい項目の列に移動し，「ホーム」タブ→「編集」グループ→「並べ替えとフィルター」→「昇順」をクリックすると，アクティブセルがある列の数字を使って，選択範囲のデータが小さい順に並べ替えられます．また，こ

---

[35] 表計算ソフトは簡易的なデータベースシステムとして利用することができますが，本格的なデータベースシステムに必要な大量のデータを扱ったり，複数の人が同時にアクセスしたりするような処理には向いていません．本書では取り扱いませんが，本格的なデータベースソフトの 1 つに Microsoft Office の Access があります．

のとき「降順」を選ぶと大きい順に並べ替えられます．日本語の文字を並べ替える場合，かな漢字変換を行う前に文字を入力した時のひらがなの順で並び替えてくれます．また，練習問題 19 のように，並べ替えの際に同じデータがあった場合にどちらを先に並べるかを設定することもできます．

練習問題 19　成績表の赤木太郎の出席点を「90」に変更し，表の中身を出席点の高い順にならべかえなさい．また，出席点が同じ場合は「レポート」の点数が高い順に並べ替えなさい．

手順 1　A1:H6 を選択し，「ホーム」タブ「編集」グループ→「並べ替えとフィルター」→「ユーザー設定の並べ替え」をクリックしてパネルを表示する．

手順 2　最優先されるキーの右を「出席点」に，順序の下を「大きい順」に設定する．

手順 3　「レベルの追加」をクリックする．

手順 4　「次に優先されるキー」が表示されるので，その右を「レポート」に，順序の下を「大きい順」に設定し，「OK」ボタンをクリックする．

　練習問題 19 の並べ替えのパネルでは，上から順番に書かれているキーを使って並べ替えを行い，そのキーで同じ数字や文字があった場合は，その下に書かれているキーを使って並べ替えを行うという方法で並べ替えを行います．並べ替えの作業の際に，同じ数字や文字があった場合で，次のキーが設定されていない場合は，並べ替えが行われる前の順番が保たれます．

10.5.3　検索

　ワークシートの中から特定の文字を**検索**するだけであれば，「ホーム」タブ→「編集」グループ→「検索と選択」→「検索」（ショートカットキー操作の Ctrl キー＋ F でもよい）をクリックします．検索のパネルが表示されるので，検索したい文字を入力して検索ボタンをクリックすると，検索が行われます．このとき，あらかじめ検索しておきたい場所を選択状態にしておくと，選択状態にしたセルだけを対象に検索が行われます．また，「検索と選択」→「置換」をクリックすることで，Word と同様の方法で置換を行う（→ p.169）こともできます．

　このような検索や置換は，他の多くの Windows のアプリケーションでも行うことができますが，「50 以上の数字が入ったセルを検索する」や「最後に『郎』という文字が入ったセルを検索する」といった複雑な検索を行うことはできません．Excel などのデータベースでは，そのような複雑な条件で検索を行うための，以下のような機能を持っています．

フィルターを使った検索と並べ替え

　フィルター（filter）[36] は，**検索条件に一致する行のセルだけを表示する**という検索の機能です．Excel でフィルターの機能を使う際には，検索を行いたいセルの下に検索の対象としたくないデータが連続して入っていた場合，そのデータもフィルターの検索対象となってしまう点に気をつける必要があります．例えば，成績表の場合，A1:H6 の範囲の 5 人の生徒のデータのすぐ下に出席点の平均点など，5 人の生徒のデータと直接関係のないデータが入っており，このままフィルターによる検索を行うと，それらも検索の対象となってしまいます．このような場合は，検索したい範囲とそうでない範囲の間をあけてください．練習問題 15 の成績表の場合は，A7:F14 の範囲を選択し，選択範囲の枠をドラッグして 1 つ下に移動し，次ページの図のように 7 行目に空白の行を作ってください．

---

[36] 現実世界のフィルターには，空気清浄機のフィルターやコーヒーのフィルターなどがあり，特定の大きさより小さいものしか通り抜けられないようになっています．

	A	B	C	D	E	F	G	H
1	名前　　▼	出席点▼	レポー▼	小テス▼	試験▼	合計▼	点数▼	成績▼
2	赤木　太郎	80	30	50	50	490	49.0	C
3	青田　花子	70	50	80	70	690	69.0	C
4	黄村　次郎	20	10	20		100	10.0	D
5	白井　三郎	90	80	70	90	820	82.0	B
6	黒沢　学	60	60	90	100	850	85.0	A
7								
8	平均点	64	46	62	77.5			

　フィルターによる検索は，検索したい範囲を選択し，「ホーム」タブ→「編集」グループ→「並べ替えとフィルター」→「フィルター」をクリックします．上図のように検索対象の一番上の行のセルに▼ボタンが表示されるようになり，このボタンをクリックして検索の条件を設定することができます．検索の条件は，検索の対象が数字か文字列かによって異なります．以下に，セルの▼をクリックした時に表示されるメニューを表にまとめます．

メニューの項目	意味
昇順，降順	列を指定した順番で並べ替えます．
色で並べ替え	「色で並べ替え」→「ユーザー設定の並べ替え」をクリックすることで，同じデータがあった場合の並べ替えの条件を設定するパネル（→ p.217）を表示することができます．なお，このパネルの「並べ替えのキー」に「セルの色」や「フォントの色」を指定することで，セルの中の文字や塗りつぶしの色に色が設定されていた場合，その色を使って並べ替えを行うことができます．
○○からフィルターをクリア	この列に設定した並べ替えや検索の条件をすべて消去します．
色フィルター	セルの色を使って検索を行います．
数値フィルター	セルの中の数値を使って検索を行います（下記を参照）．このメニューはこの列のデータが数値の場合に表示されます．
テキストフィルター	セルの中の文字列を使って検索を行います（次のページを参照）．このメニューはこの列のデータが文字列の場合に表示されます．
検索	テキストボックスで列のデータを検索できます．
検索結果一覧	上の検索の結果が表示されます（何も検索していない場合は，すべてのセルのデータが表示されます）．チェックボックスを OFF にするとそのデータが表示されなくなります．

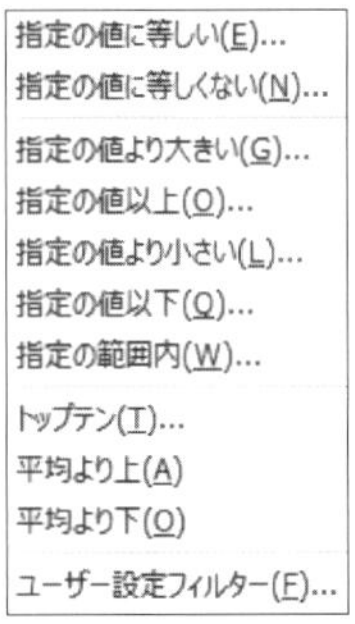

　数値フィルターをクリックすると右図のようなメニューが表示され，「指定の○○」のメニューをクリックすると数字の検索条件を設定するための次ページの図のようなパネルが表示されるので，検索条件を入力して「OK」ボタンをクリックすると検索条件にあった行のセルのデータだけが表示されるようになります．このパネルでは 2 つまでの条件を同時に設定することができ，AND や OR 検索（→ p.125）を行うことができます．「トップテン」は上位10 位までのデータを，「平均より上（下）」で平均より上（下）のデータのデータを検索することもできます．

指定の値に等しい(E)...
指定の値に等しくない(N)...
指定の値より大きい(G)...
指定の値以上(O)...
指定の値より小さい(L)...
指定の値以下(Q)...
指定の範囲内(W)...
トップテン(T)...
平均より上(A)
平均より下(O)
ユーザー設定フィルター(F)...

　セルに文字列が入っている場合はメニューの項目がテキストフィルターに変わります．テキストフィルターでは，「特定の文字列で始まる（終わる）」のような検索を行うことができます．メニュー

をクリックすると数値の検索と同じようなパネルが表示されますが，文字列の検索の場合はパネルの下に説明が表記されている**ワイルドカード**（wild card）という特殊な検索記号を使った検索を行うことができます[37]．ワイルドカードには半角の「＊」と「？」があり，「＊」は任意の文字列（0文字を含め，どんな文字がそこに入ってもよい），「？」は任意の1文字（空白を含め，どんな文字が入ってもよいが，必ず1文字入る）を表します．

以下に，ワイルドカードを使ったさまざまな検索条件の例を紹介します．なお，下記の表は上図のパネルの抽出条件の指定の右に「と等しい」を設定した場合[38]の検索を表します．それ以外の条件を設定した場合は，検索結果が異なります．例えば，検索条件に「＊郎」と「を含む」で検索した場合は「郎」が最後になくても「郎」が含まれる文字列が検索されます．

検索文字列	意味
＊郎	最後が「郎」という文字で終わる文字列を検索する．
赤＊	最初が「赤」という文字ではじまる文字列を検索する．
＊木＊	「木」が含まれる文字列を検索する．
一???	「一」ではじまる四文字の文字列を検索する．
＊三?郎	最後が「三〇郎」で終わる文字列を検索する．「赤木　三太郎」や「青田　三四郎」は検索されるが，「黄村　三郎」は検索されない．
＊.docx	拡張子がdocxのファイル名を検索したい場合などで，「.docx」で終わる文字列を検索する．
＊.＊	すべての拡張子のファイル名を探したい場合などで，「.」が含まれる文字列を検索する．拡張子のない「.」が含まれない文字列は検索されない．

ワイルドカードは，ファイルの保存パネルやファイルを開くパネル（→ p.65）の「データの種類」のところで使われています．例えば，ファイルの保存パネルの「データの種類」に「Word文章（＊.docx）」と表示されていた場合に，ファイルの保存パネルに拡張子がdocxのファイルだけが表示されるのは，ファイルの名前を「＊.docx」という条件で検索したためです．ワイルドカードを使った検索を行えるアプリケーションは限られていますが，使える場合は便利なので覚えておくとよいでしょう．例えば，Googleのサーチエンジンは「＊」のワイルドカードを使えますが，「？」を使うことはできません．

複数の列にフィルターの検索条件を設定した場合は，AND検索になります．例えば，B列に「50以上」，C列に「70以下」の検索条件を設定した場合は，「出席点が50点以上」なおかつ「レポートが70以下」の行のデータだけが表示されるようになります．

フィルターの機能によって表示されなくなった行のデータは，ワークシートから削除されたわけではありません．フィルターのメニューの「〇〇からフィルターをクリア」をクリックして検索条件を解除すると，再び表示されるようになります．複数の列に検索条件を設定した場合は，「ホーム」タブ→「編集」グループ→「並べ替えとフィルター」→「クリア」をクリックすると，設定した検

---

[37] ワイルド（wild）は「特殊な，自由な」という意味を持ち，トランプのジョーカーのように特殊な意味（多くのトランプのゲームではジョーカーを好きな（自由な）カードの代わりに使うことができます）を持つカードをワイルドカード（card）と呼びます．また，UNOのWildも好きな色の代わりに使えますし，野球の大リーグなど，スポーツでも「特殊な」という意味でワイルドカードという言葉が使われることがあります．

[38] ワイルドカードを使った検索では，一般的に，この条件で検索を行います．

索条件をすべて解除することができます．また，同じメニューの「フィルター」をクリックすることで，フィルターの検索を終了することができます．

条件付き書式使った検索

条件付き書式を使って，条件にあったセルに色などをつけることができます．条件付き書式は「ホーム」タブ→「スタイル」グループ→「条件付き書式」で表示されるメニューで設定します．

練習問題 20　条件付き書式を使って，練習問題 19 の成績表の出席点の列と成績の列に，点数や成績の種類によって色をつけなさい[39]．

手順 1　条件付き書式を設定したい B2:B6 を選択する．このとき，B1 の出席点の部分に色をつけたいわけではないので，選択しないこと．

手順 2　「条件付き書式」→「セルの強調表示ルール」→「既定の値より大きい」をクリックする．

手順 3　表示されたパネルの左に「50」を入力し，「OK」ボタンをクリックする．点数が 50 より大きいセルの文字と背景が赤色で表示されるようになる．

手順 4　H2:H6 を選択し，「条件付き書式」→「セルの強調表示ルール」→「文字列」をクリックしてパネルを表示し，テキストボックスに「A」を入力して，「OK」ボタンをクリックする．A が入力されたセルの文字と背景が赤色で表示されるようになる．

手順 5　選択状態をそのままにして，もう一度「文字列」をクリックし，パネルのテキストボックスに「B」を，右の「書式」のメニューから「濃い黄色の文字，黄色の背景」をクリックして，「OK」ボタンをクリックする．

手順 6　同様の操作でパネルのテキストボックスに「C」を，右の書式に「濃い緑の文字，緑の背景」を設定して，「OK」ボタンをクリックする．

手順 7　同様の操作でパネルのテキストボックスに「D」を，右の書式のメニューで「ユーザー設定の書式」をクリックして，セルの書式設定のパネルを表示する．パネルで「フォント」→「スタイル」→「太字」，「フォント」→「色」→「白」，「塗りつぶし」→「背景色」→「黒」をそれぞれクリックして，「OK」ボタンをクリックする．

	A	B	C	D	E	F	G	H
1	名前	出席点	レポート	小テスト	試験	合計	点数	成績
2	赤木　太郎	80	30	50	50	490	49.0	C
3	青田　花子	70	50	80	70	690	69.0	C
4	黄村　次郎	20	10	20		100	10.0	D
5	白井　三郎	90	80	70	90	820	82.0	B
6	黒沢　学	60	60	90	100	850	85.0	A

条件付き書式には，練習問題 20 で紹介した以外にもさまざまな設定を行うことができます．例えば，「データバー」を使えば，セルの中にセルの数値を使った棒グラフを表示することもできます．興味のある方は，色々と試してみるとよいでしょう．

同じ範囲のセルに複数の条件付き書式を設定した際に，設定した複数の条件を同時に満たすセルがある場合は後から設定した条件が優先されます．条件の優先順位は「条件付き書式」→「ルールの管理」をクリックして表示されるパネルで確認できます．また，このパネルで条件付き書式の作成，編集，削除，優先順位の変更などを行うことができます．設定した条件付き書式をクリアするには，「条件付き書式」→「ルールのクリア」→「選択したセルからルールをクリア」をクリックします．

---

[39] フィルターを解除してから作業を行ってください．なお，並べ替えを行って生徒の順番が変わっていても，元に戻す必要はありません．

その他の検索機能

データベースの検索機能ではありませんが，Excel では「ホーム」タブ→「編集」グループ→「検索と選択」で表示されるメニューで，以下の表のような**検索**を行うことができます．下記の表で，「オブジェクトの選択と表示」以外は，検索条件にあうセルが複数ある場合は，それらのセルがすべて選択状態で表示されます．

メニューの項目	意味
ジャンプ	名前がついているセルなどを検索できるパネルが表示される．
条件を選択してジャンプ	さまざまな検索条件を設定できるパネルが表示される．
数式	数式が入っているセルを検索する．
条件付き書式	条件付き書式が入っているセルを検索する．
定数	文字列や数値が入っているセルを検索できる．
オブジェクトの選択と表示	グラフや図形などのオブジェクトを検索することができる選択ウィンドウが右に表示される．

10.6 その他の機能とエラー表記

Excel のその他の機能とエラーの表記について紹介します．

10.6.1 ワークシートと串刺し集計

Excel の表を新規作成した場合，1 つだけ**ワークシート**が作成されますが，Excel では 1 つのファイルで複数のワークシートを扱うことができます．Excel のワークシートはウィンドウの下にあるボタンで管理します．

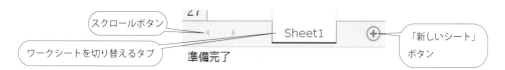

ワークシートには名前がつけられており（初期設定では「Sheet1」のような名前がつけられています），ワークシートを切り替えるタブにはワークシートの名前が表示されます．ワークシートが複数あった場合は，このタブをクリックすることで，Excel に表示されるワークシートを切り替えることができます．また，このタブをダブルクリックするとワークシートの名前をキーボードから編集できるようになります．

「新しいシート」ボタンをクリックすると，新しいワークシートが作られます．「ホーム」タブ→「セル」→「削除」→「シートの削除」をクリックすると，現在表示されているワークシートを削除することができます（「ワークシートのタブ」のメニュー→「削除」をクリックでもよい）．ワークシートの削除操作は，取り消しができないので注意してください．ワークシートを作成した結果，ワークシートを切り替えるタブが表示しきれなくなった場合は，左にあるスクロールボタンでタブをスクロールすることができます．また，「スクロールボタン」のメニューでワークシートを選択するためのパネルを表示することができます．ワークシートの順番は，ワークシートのタブをドラッグすることで，入れ替えることができます．**ワークシートの追加**は，例えば，家計簿を作る際に，月ごとに家計簿のデータを別のワークシートに記入したい場合に行うとよいでしょう．異なったワーク

シートのセルのデータを使って計算を行うこともできます. 異なったワークシートのセルの名前は以下のように記述します [40].

' ワークシートの名前'!セルの名前

式の中で異なるワークシートのセルを参照する場合は, 同じワークシートのセルを参照する場合と同様に, そのワークシートのタブをクリックして表示し, セルをクリックして入力することができます. 異なったワークシートのデータを使って計算を行うことを, 右図のようなイメージが連想されることから**串刺し集計**と呼びます.

練習問題 21 以下の作業を行い, 串刺し集計を行いなさい.

手順 1 「新しいシート」ボタンを 3 回クリックして 3 つのワークシートを追加する.

手順 2 ワークシートを切り替えるタブをダブルクリックし, 4 つのワークシートの名前をそれぞれ「集計」, 「1 月」,「2 月」,「3 月」にする.

手順 3 下の表は左から順に「1 月」,「2 月」,「3 月」の表を表している.「1 月」のタブのボタンをクリックし, 1 月のワークシートに 1 月の表を入力する.

集計	1月	2月	3月	⊕

	A	B
1	項目	支出
2	食費	15000
3	交通費	7000
4	趣味	7000
5	合計	

	A	B
1	項目	支出
2	食費	16000
3	交通費	12000
4	趣味	10000
5	合計	

	A	B
1	項目	支出
2	食費	12000
3	交通費	6000
4	趣味	12000
5	合計	

手順 4 B5 をクリックし,「ホーム」タブ→「編集」グループ→「オート SUM」をクリックし, B5 に支出の合計を計算する.

手順 5 同様の手順で「2 月」,「3 月」のワークシートに表を入力し, B5 に支出の合計を計算する表を入力する. 入力の際には, 1 月の表をコピーし, 数字だけを編集するとよい.

手順 6 「集計」のワークシートに右図の表を入力する.

手順 7 B3 をクリックし, 以下の式を入力する. 式は,「=」を入力し,「1 月」のワークシートのタブ→「B2」をクリックして入力すればよい.

	A	B	C	D
1		支出		
2		1月	2月	3月
3	食費			
4	交通費			
5	趣味			
6	合計			

='1 月'!B2

手順 8 同様の手順で C3 に「='2 月'!B2」を, D3 に「='3 月'!B2」を入力する.

手順 9 B3:D3 を選択し, オートフィル操作で B4:D6 にコピーする.

	A	B	C	D
1		支出		
2		1月	2月	3月
3	食費	15000	16000	12000
4	交通費	7000	12000	6000
5	趣味	7000	10000	12000
6	合計	29000	38000	30000

10.6.2 Word への表やグラフの貼り付け

Excel で作成した表やグラフを, Word や PowerPoint などの **Office** のアプリケーションに貼り付けることができます. 最も簡単な方法はクリップボードを使う方法で, Excel 側でコピーし, Word

---

[40] ワークシートの名前が, ワークシートを作成した時に自動的につけられる Sheet1 のような名前の場合は, ワークシートの名前に '' を付けません.

側で貼り付けます. しかし, この方法で表を Word にコピーすると, **Word にコピーされた表は計算能力を失ってしまいます**. 計算能力を残したまま, Excel の表を Word にコピーするには, Word 側に貼り付ける際に, 「ホーム」タブ→「クリップボード」グループ→「貼り付けの ∨ 」→「形式を選択して貼り付け」で表示されるパネルで, 「貼り付ける形式」に「Microsoft Excel ワークシートオブジェクト」を選択して「OK」ボタンをクリックします.

こうして Word に貼り付けられた表は, 通常の Word の表と異なり, クリックしても表の中身を編集できません. **この表を編集するには**, 表の上でダブルクリックしてください. すると, Word のウィンドウの中で Excel の表が編集できるようになり, この表を編集している間は Word のウィンドウのリボンが Excel のものに変化します. この状態は, **表の外でマウスをクリックすると解除されます**. このように, Microsoft Office のアプリケーションはお互いのアプリケーションで作ったデータを共有することができます. なお, Microsoft Office 以外のアプリケーションに表をコピーした場合は, 画像としてコピーされます.

この方法でコピーされた Excel の表は, 元の Excel の表と見た目は同じですが, 独立しており, 片方を編集しても, もう片方の内容に影響を及ぼしません[41]. Word にコピーした表と元の Excel の表を連動したい場合は, 貼り付ける際に, 前述のパネルで「Microsoft Excel ワークシートオブジェクト」を選んだ後に「リンク貼り付け」の部分をクリックしてから「OK」ボタンを押してください. また, 表だけでなく, グラフを貼り付ける時も「リンク貼り付け」を選択して, 元のグラフと貼り付けたグラフを連動することができます. なお, この方法で表やグラフを連動した場合, Excel で編集した内容が直ちに Word の表に反映されない場合があります. Word の表やグラフに Excel の編集内容が反映されていない場合は, 「Word の表やグラフの上でマウスのメニューボタン」→「リンク先の更新」をクリックしてください[42].

10.6.3 エラーメッセージと対処法

Excel では, 計算式が間違っていたりした場合, セルの中にエラーの種類を表す**エラーメッセージ**が表示されます. エラーメッセージは#記号で始まります. 主なエラーメッセージとその対処法を表にします.

エラーメッセージ	意味	対処法
########	数値を表示する幅が足りない.	セルの横幅を広げる.
#VALUE!	計算する値が不正. 例えば, 文字と数値を足し算しようとした場合など.	セルの中の式を確認し, 計算できるように変更する.
#DIV/0!	式の中で 0 で割り算を行った.	0 で割らないように変更する.
#NAME!	存在しない関数またはセルの名前を使用した.	名前の綴りをチェックする.
#N/A!	参照の対象がみつからない[43].	IFS 関数 (→ p.228) でこのエラーが出た場合は, 引数の最後に TRUE と何らかの値を設定する.

---

[41] コピー機で紙をコピーした場合, コピーした紙と元の紙の見た目は全く同じですが, どちらかに文字を書いても, もう片方の紙に文字が書かれることがないのと同じです.

[42] ブラウザーで見ているウェブページの内容が更新された場合, ブラウザの「更新」ボタンをクリックしなければ更新された内容が反映されないのに似ています.

[43] #N/A!は IFS 関数で指定したすべての条件が偽であった場合など, 何を参照して計算すればよいかがわからない場合などで表示されます. 本書では紹介しませんが VLOOKUP 関数などでよく見られるエラーです.

エラーが発生したセルには左上に◤マークが表示されます．また，エラーが発生したセルをアクティブセルにすると，右図のようにそのセルの付近に ボタンが表示されます．なお，数字の前に ’ をつけて文字列と認識させた場合（→ p.208）など，エラーではないが何かおかしな内容が入力されている可能性のあるセルの場合も**警告**という意味でこのマークやボタンが表示されます．このボタンをクリックすると，エラーや警告に関するメニューが表示されます．エラーが表示されてどうすればよいかわからない場合は，「このエラーに関するヘルプ」をクリックして表示されるパネルに詳しい対処法が書かれているので，参考にするとよいでしょう．また，「計算の過程を表示」をクリックすると，p.209 で紹介した「数式の検証」パネルが表示され，式が正しいかどうかを検証することができます． ボタンが警告の意味で表示された場合で，その警告を無視してもよい場合は，「エラーを無視する」をクリックすると◤マークや ボタンの表示が消えます．

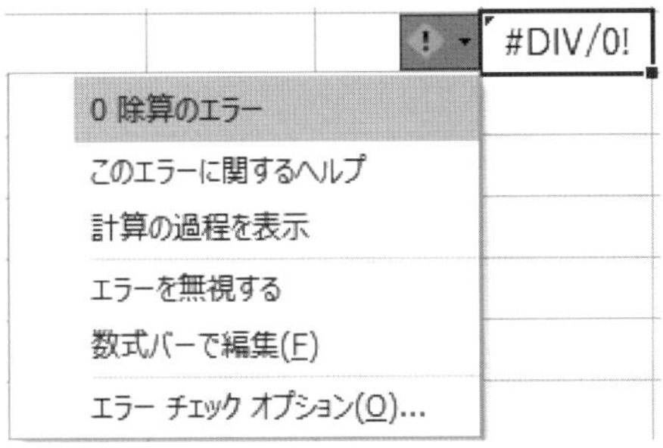
#DIV/0!
0 除算のエラー
このエラーに関するヘルプ
計算の過程を表示
エラーを無視する
数式バーで編集(F)
エラー チェック オプション(O)...

章末問題

1． 以下のような表を作成しなさい．

(1) B1 に下図のように「2001 年 1 月 1 日」の日付または自分の誕生日を，B2 に好きな日付を，B3 に好きな数字を入力すると，D2 に B2 に入力された日付が誕生日から数えて何日後であるか，D3 に誕生日から数えて B3 に入力した日数後の日付を計算する表を D2 と D3 に式を入れて作成しなさい．

ヒント：D2 には引き算の式を，D3 には足し算の式を入力すればよい．

	A	B	C	D	E
1	誕生日	2001年1月1日			
2		2019年8月26日	は誕生日の		日後である
3	誕生日の	1000	日後は		である

(2) 以下のような九九の表を作成しなさい．

ヒント：最初に 4 つのセルに数字を入力し，オートフィルでコピーすればよい．

	A	B	C	D	E	F	G	H	I
1	1	2	3	4	5	6	7	8	9
2	2	4	6	8	10	12	14	16	18
3	3	6	9	12	15	18	21	24	27
4	4	8	12	16	20	24	28	32	36
5	5	10	15	20	25	30	35	40	45
6	6	12	18	24	30	36	42	48	54
7	7	14	21	28	35	42	49	56	63
8	8	16	24	32	40	48	56	64	72
9	9	18	27	36	45	54	63	72	81

2. 表の空欄のセルに関数を使って式を入力し，表を完成しなさい．作成にあたっては以下の指示に従うこと．なお，G11，H11 には評価1および評価2の列にある○の数を表示するようにすること．また，G9:H10 と B11:F11 のセルは埋めなくてもよい．

	A	B	C	D	E	F	G	H
1	名前	打率	打数	安打	本塁打	打点	評価1	評価2
2	S		250	86	9	29		
3	W		225	73	17	42		
4	I		241	78	8	36		
5	R		255	76	3	46		
6	F		205	61	7	23		
7	B		244	71	19	50		
8	G		183	53	11	43		
9	最大値							
10	最小値							
11	○の数							

- 打率は関数を使わず「＝安打/打数」にあたる式を入力し，小数点以下第3桁まで表示する．
- B9:F10 に，それぞれの列の最大値と最小値を関数を使って表示する．
- 関数 IF と OR を使って，G2:G8 に本塁打数が15以上または，打点が40以上の場合に○を，そうでなければ×を表示する式を入力する．
- 関数 IF と AND を使って，H2:H8 に安打数が70以上，本塁打数が5以上，打点が35以上の場合に○を，そうでなければ×を表示する式を入力する．
- COUNTIF という関数を使って指定した条件を満たすセルが，指定した範囲の中にいくつあるかを数えることができる．**COUNTIF 関数**は以下のように記述する．

COUNTIF(セルの範囲, 条件)

G2:G8 に○がいくつ入っているかを数えるには，G11 に「＝COUNTIF(G2:G8, "○")」と入力すればよい．文字ではなく，例えば，打点が40以上の選手の数を数える場合のように数値の大きさを条件に検索したい場合は，「＝COUNTIF(F2:F8, ">=40")」のように記述する（**>=40 は必ず半角で記述すること**）．

COUNTIF に似た関数に，条件を満たすセルの合計を計算する **SUMIF**，平均を計算する **AVERAGEIF 関数**などがあり，使い方は COUNTIF と同様である．

3. 右図のような総人口に占める子供や高齢者の割合の表を作成し，以下の指示に従って 100 ％積み上げグラフを作成しなさい．

	A	B	C	D
1	年	0〜14歳	15〜64歳	65歳以上
2	1950	35.4	59.7	4.9
3	1960	30.2	64.1	5.7
4	1970	24	68.9	7.1
5	1980	23.5	67.4	9.1
6	1990	18.2	69.7	12.1
7	2000	14.6	68.2	17.2
8	2010	13.3	63.9	22.8

- タイトルラベルの文字を次ページの図のように設定する．
- A列の年がグラフの系列に入ってしまうので，「グラフのデザイン」タブ→「データ」グループ→「データの選択」のパネルを使って，「年」の系列を削除する．
- 横軸の下の数字が変なので，同じパネルの横（項目）軸ラベルの「編集」ボタンをクリックして，A2:A8 を選択する．
- 「データラベル」を表示する．
- 「軸ラベル」の「第1横軸」を表示し，「年」を記述する．縦軸の数字には単位の％が表示されているので，縦軸のラベルは表示する必要はない．

○「グラフのデザイン」タブ→「グラフのレイアウト」グループ→「グラフ要素を追加」→「線」→「区分線」をクリックして，棒グラフと棒グラフの間に区分線を引く[44]．

○グラフのデータラベルでない場所をダブルクリックして，ウィンドウの右に「データ系列の書式設定」を表示し，「系列のオプション（▮▮）」ボタン→「系列のオプション」→「要素の間隔」を「100％」に設定し，棒を太くする．

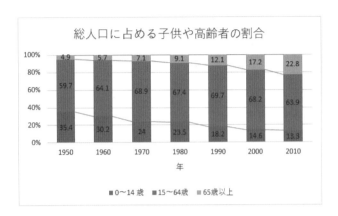

4. 以下の住所録を入力[45]し，(1)～(10)の作業を行いなさい．検索の場合は，検索された人物の会員番号を，並べ替えの場合は，上位 5 名の人物の会員番号を列挙すること．

	A	B	C	D	E	F
1	会員番号	氏名	住所	年齢	職業	役員回数
2	1	青木　政人	埼玉県新座市新座35-3-506	19	学生	0
3	2	伊東　隆一	東京都杉並区下井草9-14-4	24	会社員	0
4	3	宇野　ひろみ	東京都町田市本町田10-234-3-63	25	会社員	1
5	4	江藤　剛	神奈川県横浜市港区日吉町1-90-3	19	学生	0
6	5	大塚　祐樹	神奈川県川崎市多摩区三田18-15-60	30	自営業	2
7	6	金子　真理	東京都新宿区上落合12-2-1-205	20	学生	0
8	7	木島　大地	東京都世田谷区経堂39-1-4	29	会社員	1
9	8	久野　由梨花	埼玉県清瀬市中里354-13	21	学生	0
10	9	小石川　真一	東京都港区白金45-20-102	18	学生	0
11	10	桜井　尚久	東京都世田谷区桜新町9-2-1	32	教員	2
12	11	清水　光彦	神奈川県横浜市西区戸部町9-201	26	会社員	1
13	12	杉山　浩二	東京都渋谷区元代々木兆555-3	25	大学院生	1
14	13	関根　美香	東京都足立区梅田57-3-6	37	主婦	1
15	14	高橋　淳輝	東京都町田市成瀬10-15-109	32	会社員	0
16	15	田中　博明	東京都八王子市鹿島1-3-6-208	41	会社員	5
17	16	津田山　恵理	千葉県我孫子市我孫子2-78-18	22	学生	0
18	17	寺園　裕	東京都品川区中延36-45-78	22	会社員	0
19	18	戸田　諒一	神奈川県平塚市ふじみ野357-90	34	会社員	2
20	19	中村　由紀乃	神奈川県横浜市栄区飯島町9-4-609	28	会社員	3
21	20	西川　はるか	埼玉県新座市野寺59-2-18	21	学生	1

(1) 氏名に「田」がつく人を検索する．

(2) 20 代の学生を検索する．

(3) 埼玉県在住者または東京都在住者を検索する．

---

[44] 区分線の設定は，グラフの右の「グラフ要素」ボタンからは行えません．

[45] E 列のように同じ種類の文字を何度も入力する場合は，いくつかのセルに文字を入力後，新しいセルで Alt キー＋↓キーを押すと，その列に既に入力した文字のメニューが表示され，メニューから選ぶことで簡単にデータを入力することができます．ただし，この機能は数値には対応していません．

（4）平均年齢よりも低い会社員を検索する．

（5）学生以外の人で，役員回数が 0 の人を年齢の高い順に並べ替える．

（6）神奈川県在住の会社員を役員回数の少ない順に並べ替える．

（7）役員回数の多い順に並べ替える．ただし，役員回数が同じ場合は年齢の高い順に並べ替える．

　ヒント：フィルターの機能を使う場合は，「色で並べ替え」→「ユーザー設定の並べ替え」をクリックして設定する．

（8）住所の番地の数字が 4 つ（番地に「－」が 3 つ入っている）の人を検索する．ヒントを脚注に記します．自力で解きたい人は脚注を見ずに解いてみてください[46]．

（9）住所の番地の最後の数字が 2 桁の人を検索する．ヒントは脚注を見てください[47]．

（10）条件付き書式を使って，東京都の住所のセルの文字の色と背景を赤色に，年齢が 25 より大きいセルの文字の色と背景を黄色に，学生のセルの文字の色と背景を緑色で表示すること．なお，この作業はフィルターを解除してから作業を行うこと．

5. 下図のように，A1 に「年」を，C1 に「月」を入力すると，その年の月のカレンダーを表示するような表を作成しなさい．この問題は章末問題であるが，本書で説明していない関数を使っており，表計算ソフトの初心者には，手順の説明なしでは作成することはほぼ不可能なので，練習問題のように手順を追って作り方を説明する．

	A	B	C	D	E	F	G
1	2020 年		5 月		のカレンダー		
2	日	月	火	水	木	金	土
3						1	2
4	3	4	5	6	7	8	9
5	10	11	12	13	14	15	16
6	17	18	19	20	21	22	23
7	24	25	26	27	28	29	30
8	31						

手順 1 以下のような表を入力する．A12:G17 に入っている数字は，カレンダーの元となる数字である．また，A1 と C1 のセルは中の数字を変更してもよいことを明確にするために，周囲を太い枠で囲み，薄い色で塗りつぶしている．

	A	B	C	D	E	F	G
1	2020 年		5 月		のカレンダー		
2	日	月	火	水	木	金	土
3							
4							
5							
6							
7							
8							
9							
10	初日の曜日						
11	月の日数						
12	2	3	4	5	6	7	8
13	9	10	11	12	13	14	15
14	16	17	18	19	20	21	22
15	23	24	25	26	27	28	29
16	30	31	32	33	34	35	36
17	37	38	39	40	41	42	43

---

[46] テキストフィルターで「指定の値に等しい」をクリックし，「*－*－*－*」のように 3 つの「－」をワイルドカードの * （→ p.245）ではさんで検索する．

[47] テキストフィルターで「指定の値で終わる」をクリックし，「－」の後にワイルドカードの？を 2 つ並べて検索する．

手順 2 日付を「日 =1，月 =2，火 =3，水 =4，木 =5，金 =6，土 =7」のように数字に置き換えて考えると，A12:G:17 の数字から「A1 年 C1 月の最初の日」の「曜日」を表す数字を引き算すればカレンダーの数字を表示することができるようになる．例えば，上の図のように年と月を入力した場合，2020 年 5 月 1 日は金曜日，すなわち数字の「6」で表されるので，A12:G17 の数字からそれぞれ 6 を引くと 2020 年 5 月のカレンダーを作ることができる．Excel には指定した日付の曜日の数字を計算する **WEEKDAY** という関数があるので，それを利用する．また，Excel では式の中で日付を扱う場合は日付を **DATE 関数**で表現する．例えば，2020 年 5 月 1 日は「DATE(2020,5,1)」，その日の曜日は「WEEKDAY(DATE(2020,5,1))」と記述することで計算することができる．そこで，B10 に「A1 年 C1 月 1 日」の曜日を表す数を計算することにする．B10 に「=WEEKDAY(DATE(A1,C1,1))」という式を入力すること．

手順 3 月の最初の曜日がわかったので，B10 の数字を使って A3:G8 のカレンダーの日付を埋める式を書けばよいのだが，最初の曜日の数字は B10 に固定されているため，絶対参照で式に書く必要がある．そこで，B10 を選択し，「数式」タブ→「定義された名前」グループ→「名前の定義」をクリックし，B10 に「初日の曜日」という名前をつける．

手順 4 A3 に実際の日付を計算する「=A12 − 初日の曜日」を入力し，オートフィル操作で A3:G8 にコピーする．

手順 5 ここまでの作業でカレンダーはほぼ完成しているのだが，カレンダーに負の数字や 32 以上の数字など，存在しない日の数字が表示されるので，それらを表示しないようにする必要がある．0 以下の数字を表示しないようにするには，A3 の式を IF 関数を使って「=IF(A12−初日の曜日 >=1, A12− 初日の曜日, ")」のように書き直せばよい．"" のようにダブルクオーテーションの中に何も記述しない場合，そのセルには何も表示されない．

手順 6 次に，カレンダーに表示する月の日数より大きな数字を表示しないようにする必要がある．そのために，表示したいカレンダーの月の日数を計算する必要がある．月の日数はカレンダーに表示したい次の月の日の初日から，カレンダーに表示したい月の初日を引き算して計算することができるので，B11 に「=DATE(A1, C1+1, 1) − DATE(A1, C1, 1)」[48] という式を記述して，カレンダーに表示する月の日数を B11 に計算する．

手順 7 B11 も絶対参照で参照する必要があるので，B11 に「月の日数」という名前を付ける．

手順 8 A3 を「=IF(AND(A12 −初日の曜日＞ =1, A12 −初日の曜日＜ = 月の日数)，A12 −初日の曜日, ")」と書き直し，オートフィルを使って A3:G8 の範囲にコピーする．これでカレンダーが完成したので，A1 と C1 に好きな数字を入力して[49] カレンダーが正しく変化することを確認すること．

---

[48] A1 に 2020，C1 に 12 月を表す 12 を入力した場合，この式の最初の部分が DATE(2020,13,1) のように 2020 年 13 月 1 日となってしまいますが，Excel はこのような場合，2021 年 1 月 1 日の日付と見なしてくれるので，この式でうまく計算できます．

[49] Excel が扱うことができる日付の範囲には限界があるため，A1 に負の数字や 10000 以上の数字を入れるとエラーになります．

第11章 プレゼンテーション

11.1 プレゼンテーションとは何か

プレゼンテーション（presentation）とは，多数の人間に対して定められた時間の中で，情報をわかりやすく伝達することです．プレゼンテーションの例としては「ゼミや卒業研究などの発表」，「会社の説明会」，「会議や学会での発表」，「企業の新製品の発表会」，「テレビのコマーシャル」などが挙げられます．プレゼンテーションにおいて最も重要なことは，発表者が伝えたいことが聞き手にうまく伝わるということです[1]．よいプレゼンテーションを行うためにはさまざまなテクニックがありますが，その中で，一般的に重要であると言われているものには以下のようなものがあります．

プレゼンテーションに関する情報を整理する

プレゼンテーションの発表資料を漠然と作っても，よいプレゼンテーションにはなりません．まず，プレゼンテーションに関する，いわゆる **6W1H**[2]の 6W について整理しましょう．

- **Who**　誰がプレゼンテーションを行うのか？自分 1 人の場合は気にする必要はありませんが，複数人でプレゼンテーションを行う場合は，役割分担を決める必要があります．
- **Why**　何のためにプレゼンテーションを行うのか？目的がはっきりしないと，まとまりのないプレゼンテーションになりがちです．プレゼンテーションの**目的**を明確にしておきましょう．
- **What**　目的を達成するために，プレゼンテーションの**テーマ**が何であるかを明確にし，何を伝える必要があるのかについて整理しましょう．
- **When**　いつプレゼンテーションを行うかによって，準備や練習に費やせる時間が変わってきます．また，発表者に**与えられた時間**は，プレゼンテーションにおいて非常に重要な要素です．詳しくは下記を参照してください．
- **Where**　どこでプレゼンテーションを行うかによって，発表時の部屋の大きさ，使用できる機器（スクリーンの大きさ）などが変わります．例えば，広い部屋で，スクリーンが小さい場合は，後ろの人でも見えるように，大きな文字の発表資料を作る必要があります．
- **Whom**　誰に伝えるかを整理しましょう．詳しくは下記を参照してください．
- **How**　上記の 6W を整理した上で，どのように発表するかについて計画を立て，プレゼンテーションの資料を作成する作業をはじめましょう．

時間を守り，要点を絞ってわかりやすく説明する

プレゼンテーションには**時間制限**があるため，発表者はすべての情報を伝えるというわけにはいきません．プレゼンテーションでやってはいけないことの 1 つが，与えられた**発表時間を守れない**ことです．自分の後に発表する人の迷惑にもなりますし，プレゼンテーションの全体のスケジュールが狂ってしまうため，多くの人に迷惑をかけてしまいます．また，準備不足ととられてしまうなど，聴衆にとって非常に印象の悪いプレゼンテーションになってしまいます[3]．また，時間制限がな

---

[1] 伝えたいことは，必ずしも発表する対象の具体的な詳細ではない場合もあります．例えば，テレビのコマーシャルなど，発表時間が短い場合は，製品の具体的な詳細ではなく，製品の魅力を伝えて購買につなげるということが重要です．

[2] 一般的には 5W1H が有名ですが，それに Whom（誰に）を加えたものを 6W1H と呼びます．

[3] 朝礼での先生の長話，休み時間になっても授業を延長する先生など，時間をオーバーした時に生徒（聴衆）が受けるの印象の悪さは誰もが経験したことがあるのではないでしょうか？

かったとしても，人間が集中力を維持できる時間は限られているので，だらだらとした説明は逆効果になります．プレゼンテーションでは，伝えたい情報の中からポイントとなる重要な情報をピックアップして整理し，要点を絞ってわかりやすく説明するということが重要です．

聞き手に合わせた内容にする

　同じ情報でも，聞き手が異なると発表する内容を変える必要があります．例えば，会社の新製品のプレゼンテーションを一般の顧客に行う場合と，社内の会議で行う場合では，発表内容は大きく異なるでしょう．大人に対してプレゼンテーションを行う場合と，子供に対して行う場合でも，大きく異なるはずです．時間の限られたプレゼンテーションの場で，聞き手が既に知っていることを詳しく話すのは時間の無駄です．逆に，自分が知っていることを相手も知っているだろうと勝手に思い込んでしまうと聞き手の混乱の元になります[4]．プレゼンテーションでは，聞き手の知識を分析し，聞き手に合わせた内容で行うことが重要です．

視覚情報を利用する

　百聞は一見にしかず，という諺のとおり，目で見た情報は耳で聞く情報よりも多くの情報伝達能力があります．例えば，ある製品のここ 10 年間の売り上げのそれぞれの年ごとの数字を口で説明しても，ほとんどの人は理解できないでしょうが，それをグラフにして図と共に説明すれば，理解しやすくなります．このように，プレゼンテーションでは視覚情報をうまく利用することで，相手に情報を伝えやすくすることができます．

　これまで紹介したプレゼンテーションのテクニックは，数あるテクニックの中の一部にすぎません．また，プレゼンテーションのテクニックに唯一の正解はありません．人はそれぞれ声の大きさや性格などが異なっているため，ある人にとって有効なテクニックが別の人には有効でない場合があります．プレゼンテーションが上達する最も有効な方法は，**練習をし，場数を踏む**ことです．多くの経験を積むことで，自分に合ったプレゼンテーションのテクニックを見つけてください．プレゼンテーションを行う際に一般的に行われる作業の手順は以下のとおりです．この中で多くの時間を費やすのが 2，3，4，5 の部分で，プレゼンテーションソフトを使うのが 4，5，6 の部分です．

1. プレゼンテーションに関する情報（前述の 6W）を整理し，計画を立てる．
2. 発表に関する情報を収集する．
3. 収集した情報を整理し，発表のストーリーを作る．
4. 発表資料を作る．
5. 発表練習を行う．
6. 発表を行う．
7. 発表内容を振り返って反省し，次のプレゼンテーションに活かす．

11.2 プレゼンテーションソフト（**PowerPoint**）

　1990 年ごろまでは，プレゼンテーションと言えば，スライド映写機や OHP（OverHead Projector）[5]を使ってスクリーンに資料の図などを映しながら行うのが一般的でした．しかし，スライド[6]

---

[4] 特に専門用語や英語の略語などでありがちなので気をつけてください．また，同じ用語が幅広い意味で使われるような用語を使う場合は，その用語をどのような意味で使うかについて最初に説明しておいたほうがよいでしょう．

[5] 文字などを印刷した透明な OHP シートを頭上の（overhead）スクリーンに投影（project）する機械のことです．

[6] 写真のフィルムと同じ方法で，発表資料をフィルムに焼きつけたものを小さい四角い紙やプラスチックなどのケースに収めたものです．

や OHP シート[7]は，いったん資料を作成してしまうと変更ができないという欠点や，図やグラフなどの視覚情報に訴える資料の作成に大きな手間がかかる[8]という問題がありました．

それに対し，現在では，コンピューターを使ってプレゼンテーションの資料を作るという方法が一般的です．コンピューターを使って作成したプレゼンテーション資料の場合，スライドや OHP シートと異なり，いったん作った資料を後から簡単に手直ししたり，図形や表やグラフなどを誰でも簡単に作って，視覚情報に訴える見栄えのよい資料を作ることができます．プレゼンテーションソフトにはさまざまな種類がありますが[9]，本書では，現在最も普及している **PowerPoint** というアプリケーションについて説明します．PowerPoint には以下のような特徴があります．

見栄えのよい資料を簡単に作ることができる

PowerPoint を使えば図形やグラフの入った見栄えのよい資料を簡単に作ることができます．また，スライドや OHP シートでは作ることができない，アニメーションや動画などの動きのある資料や，音声の入ったプレゼンテーション資料を作ることも可能です．

資料の修正や編集を簡単に行うことができる

一度作った資料の内容を後から簡単に修正することができます．

発表の準備や発表時の操作を簡単に行うことができる

例えば，スライドを使った発表では，あらかじめスライド映写機（どのようなものか興味のある方はサーチエンジンで検索するとよいでしょう）にスライドを順番に手でセットする必要があります．OHP の場合は，OHP シートを順番に並べ，発表時に手で 1 枚ずつめくって OHP にセットしながら発表しなければなりません．また，発表後の後片付けの手間がかかります．これに対して，PowerPoint では作成したプレゼンテーション資料の入ったファイルを USB メモリなどに保存して持参するか，クラウドに保存したファイルを現地のコンピューターにダウンロードし，発表を行うコンピューターで開いた後はマウスの操作だけで簡単に発表を行うことができます．

11.3　PowerPoint の画面構成

PowerPoint は，Excel や Word と同様に，Microsoft 社の Office という製品に含まれるアプリケーションです．そのため，リボンなどの PowerPoint のユーザーインタフェースの多くは Word や Excel と共通しています．また，PowerPoint のバージョンも Word と同様の性質を持ちますので，PowerPoint のバージョンと互換性については第 9 章（→ p.153）を参照してください．本書では，2019 年の時点での最新のバージョンである PowerPoint 2019（以下 PowerPoint と表記）について解説します．なお，PowerPoint はコンピューターを購入時にインストールされていない場合が多いようです．その場合は，PowerPoint を別途購入してインストールする必要があります[10]．

PowerPoint を実行するにはスタート画面から「PowerPoint」を探してクリックします．頻繁にPowerPoint を使用する場合は，デスクトップにファイルのショートカットを作成するか，タスクバーに PowerPoint のアイコンをピン留めしておくとよいでしょう．

---

[7] 透明なシートに発表資料を印刷したり，直接ペンで書いて作っていました．

[8] 当時は表計算ソフトのように図やグラフを作成するコンピューターは普及していなかったため，図やグラフはすべて手作業で作成する必要がありました．

[9] 例えば，一風変わったプレゼンテーションソフトとして Prezi（https://prezi.com/）があります．

[10] Microsoft Office などの教育目的でも使用されるアプリケーションの多くは，アカデミックパック（academic package）という学生割引のついた製品が用意されていますので，学生の方は利用するとよいでしょう（購入の際には学生証が必要です）．

PowerPoint の画面は下図のようになっており，多くの部分は Word と共通しています．共通する部分については p.151 を参照してください．

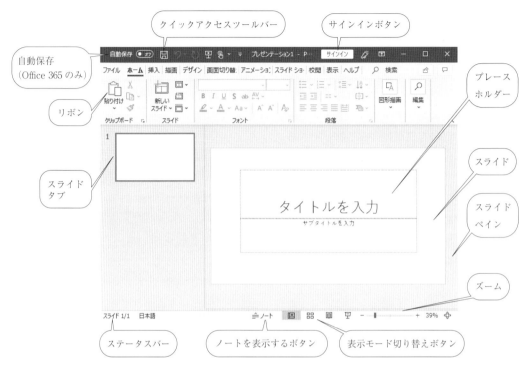

- **リボン**　　　Word や Excel と同様に PowerPoint にもリボンがあり，さまざまなタブが用意されています．タブやリボンの中のボタンやメニューには Word と同じ機能を持つものが多くあります．それらの使い方は第 9 章（→ p.54）を参照してください．
- **スライド**　　　プレゼンテーション資料の 1 つのページのことを「**スライド**」（slide）と呼び，スライドペインという画面にスライドの内容が表示されます．新しいプレゼンテーションを作成した直後は，図のようにタイトルを入力するスライドが 1 枚だけ作成された状態になっています．
- **プレースホルダー**　　　PowerPoint のスライドの中には，図の「タイトルを入力」のように，実際の内容を後から入力できるように仮の内容が表示された「**プレースホルダー**」（placeholder）と呼ばれる部分がある場合があります．プレースホルダーをクリックすると，その部分に文字を入力することができるようになります．また，プレースホルダーの中には，クリックすると図形やグラフなどを挿入することができるようになるものもあります（→ p.264）．
- **スライドタブ**　　　作成したスライドの一覧が小さく表示される部分です（→ p.261）．
- **ノートを表示するボタン**　　　スライドの下に，スライド一枚一枚に対して自由にメモやコメントなどを記述することができる「ノート」を表示するボタンです（→ p.262）．
- **表示モード切り替えボタン**　　　スライドの表示モードを切り替えることができるボタンです．
    - **標準**　　　標準の表示モードで，上図のような表示が行われます．
    - **スライド一覧**　　　ウィンドウ全体にスライドを小さく一覧で表示するモードです．
    - **閲覧表示**　　　PowerPoint のウィンドウの中でスライドショーを表示するモードです．
    - **スライドショー**　　　スライドを 1 枚ずつ全画面で表示するモードです．主に，プレゼンテーションの練習時や発表時に使用します（→ p.260，p.275）．
- **ステータスバー**　　　現在編集しているスライドのページ数など，現在の状態が表示されます．

11.4 ファイルの保存と新規作成

作成したプレゼンテーションを**保存**する方法は，Word や Excel と同じで，「ファイル」タブ→「上書き保存」または「名前を付けて保存」をクリックします．保存したファイルの拡張子は pptx となり，保存したファイルのアイコンをダブルクリックすることで，そのファイルを PowerPoint で開くことができます．PowerPoint のバージョンと互換性や，自動バックアップ機能などに関しては Word と同じなので，Word の説明（→ p.155）を参照してください．新しいプレゼンテーションを作成するには，「ファイル」タブ→「新規」をクリックし，右の一覧から「新しいプレゼンテーション」を選択します．また，本書では扱いませんが，Word と同様に，さまざまな PowerPoint のテンプレートが用意されているので，必要に応じて利用するとよいでしょう．

11.5 プレゼンテーション資料の作成の基本的な手順

プレゼンテーション資料を作りはじめる前に，p.256で説明した手順 1.～3. を先に済ませておく必要があります．これらの手順が終わったら，以下の手順でプレゼンテーションの資料を作成します．

スライドのサイズの調整

発表資料を表示するプロジェクターは，最近の機材であればワイド画面（縦横の幅の比率が 16：9 の画面）に対応していますが，古いプロジェクターの場合はワイド画面に対応していない[11]可能性があります．ワイド画面のスライドをワイド画面に対応していないプロジェクターで表示すると，うまく表示されない可能性が高いので，その場合「デザイン」タブ→「ユーザー設定」グループ→「スライドのサイズ」のメニューでスライドのサイズを調整する必要があります．

タイトルスライドとデータの入力

プレゼンテーションでは，最初のスライドは**タイトルスライド**にするのが一般的です．タイトルスライドは本の表紙と同じ役割を持つスライドで，これから行うプレゼンテーションの「タイトル」と「サブタイトル」や「発表者の名前や所属などの情報」などを記述します．PowerPoint では，新しいプレゼンテーションを新規作成すると，最初のスライドに前のページの図のようなタイトルスライドが自動的に挿入されます．タイトルスライドには「タイトル」と「サブタイトル」を入力するためのプレースホルダーが用意されているので，クリックして文字を入力してください．

「タイトル」にはプレゼンテーションの内容を簡潔に表すタイトルを，「サブタイトル」には文字どおりプレゼンテーションのサブタイトルを入れる場合もありますが，発表者の所属や名前を入れる場合も多いようです．また，タイトルが長くなった場合は，きりのよいところで改行したほうがよいでしょう．タイトルとサブタイトルを入力した後，文字の大きさや文字の位置が，全体としてバランスのよい配置になるように調整します．

練習問題 1 右図のようなタイトルスライドを作成しなさい．

手順 1 タイトルとサブタイトルに文字を入力する

はじめての
プレゼンテーション

情報学部　1年A組
情報　太郎

---

[11] 現在ではワイド画面が標準になっていますが，昔は縦横の幅の比率が 4：3 の画面が標準だったので，現在でも PowerPoint では縦横の幅の比率が 4：3 の画面を「標準」と表記しています．

（学生の場合は自分の情報を，学生でない場合は所属学部，学年，クラスは図の例のように入力すること）．

手順 2　「はじめての」の後でエンターキーを押して改段落（Word と同様に改行と改段落は区別します）する．

手順 3　サブタイトルの部分をクリックし，「ホーム」タブ→「段落」グループ→「文字の配置」→「上下中央揃え」をクリックして，図のように文字の位置のバランスをととのえる．サブタイトルの文字が小さいと感じた場合は「ホーム」タブ→「フォント」グループを使って文字を大きくすること（図のサブタイトルのフォントの大きさは 24 に設定されている）．

新しいスライドの挿入とスライドのレイアウト

　2 枚目以降のスライドは，発表のストーリーに従って順番に作成していきます．**新しいスライドを**挿入するには，「ホーム」タブ→「スライド」グループ→「新しいスライドの ✔ 」のメニューから，挿入するスライドのレイアウトを選択します．PowerPoint では，プレゼンテーションのスライドでよく使用される**レイアウト**が数多く用意されており，これらのレイアウトを利用して，効率よくスライドを作成することができます．例えば，箇条書きを書くためのスライドを作成するには，「タイトルとコンテンツ」をメニューから選択してください．スライドのレイアウトは，「スライド」グループ→「レイアウト」ボタンをクリックして表示されるメニューからいつでも変更することが可能なので，迷ったら「タイトルとコンテンツ」を選べばよいでしょう．

スライドの記述例

　「タイトルとコンテンツ」のレイアウトを選んで 2 枚目のスライドを挿入してください．**スライドには，そのページで何を説明したいかを簡潔に表す「タイトル」をつけることに**なっています．タイトルの部分をクリックして「プレゼンテーションのテクニック」と入力してください．

> プレゼンテーションのテクニック
>
> ・プレゼンテーションに関する情報を整理する
> ・時間を守り，要点を絞ってわかりやすく説明する
> ・聞き手にあわせた内容にする
> ・視覚情報を利用する

　次に下の部分をクリックし，図のような文章を入力してください．文字を入力すると，文章が箇条書きで入力されます（Word の箇条書きモードと全く同じものです）．ここで，文章を入力してエンターキーを押して改段落を行うと，それぞれの段落の先頭に箇条書きのマークが表示されます．プレゼンテーションのスライドはなるべく簡潔に書くことが望ましい（次ページ参照）ため，初期設定は箇条書きモードになっています．

残りのスライドを作成する

　以後の作業は，「新しくスライドを作成する」，「スライドの内容を埋める」という作業の繰り返しです．必要に応じて，既に作成したスライドの手直しなども行ってください．

スライドショーでプレゼンテーションを行う

　すべてのスライドが完成したら，そのでき栄えを「スライドショー」（slide show）を使って確認することができます．図の「スライドショー」タブ→「スライドショーの開始」グループ→「最初から」をクリックするか，F5 キーを押すことで，作成したスライドを最初から順番に全画面のスライドショーモードで表示することができます．「スライドショーの開始」グループ→「現在のスライドから」をクリックするか，シフトキー＋F5 キーを押すか，画面右下の小さな「スライドショー」ボタンをクリックす

ると, 現在スライドペインに表示されているスライドからスライドショーがはじまります.

スライドショーでの主な操作方法は以下のとおりです. より詳しくは p.275 を見てください.

- マウスのクリック操作によってスライドを順番にめくることができる. 最後のスライドをめくった後にもう一度クリックすると, スライドショーは終了する.
- キーボードを使ってスライドをめくることができる.「→」や「↓」のカーソルキーが次のページをめくる,「←」や「↑」が前のスライドへ戻るという操作に対応する.
- マウスのホイールボタンを回転することで, ページを前後に移動することができる.
- マウスのメニューボタンで, スライドショーのさまざまな機能を呼び出すためのメニューを表示することができる (→ p.275).
- スライドショーの画面の左下にある薄く表示されたボタンで, スライドショーのさまざまな機能を呼び出すことができる (→ p.275).
- ESC キーでスライドショーを終了することができる.

スライドの目的とスライドを作成するにあたっての注意点

プレゼンテーションのスライドの目的は, 聴衆にそのスライドをぱっと見せただけで, 発表者がこれから発表する**内容の概要やポイントを理解させ**, その後に行われる**発表者の発表を理解しやす**くすることです. したがって, スライドはなるべく**簡潔**にわかりやすく作る必要があります. 発表資料に発表する内容をすべて書き込み, それをそのまま読み上げるというプレゼンテーションを行う人がいますが, そのようなプレゼンテーションはよいプレゼンテーションとは言えません[12]. スライドに情報をたくさん書き込んでしまうと, 視聴者はそれを読むのに時間がかかってしまい[13], 肝心の発表者の発表を聞きそびれることになりかねませんし, スライドに書いてあることをそのまま読み上げるだけであれば, 資料を印刷して配布して読んでもらうのと何ら変わりはありません.

11.6 スライドタブ,スライド一覧,ノートの操作方法

スライドタブ, スライド一覧, ノートの操作方法について説明します.

表示するスライドの切り替え

スライドタブの部分には, 作成したスライドの一覧が小さく表示されます. スライドペインに表示されるスライドの表示を切り替えるには, **スライドタブ**の中から表示したいスライドをクリックしてください. また, スライドタブのスライドの上でマウスをクリックした後に[14], カーソルキーの↑, ↓でスライドペインに表示するスライドを切り替えることもできます.

表示モード切り替えボタンの中の「**スライド一覧**」ボタンをクリックすると, ウィンドウの表示がスライド一覧モードになり, 画面全体にスライドが小さく一覧で表示されるようになります. この状態でスライドをダブルクリックすると, 画面が標準モードに切り替わり, ダブルクリックしたスライドがスライドペインに表示されるようになります.

スライドタブやスライド一覧モードで表示されるスライドの大きさは, Ctrl キーを押しながらマ

---

12) 日本ではしばしば見かけますが, 海外でそのようなプレゼンテーションを行うと, レベルの低いプレゼンテーションだという評価を受け, ひんしゅくを買う可能性が高くなります.

13) 極端な例ですが, 人間が一目で理解できる文字の数は 10 文字程度であることから, 1 枚のスライドに大きな文字で数文字しか書かない, というプレゼンテーション資料の作り方を提唱している人もいます. ただし, このやり方は, ある程度プレゼンテーションに慣れた人でなければ難しいので, 初心者向けではありません.

14) スライドペインの編集中にカーソルキーを押すと, スライド内の文字カーソルが移動します.

ウスのホイールボタンを回転することで調整することができます．また，スライドタブの場合はスライドタブとスライドペインの境界にある枠をドラッグする，スライド一覧モードの場合はウィンドウの右下にあるズーム機能を使うことでも，スライドの大きさを調整することができます．

スライドの挿入場所

　新しく作成されたスライドは，現在表示されているスライドの次の場所に作られます．スライドの挿入場所を指定するには，挿入したい場所の前のスライドをクリックして選択してください[15]．

スライドの順番の変更

　スライドの順番の変更はスライドタブやスライド一覧モードでスライドをドラッグして行います．

スライドの移動，コピー，削除

　スライドタブ，またはスライド一覧モードでスライドをクリックして選択状態にしてからクリップボードによる操作を行うことで，スライドを移動，コピーすることができます．また，スライドを選択して Delete キーを押すことで，そのスライドを削除することができます．

アウトラインタブ

　「表示」タブ→「プレゼンテーションの表示」グループ→「アウトライン表示」をクリックするか，ウィンドウの下部にある表示モード切り替えボタンの「標準」をクリックすると，スライドタブの部分がアウトラインタブになり，スライドの縮小画像ではなく，スライドの**アウトライン**（outline（概要，要点））が表示されるようになります．アウトラインタブの中のスライドは，スライドタブと同じ操作で移動，削除，コピーなどの操作を行うことができます．「プレゼンテーションの表示」グループ→「標準」をクリックするか，ウィンドウの下部にある表示モード切り替えボタンの「標準」をもう一度クリックすると，元の「スライドタブ」の表示に切り替わります．

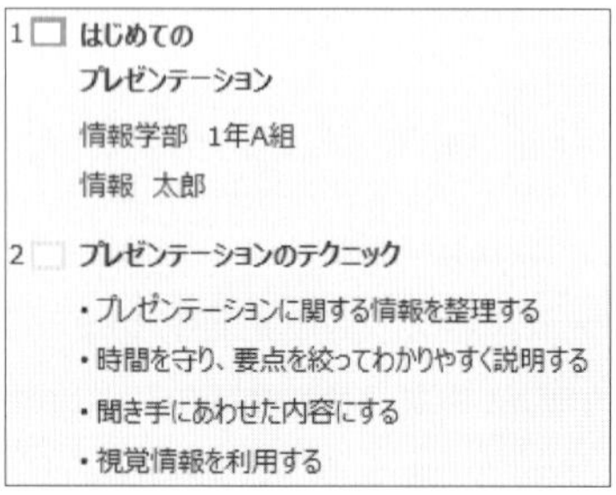

　アウトラインタブには，右図のようにスライドの中の文章の部分だけが表示されます．また，アウトラインタブの文章とスライドペインの内容は連動しており，アウトラインタブの文章を編集することで，スライドの中の文章を編集することができます．アウトラインタブには文字しか入力できないので，スライドのデザインやレイアウトを気にせずに，スライドの内容に集中して，要点だけをまとめることができます．
　スライドを作成する際に，1つひとつのスライドをスライドペインで細かく作り上げていくこともできますが，アウトラインタブを使ってスライドのタイトルとスライドの内容の要点やキーワードを先に書いていくことで，作成する発表資料の全体の見通しをつけることができます．特に，10 枚を超えるようなスライドを作る場合は，まずアウトラインタブを使って発表資料の概略を作ってから，1つひとつのスライドの中身をスライドペインを使って細かく作り上げていくとよいでしょう．

ノート

　ノートにはスライドに対するメモやコメントを記述することができます．ノートは初期設定では表示されないので，ノートを使うにはウィンドウの下の「ノート」ボタンをクリック[16]してノートを表示する必要があります．ノートはスライドペインの下に次ページの図のように表示されます．

---

[15] スライドとスライドの間をクリックして選択することもできます（スライドとスライドの間に棒が表示されます）．この場合にスライドを挿入すると，その場所にスライドが挿入されます．

[16] 「表示」タブ→「表示」グループ→「ノート」をクリックして表示することもできます．

ノートの範囲を広げたい場合は，ノートとスライドペインの間の枠をドラッグしてください．

ノートを入力

日本語　⇔ノート

ノートはスライドごとに別々の内容を記述することができ，例えば，スライドの作成中に「この部分は特に強調しよう」，「この部分の言い回しはこうしよう」などのように，思いついたことを自由にメモするという使い方が一般的です．こういったアイディアは，書き留めておかないと忘れやすいので，ノートを利用することをお勧めします[17]．ノートに記述された内容は発表時に聴衆が見るスライドショーの画面には表示されないので，ノートの部分には思いつくまま好きな内容を書いておくことができます．また，聴衆が見るスクリーンとは別に，PowerPoint を操作するパソコンの画面に表示することができる発表者ビュー（→ p.275）にはノートの内容が表示されるので，発表者ビューを利用することができる場合は発表時に参考にしたい内容を書いておくのもよいでしょう．

11.7　スライドの文章のレイアウト

プレゼンテーションでは，特にスライドの見栄えが重要です．同じ内容の文章が書いてあるスライドでも，デザインやレイアウトによって，見た人の理解度には大きな差が生じます．PowerPointが用意しているスライドのレイアウトのひな形はあくまでスライドの作成を手助けしてくれるものでしかありませんので，レイアウトやデザインを自由に変更して，見栄えのよいわかりやすいスライドを作成してください．例えば，プレゼンテーションではよく強調したい文字に目立つ色をつけたり，文字を大きくします．繰り返しますが，プレゼンテーションのスライドの目的は聴衆にそのスライドをぱっと見せただけで，発表者がこれから発表する内容の概要やポイントを理解させることにあります．したがって，強調したい部分を目立たせるのは非常に重要なテクニックの1つです．

プレースホルダーの操作

スライドの中にあらかじめ用意されているプレースホルダーは，テキストボックスの一種です．したがって，Word のテキストボックスと同じように，枠をつかんで移動，変形などの操作を行うことが可能です．また，プレースホルダーの中の文字を「ホーム」タブ→「フォント」グループなどを使って修飾したり，枠や塗りつぶしの色を「図形の書式」タブのボタンで修飾することができます．

テキストボックスの挿入

スライドの好きな場所に文章を挿入したい場合はテキストボックスを使います．「挿入」タブ→「テキスト」グループ→「テキストボックス」をクリックするか，「ホーム」タブ→「図形描画」グループ→「図形」→「テキストボックス」をクリックし，スライドの上でテキストボックスを挿入したい場所でドラッグすることで，テキストボックスがスライドに挿入されます．なお，挿入したテキストボックスに何も文字を入力せずにテキストボックス以外の場所をクリックすると，挿入したテキストボックスは削除されてしまう点に注意してください．「挿入」タブ→「テキスト」グループ→「ワードアート」をクリックして表示されるメニューからワードアートの種類をクリックすることで，凝った文字の修飾を行えるワードアート（→ p.191）を挿入することもできます．

ページ番号や日付の挿入

「挿入」タブ→「テキスト」グループ→「ヘッダーとフッター」をクリックして表示されるパネルで，スライドにスライド番号や日付などを表示することができます．

---

[17] 芸人が思いついた芸のネタを忘れないように，「ネタ帳」というノートにその場で書き留めておくのに似ています．

練習問題 2 練習問題 1 で作成したスライドに手を加えて右図のようなスライドを作りなさい．

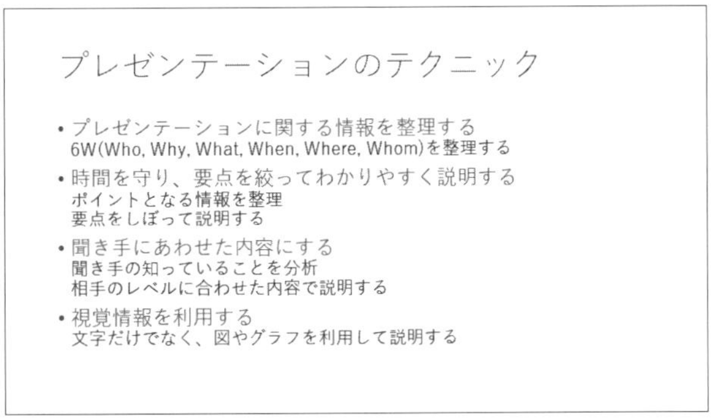

手順 1 1 行目の箇条書きの「整理する」の後ろで，シフトキーを押しながらエンターキーを押して改行する[18]．

手順 2 「6W…」の行を入力する．

手順 3 入力した行を選択し，「ホーム」タブ→「フォント」グループ→「フォントサイズの縮小」をクリックして，フォントのサイズを「24」に設定する．

手順 4 1 行目の箇条書きを選択し，「ホーム」タブ→「フォント」グループ→「フォントの色」→「青」をクリックして，色を設定する．

手順 5 残りの段落についても同様の作業を行う（書式の設定は「ホーム」タブ→「クリップボード」グループ→「書式のコピー/貼り付け」を使って書式をコピーすればよい）．

11.8 表や図などの作成

PowerPoint では図形の挿入や編集は頻繁に行われるので，図形に関する操作は「ホーム」タブ→「図形描画」グループにまとめられています．スライドに新しい図形を挿入するには，「図形描画」グループの左の「図形」を使って，Word と同じ方法で行います．また，作成した図形の塗りつぶしや枠線などの設定も「図形描画」グループのボタンで行えます．

表，**画像**，**オンライン画像**などの挿入は，Word と同様に，「挿入」タブから，編集は「図形の書式」タブ，「テーブルデザイン」タブ，「レイアウト」タブ，「図の書式」タブなどで行います．

Word は主に紙に印刷するための文章を作成するためのアプリケーションなので，動画や音を扱うことはありませんが，PowerPoint はコンピューターの画面やスピーカーを使ってプレゼンテーションを行うことができるので，**動画**や**音**をスライドに挿入することができます．動画の挿入は「挿入」タブ→「メディア」グループ→「ビデオ」を，音の挿入は「オーディオ」をクリックして表示されるメニューで行います．動画の場合は，YouTube（→ p.118）にアップロードされている動画をスライドに入れることもできます．

スライドのレイアウトの名前に「コンテンツ」という名前が入っているスライドのプレースホルダーの中にある右図のボタンから，表，グラフ，SmartArt，画像，オンライン画像，動画を挿入することもできます．ボタンの上にマウスカーソルを移動すると，そのボタンをクリックした時に何が挿入されるかが表示されます．なお，PowerPoint でグラフを作成する方法は，Excel とは若干異なります．グラフの作成方法については p.266 で説明します．

[18) PowerPoint のテキストボックスにも Word と同様に段落の概念があり，改行と区別されます．

練習問題 3　次のスライドを作成しなさい.

手順1　「タイトルとコンテンツ」のレイアウトのスライドを作成し, タイトルに図のような文章を入力し,「ホーム」タブ→「段落」グループ→「中央揃え」をクリックして中央揃えにする.

手順2　下のプレースホルダーの「表の挿入」をクリックし, 列が 3, 行が 6 の表を作成する.

手順3　図の表のように表の中のセルに文字を入力する.

手順4　表全体を選択し,「ホーム」タブ→「フォント」グループ→「フォントサイズ」→「24」をクリックする.

手順5　表の列の幅を図のように調整する. 右の 2 列を選択し,「ホーム」タブ→「段落」グループ→「右揃え」をクリックして右揃えにする.

手順6　「ホーム」タブ→「図形描画」グループ→「図形」→「テキストボックス」をクリックし, スライドの下部でドラッグして, テキストボックスを挿入する.

手順7　テキストボックスに図のような文章を入力する.

手順8　「ホーム」タブ→「フォント」グループ→「フォントサイズ」→「20」をクリックし, ドラッグ操作でテキストボックスの大きさと場所を図のように設定する.

練習問題 4　次のスライドを作成しなさい. なお, ワードアートやオンライン画像は自分の好きなものを利用してよい.

手順1　「白紙」のレイアウトのスライドを作成する.

手順2　「挿入」タブ→「テキスト」グループ→「ワードアート」のメニューから好きなワードアートを選び, 図のような文章を入力し, スライドの上部に移動する.

手順3　「挿入」タブ→「画像」グループ→「オンライン画像」をクリックして表示されるパネルのテキストボックスに「プレゼンテーション」を入力して画像を検索し, 検索された画像の中から自分の好きな画像を選択してスライドに挿入し, ドラッグ操作で大きさと位置を図のように設定する.

手順4　「挿入」タブ→「図形描画」グループ→「図形」→「吹き出し:四角形」をクリックし, スライドの上でドラッグして, スライドに吹き出しの図形を挿入する.

手順5　「図形の書式」タブ→「図形のスタイル」グループ→「その他」→「光沢―青, アクセント 1」をクリックして図形のスタイルを変更する.

手順6　キーボードで, 一番上の吹き出しに図の吹き出しの内容を入力する.

手順7　吹き出しを選択して「ホーム」タブ→「フォント」グループ→「太字」をクリックして太字にする.

手順8　吹き出しをドラッグして図のような位置と大きさに設定する. また, 吹き出しの中のオレンジ色のボタンをドラッグして, 吹き出しの先を図のように設定する.

手順9　残りの 3 つの吹き出しに対しても同様の操作を行う. 3 つの吹き出しは図のような形状のものを選ぶこと. 吹き出しの横幅や左の位置の揃えや縦の間隔を調整するには, 4 つの吹き出しを選択して「図形の書式」タブ→「サイズ」グループ→「図形の幅」のテキストボックスで横幅を設定し,「配置」グループ→「オブジェクトの配置」→「左揃え」と「上下に整列」を順にクリックすればよい.

11.9　テーマとバリエーションの変更

PowerPoint では，あらかじめ用意されているスライドの背景画像や文字の色のデザインのことを「テーマ」と呼び，その中から選択することで，さまざまなデザインのスライドを作成することができます [19]．テーマの設定は「デザイン」タブ→「テーマ」グループで表示されるメニューで行います．メニューからテーマを選択すると，すべてのスライドに選択したテーマが適用されます．また，テーマごとにバリエーションという「配色」，「フォント」，「効果」，「背景のスタイル」などの組み合わせが用意されています．バリエーションの設定は，テーマの設定を行った後に「デザイン」タブ→「バリエーション」グループの中のボタンを使って行います．スライドの配色などを変えることで，同じテーマでも雰囲気を大きく変えることができます．また，スライドに表示する画像の色によっては，テーマを設定することでスライドが見にくくなってしまう場合があるので，そのような場合は，バリエーションの「配色」や「背景のスタイル」を使って画像が見やすいように変更するとよいでしょう．また，「デザイン」タブ→「ユーザー設定」グループのボタンで，スライドのサイズや背景の塗りつぶしの設定を行うこともできます．

11.10　グラフの作成

PowerPoint にグラフを挿入する方法は，Excel とは若干手順が異なります [20]．PowerPoint でグラフを挿入するには「挿入」タブ→「図」グループ→「グラフ」をクリックするか，「グラフの挿入」ボタンが入ったプレースホルダーがある場合はそのボタンをクリックして表示されるパネルで挿入するグラフの種類を選んで「OK」ボタンをクリックします．グラフを作成すると，あらかじめサンプルのデータが入ったグラフが作成され，そのグラフを編集するための下図のようなウィンドウ（以下，データ編集ウィンドウと表記します）が表示されます．Excel ではグラフにしたいデータを表に入力してからグラフを作成していましたが，PowerPoint ではサンプルのデータが入ったグラフのひな形が作られ，そのひな形を編集することでグラフを作り上げていきます．

作成されたグラフの編集は，表示されたデータ編集ウィンドウで行いますが，以下の点で，Excel でのグラフの作成方法と異なります．下記以外の点では，基本的に Excel と同じ方法でグラフを編集することができます．PowerPoint 流のグラフの作成方法がしっくりこない人は，Excel でグラフを作成して PowerPoint にコピーするとよいでしょう．

- 横軸ラベルのデータは必ず A 列に，系列名のデータは必ず 1 行目に入力する．
- データ編集ウィンドウの表の中では，「グラフの横軸ラベルに表示されるデータ」は「紫の枠」で，「系列名のデータ」は「赤い枠」で，「グラフに表示するデータ」は「青い枠」で囲まれて表示される．グラフに表示するデータの範囲を変更したい場合は，青い枠をドラッグして範囲を変更する．青い枠をドラッグして移動，変形した場合は，横軸ラベルと系列名の枠も同時に移動，変形する．

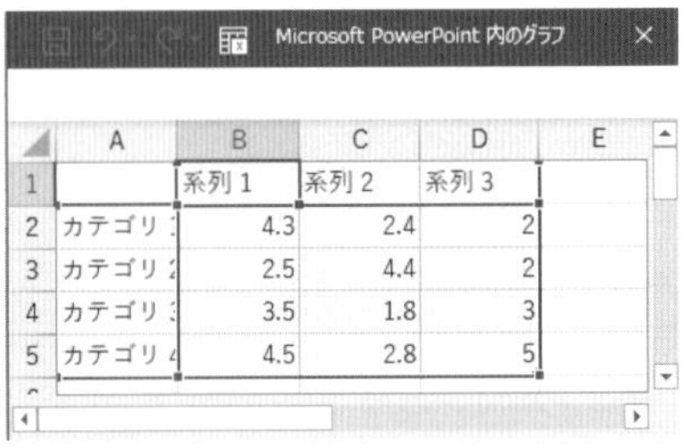

	A	B	C	D	E
1		系列 1	系列 2	系列 3	
2	カテゴリ 1	4.3	2.4	2	
3	カテゴリ 2	2.5	4.4	2	
4	カテゴリ 3	3.5	1.8	3	
5	カテゴリ 4	4.5	2.8	5	

---

[19] テーマは必ず設定しなければならないというわけではありません．初期設定のシンプルなデザインのスライドを好む人もいます．

[20] Word でグラフを作成する方法は，PowerPoint で作成する方法と全く同じです．

- Excel と同様にセルに式を記述して計算を行うことができるが，セルをクリックして式の中にセルの名前を入力した場合，Excel と異なり，セルの名前ではなく，=[@[系列 1]]+[@[系列 2]] のような名前が表示される．ただし，セルの名前の表記が異なるだけで，計算できる内容が変わるわけではない[21]．

- 編集したデータは PowerPoint 側に保存されるので，データ編集ウィンドウで保存する必要はない．また，データ編集ウィンドウを閉じた場合，「グラフのデザイン」タブ→「データ」グループ→「データの編集」（右図）をクリックすることで，再びグラフを編集するためのデータ編集ウィンドウを表示することができる.

11.11　プレゼンテーションとグラフ

プレゼンテーションで，わかりやすいグラフを作成するにはいくつかのポイントがあります.

適切なグラフの種類を選ぶ

Excel の章で説明したとおり，グラフを作成する場合は，伝えたいことを的確に表現することができるグラフの種類を選択する必要があります（→ p.232）．プレゼンテーションでは相手に自分が伝えたいことをわかりやすく伝えることが重要なので，グラフを作るときはグラフのデータから何を伝えたいかをよく考えて，それを伝えるのに適切なグラフの種類を選択してください.

強調したいデータを目立つ色や形にする

グラフの中で特に強調したいデータがある場合は，その部分のグラフの色を目立つ色にしたり，形を変えるとよいでしょう.

練習問題 5　右図のようなスライドを作成しなさい.

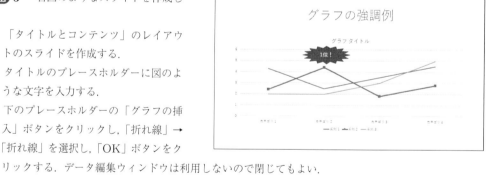

手順 1　「タイトルとコンテンツ」のレイアウトのスライドを作成する.

手順 2　タイトルのプレースホルダーに図のような文字を入力する.

手順 3　下のプレースホルダーの「グラフの挿入」ボタンをクリックし，「折れ線」→「折れ線」を選択し，「OK」ボタンをクリックする．データ編集ウィンドウは利用しないので閉じてもよい.

手順 4　オレンジ色の系列 2 の折れ線グラフをクリックして選択し，「書式」タブ→「現在の選択範囲」グループ→「選択対象の書式設定」をクリックし，「データ系列の書式設定」のウィンドウを表示する.

手順 5　書式設定のウィンドウの「塗りつぶしと線」ボタン（🖌）→「線」→「線」→「幅」の数字を「3.5pt」に，「色」を「赤色」に設定して折れ線を赤色で太くして強調する.

手順 6　書式設定のウィンドウの「塗りつぶしと線」→「マーカー」→「マーカーのオプション」→「組み込み」をクリックし，「種類」を「■」に，「サイズ」を「10」に設定する．また，「マーカー」→「塗りつぶし」→「色」を「赤」に設定し，折れ線グラフに赤い四角形のマーカーを表示して強調する.

---

[21] データ編集ウィンドウのクイックアクセスツールバーにある「Microsoft Excel でデータを編集」をクリックすると，Excel と同じ方法で式を計算できるウィンドウが表示されるようになります．ただし，グラフの編集方法も Excel と同じになり，データの範囲などを表す枠などは消えてしまいます.

手順 7　「ホーム」タブ→「図形描画」グループ→「図形」→「星：16pt」をクリックしてグラフの上でドラッグし，星形の図形を挿入する．

手順 8　キーボードから「1 位！」を入力して太字にし，星形の図形の位置や大きさを図のように設定する．「ホーム」タブ→「図形描画」グループ→「クイックスタイル」で図形に好きなスタイルを設定してもよい．

　練習問題 5 のように，強調したいグラフの色を 1 本だけ明るい赤色にする，太くする，マーカーを表示するなどの方法で目立たせることで，見た人がこのグラフで重要なデータがどれかが一目でわかるようになります．また，図形を使ってグラフの特定の部分を強調するのも有効な方法の 1 つです．

適切なデータ量

　時々，グラフに必要以上にデータを入れる人がいますが，プレゼンテーションの説明に必要のないデータは見た人の理解を著しく低下させます．また，無駄にデータが多いグラフは，見た目がごちゃごちゃしてわかりにくくなります（折れ線グラフに折れ線が 20 本あるグラフを想像してみてください）．グラフに限りませんが，シンプルなものほど見た人の理解度が上がる傾向があるので，グラフに書くデータは必要最小限なものにとどめるのがよいでしょう．ただし，いくらシンプルがよいからといって，必要なデータを省略したり，軸の数値や凡例まで省略してしまうのはやりすぎです．

　なお，プレゼンテーションで使用するグラフは，Word など，印刷して配ることを前提とした文章のグラフと比べてよりシンプルに作ることを心がけることをお勧めします．これは，紙に印刷されたグラフはじっくり時間をかけて吟味できるのに対し，プレゼンテーションでは 1 枚のスライドを表示する時間はせいぜい 1 分程度なため，複雑なグラフをスライドに表示しても聴衆がそのグラフを理解する時間がないためです．PowerPoint でグラフを作る方法が Excel と異なるのは，Excel のようにデータを入力してからグラフ作成すると，グラフに入れるデータの量が多くなりがちになるからです．それに対し，PowerPoint ではプレゼンテーションで用いるグラフとしてふさわしい量のデータが入ったひな形のグラフをベースにグラフを作成するという形をとっています．

　以下に，悪いグラフの例を 2 つ紹介します．

　下図左のグラフでは，グラフの目盛りが混みすぎている，系列が多すぎる，データラベルを表示しているため見づらくなっている，などの問題があります．この例とは逆に，下図右のグラフは軸や目盛りや凡例を一切表示していないので，何のグラフであるかが全くわかりません．また，意味もなくグラフの形状を異なった設定にしているのも，見た人が混乱する原因となるでしょう．

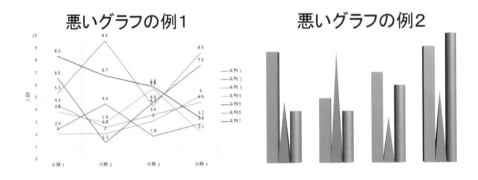

11.12 画面切り替え効果

PowerPoint では，スライドショーモードでスライドを切り替えた時に**画面切り替え効果**というアニメーションの効果をつけることができます．画面切り替え効果は，必ず使わなければならないというものではありませんが[22]，うまく使えばプレゼンテーションにめりはりをつけたり，聴衆の注意を引きつけるという効果が期待できます．画面切り替え効果の設定は下図の「画面切り替え」タブで行います．以下，それぞれのグループのボタンの使い方について説明します．

- 「プレビュー」グループ　プレビューボタンをクリックすることで，スライドタブで選択されているスライドに設定されている画面切り替え効果を確認することができます．

- 「画面切り替え」グループ　スライドタブで選択されているスライドに切り替わった時に行われるアニメーション効果を設定することができます[23]．左の「画面切り替え効果」の一覧から画面切り替え効果を選択することができ，右の「効果のオプション」ボタンをクリックして表示されるメニューで，選択した効果の種類（例えば，切り替え効果が「ワイプ」の場合はワイプの方向）を設定することができます[24]．画面切り替え効果が設定されたスライドは，スライドタブの中でスライド番号の下に星の形をしたマーク（☆★）が表示されます[25]．画面切り替え効果は，スライドタブで**選択されているスライド**だけに適用されます．同じ画面切り替え効果をすべてのスライドに適用したい場合は，「タイミング」グループ→「すべてに適用」をクリックしてください[26]．画面切り替え効果を削除するには「なし」を選択します．

　画面切り替え効果は「弱」，「はなやか」，「ダイナミックコンテンツ」のように効果の派手さによって分類されています．派手な画面切り替え効果には確かに聴衆の注意を引きつける効果がありますが，その分すぐに飽きられたり，目が疲れるなどのデメリットもあります．また，まじめなテーマのプレゼンテーションに派手な画面切り替え効果を使うと不まじめな印象を与えることもあるため，プレゼンテーションの雰囲気によって使い分けてください．画面切り替え効果はプレゼンテーションに必須ではないので，使わないという選択肢もあります．

- 「タイミング」グループ　それぞれのボタンで次ページの表のように画面切り替え効果のタイミングなどを設定することができます．画面切り替えのタイミングの項目を設定することで，一定時間がたつと自動的にスライドが切り替わるようにすることもできますが，かなり練習を積まないと説明の途中で画面が勝手に切り替わるような事態になりかねませんので，通常は「クリック時」のチェックを ON にし，「自動的に切り替え」のチェックは OFF にしておくとよい

---

[22] スライドのテーマと同様に，画面切り替え効果を使用しないシンプルなプレゼンテーションを好む人もいます．

[23] 次のスライドに切り替わるときの効果ではない点に注意してください．

[24] 画面切り替え効果の「カット」は瞬時に画面を次のスライドに切り替える効果です．初期設定では見た目は「なし」を設定した場合と変わりませんが，「効果のオプション」で「黒いスクリーン」を設定した場合は，真っ黒な画面が最初に表示された後に次のスライドに切り替わるようになります．

[25] アウトラインタブ（→ p.262）ではこの星のマークは表示されません．

[26] 画面切り替え処理は一般的にすべてのスライドに同じものを適用します．

でしょう．自動切り替えの有効な使い道の 1 つに，写真などのスライドを数秒おきに自動的に切り替えるといった，発表者が説明する必要のない場面で使うというものがあります．

項目	意味
サウンド	画面切り替え時に鳴らす音を設定できます．
期間	画面切り替え効果が行われる時間を秒単位で設定できます．数字を小さくすることで，画面切り替え効果が素早く行われるようになります．
すべてに適用	スライドタブで現在選択されているスライドの画面切り替え効果をすべてのスライドに適用します．
クリック時	マウスをクリックした時にスライドが切り替わります．
自動的に切り替え	設定した時間（秒）が経過すると，自動的にスライドが切り替わります．

11.13　アニメーション

PowerPoint では，スライドの中の文字，図形，グラフなどの，スライドに配置したオブジェクトに対して**アニメーション効果**を設定することができます．アニメーションを行うことで，文字や図形などを強調したり，聴衆の注意を引きつける効果が期待できます．

アニメーションの設定は，下図の「アニメーション」タブを使って，以下の手順で行います．

1.　アニメーションを設定したいオブジェクトを選択する．
2.　選択したオブジェクトにアニメーションスタイルを設定する．
3.　設定したアニメーションの調整を行う．
4.　アニメーションを設定したいすべてのオブジェクトに 1.～3. の操作を行う．
5.　全体のアニメーションを確認し，必要に応じてさらに調整を行う．

アニメーションの設定方法について，実際のスライドを使って説明します．まず，「2 つのコンテンツ」というレイアウトのスライドを新しく作成し，右の図のようなスライドを作成してください．左の箇条書きの部分にある文字のフォントの大きさは「32」を設定してください．グラフの部分は，右下のプレースホルダーの「グラフの挿入」ボタンをクリックして，「縦棒」→「集合縦棒」のグラフを作

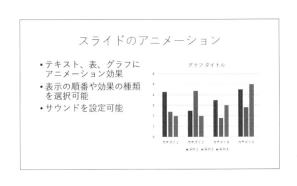

成してください．このグラフは編集する必要がないので，データ編集ウィンドウは閉じてください．

アニメーションの設定

「アニメーション」グループ→「アニメーション」の一覧から選択することで，選択中のオブジェクトにアニメーションのスタイルが設定され，スライドペイン上で実際に設定したアニメーション

が行われるので，確認することができます．確認したアニメーションが気に入らない場合は，別のアニメーションのスタイルを選択して，設定し直すことができます．アニメーションが設定されたスライドは，スライドタブの中で画面切り替え効果と同様に，スライド番号の下に星の形をしたマーク（>★）が表示されます．アニメーションのスタイルは，以下の表のように「なし」，「開始」，「強調」，「終了」，「アニメーションの軌跡」の5つのグループに分類されます．

グループ	意味
なし	アニメーションが設定されていない状態になる．
開始	最初は表示されていない状態から，移動などによって画面に表示されるようになるアニメーション．
強調	大きさが変わったり，回転したりするなど，最初から最後まで表示されるアニメーション．ただし，場所の移動は行わない．
終了	最初は表示されている状態から，移動などによって画面に表示されなくなるアニメーション．
アニメーションの軌跡	場所の移動が行われるアニメーション．

タイトルに「開始」の中にある「スライドイン」を，左下のテキストボックスに「強調」の中にある「スピン」を，右下のグラフに「強調」の中にある「シーソー」のアニメーションスタイルを設定してください．アニメーションをオブジェクトに設定すると，右図のようにアニメーションの順番を表す番号がつけられます．「スピン」の効果はテキストボックスの箇条

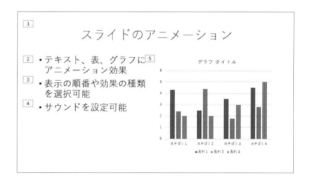

書きごとに設定されるので，図のように2から4までの番号がつけられ，グラフには5の番号がつけられます．なお，箇条書きの段落を選択した状態でアニメーションの効果を設定すると，その段落だけにアニメーション効果が設定されます．アニメーションの番号をクリックすることで，その番号のアニメーションを選択することができ，選択された番号はオレンジ色で表示されます．

アニメーションの確認

「プレビュー」グループ→「プレビュー」をクリックする[27]ことで，スライドペインのスライドに設定されているアニメーションが順番に再生されます．ただし，後述の「タイミング」グループの設定で，アニメーションがクリックした時に行われるように設定されていても，アニメーションは**自動的に次々と再生**されていきます．プレゼンテーションの本番で使用するスライドショーモードで行われるアニメーションとはアニメーションの**タイミングが異なる場合がある**ので，実際のアニメーションがどのように行われるかについては，**スライドショーモードで確認する必要があります**．

「プレビューの ∨ 」→「自動再生」のチェックをONにすると，アニメーション効果を追加した時に，そのアニメーション効果がスライドペインで自動的に再生されるようになります．

アニメーションの変更，追加，削除，コピー

アニメーションが設定されていないオブジェクトに対しては，前述の方法でアニメーションのス

---

[27] 後述のアニメーションウィンドウの「ここから再生」ボタンで再生することもできます．

タイルを設定できますが，既にアニメーションが設定されているオブジェクトを選択してからアニメーションのスタイルを設定すると，既に設定されているアニメーションのスタイルが変更されます．複数のアニメーションのスタイルが設定されている場合は，オレンジ色の選択中の番号のアニメーションのスタイルが変更されます．既にアニメーションが設定されているオブジェクトに新しいアニメーションを追加するには，「アニメーションの詳細設定」グループ→「アニメーションの追加」のメニューからアニメーションのスタイルを選択します．

　アニメーションのスタイルの削除は，アニメーションの番号を選択してから Delete キーを押すか，「なし」のアニメーションのスタイルを選択してください．アニメーションのスタイルを他のオブジェクトにコピーするには，コピーしたいアニメーションのスタイルが設定されているオブジェクトを選択し，「アニメーションの詳細設定」グループ→「アニメーションのコピー/貼り付け」をクリックし，貼り付けたいオブジェクトをクリックしてください．なお，この操作を行うと，**選択したオブジェクトに設定されているすべてのアニメーションのスタイル**が，コピー先のオブジェクトのアニメーションのスタイルの設定に**上書きされる点に注意が必要です**．

アニメーションの調整

　オブジェクトに設定されたアニメーションの調整を行うには，アニメーションの番号をクリックして選択する必要があります．アニメーションには以下のような調整を行うことができます．

- **効果のオプションの設定**　　「アニメーション」グループ→「効果のオプション」のメニューでアニメーションの方向などの設定を行うことができます．

- **アニメーションの順番の変更**　　「タイミング」グループ→「順番を前にする」または「順番を後にする」をクリックすることで，アニメーションの順番を前後にずらすことができます．後述のアニメーションウィンドウでも順番を変更することができます．

- **アニメーションのタイミングの変更**　　「タイミング」グループの「開始」の右のメニューで，アニメーションがいつ開始されるかを，以下の表の3種類から設定することができます．「直前の動作と同時」，または「直前の動作の後」を設定すると，アニメーションの番号が1つ前のアニメーションと同じ番号になります．

設定	意味
クリック時	クリックするまでアニメーションが行われません．
直前の動作と同時	1つ前の順番のアニメーションと同時にアニメーションが行われます．
直前の動作の後	1つ前の順番のアニメーションが終了後，クリックをしなくても自動的にアニメーションが開始されます．

　「継続時間」を編集することで，アニメーションが行われる時間を秒単位で設定することができます．「遅延」を編集することで，アニメーションが開始される時間を秒単位で遅らせることができます．これらの設定は，後述のアニメーションウィンドウで行うこともできます．

- **特定のオブジェクトをクリックした時に開始するアニメーション**　　アニメーションのタイミングに「クリック」が設定されているアニメーションは，スライドのどこをクリックしてもアニメーションが開始されますが，特定のオブジェクトをクリックした場合のみアニメーションを開始するように設定することもできます．アニメーションの番号を選択し，「アニメーションの詳細設定」グループ→「開始のタイミング」のメニューからオブジェクトを選択すると，アニメーションの番号が稲妻の形（ $\mathscr{J}$ ）になり，設定したオブジェクトをクリックしない限り，アニメーションが開始されなくなります．また，他の番号がついているアニメーションとは完

全に独立したアニメーションになります.

● **アニメーションウィンドウによる設定**　アニメーションの調整は,「アニメーションの詳細設定」グループ→「アニメーションウィンドウ」で右に表示される,**アニメーションウィンドウ**で行うこともできます. アニメーションウィンドウは,右上の×ボタンをクリックすることで閉じることができます. アニメーションウィンドウには,下図のように,スライドに設定したアニメーションのスタイルが上から順番に表示されます. アニメーションのスタイルをクリックして選択すると,オレンジ色で表示されるようになり,対応するスライドペイン上の番号が選択されます. アニメーションウィンドウでは以下のような設定を行うことができます.

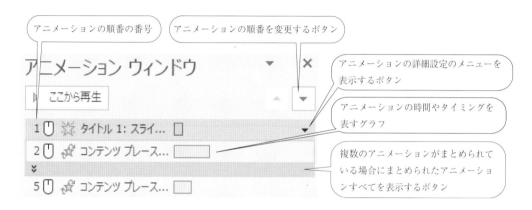

○ **任意のアニメーションからの再生**　「ここから再生」をクリックすることで,選択中のアニメーションから,スライドペイン上でアニメーションの再生が行われます.

○ **アニメーションの順番の変更**　▲と▼で選択中のアニメーションの順番を変更できます.

○ **詳細設定**　選択中のアニメーションのスタイルの右にある▼をクリックすることで,アニメーションのスタイルの詳細設定を行うためのメニューが表示されます. メニューの中の「効果のオプション」や「タイミング」で表示されるパネルを使って,リボンの中のボタンでは設定できないアニメーションの設定を行うことができます. 例えば,同じアニメーションを繰り返して表示したり,グラフの中の1つひとつの系列やデータに対してアニメーションを設定することができます. 詳しくは練習問題6を参照してください.

○ **アニメーションのタイミングの変更**　アニメーションスタイルの右に表示される棒グラフは,そのアニメーションが行われるタイミングを表します. 棒の長さの縮尺と単位はアニメーションウィンドウの下に表示されます. この棒グラフは「タイミング」グループの「継続時間」と「遅延」と連動しており,ドラッグすることでアニメーションのタイミングを調整することができます.

○ **グループになっているアニメーションの内容の表示/非表示**　中に箇条書きが表示されているオブジェクトにアニメーションのスタイルの設定を行うと,中の箇条書き1つひとつに同じアニメーションのスタイルが設定されます. 同じアニメーションのスタイルが複数のオブジェクトに設定されているので,アニメーションウィンドウでは,そのようなアニメーションのスタイルを上の図のように1つのグループにまとめて表示し,その下にまとめられたアニメーションのスタイルを拡大して表示するためのボタンが表示されます. このボタンをクリックすることで,グループになっているアニメーションスタイルの表示/非

表示を切り替えることができます.

アニメーション設定時の注意点

　アニメーションの主要な目的は,プレゼンテーションが単調にならないようにめりはりをつけたり,特定の部分を強調したりすることで,**観衆の注目を集める**ことです.したがって,アニメーションは注意して使わなければ逆効果になってしまいます.初心者にありがちなことですが,最初はアニメーション効果を設定するのが楽しくて,ついアニメーションを多用してしまいがちです.しかし,アニメーションを多用すると,観衆に飽きられてしまったり,スライドの内容ではなくアニメーションの動きのほうに注目してしまうことになりかねません.例えば,スライドのテキスト 1 文字 1 文字が画面の右からスライドして表示され,文字が表示されるたびに効果音が鳴るようなスライドは,スライドの製作者にとっては楽しいかもしれませんが,観衆にとってはじれったくうるさいだけで反感を買うもとになってしまいます.アニメーションは濫用せず,めりはりをつけたい場合や,本当に注目を集めたいところなど,**プレゼンテーションの要所**で使うことをお勧めします.

練習問題 6　　p.270 のスライドに以下の手順でアニメーションを設定しなさい(p.272 のアニメーション効果を設定済の場合は,手順 1,2,6 は行わなくてもよい).

手順 1　タイトルを選択し,「スライドイン」のアニメーションスタイルを設定する.

手順 2　左のテキストボックスを選択し,「スピン」のアニメーションを設定する.

手順 3　スライドペインでアニメーションスタイルの番号の 2 をクリックし(以下,「2 をクリック」のように表記する),「タイミング」グループ→「開始」→「直前の動作の後」をクリックして選択する.この操作で,「テキスト,表…」の段落の部分のアニメーションが,タイトルのアニメーションが終わった後に自動的に再生されるようになる.また,アニメーションの 2 以降の番号がそれぞれ 1 つ小さくなる.なお,アニメーションウィンドウで 2 番のアニメーション効果をクリックしてこの操作を行う場合は,下の❤をクリックして 3 番と 4 番がアニメーションウィンドウに表示されるようにしてから「直前の動作の後」をクリックする必要がある(そうしないと 2,3,4 のすべてに対して「直前の動作の後」が設定されてしまう).正しくアニメーションが行われているかどうかは,すべてのアニメーションが自動的に再生されるプレビューでは確認できないので,シフトキー + F5 キーを押して,スライドショーモードを表示して確かめること.

手順 4　スライドペインで新しく 2 になったアニメーションスタイルの番号をクリックし,「タイミング」グループ→「開始」→「直前の動作と同時」をクリックして選択する.もう一度,同じ操作を新しい 2 番に対して行う.この操作で,3 つの箇条書きが同時にアニメーションするようになる.

手順 5　「アニメーションの詳細設定」グループ→「アニメーションウィンドウ」をクリックし,ウィンドウの右にアニメーションウィンドウを表示する.

手順 6　グラフを選択し,「シーソー」のアニメーションスタイルを設定する.この操作でグラフ全体がシーソーのように揺れるアニメーションが設定される.

手順 7　「アニメーション」グループ→「効果のオプション」→「系列の要素別」をクリックする.この操作によって,グラフ全体とグラフの 1 つひとつの棒が順番にシーソーのように揺れるアニメーションが設定される.また,グラフの横に,2 から 14 番までの番号が表示されるようになる.

手順 8　「分類 2 の系列 2」の棒グラフだけ,シーソーのアニメーションが行われるような設定を行う.2 から 14 番までのどのアニメーションが「分類 2 の系列 2」の棒グラフであるかを調べるには,番号をクリックし,アニメーションウィンドウの「ここから再生」をクリックして探せばよい(アニメーションを途中で止めたい場合は,「停止」をクリックする).試行錯誤の結果,8 番が「分類 2 の系列 2」の棒グラフであることがわかる.

手順 9　アニメーションウィンドウで 2~7 と 9~14 を選択し(Ctrl キーを押しながらクリックすることで選

択すればよい），Delete キーを押して削除する．

手順 10 アニメーションウィンドウで「残った 2 番のグラフのアニメーション効果の右の▼」→「タイミング」で表示されるパネルの「繰り返し」を「次のクリックまで」に設定する．この操作で，「分類 2 の系列 2」の棒グラフだけに対して，クリックするまでシーソーのように揺れるアニメーションが設定される．

11.14　スライドショーモードでの操作

　スライドショーモードは，発表練習や発表本番時に使うモードです．スライドショーモードでは，全画面でスライドの内容が表示され，マウスのクリック操作でスライドをめくることができます．スライドショーモードに関する基本的な操作は p.260 を参照してください．スライドショーモードの機能は画面上のボタンやメニューボタンで表示されるメニューをクリックすることで呼び出すことができます．以下，それぞれのボタンやメニュー項目について紹介します．以下の説明で，（）の中の数字は次ページの図の画面上に表示されるボタンの番号に対応しています．①～⑥は通常のスライドショー時に，⑦～⑯は発表者ビューで表示されるボタンです．

前へ（①，⑫），次へ（②，⑬），最後の表示

　それぞれ，「前のページ」，「次のページ」，「直前に表示していたページ」に移動します．

すべてのスライドを表示（④，⑧）

　画面にすべてのスライドの一覧を表示します．表示されたスライドをクリックすることで，任意のスライドへ移動することができます．セクション（→ p.277）を作っていた場合は，スライドがセクションごとに分けて表示されます．

画面拡大表示（⑤，⑨）

　マウスでドラッグした範囲を拡大して表示することができ，拡大後はスライドをマウスでドラッグして範囲を移動できます．マウスのメニューボタンをクリックすることで，通常の画面に戻ります．

目的別スライドショー

　本書では扱いません．

発表者ツールを表示（非表示）

　パソコンをプロジェクターにつないでスライドショーモードで発表する場合，発表者の手元のパソコンの画面には，スクリーンに映される全画面のスライドとは別の，次ページの図のような「発表者ビュー」が自動的に表示されます．このメニューをクリックすることで，パソコンをプロジェクターにつないでいない場合でも「発表者ツール」を画面に表示することができます．発表者ツールには図のようにスライドだけでなく，左上に「発表の経過時間」，右上に「次に表示するスライド」，右下に「ノートの内容」が表示され，発表の際の大きな助けになってくれます．左上の時計（⑭）はスライドショーを開始してからの経過時間を表し，右にあるボタンでポーズ（一時停止）をかけたり（⑮），時間をリセットする（⑯）ことができます．また，左下のボタンは左から「ポインターオプションのメニューの表示」（⑦），「すべてのスライドを表示」（⑧），「画面拡大表示」（⑨），「スクリーンを黒くする」（⑩），「字幕の切り替え」（⑪），「その他のスライドショーのメニューを表示」の機能を呼び出すことができます（次ページの図の一番下の吹き出しを参照）．

スクリーン（⑩）

　「スクリーンを白くする」や「スクリーンを黒くする」で，一時的に画面を真っ白（黒）にすることができます．クリックすると元の画面に戻ります．

ポインターオプション（③，⑦）

　スライドにレーザーポインター（laser pointer）[28] のような赤い光を表示したり，線を書き込むことができます．以下にポインターオプションで選べる項目を表にまとめます．「SC キー操作」の列は，ショートカットキー操作でその項目を選択できることを表します．

項目	ポインタの意味	SC キー操作
レーザーポインター	赤い光のような形を表示	Ctrl + L
ペン	線を引ける	Ctrl + P
蛍光ペン	蛍光ペンのような線を引ける	Ctrl + I
インクの色	ペンや蛍光ペンの色を設定する	なし
消しゴム	線を消せる	なし
スライド上のインクをすべて消去	書き込んだ線をすべて削除する	なし
矢印のオプション	マウスポインタの表示を設定する	なし

　レーザーポインターは，マウスカーソルの位置に赤い光のような画像が表示されるようになり，スライド上の特定の場所を聴衆に示したいときに便利です．「消しゴム」は，スライドに書いた「ペン」や「蛍光ペン」の線をなぞって消すことができます．スライドショーモードでスライドに書き込んだ線は，スライドショーの終了時に表示されるパネルで「保持」をクリックすることで，その内容を保存することができます．ポインターオプションの機能を使用中は，マウスのクリック操作でページをめくれなくなります（カーソルキーやスライドショーの左下にあるボタンでめくることはできます）．元に戻すには，Ctrl キー + A を押すか，メニューから選択中のポインターオプションの項目をもう一度クリックしてください．

　「矢印のオプション」は，マウスカーソルとスライドの左下のボタンの表示を設定します．「自動」に設定すると，しばらくマウスを移動しないとマウスカーソルやスライドの左下のボタンが表示されなくなりますが，マウスを移動すると再び表示されるようになります．

字幕の開始（停止）

　字幕の機能を開始（停止）します．字幕については本書では扱いません．

---

[28] プレゼンテーションでよく使われる，スクリーン上の場所を指す（point）ための色のついたレーザー光線（laser）を発射する道具のことです．

ヘルプ

スライドショーモードで行える操作の一覧と，ショートカットキー操作が表示されます．

スライドショーの終了

スライドショーを終了します．スライドショーは ESC キーで終了することもできます．

スライドショーの左下のボタン

スライドショーの左下には，色が非常に薄いボタンが表示されます（前ページの上から 2 番目の吹き出しを参照）．これらを使って，「前のページへ移動」（①），「次のページへ移動」（②），「ポインターオプションのメニューの表示」（③），「すべてのスライドを表示」（④），「画面拡大表示」（⑤），「字幕の切り替え」（⑥），「スライドショーのメニューを表示」の機能を呼び出すことができます．

11.15 　その他の機能

PowerPoint にはこれまで紹介した機能以外にも以下のような便利な機能があります．

セクションの設定

スライドの枚数が増えた場合，複数のスライドを**セクション**（section（節））でまとめることができます．セクションを追加するには，スライドタブのセクションを追加したいスライドとその前のスライドの間をクリックしてください．下図左のように，スライドとスライドの間に横棒が表示されます．次に，「ホーム」タブ→「スライド」グループ→「セクション」→「セクションの追加」をクリックすると，下図右のように新しいセクションが追加されます．また，セクションを設定するとすべてのページが何らかのセクションに属することになるので，1 枚目のスライドの前に，図のような「既定のセクション」というセクションが表示されるようになります．セクションの左の三角形のボタンをクリックすることで，そのセクションのスライドを折りたたんでスライドタブに表示しないようにすることができます．セクションを設定すると，スライド一覧モード（→ p.261）やスライドショーの「すべてのスライドを表示」（→ p.275）でスライドがセクションごとに分けて表示されるようになります．

セクションに名前をつけるには，セクションをクリックして選択し，「ホーム」タブ「スライド」グループ→「セクション」→「セクション名の変更」をクリックします（セクションの上でマウスのメニューボタンをクリックして表示されるメニューからでも行えます）．セクションを削除するには，同じメニューから「セクションの削除」をクリックします．

動作設定ボタン

スライドの中に，前のページへ戻るなどの，クリックすると何らかの動作を行う**動作設定ボタン**を挿入することができます．動作設定ボタンを挿入

動作設定ボタン

するには，「ホーム」タブ→「図形描画」グループ→「図形」で表示される図形の中から「動作設定ボタン」に分類される図形を選択して，スライドの上に図形を挿入します．動作設定ボタンには，「前のページに移動」，「最初のページへ移動」，「特定のファイルを開く」などのボタンが用意されてい

ます. 動作設定ボタンを配置すると「オブジェクトの動作設定」というパネルが表示されます. ここで, ボタンの上でマウスをクリックした時の動作を自由に設定することができます. ただし, 作成したボタンの種類に応じた設定があらかじめされているので, 初期設定で問題がなければ設定する必要はありません. ボタンをクリックした時に別のスライドへ移動するという動作を設定するには,「ハイパーリンク」のチェックを ON にし, その下のメニューでどのスライドに移動するかを設定します. ボタンをクリックしたときに特定のファイルを開きたい場合は,「プログラムの実行」のチェックを ON にし,「参照」ボタンをクリックして, 開きたいファイルを選んでください. また, このパネルの「マウスの通過」タブをクリックして表示される部分で, マウスをボタンの上に通過させたときに行う動作を設定することもできます. 「オブジェクトの動作設定」パネルは, 動作設定ボタンを選択し,「挿入」タブ→「リンク」グループ→「動作」をクリックするか,「動作設定ボタン」のメニュー→「リンクの編集」をクリックすることで表示することができます.

発表資料の印刷

発表資料を印刷するには,「ファイル」タブ→「印刷」をクリックして表示される画面で行います. どのスライドを印刷するかについての指定方法は, Word での印刷と同様ですが, PowerPoint では目的に合わせて以下のようないくつかの印刷のレイアウトが用意されています. 印刷のレイアウトは「スライド指定」の下のボタンで設定します. それぞれのレイアウトでどのように印刷されるかは, ウィンドウの右に印刷プレビューが表示されるので確認することができます.

- 印刷レイアウト 製作者のための印刷物を印刷するためのレイアウトが用意されています.
  - フルページサイズのスライド 1 枚の用紙にスライドを 1 ページ印刷します.
  - ノート 1 枚の用紙の上半分にスライドを, 下半分にノートの内容を印刷します.
  - アウトライン スライドの中の文字の内容だけを印刷します. アウトラインタブ (→ p.262) で表示される内容と同じものが印刷されます.
- 配布資料 発表時に聴衆に配布する資料を印刷するための, さまざまなレイアウトが用意されています. 1 枚の用紙に複数のスライドを印刷できるので, こちらを使って, 発表者が自分のために印刷する場合も多いでしょう. また, レイアウトの中の「3 スライド」は右にメモを書くための罫線が表示されます.

11.16 起承転結のあるプレゼンテーション資料の作成

プレゼンテーション資料の作り方には, 必ずこのように作成しなければならないという決まりごとはありませんが, それでも 4 コマ漫画で言うところの**起承転結**のようなセオリーはあります. 例えば, ゼミや会社などで何か新しいものを提案/開発し, それについて発表するためのプレゼンテーションでは, 一般的に以下のような流れで資料を作成するとよいでしょう. この手法は状況の描写 (Describe), 問題点の提示 (Express), 提案 (Suggest), 結論 (Consequence) の順で説明を行う DESC 法と呼ばれます. 他にも, 要約 (Summary), 詳細 (Detail), まとめ (Summary) の順で説明を行う SDS 法や, 結論 (Point), 理由 (Reason), 具体例 (Example), まとめ (Point) の順で説明を行う結論重視の PREP 法など, さまざまな手法があり, 状況に応じて臨機応変に使い分ける必要があります. 例えば DESC 法は結論が最後に説明されるので, 結論に至るまでの話が長いと途中で相手が飽きてしまうかもしれません. 一方, 結論が相手の意に反するような内容である場合に PREP 法を使うと, 最初の話で相手が興味を失ったり反感を持たれたりしてしまう可能性があります.

起

作成したものに関する情報を説明する.

- **何を作成したのか？**　　作成したものが一般的に誰でも知っているものでなければ，作成したものについての紹介を行う.

- **作成した目的は何か？**　　なぜ作成することにしたのか？ 作成したからには，何か作成のきっかけとなった問題点があるはずである. それらの問題点をふまえながら，作成の動機や目的を紹介する. いわゆる問題提起を行う.

- **既成品の紹介**　　似たようなものがすでにあるのであれば，それについての紹介や比較を行う. また，既製品に何らかの問題点があるのであれば，それについて説明を行う（関連研究の紹介）.

承

作成したものに対する自身のアプローチについて説明する.

- **方法の説明**　　起で説明した，既存の問題点をどのような方法（アプローチ）で解決するか，その方法について説明する.

- **独自性，新規性の説明**　　上記で説明した方法が，既製品と何が違うのか？ どのような点で新しいのか（独自性）を説明する. また，採用した方法が既存品の方法と比べて何がどのような理由で優れているのかを説明する.

転

具体的な作成作業について説明する.

- **作業の説明**　　作成にあたって，具体的にどのような作業で作成したかについて説明する. 特に工夫した点があれば説明する（実践の説明）.

- **作成時の知見の説明**　　作成にあたって，当初考慮していなかったような新たな知見や発見が得られた場合，それを説明する.

- **作品の評価**　　作成した作品が当初の目的を達成しているかについて客観的な評価を行う.

結

当初の目的がどこまで達成できたかなどについて，まとめの説明を行う. 達成できなかったものや，作成にあたって新しい問題点が浮かび上がった場合は，それらを将来の課題として説明する.

11.17　発表練習

　プレゼンテーションがうまくなるには場数を踏む必要があります. どんな人でも最初は大勢の前でしゃべるときは緊張するものですが，何度もプレゼンテーションの経験を積むことで，だんだんとプレゼンテーションがうまくなります. 慣れないうちは，プレゼンテーションを行う前には，**必ず発表練習をするように心がけてください.**

発表練習のやり方

　頭の中だけで発表練習を済ます人が多いようですが，頭の中でうまくしゃべれても，実際に口に出してうまくしゃべれるとは限りませんし，しゃべるスピードも大きく違います. 例えば，早口言葉を頭の中ではうまく言えても，口に出して言えるとは限りません. 発表練習は，具体的にはスライドショーモードを使って作成した資料を使い，本番と同じように声を出して行ってください. その時に，もし友達などの協力者がいれば，発表練習を聞いてもらい，質問などをしてもらえれば，本番で同じような質問が出たときに緊張して答えられないという事態を避けることができます. また，

発表練習時には，発表者ツールに表示される時計の機能などを使って，スライドごとにかかった時間を計測することをお勧めします．時間を計測することで，発表練習時に発表が制限時間内にうまく収まらなかった場合に，どこを調整すればよいかの見当をつけることができるようになります．

　何度も発表練習をすることで，初心者にありがちな，本番時にスライドや用意した原稿に書いてある文章を棒読みするだけの発表を避けることができるようになります．特に海外では，原稿を読みながらの発表は，レベルの低い下手な発表だと思われてしまいます．プレゼンテーションに慣れてきたら，発表時に原稿を見ずに発表することにチャレンジしてみましょう．

発表の時間配分

　プレゼンテーションでは時間配分に気をつけることが非常に重要です．多くのプレゼンテーションでは複数の人がプレゼンテーションを行うため，定められた時間内にプレゼンテーションを終了できないと後の人や聴衆に大きな迷惑をかけることになってしまいます．また，時間をオーバーしてしまうと，発表の途中であってもその場で司会者がプレゼンテーションを強制的に中断する場合もあります．逆に，早めにプレゼンテーションを終わるのもお勧めできません．1 分程度であれば，早めに終わるのは質問の時間を増やすなどの方法で対処できるので，許容される場合が多いようですが，時間オーバーは，たとえ数十秒であっても，プレゼンテーションの評価を大きく損ないます．発表の際には，発表が定められた時間内に収まるように時間配分に注意しながら行ってください．

11.18　質疑応答と発表後のチェックと反省

　プレゼンテーションでは通常，発表後に質疑応答の場があります．初心者のうちは，質疑応答を恥ずかしがったり，面倒で嫌だと思う人が多いようですが，質疑応答は，発表した内容が聴衆に伝わっているかどうかを確認したり，第三者の新しい視点からの意見を得られる貴重な場でもあります．日本とは逆に，海外では質疑応答の場で質問が全くなかった場合，発表者は自分のプレゼンテーションに誰も興味を持ってくれなかったと思い，プレゼンテーションが失敗したと考える人が多いようです．また，プレゼンテーションは聴衆も主人公の 1 人です．聴衆の立場になった場合は，何か疑問や意見があれば，積極的に質疑応答に参加することをお勧めします．

　発表後には，行ったプレゼンテーションで何がうまくいき何がうまくいかなかったかをチェックすることをお勧めします．チェックシートのようなものを作り，発表者と可能であれば聴衆のそれぞれでプレゼンテーションを評価することをおすすめします．以下にチェックシートの例を挙げます．うまくいった点については今後もそれを活かしていくようにし，うまくいかなかった点については反省して改善策を考えることで，次回以降のプレゼンテーションをよりよいものにすることができます．

チェック項目	評価					コメント
時間配分	1	2	3	4	5	
内容の構成	1	2	3	4	5	
内容のわかりやすさ	1	2	3	4	5	
話し方	1	2	3	4	5	
話す時の態度	1	2	3	4	5	
スライドの構成	1	2	3	4	5	
スライドのわかりやすさ	1	2	3	4	5	
全体に関するコメント						

章末問題

1. 好きなスポーツを選び，以下の主旨で，そのスポーツのシーズンの終了後の最新の結果（チームの結果，選手の成績の結果など何でもよい）を紹介するスライドを1枚作成しなさい．

   ○スライドのタイトルはスライドの内容を簡潔に表す内容にすること．

   ○結果は表にまとめること．

   ○テキストボックスを使って何か簡単なコメントを2，3行で入れること．

2. 東京六大学野球（https://www.big6.gr.jp/）のサイトの上部にある「記録」→「シーズン順位一覧」をクリックして表示されるリーグ戦の過去の成績表をもとに，以下の主旨で，東京六大学野球の過去5年間（10シーズン分）の成績を表すグラフが入ったスライドを1枚作成しなさい．

   ○スライドのタイトルはスライドの内容を簡潔に表す内容にすること．

   ○グラフは横軸を年，縦軸を順位にすること．

   ○グラフの種類，色，形状などは自分が最も適切だと思うものを使うこと．

   ○テキストボックスを使い，成績について何か簡単なコメントを2，3行で入れること．

   ○必要であれば図形などを使ってグラフを強調すること．

   ヒント：そのまま作成すると，縦軸の上が7，下が0のグラフができ上がります．順位のように上を小さい数字にしたい場合は，縦軸をダブルクリックし，「軸の書式設定」の「軸のオプション」の「軸を反転する」をチェックすると，軸の数字の上下が反転します．ただし，その場合，横軸が上へ行ってしまうので，「横軸との交点」の「軸の最大値」をチェックすると，横軸が下に戻ります．縦軸に0や7が表示されるのが気持ち悪い人は，「境界値」の「最小値」を1に，最大値を6.5（6に設定すると一番下の東大のグラフが横軸と重なってしまう）を設定するとよいでしょう．また，横軸の目盛線を消したほうが，グラフが見やすくなるでしょう．

3. 5枚以上のスライドを使ったプレゼンテーション資料を作成しなさい．作成にあたっては以下の点に注意して行うこと．

   ○テーマは何でもよい．架空の内容でもかまわない．

   　例：好きなアーティストについて，好きなスポーツの選手やチームについて，オリンピックについて，環境問題について，架空の店や商品の紹介など．

   ○1枚目のスライドはタイトルのスライドとし，タイトルの部分には自分で考えた適切なタイトルを，サブタイトルの部分には自分の名前を記述すること．

   ○2枚目のスライドは選んだテーマの簡単な紹介を行うスライドにすること．

   ○3，4枚目のスライドは，選んだテーマに関して特に興味を持っていたり，他人に紹介したい内容を2つ選び，それぞれ1枚のスライドにまとめること．1つの内容が1枚のスライドに収まりきらない場合は，2枚以上に分けてスライドを増やしてもよい．

   ○5枚目のスライドは，選んだテーマに関する自分なりのまとめの意見をまとめたスライドにすること．

   ○2枚目以降のスライドの上部には，それぞれ自分で考えた適切なタイトルを入れること．

   ○実際に発表することを想定してスライドを作成すること．

   ○なるべくわかりやすいスライドを作成することを心がけること．発表内容を文章で書いただけのスライドは望ましくない．必要に応じて図や表を利用するとよい．

索　引

著者略歴

重定　如彦（しげさだ　ゆきひこ）

2002 年　東京大学大学院理学系研究科情報科学専攻博士課程修了
現　　在　法政大学国際文化学部教授
　　　　　博士（理学）
主要著書
『学生のための詳解 Visual Basic』東京電機大学出版局
　（共著，2009 年）
『実習 Word』サイエンス社（共著，2008 年）

河内谷　幸子（かわちや　さちこ）

　　　　　東京大学大学院理学系研究科情報科学専攻博士課程修了
現　　在　法政大学経営学部教授
　　　　　博士（理学）
主要著書
『実習 Word』サイエンス社（共著，2008 年）

実習ライブラリ＝ 12
実習 情報リテラシ［第 3 版］

2011 年 4 月25日　ⓒ	初　版　発　行	
2015 年 2 月10日　ⓒ	第 2 版　発　行	
2020 年 4 月10日　ⓒ	第 3 版　発　行	

著者　　重定　如彦　　　　発行者　森平敏孝
　　　　河内谷　幸子　　　印刷者　小宮山恒敏

発行所　　**株式会社　サイエンス社**

〒151-0051　東京都渋谷区千駄ヶ谷 1 丁目 3 番 25 号
〔営業〕（03）5474-8500（代）　振替　00170-7-2387
〔編集〕（03）5474-8600（代）　FAX　（03）5474-8900

印刷・製本　小宮山印刷工業（株）
《検印省略》

ISBN978-4-7819-1469-5
PRINTED IN JAPAN

サイエンス社のホームページのご案内
https://www.saiensu.co.jp
ご意見・ご要望は
rikei@saiensu.co.jp　まで